소방설비기사
산업기사 전기 분야
2차 실기 이론 + 예상문제

김종상 편저

북스케치

저희 북스케치는 오류 없는 책을 만들기 위해 노력하고 있으나, 미처 발견하지 못한 잘못된 내용이 있을 수 있습니다. 학습하시다 문의 사항이 생기실 경우, 북스케치 이메일(booksk@booksk.co.kr)로 교재 이름, 페이지, 문의 내용 등을 보내주시면 확인 후 성실히 답변 드리도록 하겠습니다.

또한, 출간 후 발견되는 정오 사항은 북스케치 홈페이지(www.booksk.co.kr)의 도서정오표 게시판에 신속히 게재하도록 하겠습니다.

좋은 콘텐츠와 유용한 정보를 전하는 '간직하고 싶은 수험서'를 만들기 위해 늘 노력하겠습니다.

소방설비기사 산업기사 전기 분야
2차 실기
이론 + 예상문제

초판발행	2025년 04월 15일
편저자	김종상
펴낸곳	북스케치
출판등록	제2022-000047호
주소	경기도 파주시 광인사길 193, 2층
전화	070 - 4821 - 5514
팩스	0303 - 0955 - 3012
학습문의	booksk@booksk.co.kr
홈페이지	www.booksk.co.kr
ISBN	979 - 11 - 94041 - 43 - 6

이 책은 저작권법의 보호를 받습니다.
수록된 내용은 무단으로 복제, 인용, 사용할 수 없습니다.
Copyright©booksk, 2025 Printed in Korea

시험 GUIDE

- **자 격 명** : 소방설비기사(전기분야)
- **영 문 명** : Engineer Fire Protection System - Electrical
- **관련부서** : 소방청
- **시행기관** : 한국산업인력공단
- **취득방법**
  ① **시행처** : 한국산업인력공단
  ② **관련학과** : 대학 및 전문대학의 소방학, 건축설비공학, 기계설비학, 가스냉동학, 공조냉동학 관련학과
  ③ **시험과목**
   - 필기 : 1. 소방원론 2. 소방전기일반 3. 소방관계법규 4. 소방전기시설의 구조 및 원리
   - 실기 : 소방전기시설 설계 및 시공실무
  ④ **검정방법**
   - 필기 : 객관식 4지 택일형 과목당 20문항(과목당 30분)
   - 실기 : 필답형(3시간)
  ⑤ **합격기준**
   - 필기 : 100점을 만점으로 하여 과목당 40점 이상, 전과목 평균 60점 이상
   - 실기 : 100점을 만점으로 하여 60점 이상

- **실기시험 출제기준**

실기과목명	주요항목	세부항목	세세항목
소방전기시설 설계 및 시공실무	1. 소방전기시설 설계	1. 작업분석하기	1. 현장 여건, 요구사항 분석을 할 수 있다. 2. 기본계획 수립, 기본설계서, 실시설계서를 작성할 수 있다. 3. 공사시방서, 공사내역서를 작성할 수 있다.
		2. 소방기계시설 구성하기	1. 자재의 상호 연관성에 대해 설명할 수 있다. 2. 소방전기시설의 기기 및 부품을 조작할 수 있다. 3. 소방전기시설의 기능 및 특성을 설명할 수 있다.
		3. 소방전기시설 설계하기	1. 물량 및 공량을 산출할 수 있다. 2. 전기기구의 용량을 산정할 수 있다. 3. 회로방식 설정 및 회로용량을 산정할 수 있다. 4. 도면작성 및 판독을 할 수 있다. 5. 시방서의 작성 등을 할 수 있다.

머리말

본 교재는 소방설비(산업)기사의 최신 트렌드에 맞추어 기초이론 및 응용력 향상에 중점을 두고 구성되었으며, 단순한 문제풀이 위주의 내용이 아닌 변형된 문제가 출제되더라도 쉽게 풀 수 있도록 서술되어 있어 탄탄한 기초 실력을 키워줄 것입니다.

또한 이 교재는 스터디채널 소방설비(산업)기사 강의 교재로서의 전문성과 착실한 기초 이론의 정립으로 소방설비(산업)기사 합격의 나침반이 될 것입니다.

본서의 특징
1. 본 교재와 더불어 동영상 강의와 연계하면 기초실력 향상에 도움이 됩니다.
2. 스터디채널 홈페이지에서 소방설비(산업)기사 유료 강의에서 다양한 자료 및 기출문제를 제공합니다.
3. 최근 출제문제에 대한 다각도의 접근으로 쉽게 문제를 풀 수 있는 응용력을 키워 줄 것입니다.
4. 교재만으로 해결이 어려운 부분은 스터디채널 강의 게시판을 통해 문의 답변을 제공합니다.

부족하지만 심혈을 기울여 쓴 본 교재가 수험생 여러분의 합격에 일조할 수 있는 수험서가 되기를 간절히 바라며, 다시 한 번 합격의 영광을 위해 불철주야 공부에 매진하고 있는 수험생 여러분께 가슴으로부터 우러나오는 격려와 애정을 표현하면서 수험생 여러분의 합격을 진심으로 기원합니다.

마지막으로 이 책의 출판과 강의를 위해 많은 도움을 주신 북스케치와 스터디채널 직원 분들에게 진심으로 감사드립니다.

편저자 **김종상**

시험 GUIDE

실기과목명	주요항목	세부항목	세세항목
소방전기시설 설계 및 시공실무	1. 소방전기시설 설계	4. 소방시설의 배치계획 및 설계서류 작성하기	1. 계통도를 작성할 수 있다. 2. 평면도를 작성할 수 있다. 3. 상세도를 작성할 수 있다. 4. 소방전기시설의 시공 계획수립 및 실무 작업을 수행할 수 있다.
	2. 소방전기시설 시공	1. 설계도서 검토하기	1. 설계도서상의 누락, 오류, 문제점을 검토하여 설계도서 검토서를 작성할 수 있다. 2. 설계도면, 시공 상세도, 계산서를 검토하여 시공상의 문제점을 파악하고 조치할 수 있다.
		2. 소방전기시설 시공하기	1. 자동화재탐지설비를 할 수 있다. 2. 자동화재속보설비를 할 수 있다. 3. 누전경보기설비를 할 수 있다. 4. 비상경보설비 및 비상방송설비를 할 수 있다. 5. 제연설비의 부대 전기설비를 할 수 있다. 6. 비상콘센트설비를 할 수 있다. 7. 무선통신보조설비를 할 수 있다. 8. 가스누설경보기설비를 할 수 있다. 9. 유도등 및 비상조명등설비를 할 수 있다. 10. 상용 및 비상전원설비를 할 수 있다. 11. 종합방재센터설비를 할 수 있다. 12. 소화설비의 부대 전기설비를 할 수 있다. 13. 기타 소방전기시설 관련 설비를 할 수 있다.
		3. 공사 서류 작성하기	1. 시공된 시설을 검사하여 설계도서와 일치여부를 판단할 수 있다. 2. 시공된 시설을 검사하여 관련 서류를 작성할 수 있다. 3. 공정관리 일정을 계획하여 공사일지를 작성할 수 있다.
	3. 소방전기시설 유지관리	1. 소방전기시설 운용관리 하기	1. 전기기기 점검 및 조작을 할 수 있다. 2. 회로점검 및 조작을 할 수 있다. 3. 재해방지 및 안전관리를 할 수 있다. 4. 자재관리를 할 수 있다. 5. 기술 공무관리를 할 수 있다.
		2. 소방전기시설의 유지 보수 및 시험 · 점검하기	1. 전기기기 보수 및 점검을 할 수 있다. 2. 시험 및 검사를 할 수 있다. 3. 계측 및 고장요인 파악을 할 수 있다. 4. 유지보수관리 및 계획수립을 할 수 있다. 5. 설치된 소방시설을 정상 가동하고, 자체 점검 사항을 기록할 수 있다. 6. 기록 사항을 분석하여 보수 · 정비를 할 수 있다.

Contents

PART 1 소방전기시설의 구조 및 원리

Chapter 1
비상경보설비 및 단독경보형 감지기(NFTC201)
- ❶ 설치대상 ··· 3
- ❷ 구 성 ··· 3
- ❸ 설치기준 ··· 5
- ❹ 기타기준 ··· 6

Chapter 2
비상방송설비(NFTC202)
- ❶ 설치대상 ··· 7
- ❷ 구 성 ··· 7
- ❸ 설치기준 ··· 8

Chapter 3
자동화재탐지설비 및 시각경보장치(NFTC203)
- ❶ 설치대상 ··· 11
- ❷ 계통도 및 구성 ································· 12
- ❸ 경계구역 ··· 14
- ❹ 수신기 ·· 15
- ❺ 중계기 ·· 22
- ❻ 감지기 ·· 23
- ❼ 발신기 ·· 40
- ❽ 표시등 ·· 42
- ❾ 음향장치 ··· 42
- ❿ 시각경보장치 ···································· 43
- ⓫ 전 원 ··· 44
- ⓬ 배 선 ··· 44

Chapter 4
자동화재속보설비 (NFTC204)
- ❶ 설치대상 ··· 50
- ❷ 계통도 및 구성 ································· 50
- ❸ 종류 및 특징 ···································· 51
- ❹ 자동화재속보설비의 설치기준 ·············· 52

Chapter 5
누전경보기(NFTC205)
- ❶ 설치대상 ··· 53
- ❷ 구성요소 ··· 53
- ❸ 구조 및 기능 ···································· 54
- ❹ 회로의 결선 ···································· 55
- ❺ 설치기준 ··· 56

Chapter 6
가스누설경보기 (NFTC206)
- ❶ 설치대상 ··· 58
- ❷ 용어정의 ··· 58
- ❸ 가연성가스 경보기의 설치기준 ············· 59
- ❹ 일산화탄소 경보기의 설치기준 ············· 60

Contents

⑤ 설치제외 장소 ··· 60
⑥ 전 원 ··· 61

Chapter 7
화재알림설비(NFTC207)

① 설치대상 ··· 62
② 용어정의 ··· 62
③ 화재알림설비의 구성요소 ······························· 63
④ 화재알림형 수신기 ··· 63
⑤ 화재알림형 중계기 ··· 64
⑥ 화재알림형 감지기 ··· 64
⑦ 비화재보방지 ··· 65
⑧ 화재알림형 비상경보장치 ······························· 65
⑨ 원격감시서버 ··· 66

Chapter 8
유도등 및 유도표지 (NFTC303)

① 설치대상 ··· 67
② 유도등 및 유도표지의 종류 ························· 67
③ 용어정의 ··· 68
④ 유도등 및 유도표지의 적응성 ····················· 69
⑤ 피난구유도등의 설치장소 및 설치기준 ····· 69
⑥ 통로유도등의 설치장소 및 설치기준 ········· 70
⑦ 객석유도등의 설치장소 및 설치기준 ········· 71
⑧ 유도표지의 설치기준 ····································· 71
⑨ 피난유도선의 설치기준 ································· 73
⑩ 유도등의 전원 ··· 72
⑪ 유도등 및 유도표지의 설치제외 ················· 74

Chapter 9
비상조명등(NFTC304)

① 설치대상 ··· 76
② 종류 및 정의 ··· 76
③ 설치기준 ··· 77
④ 설치제외 ··· 78

Chapter 10
비상콘센트설비 (NFTC504)

① 설치대상 ··· 79
② 계통도 ··· 79
③ 용어의 정의 ··· 80
④ 설치기준 ··· 80

Chapter 11
무선통신보조설비 (NFTC505)

① 설치대상 ··· 83
② 용어정의 ··· 83
③ 설치기준 ··· 84

Chapter 12
기타 설비(NFTC602~609) 전기분야

① 기타 설비(NFTC602~609) 종류 ··················· 86
② 소방시설용 비상전원수전설비 ····················· 86
③ 도로터널 ··· 92

Contents

	❹ 고층건축물 ··· 94
	❺ 지하구 ··· 96
	❻ 건설현장 ·· 97
	❼ 전기저장시설 ··· 101
	❽ 공동주택 ··· 101
	❾ 창고시설 ··· 103
Chapter 13 **기계설비 전기분야**	❶ 옥내소화전설비 ····································· 104
	❷ 스프링클러설비 ····································· 107
	❸ 가스계소화설비(이산화탄소, 할론, 할로겐화합물 및 불활성기체, 분말) ··· 114
	❹ 제연설비[거실, 통로] ··························· 120
	소방전기시설의 구조 및 원리 예상문제 ········· 123

PART 2 소방전기시설의 설계 및 시공실무

Chapter 1 **경보설비**	❶ 비상방송설비 ·· 189
	❷ 누전경보기 ·· 191
	❸ 자동화재탐지설비 ································· 193
Chapter 2 **소화설비**	❶ 옥내소화전설비 ····································· 205
	❷ 스프링클러설비 ····································· 206
	❸ 할론 및 이산화탄소 소화설비 ················ 211
Chapter 3 **피난 및 소화활동설비**	❶ 유도등 ··· 214
	❷ 제연설비 ·· 215
Chapter 4 **건축방재설비**	❶ 배연창(제연창) 설비 ····························· 219
	❷ 자동방화문 설비 ··································· 220
	❸ 자동방화셔터 설비 ································ 222
	소방전기시설의 설계 및 시공실무 예상문제 ····· 223

Contents

PART 3 소방관련 전기설비

Chapter 1
전기설비 기술기준의 판단기준
- ❶ 전압의 구분 ··· 337
- ❷ 전선 ··· 337
- ❸ 전로의 절연 ··· 340
- ❹ 접지시스템 ··· 342
- ❺ 지중전선로 ··· 345
- ❻ 전기사용 장소의 시설 ····························· 345

Chapter 2
조명설비
- ❶ 실지수 ·· 355
- ❷ 조명 계산방법 ··· 355
- ❸ 조도 ··· 356

Chapter 3
동력설비
- ❶ 전동기 ·· 357
- ❷ 변압기 ·· 361
- ❸ 변류기 ·· 361
- ❹ 배선용 차단기 ··· 362

Chapter 4
비상전원설비
- ❶ 전원의 종류 ··· 363
- ❷ 비상전원 ··· 363

Chapter 5
내화배선과 내열배선
- ❶ 사용전선과 시공방법 ······························ 372
- ❷ 소방시설별 각 구간의 배선 ··················· 374

소방관련전기설비 예상문제 ························· 377

Contents

PART 4 시퀀스제어(Sequence Control)

Chapter 1 논리 시퀀스 회로
- ❶ 논리회로의 종류 ·· 427
- ❷ 드 모르간 법칙과 불 대수 ·· 431
- ❸ 접점의 종류 ·· 432

Chapter 2 시퀀스 기본회로
- ❶ 자기유지(Self holding) 회로 ·· 438
- ❷ 인터록(Interlock) 회로 ·· 438
- ❸ 타이머(Timer) 회로 ·· 439
- ❹ 플립플롭(Flip Flop) 회로 ·· 440

Chapter 3 소방응용 회로
- ❶ 전자개폐기 및 타이머에 의한 전동기 기동 ······························ 442
- ❷ 급수레벨제어 ·· 443
- ❸ 원방(원격)제어 ·· 446
- ❹ 단상기동 제어 ·· 448
- ❺ 3상기동 제어 ·· 450
- ❻ 정역회전 제어 ·· 455
- ❼ 상용 및 예비전원의 절환회로 ·· 456
- ❽ 이상경보 제어 ·· 458

시퀀스제어(Sequence Control) 예상문제 ······························ 461

이론
PART 01

소방전기시설의
구조 및 원리

소방전기시설의 구조 및 원리

CHAPTER 01 비상경보설비 및 단독경보형 감지기(NFTC201)

1 설치대상

[비상경보설비]
① 연면적 400㎡ 이상인 것은 모든 층
② 지하층 또는 무창층의 바닥면적이 150㎡(공연장의 경우 100㎡) 이상인 것은 모든 층
③ 지하가 중 터널로서 길이가 500m 이상인 것
④ 50명 이상의 근로자가 작업하는 옥내 작업장

[단독경보형감지기]
① 교육연구시설 내에 있는 기숙사 또는 합숙소로서 연면적 2천㎡ 미만인 것
② 수련시설 내에 있는 기숙사 또는 합숙소로서 연면적 2천㎡ 미만인 것
③ 수용인원 100명 미만의 수련시설(숙박시설이 있는 것만 해당한다)
④ 연면적 400㎡ 미만의 유치원
⑤ 공동주택 중 연립주택 및 다세대주택

2 구성

(1) 비상벨설비
① **비상벨** : 화재발생 상황을 경보하는 장치, 경종(Alarm Bell)이라고도 한다.
② **표시등** : 위치표시등은 필수, 기동표시등은 필요에 따라 설치
③ **발신기** : 화재발생 신호를 수신기에 수동으로 발신하는 장치
④ **수신기** : 발신기에서 발하는 화재신호를 직접 수신하여 화재의 발생을 표시 및 경보하여 주는 장치
⑤ 전원
  ㉠ 상용전원 : 평상시의 주전원으로 교류전압옥내간선 또는 축전지설비, 전기저장장치가 있다.

ⓒ 비상전원 : 정전, 비상 시를 대비한 전원으로 축전지설비, 전기저장장치가 있다.
⑥ **배선** : 배선 간, 배선과 기기 간, 기기 상호 간의 신호를 전달하는 기능

(2) 자동식 사이렌설비

① **자동식 사이렌** : 화재발생 상황을 사이렌(Siren)으로 경보하는 장치
② **표시등** : 위치표시등은 필수, 기동표시등은 필요에 따라 설치
③ **발신기** : 화재발생 신호를 수신기에 수동으로 발신하는 장치
④ **수신기** : 발신기에서 발하는 화재신호를 직접 수신하여 화재의 발생을 표시 및 경보하여 주는 장치
⑤ **전원**
　ⓐ 상용전원 : 교류전압옥내간선 또는 축전지설비(평상시의 주전원)
　ⓑ 비상전원 : 축전지설비(정전, 비상시를 대비한 전원)
⑥ **배선** : 배선 간, 배선과 기기 간, 기기 상호 간의 신호를 전달하는 경로

　　(a) 비상벨(경종)　　　　(b) 자동식 사이렌

(3) 단독경보형 감지기

화재감지부, 경보부 및 전원부가 일체형이므로 수신기와 별도로 화재상황을 단독으로 경보하는 장치

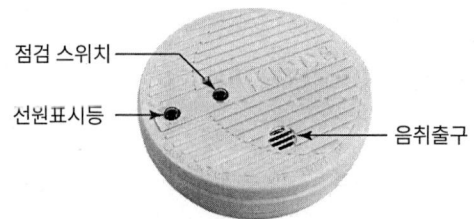

※ 발신기, 경종, 표시등 및 P형 수신기 없이 감지기가 자체적으로 화재를 조기에 감지 및 경보

3 설치기준

(1) 비상벨설비 또는 자동식사이렌설비

① 부식성 가스 또는 습기 등으로 인하여 부식의 우려가 없는 장소에 설치해야 한다.
② 지구음향장치는 특정소방대상물의 층마다 설치하되, 해당 특정소방대상물의 각 부분으로부터 하나의 음향장치까지의 수평거리가 25[m] 이하가 되도록 하고, 해당 층의 각 부분에 유효하게 경보를 발할 수 있도록 설치해야 한다. 다만, 「비상방송설비의 화재안전기술기준(NFTC 202)」에 적합한 방송설비를 비상벨설비 또는 자동식사이렌설비와 연동하여 작동하도록 설치한 경우에는 지구음향장치를 설치하지 않을 수 있다.
③ 음향장치는 정격전압의 80[%] 전압에서 음향을 발할 수 있도록 해야 한다. 다만, 건전지를 주전원으로 사용하는 음향장치는 그렇지 않다.
④ 음향장치의 음향의 크기는 부착된 음향장치의 중심으로부터 1[m] 떨어진 위치에서 90[dB] 이상이 되는 것으로 해야 한다.
⑤ 발신기의 설치기준
  ㉠ 조작이 쉬운 장소에 설치하고, 조작스위치는 바닥으로부터 0.8[m] 이상 1.5[m] 이하의 높이에 설치할 것
  ㉡ 특정소방대상물의 층마다 설치하되, 해당 층의 각 부분으로부터 하나의 발신기까지의 수평거리가 25[m] 이하가 되도록 할 것. 다만, 복도 또는 별도로 구획된 실로서 보행거리가 40[m] 이상일 경우에는 추가로 설치해야 한다.
  ㉢ 발신기의 위치표시등은 함의 상부에 설치하되, 그 불빛은 부착면으로부터 15° 이상의 범위 안에서 부착지점으로부터 10[m] 이내의 어느 곳에서도 쉽게 식별할 수 있는 적색등으로 할 것
⑥ 상용전원 : 전원은 전기가 정상적으로 공급되는 축전지, 전기저장장치(외부전기에너지를 저장해 두었다가 필요한 때 전기를 공급하는 장치) 또는 교류전압의 옥내 간선으로 하고, 전원까지의 배선은 전용으로 할 것
⑦ 예비전원(축전지설비 또는 전기저장장치) : 비상경보설비에 대한 감시상태를 60분간 지속한 후 유효하게 10분 이상 경보할 수 있어야 한다(수신기에 내장하는 경우도 포함). 다만, 상용전원이 축전지설비인 경우 또는 건전지를 주전원으로 사용하는 무선식 설비인 경우에는 그렇지 않다.
⑧ 배선
  ㉠ 전원회로의 배선은 내화배선, 그 밖의 배선은 내화배선 또는 내열배선으로 할 것
  ㉡ 전원회로의 전로와 대지 사이 및 배선상호간의 절연저항은 「전기사업법」 제67조에

따른 「전기설비기술기준」이 정하는 바에 따르고, 부속회로의 전로와 대지 사이 및 배선 상호 간의 절연저항은 1경계구역마다 직류 250[V]의 절연저항측정기로 측정한 값이 0.1[MΩ] 이상일 것
ⓒ 다른 전선과 별도의 관·덕트(절연효력이 있는 것으로 구획한 때에는 그 구획된 부분은 별개의 덕트로 본다)·몰드 또는 풀박스 등에 설치할 것. 다만, 60[V] 미만의 약전류회로에 사용하는 전선으로서 각각의 전압이 같을 때에는 그렇지 않다.

(2) 단독경보형감지기

단독경보형감지기란 화재발생 상황을 단독으로 감지하여 자체에 내장된 음향장치로 경보하는 감지기를 말한다.

① 각 실(이웃하는 실내의 바닥면적이 각각 30m² 미만이고, 벽체의 상부의 전부 또는 일부가 개방되어 이웃하는 실내와 공기가 상호유통되는 경우에는 이를 1개의 실로본다)마다 설치하되, 바닥면적이 150[m²]를 초과하는 경우에는 150[m²]마다 1개 이상 설치 할 것
② 계단실은 최상층 계단실의 천장(외기가 상통하는 계단실은 제외)에 설치할 것
③ 건전지를 주전원으로 사용하는 단독경보형감지기는 정상적인 작동상태를 유지할 수 있도록 주기적으로 건전지를 교환할 것
④ 상용전원을 주전원으로 사용하는 단독경보형감지기의 2차전지는 법 제40조에 따라 제품검사에 합격한 것을 사용할 것

4 기타기준

(1) 용어정의

① "유선식"은 화재신호 등을 배선으로 송·수신하는 방식
② "무선식"은 화재신호 등을 전파에 의해 송·수신하는 방식
③ "유·무선식"은 유선식과 무선식을 겸용으로 사용하는 방식

(2) 단독경보형감지기 일반기능

① **화재경보음** : 1m 떨어진 위치에서 85dB 이상으로 10분 이상 경보
② **건전지교체** : 1m 떨어진 위치에서 70dB(음성 60dB) 이상으로 72시간 이상 경보

비상방송설비(NFTC202)

1 설치대상

비상방송설비를 설치해야하는 특정소방대상물(위험물 저장 및 처리 시설 중 가스시설, 사람이 거주하지 않거나 벽이 없는 축사 등 동물 및 식물 관련 시설, 지하가 중 터널 및 지하구는 제외한다)은 다음의 어느 하나에 해당하는 것으로 한다.
① 연면적 3천5백㎡ 이상인 것은 모든 층
② 층수가 11층 이상인 것은 모든 층
③ 지하층의 층수가 3층 이상인 것은 모든 층

2 구 성

① **기동장치 또는 발신기** : 입력기능 및 전력을 증폭하는 기능의 장치
② **입력장치** : 입력신호의 발생 장치로 마이크로폰, 테이프, 사이렌, 플레이어, 라디오등으로 구성
③ **조작장치** : 원격조작 또는 회로조작을 하는 장치
④ **확성기(Speaker)** : 소리를 크게 하여 멀리까지 전달될 수 있도록 하는 출력장치
⑤ **음량조절기(Attenuator)** : 가변저항을 이용하여 전류를 변화시켜 음량을 크게 하거나 작게 조절할 수 있는 장치 → 3선식 배선

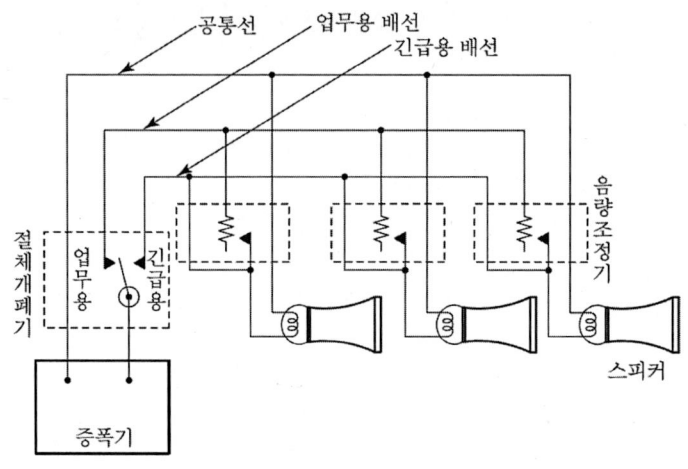

[3선식 배선]

⑥ **증폭기(AMP : Amplifier)** : 전압전류의 진폭을 늘려 감도를 좋게 하고 미약한 음성전류를 커다란 음성전류로 변화시켜 소리를 크게 하는 장치
⑦ **전원** : 상용전원 및 비상전원 장치로 구성

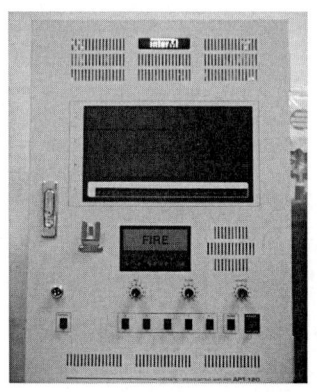

③ 설치기준

(1) 음향장치(엘리베이터 내부에 별도의 음향장치 설치 가능)

① 확성기의 음성입력은 3[W](실내에 설치하는 것에 있어서는 1[W]) 이상일 것
② 확성기는 각 층마다 설치하되, 그 층의 각 부분으로부터 하나의 확성기까지의 수평거리가 25[m] 이하가 되도록 하고, 해당 층의 각 부분에 유효하게 경보를 발할 수 있도록 설치할 것
③ 음량조정기를 설치하는 경우 음량조정기의 배선은 3선식으로 할 것

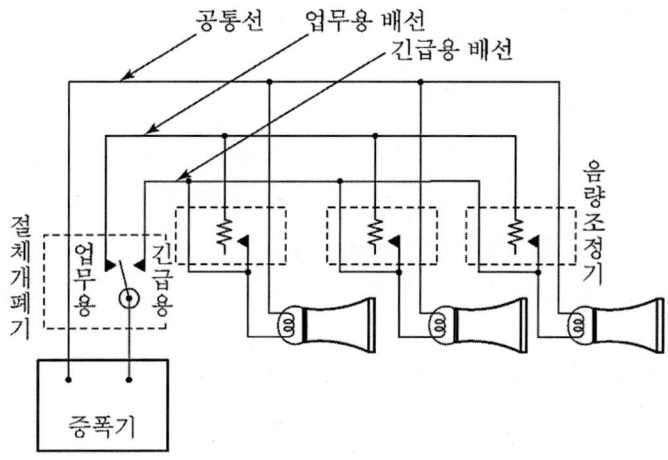

[3선식 배선]

④ 조작부의 조작스위치는 바닥으로부터 0.8[m] 이상 1.5[m] 이하의 높이에 설치할 것
⑤ 조작부는 기동장치의 작동과 연동하여 해당 기동장치가 작동한 층 또는 구역을 표시할 수 있는 것으로 할 것
⑥ 증폭기 및 조작부는 수위실 등 상시 사람이 근무하는 장소로서 점검이 편리하고 방화상 유효한 곳에 설치할 것
⑦ 층수가 11층(공동주택의 경우에는 16층) 이상의 특정소방대상물은 다음의 기준에 따라 경보를 발할 수 있도록 해야 한다
  ㉠ 2층 이상의 층에서 발화한 때에는 발화층 및 그 직상 4개층에 경보를 발할 것
  ㉡ 1층에서 발화한 때에는 발화층 · 그 직상 4개층 및 지하층에 경보를 발할 것
  ㉢ 지하층에서 발화한 때에는 발화층 · 그 직상층 및 기타의 지하층에 경보를 발할 것
⑧ 다른 방송설비와 공용하는 것에 있어서는 화재시 비상경보 외의 방송을 차단할 수 있는 구조로 할 것
⑨ 다른 전기회로에 따라 유도장애가 생기지 않도록 할 것
⑩ 하나의 특정소방대상물에 2 이상의 조작부가 설치되어 있는 때에는 각각의 조작부가 있는 장소 상호 간에 동시 통화가 가능한 설비를 설치하고, 어느 조작부에서도 해당 특정소방대상물의 전구역에 방송을 할 수 있도록 할 것
⑪ 기동장치에 따른 화재신고를 수신한 후 필요한 음량으로 화재발생 상황 및 피난에 유효한 방송이 자동으로 개시될 때까지의 소요시간은 10초 이내로 할 것
⑫ 음향장치는 다음 기준에 따른 구조 및 성능의 것으로 해야 한다.
  ㉠ 정격전압의 80[%] 전압에서 음향을 발할 수 있는 것으로 할 것(→ 음압 : 90[dB] 이상)
  ㉡ 자동화재탐지설비의 작동과 연동하여 작동할 수 있는 것으로 할 것

(2) 배 선

① 화재로 인하여 하나의 층의 확성기 또는 배선이 단락 또는 단선되어도 다른 층의 화재 통보에 지장이 없도록 할 것
② 전원회로의 배선은 「옥내소화전설비의 화재안전기술기준(NFTC 102)」에 따른 내화배선에 따르고, 그 밖의 배선은 「옥내소화전설비의 화재안전기술기준(NFTC 102)」에 따른 내화배선 또는 내열배선에 따라 설치할 것
③ 전원회로의 전로와 대지 사이 및 배선 상호 간의 절연저항은 「전기사업법」 제67조의 규정에 따른 기술기준이 정하는 바에 따르고, 부속회로의 전로와 대지 사이 및 배선 상호 간의 절연저항은 1경계구역마다 직류 250[V]의 절연저항측정기를 사용하여 측정한 절연저항이 0.1[MΩ] 이상이 되도록 할 것
④ 비상방송설비의 배선은 다른 전선과 별도의 관·덕트(절연효력이 있는 것으로 구획한 때에는 그 구획된 부분은 별개의 덕트로 본다), 몰드 또는 풀박스 등에 설치할 것 다만, 60[V] 미만의 약전류 회로에 사용하는 전선으로서 각각의 전압이 같을 때에는 그렇지 않다.

(3) 상용전원

① 전원은 전기가 정상적으로 공급되는 축전지설비, 전기저장장치 또는 교류전압의 옥내 간선으로 하고, 전원까지의 배선은 전용으로 할 것
② 개폐기에는 "비상방송설비용"이라고 표시한 표지를 할 것

(4) 예비전원

비상방송설비에는 그 설비에 대한 감시상태를 60분간 지속한 후 유효하게 10분 이상(층수가 30층 이상이면 30분 이상) 경보할 수 있는 축전지설비(수신기에 내장하는 경우를 포함) 또는 전기저장장치를 설치해야 한다.

CHAPTER 03 자동화재탐지설비 및 시각경보장치(NFTC203)

1 설치대상

[자동화재탐지설비]
① 공동주택 중 아파트등·기숙사 및 숙박시설의 경우에는 모든 층
② 층수가 6층 이상인 건축물의 경우에는 모든 층
③ 근린생활시설(목욕장은 제외한다), 의료시설(정신의료기관 및 요양병원은 제외한다), 위락시설, 장례시설 및 복합건축물로서 연면적 600㎡ 이상인 경우에는 모든 층
④ 근린생활시설 중 목욕장, 문화 및 집회시설, 종교시설, 판매시설, 운수시설, 운동시설, 업무시설, 공장, 창고시설, 위험물 저장 및 처리 시설, 항공기 및 자동차 관련 시설, 교정 및 군사시설 중 국방·군사시설, 방송통신시설, 발전시설, 관광 휴게시설, 지하가(터널은 제외한다)로서 연면적 1천㎡ 이상인 경우에는 모든 층
⑤ 교육연구시설(교육시설 내에 있는 기숙사 및 합숙소를 포함한다), 수련시설(수련시설 내에 있는 기숙사 및 합숙소를 포함하며, 숙박시설이 있는 수련시설은 제외한다), 동물 및 식물 관련 시설(기둥과 지붕만으로 구성되어 외부와 기류가 통하는 장소는 제외한다), 자원순환 관련 시설, 교정 및 군사시설(국방·군사시설은 제외한다) 또는 묘지 관련 시설로서 연면적 2천㎡ 이상인 경우에는 모든 층
⑥ 노유자 생활시설의 경우에는 모든 층
⑦ ⑥에 해당하지 않는 노유자 시설로서 연면적 400㎡ 이상인 노유자 시설 및 숙박시설이 있는 수련시설로서 수용인원 100명 이상인 경우에는 모든 층
⑧ 의료시설 중 정신의료기관 또는 요양병원으로서 다음의 어느 하나에 해당하는 시설
　가) 요양병원(의료재활시설은 제외한다)
　나) 정신의료기관 또는 의료재활시설로 사용되는 바닥면적의 합계가 300㎡ 이상인 시설
　다) 정신의료기관 또는 의료재활시설로 사용되는 바닥면적의 합계가 300㎡ 미만이고, 창살(철재·플라스틱 또는 목재 등으로 사람의 탈출 등을 막기 위하여 설치한 것을 말하며, 화재 시 자동으로 열리는 구조로 되어 있는 창살은 제외한다)이 설치된 시설
⑨ 판매시설 중 전통시장
⑩ 지하가 중 터널로서 길이가 1천m 이상인 것

⑪ 지하구
⑫ ③에 해당하지 않는 근린생활시설 중 조산원 및 산후조리원
⑬ ④에 해당하지 않는 공장 및 창고시설로서 「화재의 예방 및 안전관리에 관한 법률 시행령」 별표 2에서 정하는 수량의 500배 이상의 특수가연물을 저장·취급하는 것
⑭ ④에 해당하지 않는 발전시설 중 전기저장시설

[시각경보기]
시각경보기를 설치해야 하는 특정소방대상물은 자동화재탐지설비를 설치해야 하는 특정소방대상물 중 다음의 어느 하나에 해당하는 것과 같다.
① 근린생활시설, 문화 및 집회시설, 종교시설, 판매시설, 운수시설, 의료시설, 노유자 시설
② 운동시설, 업무시설, 숙박시설, 위락시설, 창고시설 중 물류터미널, 발전시설 및 장례시설
③ 교육연구시설 중 도서관, 방송통신시설 중 방송국
④ 지하가 중 지하상가

2 계통도 및 구성

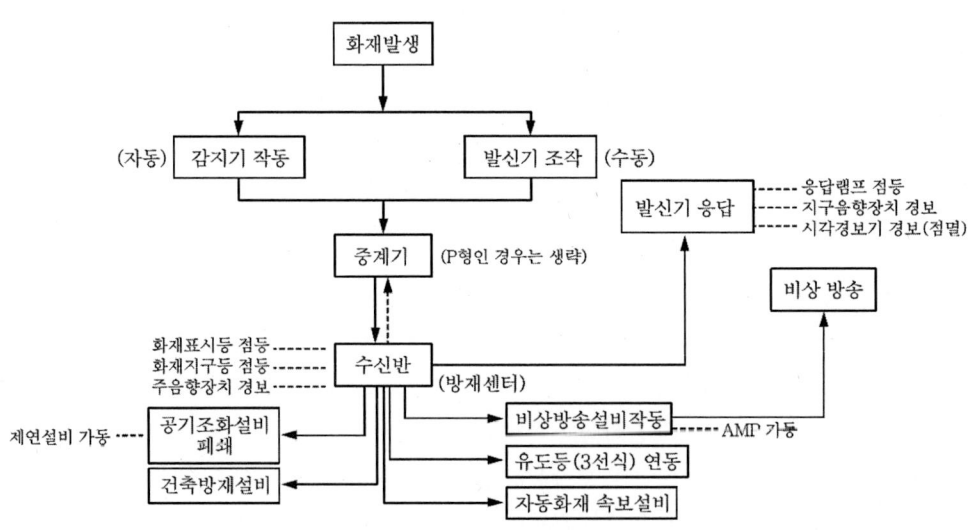

[자동화재탐지설비 계통도]

자동화재탐지설비 및 시각경보장치(NFTC203) Chapter 03.

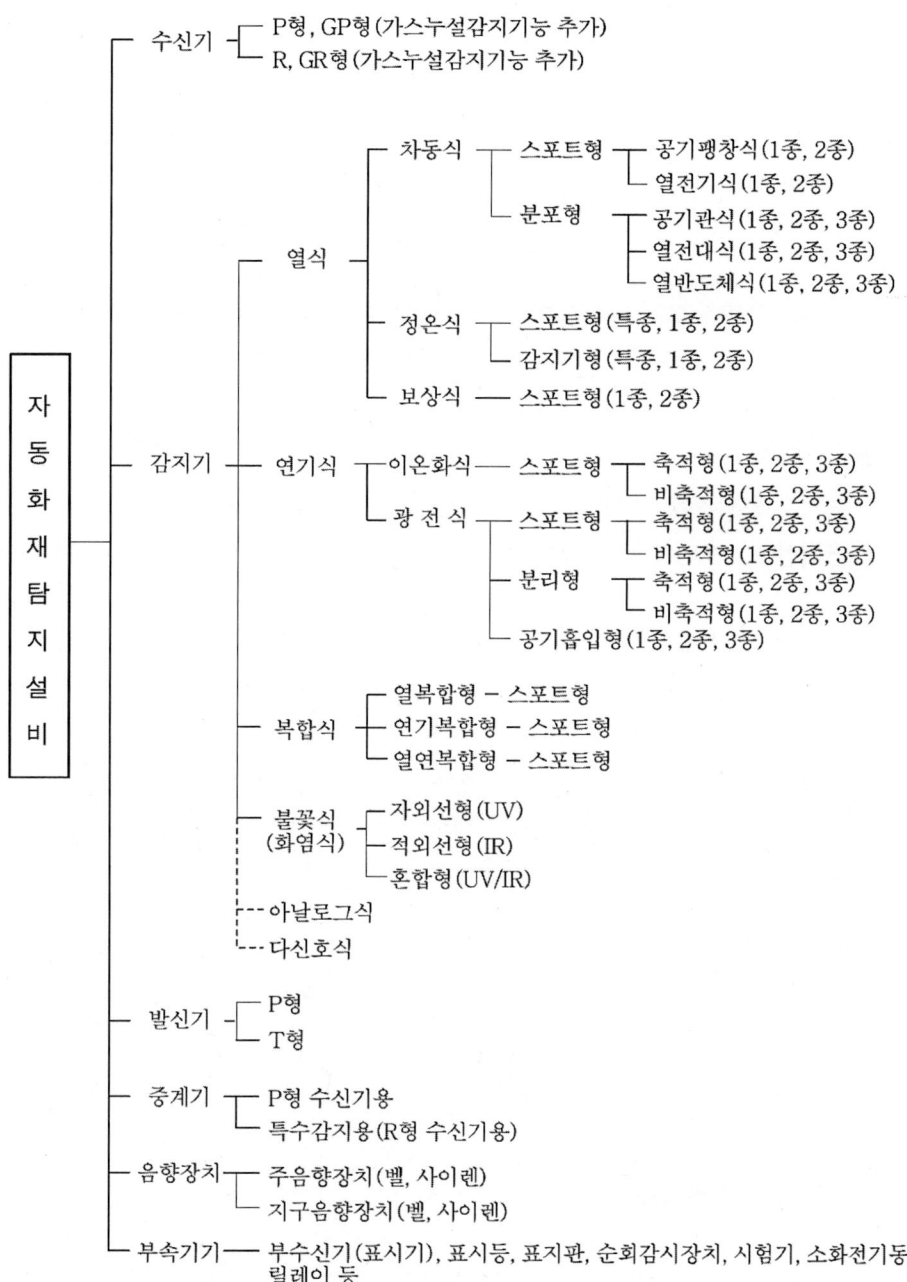

[자동화재탐지설비 구성도]

3 경계구역

(1) 정의
① "경계구역"이란 특정소방대상물 중 화재신호를 발신하고 그 신호를 수신 및 유효하게 제어할 수 있는 구역을 말한다.
② 1경계구역 : 자동화재탐지설비 1회선(1회로)이 화재를 유효하게 감지하는 구역

> **개념의 확립**
> 경계구역 수=종단저항의 수=P형수신기의 지구선(회로선 또는 신호선) 수

(2) 경계구역의 범위
① **경계구역의 경계** : 경계선은 복도, 통로, 방화벽 등으로 한다.
② **면적산출** : 세면장 등은 감지 면적에 산입하지 않으나 경계구역 면적에는 포함시킨다. 또한 지하층, 지붕 속의 면적도 경계구역에 포함시킨다.
③ **경계구역의 넘버링(Numbering) 방법**
  ㉠ 설정된 경계구역마다 경계선 및 경계구역 번호를 매긴다.
  ㉡ 경계구역의 넘버링은 보통 수신기와 가까운 곳에서 먼 곳으로, 수평적 경계구역에서 수직적 경계구역으로, 저층에서 고층 순으로 진행한다.
  ㉢ 수평적 경계구역은 원 안에 경계구역 번호만을 기입하고, 수직적 경계구역은 원을 상하 2등분하여 위에는 필요한 사항(경계구역 명칭)을, 아래에는 경계구역 번호를 기입한다.
    ㉮ 수평 : ① ② ③
    ㉯ 수직 : (계단/1) (E/V/2) (P.D/3)

(3) 경계구역의 설정기준
① **수평적 개념의 경계구역**
  ㉠ 하나의 경계구역이 2개 이상의 건축물에 미치지 않도록 할 것
  ㉡ 하나의 경계구역이 2개 이상의 층에 미치지 않도록 할 것. 다만, 500[m²] 이하의 범위 안에서는 2개의 층을 하나의 경계구역으로 할 수 있다.
  ㉢ 하나의 경계구역의 면적은 600[m²] 이하로 하고 한 변의 길이는 50[m] 이하로 할 것. 다만, 해당 특정소방대상물의 주된 출입구에서 그 내부 전체가 보이는 것에 있

어서는 한 변의 길이가 50[m]의 범위 내에서 1,000[m²] 이하로 할 수 있다.

② **수직적 개념의 경계구역**
  ㉠ 계단(직통계단 외의 것에 있어서는 떨어져 있는 상하 계단의 상호 간의 수평거리가 5[m] 이하 로서 서로 간에 구획되지 아니한 것에 한함) · 경사로(에스컬레이터 경사로 포함) · 엘리베이터 승강로(권상기실이 있는 경우 권상기실) · 린넨슈트 · 파이프 피트 및 덕트, 기타 이와 유사한 부분에 대하여는 별도로 경계구역을 설정하되, 하나의 경계구역은 높이 45[m] 이하 (계단 및 경사로에 한함)로 한다.
  ㉡ 지하층의 계단 및 경사로(지하층의 층수가 한개층일 경우는 제외)는 별도로 하나의 경계구역으로 설정해야 한다.

③ 외기에 면하여 상시 개방된 부분이 있는 차고 · 주차장 · 창고 등에 있어서는 외기에 면하는 각 부분으로부터 5[m] 미만의 범위 안에 있는 부분은 경계구역의 면적에 산입하지 않는다.

④ 스프링클러설비 · 물분무등소화설비 또는 제연설비의 화재감지장치로서 화재감지기를 설치한 경우의 경계구역은 해당 소화설비의 방호구역 또는 제연구역과 동일하게 설정할 수 있다.

소방설비		방출(방호)구역 또는 제연구역	설정 기준
스프링클러 소화설비	폐쇄형	바닥면적 기준	3,000[m²] 이하마다 설정
		층별기준	1개 층을 하나의 방출구역으로 설정
			1개 층에 헤드가 10개 이하인 경우 3개 층마다 하나의 방호구역으로 설정
	개방형	층별 기준	1개 층을 하나의 방수구역으로 설정
		헤드 기준	50개 이하마다 설정
물분무 등 소화설비		구역별 기준	방출구역마다 설정
제연설비		제연대상 기준	제연구역마다 설정

4 수신기

(1) 수신기의 정의

감지기나 발신기에서 발하는 화재신호를 직접 수신하거나 중계기를 통하여 수신하여 화재의 발생을 표시 및 경보하여 주는 장치를 말한다. 방재실 등 상시 사람이 근무하는 장소에 설치하며 기종 및 회로수 선택에 주의해야 한다.

(2) 수신기의 종류

수신기 종류 ─ **P형**, GP형
　　　　　 └ **R형**, GR형

① **P형** : 감지기 또는 P형 발신기에서 보낸 신호를 받으면 화재등, 지구등이 점등되며 동시에 수신기 측 주경종과 해당 지구의 경종이 경보를 발하는 시스템이다. 가스누설 경보기능이 첨가된 것을 GP형이라 하며 GP형은 화재신호 수신 시 적색등, 가스누설신호 수신 시 황색등이 점등된다.

② **R형** : 감지기 또는 P형 발신기에서 보낸 화재신호를 중계기를 거쳐 수신하는 것이 특징인데, 화재등, 지구등이 점등되고 경종(주경종 및 지구경종)이 경보됨과 동시에 Printer로 기록된다. 가스누설 경보기능이 첨가된 것을 GR형이라 하며, GR형은 화재신호 수신 시 적색등, 가스누설신호 수신 시 황색등이 점등된다.

구 분	P형 수신기	R형 수신기
적용대상물	중·소형 특정소방대상물	다수동·대형 특정소방대상물·대단위 단지
신호전달방식	개별신호 방식	다중신호 방식
표시방식	지도식, 창구식	지도식, 창구식, 디지털식, CRT식
신호의 종류	전체회로의 공통신호 방식	각 회로마다의 고유신호 방식
중계기	불필요	반드시 필요
도통시험	수신기와 말단감지기 사이	• 수신기와 중계기 사이 • 수신기와 말단감지기 사이 • 중계기와 말단감지기 사이
경제성	• 수신기 자체는 저가 • 배관, 간선수가 많아 전체 시스템비용 및 인건비가 많이 들고, 증설의 난점 등을 고려하면 경제성 낮음	• 수신기 자체는 고가 • 배관, 간선수가 적고 증설, 이설 등의 용이성을 고려하면 경제적임
설치공간	충분한 공간이 필요	최소한의 공간 필요

자동화재탐지설비 및 시각경보장치(NFTC203) Chapter 03.

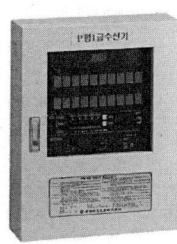
(a) 벽부형(자·탐 전용)

(b) 자립형(복합형 : 자·탐 및 소화·제연 전용)

[P형 수신기]

[R형 수신기]

(3) 수신기의 구조 및 기능
① P형 수신기
㉠ 수신기의 구성부 및 스위치의 기능
- ㉮ 전압지시부 : 이상이 없을 경우 22~26[V]를 지시
- ㉯ 교류전원 감시등 : 전원이 입력될 경우 점등되며 수신기의 평상시 상태는 교류전원 감시등만 점등된다.
- ㉰ 예비전원 감시등 : 예비전원의 이상 유무를 확인(예비전원 이상 시 점등)
- ㉱ 발신기 응답등 : 수동발신기의 버튼을 누르면 점등(버튼 복구 시 소등)
- ㉲ 스위치 주의등 : 각 조작스위치 중 하나 이상 정상위치에 있지 않을 때 점멸점등
- ㉳ 선로 단선등 : 지구회로의 배선이 단선된 경우 점등
- ㉴ 배터리시험 스위치 : 예비전원의 축전지 충전상태를 점검 시 사용
- ㉵ 주경종정지 스위치 : 주경종의 경보음을 중지시킬 때 사용
- ㉶ 지구경종정지 스위치 : 지구경종의 경보음을 중지시킬 때 사용
- ㉷ 비상방송정지 스위치 : 비상방송과의 연동을 중지시킬 때 사용
- ㉸ 도통시험 스위치 : 이 스위치를 누르고 회로선택(Rotary) 스위치를 회전시키면 해당 회로의 도통상태(결선상태)를 확인할 수 있다.
- ㉹ 화재작동시험 스위치 : 이 스위치를 누르고 회로선택 스위치를 회전시키면 해당 회로의 화재작동 상황표시 여부를 확인할 수 있다.
- ㉺ 복구 스위치 : 동작 중인 회로를 복구시킬 때 누른다.
- ㉻ 자동복구 스위치 : 시험위치에 놓으면 감지기를 작동상태에서 원상태로 복구시킬 경우 수신기가 작동상태에서 자동으로 원상 복구(연속으로 화재작동시험을 할 때 사용)
- ⊙ 부저(Buzzer) : 발신기에서 전화기의 플러그를 꽂으면 수신기의 부저가 울림으로써 통화요구상태임을 알린다. 수신기에서 통화를 위해 전화기 플러그를 꽂으면 부저음은 중지된다.(이후 전화기로 상호 통화)

㉡ P형 수신기의 기능
- ㉮ 화재표시작동 시험장치
- ㉯ 수신기와 감지기, 수신기와 발신기 사이의 외부배선 도통시험장치
- ㉰ 주전원에 교류전원을 사용하는 경우 정전 시 자동적으로 예비전원으로 절환되고 정전이 복구되는 경우 자동적으로 예비전원에서 주전원으로 절환되는 장치
- ㉱ 예비전원의 양부시험장치

② R형 수신기
   ⊙ 특징 : 증·개축이 많거나 회로수가 많은 대규모 건물이나 다수의 동(棟)이 있는 건물에 적합하며, 단점으로 수신기 값이 비싸고 운영 및 보수에 전문적인 기술이 필요하다.
     ㉮ 간선수(선로수)가 적게 들어 경제적이다.
     ㉯ 선로의 길이를 길게 할 수 있다.
     ㉰ 신호의 전달이 명확하다.
     ㉱ 이설, 증설 등이 용이하다.
     ㉲ 화재발생지구를 숫자로 표시할 수 있다.
     ㉳ 고유의 신호를 전달하는 중계기가 설치되어 있다.
   ⓒ 기능
     ㉮ 화재가 발생한 경계구역(회로)을 용이하게 식별할 수 있는 기록장치
     ㉯ 지구표시등 또는 적절한 표시장치
     ㉰ 화재표시작동 시험장치
     ㉱ 발신기와 중계기 사이의 외부배선의 도통시험장치
     ㉲ 주전원에 교류전원을 사용하는 경우 정전 시 자동적으로 예비전원으로 절환되고 정전이 복구되는 경우 자동적으로 예비전원에서 주전원으로 절환되는 장치
     ㉳ 예비전원의 양부시험장치
   ⓒ 다중통신[R형 방식의 신호방식] : P형방식은 발신기 또는 감지기로부터 수신기까지 실선으로 배선되어 있어서 지구(회로)가 많은 경우 그 수만큼 신호선이 필요하나 R형 방식은 중계기에서 수신기까지 단 2선의 신호선만으로 수많은 신호(입력 및 출력 신호)를 주고 받을 수 있어 간선수가 적게 든다. R형 시스템은 양방향 통신방식을 채용하는데, 양방향 통신방식이란 다량의 입출력신호를 고유의 신호로 변환시켜 전송하는 다중통신(Multiplexing Communication)방식을 말한다.

> **R형수신기의 기본간선**
> - 신호선 2가닥
> - 전원선 2가닥

③ 무선식 수신기[수신기의 형식승인 및 제품검사 기술기준]
   무선식 감지기·무선식 중계기·무선식 발신기·무선식 경종·무선식 시각경보장치와 연결되는 수신기의 기능
   ⊙ 화재발생을 경보하고 있는 수신기 및 작동상태를 지속되고 있는 무선식 감지기·무선식 중계기·무선식 경종·무선식 시각경보장치를 화재감시 정상상태로 전환시

킬 수 있는 수동 복귀스위치를 설치해야 한다.
ⓒ 수신기는 다음의 어느 하나에 해당되는 신호 발신개시로부터 200초 이내에 표시등 및 음향으로 경보되어야 한다.
　㉮ 「감지기의 형식승인 및 제품검사의 기술기준」 제5조의4제2항제4호
　㉯ 「발신기의 형식승인 및 제품검사의 기술기준」 제4조의3제3항제2호
　㉰ 「중계기의 형식승인 및 제품검사의 기술기준」 제3조의2제3항제2호
　㉱ 「경종의 형식승인 및 제품검사의 기술기준」 제3조의3제4항제2호
　㉲ 「시각경보장치의 성능인증 및 제품검사의 기술기준」 제4조제2항제3호
ⓒ 제17조제6가목 및 나목에 의한 통신점검 개시로부터 다음 각 호의 어느 하나에 해당되는 경우에 의해 발신된 확인신호를 수신하는 소요시간은 200초 이내이어야 하며, 수신 소요시간을 넘을 경우 표시등 및 음향으로 경보해야 한다.
　㉮ 「감지기의 형식승인 및 제품검사의 기술기준」 제5조의4제2항제2호
　㉯ 「발신기의 형식승인 및 제품검사의 기술기준」 제4조의3제2항
　㉰ 「중계기의 형식승인 및 제품검사의 기술기준」 제3조의2제1항제3호 · 제2항제3호 · 제4항제4호 · 제5항제3호
　㉱ 「경종의 형식승인 및 제품검사의 기술기준」 제3조의3제3항
　㉲ 「시각경보장치의 성능인증 및 제품검사의 기술기준」 제4조제2항제1호
ⓔ 무선식 감지기, 무선식 발신기, 무선식 중계기, 무선식 경종, 무선식 시각경보장치로부터 통신점검 신호를 수신하는 장치가 있는 경우에는 다음 각목에 의한 통신점검신호 발신개시로부터 제17조제6호다목에 의한 통신점검신호 및 재확인신호를 수신하는 소요시간은 200초 이내이어야 하며, 수신 소요시간을 초과할 경우 표시등 음향으로 경보하여야 한다.
　㉮ 「감지기의 형식승인 및 제품검사의 기술기준」 제5조의4제2항제2의2호가목
　㉯ 「발신기의 형식승인 및 제품검사의 기술기준」 제4조의3제4항제1호
　㉰ 「중계기의 형식승인 및 제품검사의 기술기준」 제3조의2제6항제1호
　㉱ 「경종의 형식승인 및 제품검사의 기술기준」 제3조의3제5항제1호
　㉲ 「시각경보장치의 성능인증 및 제품검사의 기술기준」 제4조제2항제5호가목
ⓜ 수신기는 화재신호 · 화재정보신호를 수신하는 경우 경보작동신호를 수동으로 복귀시키지 않는 한 60초 이내 주기마다 연결되는 무선식 경종, 무선식 중계기, 무선식 시간경보장치에 발신하여야 한다.
ⓗ 제17조제6호가목, 나목 및 다목에 의한 통신점검시험 중에도 다른 회선의 감지기, 발신기, 중계기부터 화재신호를 수신하는 경우 화재표시가 되어야 한다.

(4) 수신기의 설치기준

① 자동화재탐지설비의 수신기는 다음 기준에 적합한 것으로 설치해야 한다.
　㉠ 해당 특정소방대상물의 경계구역을 각각 표시할 수 있는 회선수 이상의 수신기를 설치할 것
　㉡ 해당 특정소방대상물에 가스누설탐지설비가 설치된 경우에는 가스누설탐지설비로부터 가스누설신호를 수신하여 가스누설경보를 할 수 있는 수신기를 설치할 것(가스누설탐지설비의 수신부를 별도로 설치한 경우에는 제외한다)

② 자동화재탐지설비의 수신기는 특정소방대상물 또는 그 부분이 지하층·무창층 등으로서 환기가 잘되지 아니하거나 실내면적이 40㎡ 미만인 장소, 감지기의 부착면과 실내 바닥과의 거리가 2.3m 이하인 장소로서 일시적으로 발생한 열·연기 또는 먼지 등으로 인하여 감지기가 화재신호를 발신할 우려가 있는 때에는 축적기능 등이 있는 것(축적형감지기가 설치된 장소에는 감지기회로의 감시전류를 단속적으로 차단시켜 화재를 판단하는 방식외의 것을 말한다)으로 설치해야 한다. 다만, 비화재보 방지기능이 있는 감지기를 설치한 경우에는 그렇지 않다.

> **비화재보방지 기능이 있는 감지기의 종류**
>
> - 불꽃감지기
> - 분포형 감지기
> - 광전식 분리형 감지기
> - 다신호방식의 감지기
> - 정온식 감지선형 감지기
> - 복합형 감지기
> - 아날로그방식의 감지기
> - 축적방식의 감지기

③ 수신기는 다음의 기준에 따라 설치해야 한다.
　㉠ 수위실 등 상시 사람이 근무하는 장소에 설치할것. 다만, 사람이 상시 근무하는 장소가 없는 경우에는 관계인이 쉽게 접근할 수 있고 관리가 용이한 장소에 설치할 수 있다.
　㉡ 수신기가 설치된 장소에는 경계구역 일람도를 비치할 것. 다만, 모든 수신기와 연결되어 각 수신기의 상황을 감시하고 제어할 수 있는 수신기(이하 "주수신기"라 한다)를 설치하는 경우에는 주수신기를 제외한 기타 수신기는 그렇지 않다.
　㉢ 수신기의 음향기구는 그 음량 및 음색이 다른 기기의 소음 등과 명확히 구별될 수 있는 것으로 할 것
　㉣ 수신기는 감지기·중계기 또는 발신기가 작동하는 경계구역을 표시할 수 있는 것으로 할 것
　㉤ 화재·가스 전기등에 대한 종합방재반을 설치한 경우에는 해당 조작반에 수신기의 작동과 연동하여 감지기·중계기 또는 발신기가 작동하는 경계구역을 표시할 수 있는 것으로 할 것

ⓑ 하나의 경계구역은 하나의 표시등 또는 하나의 문자로 표시되도록 할 것
ⓢ 수신기의 조작 스위치는 바닥으로부터의 높이가 0.8m 이상 1.5m 이하인 장소에 설치할 것
ⓞ 하나의 특정소방대상물에 2 이상의 수신기를 설치하는 경우에는 수신기를 상호간 연동하여 화재발생 상황을 각 수신기마다 확인할 수 있도록 할 것
ⓩ 화재로 인하여 하나의 층의 지구음향장치 또는 배선이 단락되어도 다른 층의 화재 통보에 지장이 없도록 각 층 배선상에 유효한 조치를 할 것

5 중계기

(1) 중계기의 정의

① 감지기 또는 발신기가 작동하여 보내온 신호를 받아 수신기에 발신하거나 소화설비, 제연설비, 기타 설비의 신호를 발신한다. P형 수신기용과 R형 수신기용이 있는데 이 중 R형 수신기용은 필수적으로 설치해야 한다.
② 일반적으로 R형 설비에서 사용하는 신호 변환장치로서 감지기, 발신기 등 Local 기기 장치와 수신기 사이에 설치하여, 화재 신호를 수신기에 통보하고 이에 대응하는 출력 신호를 Local 기기장치에 송출하는 방식으로 중계역할을 하는 장치이다. 중계기에는 전원 장치의 내장 유무 및 사용회로에 따라 집합형과 분산형으로 구분한다.

(2) 중계기의 종류

① **집합형**
  ㉠ 전원장치를 내장(A.C 220[V])하며 보통 전기피트(Pit)실 등에 설치한다.
  ㉡ 회로는 대용량의 회로(30~40회로)를 수용하며 하나의 중계기당 보통 2~3개 층을 담당한다.
② **분산형**
  ㉠ 전원장치를 내장하지 않고 수신기의 전원(D.C 24[V])을 이용하며 소화전함, 발신기함 등에 내장하여 설치한다.
  ㉡ 회로는 소용량(5회로 미만)으로 Local 기기별로 중계기를 설치한다.

[집합형과 분산형 중계기의 비교]

구 분	집합형	분산형
입력전원	교류 220[V]	직류 24[V]
전원공급	• 외부 전원을 이용 • 정류기 및 비상전원 내장	• 수신기의 비상전원을 이용 • 중계기에 전원장치 없음
회로수용능력	대용량(30~40회로)	소용량(5회로 미만)
외형크기	대형	소형
설치방법	• 전기 Pit실 등에 설치 • 2~3개 층당 1대씩	• 발신기함, 소화전함, 수동조작함, SVP, 연동제어기에 내장하거나 별도의 격납함에 설치 • 각 말단(local) 기기별 1대씩
전원공급 사고 시	내장된 예비전원에 의해 정상적인 동작을 수행	중계기 전원 선로의 사고 시 해당 계통 전체 시스템 마비
설치적용	• 전압 강하가 우려되는 장소 • 수신기와 거리가 먼 초고층 빌딩	• 전기피트 등의 공간이 좁은 건축물 • 아날로그 감지기를 객실별로 설치하는 호텔, 오피스텔, 아파트 등

(3) 중계기의 설치기준

① 수신기에서 직접 감지기회로의 도통시험을 행하지 않는 것에 있어서는 수신기와 감지기 사이에 설치할 것
② 조작 및 점검에 편리하고 화재 및 침수 등의 재해로 인한 피해를 받을 우려가 없는 장소에 설치할 것
③ 수신기에 따라 감시되지 않는 배선을 통하여 전력을 공급받는 것(집합형 중계기)에 있어서는 전원입력 측의 배선에 과전류차단기를 설치하고 해당 전원의 정전이 즉시 수신기에 표시되는 것으로 하며, 상용전원 및 예비전원의 시험을 할 수 있도록 할 것

6 감지기

(1) 감지기의 정의

화재 시 발생하는 열, 연기, 불꽃 또는 연소생성물을 자동적으로 감지하여 수신기에 화재신호 등을 발신하는 장치(자체적으로 감지 및 경보를 발하는 것은 단독경보형 감지기)

(2) 감지기의 종류

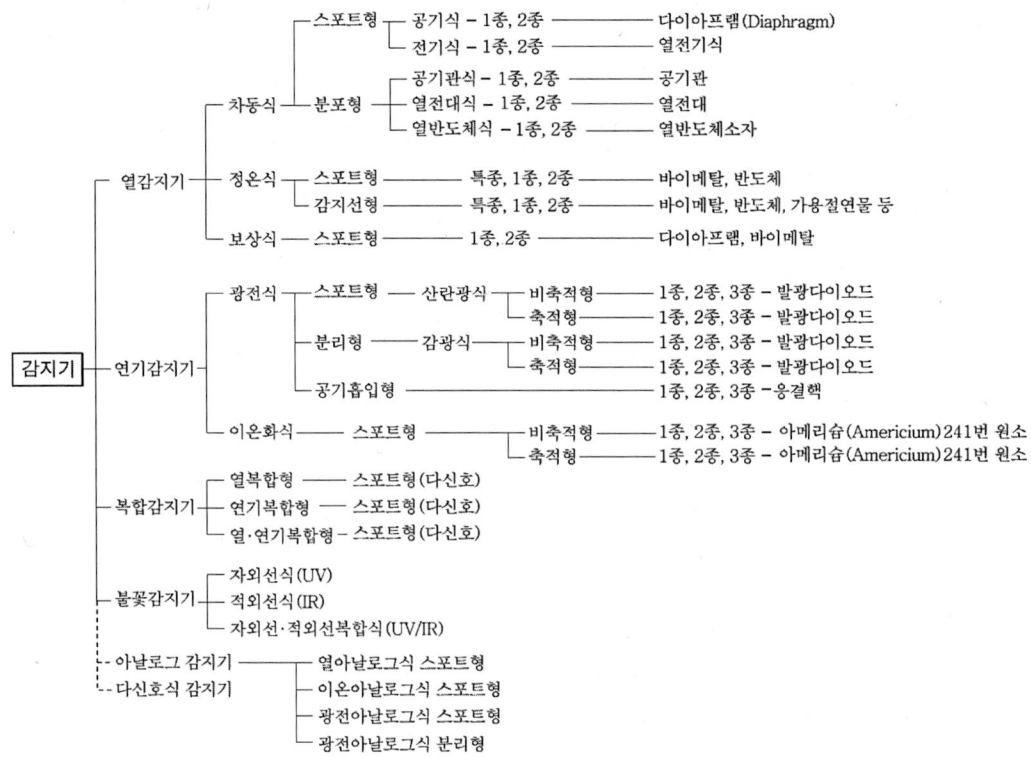

(3) 감지기의 종류별 정의

① **차동식 스포트(Spot)형 감지기** : 주위온도가 일정상승률 이상으로 증가하는 경우 작동하는 것으로서 일국소의 열효과에 의하여 작동하는 것[열감지기]

② **차동식 분포형 감지기** : 주위온도가 일정상승률 이상으로 증가하는 경우 작동하는 것으로서 넓은 범위 내에서의 열효과에 의하여 작동하는 것[열감지기]

③ **정온식 스포트형 감지기** : 일국소의 주위온도가 일정 온도 이상이 되는 경우 작동하는 것으로서 외관이 전선으로 되어 있지 아니한 것[열감지기]

④ **정온식 감지선형 감지기** : 일국소의 주위온도가 일정 온도 이상이 되는 경우 작동하는 것으로서 외관이 전선으로 되어 있는 것[열감지기]

⑤ **보상식 스포트형 감지기** : 차동식 스포트형 감지기와 정온식 스포트형 감지기의 성능을 겸한 것으로서 차동식 스포트형 감지기 또는 정온식 스포트형 감지기의 성능 중 어느 한 기능이 작동되면 작동신호를 발하는 것[열감지기]

⑥ **이온화식 감지기** : 주위의 공기가 일정 농도의 연기를 포함하게 되는 경우 작동하는 것으로서 일국소의 연기에 의하여 이온전류가 변화하여 작동하는 것[연기감지기]

⑦ **광전식 감지기** : 주위의 공기가 일정 농도의 연기를 포함하게 되는 경우 작동하는 것으로서 일국소의 연기에 의하여 광전소자에 접하는 광량의 변화로 작동하는 것[연기감지기]

⑧ **열복합형 감지기** : 차동식 스포트형 감지기와 정온식 스포트형 감지기의 성능이 있는 것으로서 두 가지 성능의 감지기능이 함께 작동될 때 화재신호를 발신하거나 두 개의 화재신호를 각각 발신하는 것[열감지기]

⑨ **연복합형 감지기** : 이온화식 감지기와 광전식 감지기의 성능이 있는 것으로서 두 가지 성능의 감지기능이 함께 작동될 때 화재신호를 발신하거나 두 개의 화재신호를 각각 발신하는 것[연기감지기]

⑩ **열연복합형 감지기** : 두 가지 성능의 감지기능이 함께 작동될 때 화재신호를 발하거나 또는 두 개의 화재신호를 각각 발신하는 것[열 및 연기 감지기]
  ㉠ 차동식 스포트형 감지기와 이온화식 감지기의 성능이 있는 것
  ㉡ 차동식 스포트형 감지기와 광전식 감지기의 성능이 있는 것
  ㉢ 정온식 스포트형 감지기와 이온화식 감지기의 성능이 있는 것
  ㉣ 정온식 스포트형 감지기와 광전식 감지기의 성능이 있는 것

(4) 감지기의 형식별분류

① **방수형 감지기** : 구조가 방수구조로 되어 있는 감지기(↔ 비방수형)
② **재용형 감지기** : 작동 복귀 후 다시 사용이 가능한 감지기(↔ 비재용형)
③ **축적형 감지기** : 일정 농도 이상의 연기가 일정시간(공칭축적 시간) 연속하는 것을 전기적으로 검출함으로써 작동하는 감지기(↔ 비축적형)
④ **방폭형 감지기** : 폭발성 가스가 용기 내부에서 폭발하였을 때 그 압력에 견디거나 폭발성 가스에 인화될 우려가 없도록 된 감지기(↔ 비방폭형)
⑤ **다신호식 감지기** : 하나의 감지기에 종별이 다르거나 감도 등이 다른 기능을 갖춘 것으로서 일정시간 간격을 두고 각각 다른 2개 이상의 화재신호를 발하는 감지기(↔ 단신호식)
⑥ **아날로그식 감지기** : 주위의 온도 또는 연기량의 변화에 따라 각각 다른 전류치 또는 전압치 등의 출력을 발하는 방식의 감지기(↔ 일반 감지기)

(5) 감지기의 종류별 구조 및 기능

① 차동식 스포트형 감지기

　㉠ 공기팽창식

　　㉮ 구조 : 감열실(Chamber), 리크공(Leak Hole), 접점, 다이아프램(Diaphragm), 작동표시장치(LED), 증판(Base), 전원 및 배선으로 이루어져 있다.

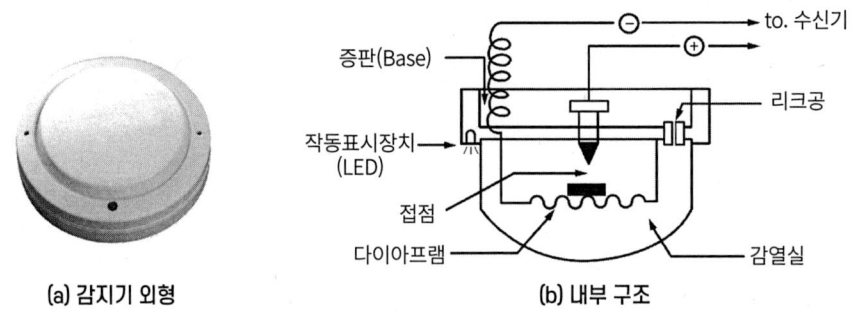

(a) 감지기 외형　　　　(b) 내부 구조

　　㉯ 동작원리 : 화재열로 실내온도가 급격히 상승하는 경우 감열실의 공기가 팽창하여 다이어프램을 밀어올린다. 이때 접점이 폐로되어 수신기로 화재신호를 보낸다. 그러나 난방 등으로 실내온도가 완만히 상승하면 감열실 내 팽창된 공기가 리크공으로 누설되어 압력이 조절되고 접점은 폐로되지 않는다.(리크공이 오작동 방지 역할)

　㉡ 열기전력 이용방식

　　㉮ 구조 : 반도체열전대, 감열실, 고감도릴레이, 접점 및 배선으로 구성

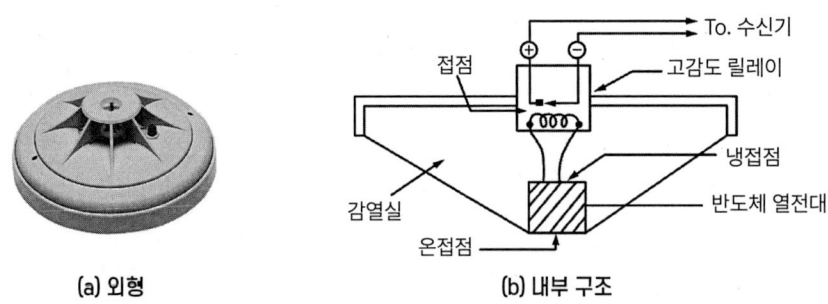

(a) 외형　　　　(b) 내부 구조

　　㉯ 동작원리 : 발화하면 화재열이 감열실 하단의 반도체열전대에 전달되어 열기전력을 일으키고 고감도릴레이를 작동시킨다. 이때 접점이 폐로되어 수신기로 화재신호를 발한다. 그러나 난방 등에 의한 완만한 온도 상승 시 온접점측 열기전력과 크기가 같은 냉접점측 열기전력(반대부호의 역기전력)이 생겨 서로 상쇄되므로 접점이 폐로되지 않는다.

② 차동식 분포형 감지기
  ㉠ 공기관식 감지기
    ㉮ 구조 : 감열부와 검출부로 나뉜다. 감열부는 공기관, 검출부는 리크공, 다이어프램, 접점, 시험장치 및 배선으로 구성

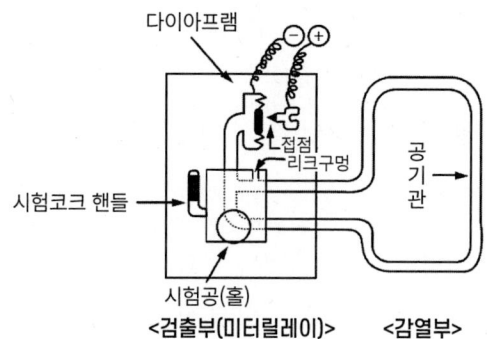
<검출부(미터릴레이)> <감열부>

    ㉯ 동작원리 : 화재실에 길게 설치된 공기관에 열이 가해지면 공기관 내의 공기가 선팽창하여 검출부의 다이어프램을 부풀린다. 이때 접점이 폐로되면 수신기로 화재신호를 보낸다. 그러나 난방 등 완만한 온도상승 시에는 팽창공기가 리크공으로 누설되어 감지기는 작동하지 않는다.

📁 공기관에 관한 주요사항
- 재질 : 구리(Pipe 형태의 중공동관)
- 규격 : 외경은 1.9[mm] 이상, 두께는 0.3[mm] 이상
- 리크공(리크구멍)의 기능 : 오동작 방지
- 시공 길이 : 1개 감지구역마다 20[m] 이상, 검출부 1개마다 100[m] 이하
- 고정 지지금구 : 스테이플, 스티커
- 지지금구간격 : 5cm마다 고정
- 굴곡부 곡률반경 : 5mm 이상

📁 공기관 접속방법
- 공기관과 공기관 접속 : 슬리브에 삽입 후 납땜 처리
- 검출부의 단자와 공기관 : 공기관을 단자에 삽입 후 납땜 처리

  ㉡ 열전대식 감지기
    ㉮ 구조 : 감열부(열전대 및 접속전선)와 검출부(미터릴레이, 접점)로 구성
    ㉯ 동작원리 : 화재열로 열전대부가 가열되면 열기전력이 생겨 미터릴레이로 전류가 흘러 접점이 폐로되며, 수신기로 화재신호가 전달된다. 난방 등 완만한 온도상승 시는 열기전력이 작아 접점을 폐로시키지 못한다.

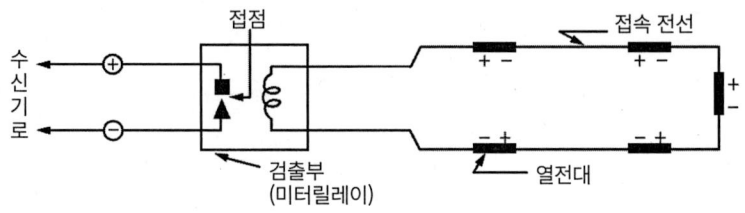

ⓒ 열반도체식 감지기
  ㉮ 구조 : 감열부(열반도체소자, 수열판 및 접속전선)와 검출부(미터릴레이, 접점)로 구성
  ㉯ 동작원리 : 화재열이 수열판에 전달되면 열반도체소자(Bi-Sb-Te계 화합물)에서 열기전력이 발생하여 폐회로를 구성, 수신기에 화재신호를 발한다. 그러나 난방 등에 의한 완만한 온도 상승 시 동니켈(Cu-Ni)선에서 발생한 역기전력에 의해 오동작을 방지한다.

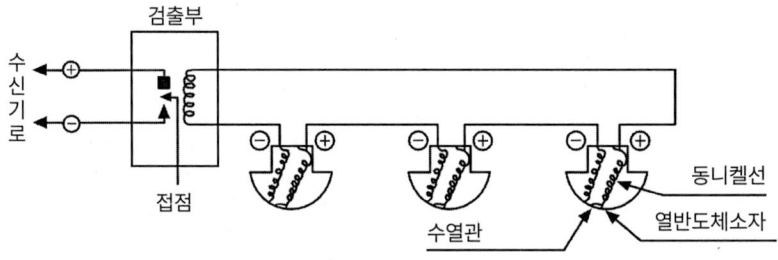

③ **정온식 스포트형 감지기**
  ㉠ 바이메탈의 활곡을 이용한 방식 : 열을 받은 바이메탈(가변접점)이 굴곡되어 고정접점에 닿으면 화재신호가 수신기로 전달된다.
  ㉡ 원반바이메탈의 반전을 이용한 방식 : 원반형 바이메탈이 가열되면 반전되어 접점이 폐로되어 화재신호를 발한다.
  ㉢ 금속의 팽창계수차를 이용한 방식 : 외부는 고팽창 금속을, 내부에는 저팽창 금속을 달고 화재시 고팽창금속이 길이 방향으로 팽창하면 내부의 접점이 닿게 되는 방식의 감지기
  ㉣ 가용절연물을 이용한 방식 : 주위온도가 일정온도에 도달하면 가용절연물이 녹아 Y형 내부전선이 벌어져 측벽의 금속판에 닿음으로써 폐로를 구성한다.(비재용형 감지기)
  ㉤ 액체의 팽창을 이용한 방식 : 수열체가 가열되어 일정 온도에 도달하면 반전판의 액체가 팽창하여 접점을 붙게 한다. 액체는 보통 알코올을 사용한다.

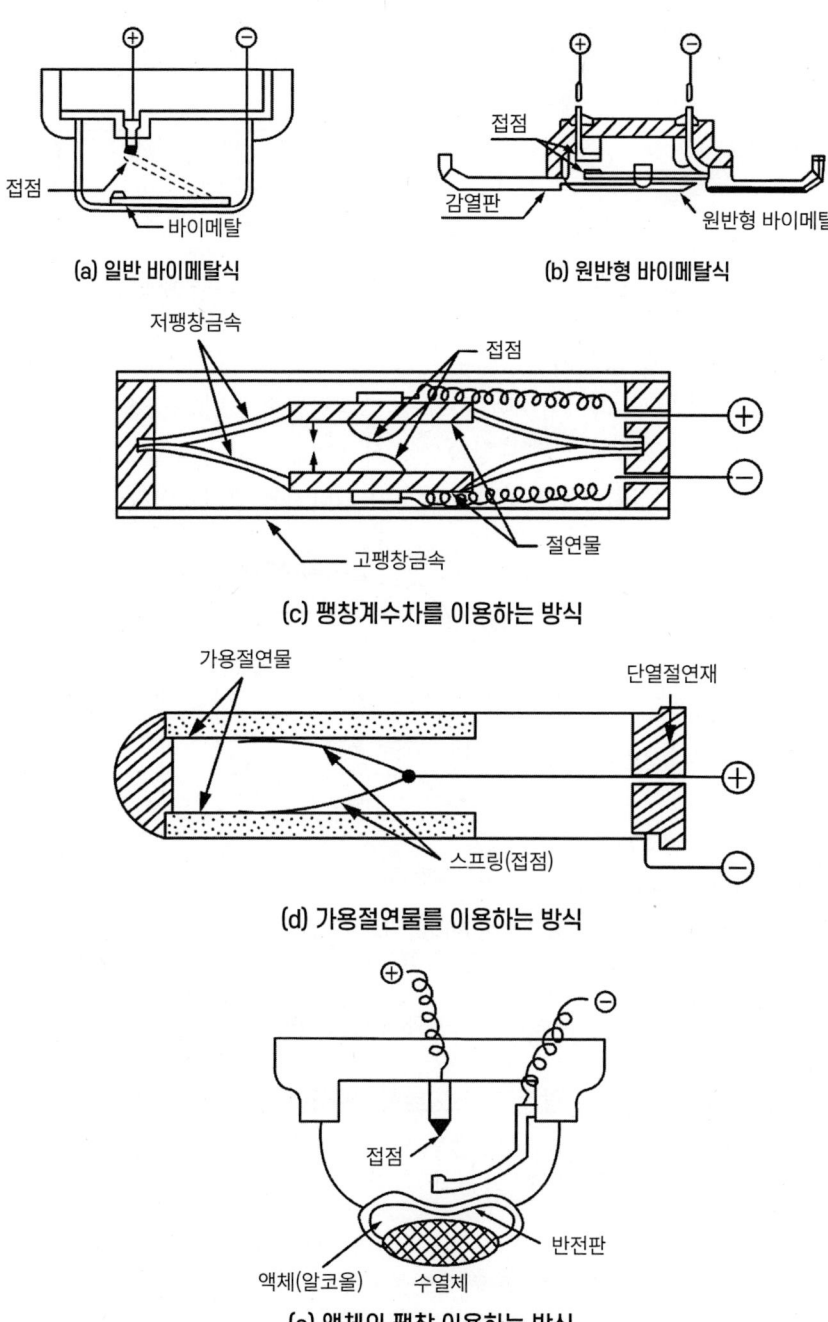

④ **정온식 감지선형 감지기** : 전기적으로 절연시켜 놓은 2개의 선이 화재열을 받아 일정 온도가 되면 가용(可溶) 절연물(Thermo-plastic)이 녹아 두 선이 접촉되면서 폐회로를 구성, 화재신호를 발한다.

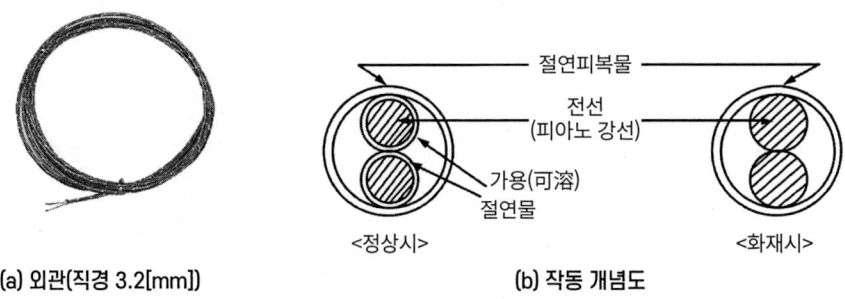

(a) 외관(직경 3.2[mm])   (b) 작동 개념도

⑤ 보상식 스포트형 감지기
  ㉠ 구성 : 감열실, 다이어프램, 리크공, 고팽창금속, 저팽창금속, 접점으로 구성
  ㉡ 작동원리 : 차동식 스포트형과 정온식 스포트형의 성능을 모두 가진 것으로 일국소의 주위 온도의 변화에 따라서 감도가 달라지는 감지기이다.

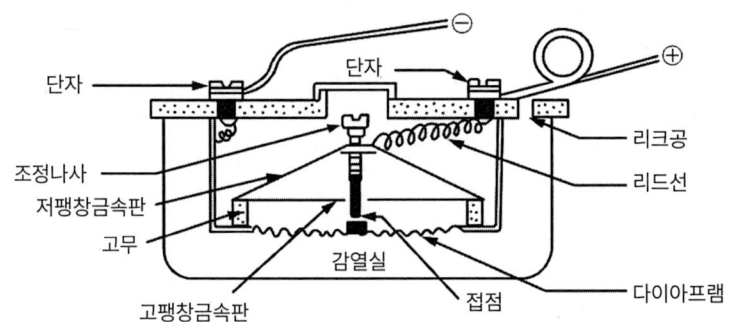

[작동 설명]
• 차동식 작동원리 : 평상의 난방 시에는 리크공이 있어 오동작을 방지하고 화재로 실내온도가 급상승 시에는 다이어프램의 팽창으로 접점이 폐로되어 화재신호를 발한다.
• 정온식 작동원리 : 화재로 실내온도가 일정온도에 도달하면 고팽창금속이 활곡 또는 선팽창하여 접점을 폐로시킴으로써 화재신호를 발한다.

⑥ 연기감지기[이온화식, 광전식(스포트형, 분리형, 공기흡입형)]
  ㉠ 이온화식 감지기 : 연소생성물인 연기가 이온실(외부)로 유입되면 이온전류가 감소하여 화재신호를 발하는 감지기
    ㉮ 구성
      ⓐ 이온실 : 연기를 검출하는 부분(내부이온실은 밀폐구조, 외부이온실은 개방구조이며, 발연 시 연기를 검출하는 부분은 외부이온실)
      ⓑ 신호증폭회로 : 이온실에서 발생한 전류에 의한 전압변동치를 증폭시키는 부분
      ⓒ 스위칭회로 : 증폭된 신호가 일정치 이상이면 폐로되어 화재신호를 발함

ⓓ 작동표시장치(LED) : 감지기의 동작상태를 표시(통상 적색으로 작동 시에만 점등)

ⓔ 배선 : 감지기의 화재신호 전류를 수신반으로 전송시키는 경로

㉯ 동작원리 : 평상시 이온실에 방사선원 아메리슘(Am^{241}), 라듐(Ra) 또는 폴로늄(Po)으로 α선을 조사하면 전류(이온전류)가 흐르는데 이때 내부 및 외부 이온실에 인가된 전압은 균등하다. 그러나 화재시 외부 이온실에 연기가 유입됨으로써 그림의 (c)와 같이 외부 이온실의 전압 특성도는 A에서 B로 변하는데, 전압은 V_1에서 V_2로 되어 전압차 $\Delta V(=V_2-V_1)$가 발생한다. 이때, 전압차가 일정값 이상이 되면 스위칭회로가 폐로되어 화재신호를 발하게 된다.(유입된 연기와 전자가 화학결합하여 전위차가 발생함)

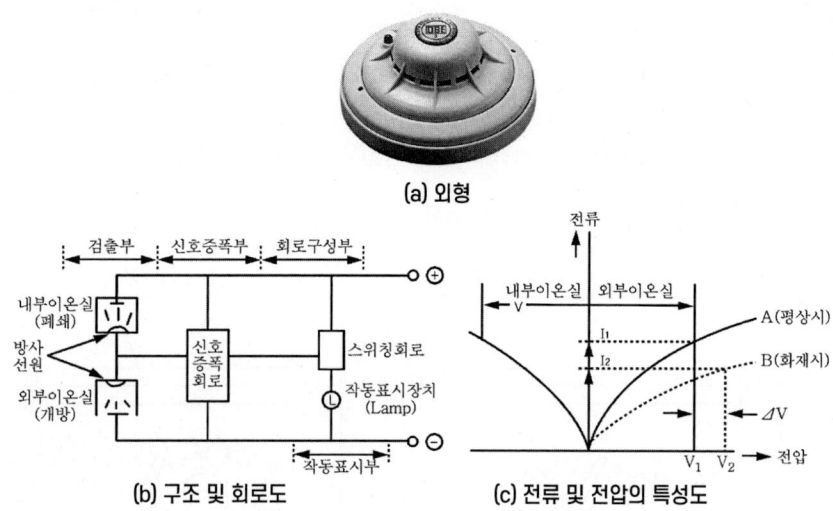

(a) 외형

(b) 구조 및 회로도

(c) 전류 및 전압의 특성도

ⓒ 광전식 스포트형 감지기(발광소자와 수광소자가 일체형)

㉮ 구성

ⓐ 발광부(광원) : 발광소자로 되어 있으며 주기적으로 빛을 송출하는 부분

ⓑ 수광부(감광부) : 감광소자가 있어 연기입자에서 산란되어 들어온 빛을 검출하는 부분 → FET(전계효과 트랜지스터), Photo Cell을 사용

ⓒ 차광판 : 발광부의 직진광이 수광부로 비추지 않게 하기 위해 중간에 설치한 차단판

ⓓ 신호증폭회로 : 산란광 증가로 발생한 신호를 증폭시키는 부분

ⓔ 스위칭회로 : 증폭된 신호가 일정치 이상이면 폐로되어 화재신호를 발함

ⓕ 작동표시장치(LED) : 감지기의 동작상태를 표시(작동 시에만 적색 LED 점등)

ⓖ 배선 : 감지기의 화재신호 전류를 수신반으로 전송시키는 경로

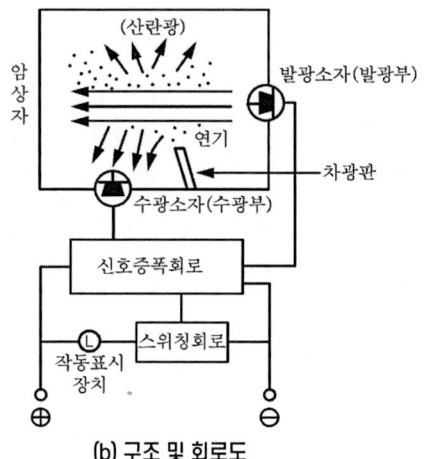

(a) 외형　　　　　　　　　　(b) 구조 및 회로도

　㉯ 동작원리 : 산란광식(散亂光式)의 감지기로서 밀폐된 암실의 한쪽 끝에 놓인 발광부에서 주기적으로 빛을 조사하며, 화재시 암상자로 연기가 유입될 때 연기입자에서 산란(난반사)된 빛의 일부를 수광부에서 검출하여 접점을 폐로시키고 화재신호를 발한다.

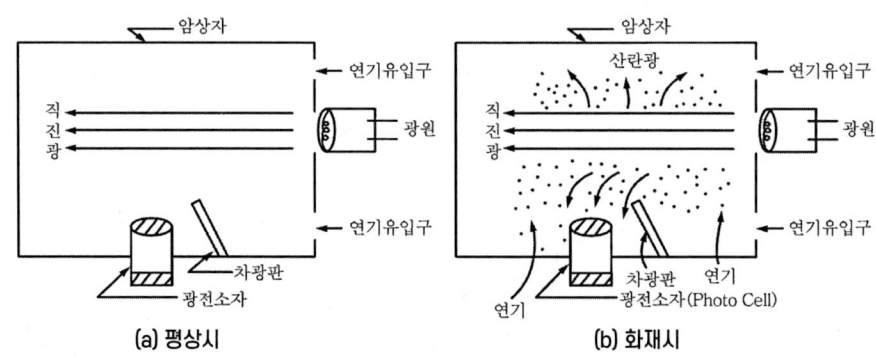

(a) 평상시　　　　　　　　　　(b) 화재시

　ⓒ 광전식 분리형 감지기(발광소자와 수광소자가 분리형)
　　㉮ 구성 : 발광소자(광원), 수광소자 및 제어부로 구성되어 있으며, 스포트형과 달리 발광소자(광원), 수광소자가 서로 분리되어 설치된다.
　　㉯ 동작원리 : 감광식(減光式)의 감지기. 평상시 발광부에서 주기적으로 빛을 조사하면 수광부에서 수시로 빛을 감지한다. 그러나 화재로 발생한 연기가 발광부와 수광부의 광축선상에 축적되면 수광부로 조사되는 빛의 양이 감소되는데, 그 광량이 규정치 이하가 되면 화재로 인식하여 접점이 폐로, 화재신호를 발하게 된다.
　　㉰ 설치장소 : 공장, 창고, 쇼핑센터, 체육관, 전력용 Plant 등과 같이 천장이 높거나 비화재보 우려가 있는 공장 등

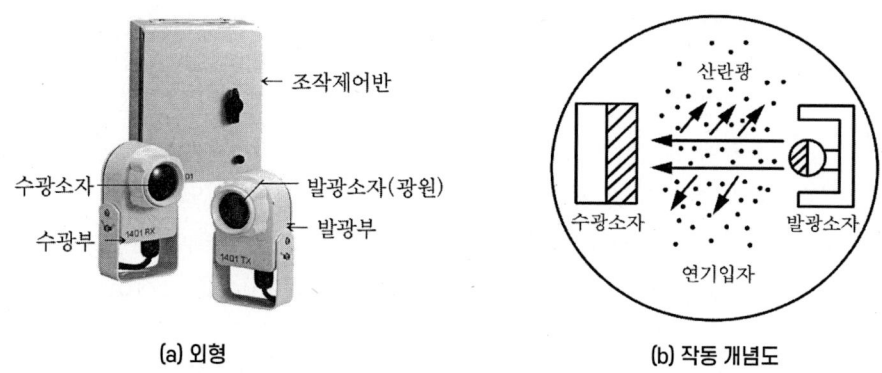

(a) 외형   (b) 작동 개념도

　　ㄹ 공기흡입형 감지기(Air Sampling Detector)
　　　㉮ 구조 : 관경 25[mm]의 PVC파이프로 된 흡입관에 연기샘플용 구멍(2[mm])을 내어 화재시 발생한 연기를 이 구멍을 통해 흡입하며, 흡입된 연기를 Cloud Chamber라고 하는 습윤실(상대습도가 높은 실)로 보낸다.
　　　㉯ 작동원리 : 샘플구멍으로 유입된 연기가 습윤실로 들어오면 연기를 응결핵으로 하여 습윤실 내 물방울 입자가 커져 산란되는 빛의 양이 증가한다. 이후는 산란광식의 원리로 연기농도를 검출한다.
⑦ **복합형감지기 [열복합형, 연기복합형, 열연복합형]**
　　㉠ 열복합형 : 차동식 스포트형과 정온식 스포트형의 두 성능을 갖춘 감지기로, 두 가지 기능이 동시에 작동되는 경우에 화재신호를 발하거나 2개의 화재신호를 각각 동시에 발한다.
　　㉡ 연기복합형 : 이온화식 스포트형과 광전식 스포트형의 두 성능을 갖춘 감지기로, 두 가지 기능이 동시에 작동되는 경우에 화재신호를 발하거나 2개의 화재신호를 각각 동시에 발한다.
　　㉢ 열연기복합형 : 차동식 스포트형과 이온화식 스포트형, 차동식 스포트형과 광전식 스포트형, 정온식 스포트형과 이온화식 스포트형, 정온식 스포트형과 광전식 스포트형의 성능을 갖춘 감지기로, 두 가지 기능이 동시에 작동되는 경우에 화재신호를 발하거나 2개의 화재신호를 각각 동시에 발한다.
⑧ **다신호식 감지기의 구조 및 기능** : 감지기의 성능, 종별, 공칭작동온도, 공칭축적시간 등의 기준에 따라 다른 종류의 화재신호를 하나의 스포트형 감지기에서 발하는 감지기이며, 복합형 감지기, 아날로그식 감지기 등이 여기에 속한다. 다신호식감지기를 수용하는 감지기는 2신호식 수신기에 연결하여 사용한다.

⑨ 불꽃감지기의 구조 및 기능
  ㉠ 적외선식 불꽃감지기(IR ; Infrared Flame Detector) : 화염에서 발산되는 적외선이 일정량 이상으로 변화할 때 검출하는 감지기로, 일국소의 적외선에 의하여 수광소자에 유입되는 수광량이 규정치 이상이면 작동하는 감지기. 온도, 습도, 진동 등이 없는 장소에 설치하며, 난로나 전기스토브 등의 열원이 감지기의 오동작 원인이 될 수 있으므로 감시각 범위 내에 오지 않도록 설치해야 한다.
  ㉡ 자외선식 불꽃감지기(UV ; Ultraviolet Flame Detector) : 화염에서 발산되는 자외선의 변화가 일정치 이상이 되면 작동하는 감지기로, 일국소의 자외선에 의해 수광소자로 유입되는 수광량 변화를 검출하여 작동하는 감지기이다.
  ㉢ 혼합형 불꽃감지기 : 일국소의 자외선 또는 적외선에 의해 수광소자로 유입되는 수광량 변화로 1개의 화재신호를 발하는 감지기이다.
  ㉣ 복합형 불꽃감지기 : 자외선과 적외선의 성능을 모두 갖춘 감지기로, 두 가지의 성능이 동시에 작동하거나 2개의 화재신호를 각각 발하는 감지기이다.
  ㉤ 도로형 불꽃감지기 : 도로에 국한하여 설치하는 감지기로, 불꽃의 검출 시야각이 180° 이상이다.

(6) 감지기의 설치기준

① 자동화재탐지설비의 감지기는 부착높이에 따라 다음 표에 따른 감지기를 설치해야 한다. 다만, 지하층·무창층 등으로서 환기가 잘되지 아니하거나 실내면적이 40㎡ 미만인 장소, 감지기의 부착면과 실내바닥과의 거리가 2.3m 이하인 곳으로서 일시적으로 발생한 열·연기 또는 먼지 등으로 인하여 화재신호를 발신할 우려가 있는 장소(축적기능이 있는 수신기를 설치한 장소를 제외한다)에는 다음 각 기준에서 정한 감지기중 적응성 있는 감지기를 설치해야 한다.
  ㉠ 불꽃감지기
  ㉡ 정온식감지선형감지기
  ㉢ 분포형감지기
  ㉣ 복합형감지기
  ㉤ 광전식분리형감지기
  ㉥ 아날로그방식의 감지기
  ㉦ 다신호방식의 감지기
  ㉧ 축적방식의 감지기

[부착높이에 따른 감지기의 종류]

부착높이	감지기의 종류
4m 미만	차동식(스포트형, 분포형) 보상식 스포트형 정온식(스포트형, 감지선형) 이온화식 또는 광전식(스포트형, 분리형, 공기흡입형) 열복합형, 연기복합형, 열연기복합형, 불꽃감지기
4m 이상 8m 미만	차동식(스포트형, 분포형) 보상식 스포트형 정온식(스포트형, 감지선형) 특종 또는 1종 이온화식 1종 또는 2종 광전식(스포트형, 분리형, 공기흡입형) 1종 또는 2종 열복합형, 연기복합형, 열연기복합형, 불꽃감지기
8m 이상 15m 미만	차동식 분포형 이온화식 1종 또는 2종 광전식(스포트형, 분리형, 공기흡입형) 1종 또는 2종 연기복합형 불꽃감지기
15m 이상 20m 미만	이온화식 1종 광전식(스포트형, 분리형, 공기흡입형) 1종 연기복합형 불꽃감지기
20m 이상	불꽃감지기 광전식(분리형, 공기흡입형) 중 아날로그방식

비고)
1. 감지기별 부착높이 등에 대하여 별도로 형식승인 받은 경우에는 그 성능 인정범위 내에서 사용할 수 있다.
2. 부착높이 20m 이상에 설치되는 광전식 중 아날로그방식의 감지기는 공칭감지농도 하한값이 감광율 5%/m 미만인 것으로 한다.

② 다음의 장소에는 연기감지기를 설치해야 한다. 다만, 교차회로방식에 따른 감지기가 설치된 장소 또는 오동작 우려가 없는 감지기가 설치된 장소에는 그렇지 않다.
  ㉠ 계단·경사로 및 에스컬레이터 경사로
  ㉡ 복도(30m 미만의 것을 제외한다)
  ㉢ 엘리베이터 승강로(권상기실이 있는 경우에는 권상기실)·린넨슈트·파이프 피트 및 덕트 기타 이와 유사한 장소
  ㉣ 천장 또는 반자의 높이가 15m 이상 20m 미만의 장소
  ㉤ 다음의 어느 하나에 해당하는 특정소방대상물의 취침·숙박·입원 등 이와 유사한 용도로 사용되는 거실
    ㉮ 공동주택·오피스텔·숙박시설·노유자시설·수련시설

　　　　ⓑ 교육연구시설 중 합숙소
　　　　ⓒ 의료시설, 근린생활시설 중 입원실이 있는 의원·조산원
　　　　ⓓ 교정 및 군사시설
　　　　ⓔ 근린생활시설 중 고시원
③ 감지기는 다음의 기준에 따라 설치해야 한다. 다만, 교차회로방식에 사용되는 감지기, 급속한 연소 확대가 우려되는 장소에 사용되는 감지기 및 축적기능이 있는 수신기에 연결하여 사용하는 감지기는 축적기능이 없는 것으로 설치해야 한다.
　㉠ 감지기(차동식분포형의 것을 제외한다)는 실내로의 공기유입구로부터 1.5m 이상 떨어진 위치에 설치할 것
　㉡ 감지기는 천장 또는 반자의 옥내에 면하는 부분에 설치할 것
　㉢ 보상식스포트형감지기는 정온점이 감지기 주위의 평상시 최고온도보다 20℃ 이상 높은 것으로 설치할 것
　㉣ 정온식감지기는 주방·보일러실 등으로서 다량의 화기를 취급하는 장소에 설치하되, 공칭작동온도가 최고주위온도보다 20℃ 이상 높은 것으로 설치할 것
　㉤ 차동식스포트형·보상식스포트형 및 정온식스포트형 감지기는 그 부착 높이 및 특정소방대상물에 따라 다음 표에 따른 바닥면적마다 1개 이상을 설치할 것

부착높이 및 특정소방대상물의 구분		감지기의 종류 (단위 : m²)						
		차동식 스포트형		보상식 스포트형		정온식 스포트형		
		1종	2종	1종	2종	특종	1종	2종
4m 미만	주요구조부가 내화구조로 된 특정소방대상물 또는 그 부분	90	70	90	70	70	60	20
	기타 구조의 특정소방대상물 또는 그 부분	50	40	50	40	40	30	15
4m 이상 8m 미만	주요구조부가 내화구조로 된 특정소방대상물 또는 그 부분	45	35	45	35	35	30	-
	기타 구조의 특정소방대상물 또는 그 부분	30	25	30	25	25	15	-

　㉥ 스포트형감지기는 45° 이상 경사되지 않도록 부착할 것
　㉦ 공기관식 차동식분포형감지기는 다음의 기준에 따를 것
　　ⓐ 공기관의 노출부분은 감지구역마다 20m 이상이 되도록 할 것
　　ⓑ 공기관과 감지구역의 각 변과의 수평거리는 1.5m 이하가 되도록 하고, 공기관

상호간의 거리는 6m(주요구조부가 내화구조로 된 특정소방대상물 또는 그 부분에 있어서는 9m) 이하가 되도록 할 것
- ㉢ 공기관은 도중에서 분기하지 않도록 할 것
- ㉣ 하나의 검출부분에 접속하는 공기관의 길이는 100m 이하로 할 것
- ㉤ 검출부는 5° 이상 경사되지 않도록 부착할 것
- ㉥ 검출부는 바닥으로부터 0.8m 이상 1.5m 이하의 위치에 설치할 것
- ◎ 열전대식 차동식분포형감지기는 다음의 기준에 따를 것
  - ㉮ 열전대부는 감지구역의 바닥면적 18㎡(주요구조부가 내화구조로 된 특정소방대상물에 있어서는 22㎡)마다 1개 이상으로 할 것. 다만, 바닥면적이 72㎡(주요구조부가 내화구조로 된 특정소방대상물에 있어서는 88㎡) 이하인 특정소방대상물에 있어서는 4개 이상으로 해야 한다.
  - ㉯ 하나의 검출부에 접속하는 열전대부는 20개 이하로 할 것. 다만, 각각의 열전대부에 대한 작동여부를 검출부에서 표시할 수 있는 것(주소형)은 형식승인 받은 성능인정범위 내의 수량으로 설치할 수 있다.
- ◉ 열반도체식 차동식분포형감지기는 다음의 기준에 따를 것
  - ㉮ 감지부는 그 부착높이 및 특정소방대상물에 따라 다음 표에 따른 바닥면적마다 1개 이상으로 할 것. 다만, 바닥면적이 다음 표에 따른 면적의 2배 이하인 경우에는 2개(부착높이가 8m 미만이고, 바닥면적이 다음 표에 따른 면적 이하인 경우에는 1개) 이상으로 해야 한다.

[부착높이 및 특정소방대상물의 구분에 따른 열반도체식 차동식분포형감지기의 종류]

부착높이 및 특정소방대상물의 구분		감지기의 종류(단위 : ㎡)	
		1종	2종
8m 미만	주요구조부가 내화구조로 된 특정소방대상물 또는 그 부분	65	36
	기타 구조의 특정소방대상물 또는 그 부분	40	23
8m 이상 15m 미만	주요구조부가 내화구조로 된 특정소방대상물 또는 그 부분	50	36
	기타 구조의 특정소방대상물 또는 그 부분	30	23

  - ㉯ 하나의 검출부에 접속하는 감지부는 2개 이상 15개 이하가 되도록 할 것. 다만, 각각의 감지부에 대한 작동여부를 검출기에서 표시할 수 있는 것(주소형)은 형식승인 받은 성능인정범위 내의 수량으로 설치할 수 있다.
- ㉺ 연기감지기는 다음의 기준에 따라 설치할 것
  - ㉮ 연기감지기의 부착높이에 따라 다음 표에 따른 바닥면적마다 1개 이상으로 할 것

[부착높이에 따른 연기감지기의 종류]

부착높이	감지기의 종류(단위 : m²)	
	1종 및 2종	3종
4m 미만	150	50
4m 이상 20m 미만	75	-

㉯ 감지기는 복도 및 통로에 있어서는 보행거리 30m(3종에 있어서는 20m)마다, 계단 및 경사로에 있어서는 수직거리 15m(3종에 있어서는 10m)마다 1개 이상으로 할 것

㉰ 천장 또는 반자가 낮은 실내 또는 좁은 실내에 있어서는 출입구의 가까운 부분에 설치할 것

㉱ 천장 또는 반자부근에 배기구가 있는 경우에는 그 부근에 설치할 것

㉲ 감지기는 벽 또는 보로부터 0.6m 이상 떨어진 곳에 설치할 것

㉠ 열복합형감지기의 설치에 관하여는 ㉰ 및 ㉲을, 연기복합형감지기의 설치에 관하여는 ㉮ 연기감지기 설치기준을, 열연기복합형감지기의 설치에 관하여는 ㉮ 열감지기 스포트형 감지면적기준 및 ㉮ 연기감지기 설치기준 중 ㉯ 또는 ㉲를 준용하여 설치할 것

㉡ 정온식감지선형감지기는 다음의 기준에 따라 설치할 것
  ㉮ 보조선이나 고정금구를 사용하여 감지선이 늘어지지 않도록 설치할 것
  ㉯ 단자부와 마감 고정금구와의설치간격은 10cm 이내로 설치할 것
  ㉰ 감지선형 감지기의 굴곡반경은 5cm 이상으로 할 것
  ㉱ 감지기와 감지구역의 각부분과의 수평거리가 내화구조의 경우 1종 4.5m 이하, 2종 3m 이하로 할 것. 기타 구조의 경우 1종 3m 이하, 2종 1m 이하로 할 것
  ㉲ 케이블트레이에 감지기를 설치하는 경우에는 케이블트레이 받침대에 마감금구를 사용하여 설치할 것
  ㉳ 지하구나 창고의 천장 등에 지지물이 적당하지 않는 장소에서는 보조선을 설치하고 그 보조선에 설치할 것
  ㉴ 분전반 내부에 설치하는 경우 접착제를 이용하여 돌기를 바닥에 고정시키고 그 곳에 감지기를 설치할 것
  ㉵ 그 밖의 설치방법은 형식승인 내용에 따르며 형식승인 사항이 아닌 것은 제조사의 시방서에 따라 설치할 것

㉢ 불꽃감지기는 다음의 기준에 따라 설치할 것
  ㉮ 공칭감시거리 및 공칭시야각은 형식승인 내용에 따를 것

ⓝ 감지기는 공칭감시거리와 공칭시야각을 기준으로 감시구역이 모두 포용될 수 있도록 설치할 것
ⓓ 감지기는 화재감지를 유효하게 감지할 수 있는 모서리 또는 벽 등에 설치할 것
ⓡ 감지기를 천장에 설치하는 경우에는 감지기는 바닥을 향하여 설치할 것
ⓜ 수분이 많이 발생할 우려가 있는 장소에는 방수형으로 설치할 것
ⓗ 그 밖의 설치기준은 형식승인 내용에 따르며 형식승인 사항이 아닌 것은 제조사의 시방서에 따라 설치할 것

ⓢ 아날로그방식의 감지기는 공칭감지온도범위 및 공칭감지농도범위에 적합한 장소에, 다신호방식의 감지기는 화재신호를 발신하는 감도에 적합한 장소에 설치할 것. 다만, 이 기준에서 정하지 않는 설치방법에 대하여는 형식승인 사항이나 제조사의 시방서에 따라 설치할 수 있다.

ⓞ 광전식분리형감지기는 다음의 기준에 따라 설치할 것
  ㉮ 감지기의 수광면은 햇빛을 직접 받지 않도록 설치할 것
  ㉯ 광축(송광면과 수광면의 중심을 연결한 선)은 나란한 벽으로부터 0.6m 이상 이격하여 설치할 것
  ㉰ 감지기의 송광부와 수광부는 설치된 뒷벽으로부터 1m 이내 위치에 설치할 것
  ㉱ 광축의 높이는 천장 등(천장의 실내에 면한 부분 또는 상층의 바닥하부면을 말한다) 높이의 80% 이상일 것
  ㉲ 감지기의 광축의 길이는 공칭감시거리 범위 이내 일 것
  ㉳ 그 밖의 설치기준은 형식승인 내용에 따르며 형식승인 사항이 아닌 것은 제조사의 시방서에 따라 설치할 것

(7) 광전식분리형감지기 또는 불꽃감지기를 설치하거나 광전식공기흡입형감지기를 설치할 수 있는 장소

① 화학공장·격납고·제련소등 : 광전식분리형감지기 또는 불꽃감지기. 이 경우 각 감지기의 공칭감시거리 및 공칭시야각등 감지기의 성능을 고려해야 한다.
② 전산실 또는 반도체 공장등 : 광전식공기흡입형감지기. 이 경우 설치장소·감지면적 및 공기흡입관의 이격거리등은 형식승인 내용에 따르며 형식승인 사항이 아닌 것은 제조사의 시방서에 따라 설치해야 한다.

(8) 감지기 설치제외 장소

① 천장 또는 반자의 높이가 20m 이상인 장소. 다만, 2.4.1 단서의 감지기로서 부착높이에 따라 적응성이 있는 장소는 제외한다.

② 헛간 등 외부와 기류가 통하는 장소로서 감지기에 따라 화재발생을 유효하게 감지할 수 없는 장소
③ 부식성가스가 체류하고 있는 장소
④ 고온도 및 저온도로서 감지기의 기능이 정지되기 쉽거나 감지기의 유지관리가 어려운 장소
⑤ 목욕실·욕조나 샤워시설이 있는 화장실·기타 이와 유사한 장소
⑥ 파이프덕트 등 그 밖의 이와 비슷한 것으로서 2개층 마다 방화구획된 것이나 수평단면적이 5㎡ 이하인 것
⑦ 먼지·가루 또는 수증기가 다량으로 체류하는 장소 또는 주방 등 평상시 연기가 발생하는 장소(연기감지기에 한한다)
⑧ 프레스공장·주조공장 등 화재발생의 위험이 적은 장소로서 감지기의 유지관리가 어려운 장소

> **Reference**
>
> 일시적으로 발생한 열·연기 또는 먼지 등으로 인하여 화재신호를 발신할 우려가 있는 장소에는 표2.4.6(1) 및 표2.4.6(2)에 따라 그 장소에 적응성 있는 감지기를 설치할 수 있으며, 연기감지기를 설치할 수 없는 장소에는 표2.4.6(1) 적용하여 설치할 수 있다.

7 발신기

(1) 발신기의 정의

화재를 발견한 사람이 수동으로 누름스위치를 눌러 수신기로 화재신호를 발신하는 기기이다.
종류에는 P형(Push Button : 누름식)이 있다.

(2) 발신기의 구조 및 기능

P형 발신기 : 통상 발신기, 표시등(Pilot Lamp), 경종(Bell)이 하나의 함(발신기세트함)에 들어 있다.

㉠ 누름스위치 : 수동조작으로 화재신호를 발신하는 장치
㉡ 보호판 : 누름스위치 보호용 커버(무기질 또는 유기질 유리)
㉢ 전화잭 : 수신기와 통화할 때 송수화기 플러그를 꽂는 곳[전화선삭제]
㉣ 응답램프 : 발신기의 신호가 수신기로 전해졌음을 확인시키는 램프

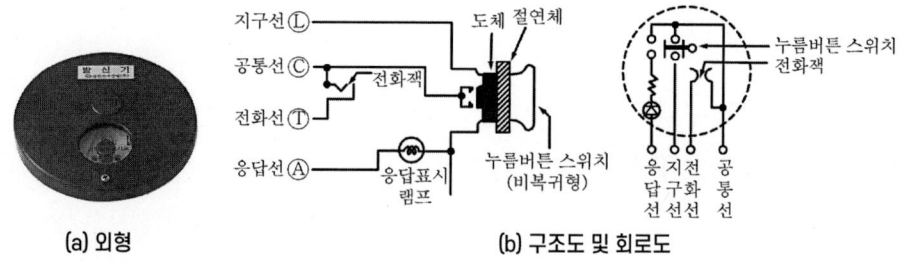

(a) 외형　　　　　(b) 구조도 및 회로도

(3) 발신기의 설치기준

① 자동화재탐지설비의 발신기는 다음의 기준에 따라 설치해야 한다.
　㉠ 조작이 쉬운 장소에 설치하고, 스위치는 바닥으로부터 0.8m 이상 1.5m 이하의 높이에 설치할 것
　㉡ 특정소방대상물의 층마다 설치하되, 해당 층의 각 부분으로부터 하나의 발신기까지의 수평거리가 25m 이하가 되도록 할 것. 다만, 복도 또는 별도로 구획된 실로서 보행거리가 40m 이상일 경우에는 추가로 설치해야 한다.
　㉢ 위 ㉡에도 불구하고 ㉡의 기준을 초과하는 경우로서 기둥 또는 벽이 설치되지 아니한 대형형공간의 경우 발신기는 설치 대상 장소의 가장 가까운 장소의 벽 또는 기둥 등에 설치할 것

② 발신기의 위치를 표시하는 표시등은 함의 상부에 설치하되, 그 불빛은 부착면으로부터 15° 이상의 범위 안에서 부착지점으로부터 10m 이내의 어느곳에서도 쉽게 식별할 수 있는 적색등으로 해야 한다.

8 표시등

발신기의 위치를 표시할 목적으로 설치되므로 발신기 직근에 설치하며 통상 위치표시등(Pilot Lamp)이라고 한다. 상시 점등되어 있는 적색의 등이다.

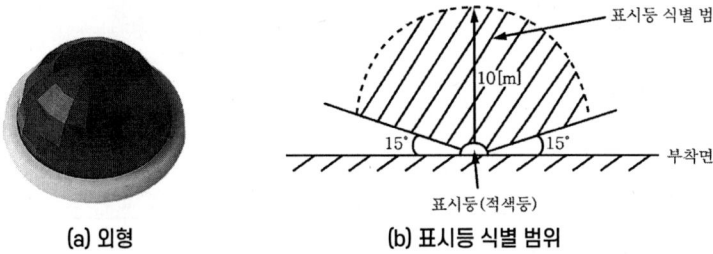

(a) 외형　　(b) 표시등 식별 범위

9 음향장치

(1) 음향장치의 구분
① **위치에 따른 구분**
　㉠ 주음향장치 : 수신기 내부 또는 직근에 설치
　㉡ 지구음향장치 : 발신기 직근 또는 발신기함 내에 설치

② **음색에 따른 구분**
　㉠ 경종(Bell) : 주로 경보설비에 사용되며, 강철재 내부에 장착된 공이가 빠르게 움직여 요란하게 타종한다.
　㉡ 사이렌(Siren) : 주로 소화설비에 사용되며 전자사이렌, 모터사이렌 등이 있다.
　㉢ 부저(Buzzer) : 누전경보기 등에 사용되며 경종이나 사이렌보다 음량이 작다.

(2) 음향장치의 설치기준
① 주음향장치는 수신기의 내부 또는 그 직근에 설치할 것
② 층수가 11층(공동주택의 경우에는 16층) 이상의 특정소방대상물은 다음 기준에 따라 경보를 발할 수 있도록 해야 한다.
　㉠ 2층 이상의 층에서 발화한 때에는 발화층 및 그 직상 4개층에 경보를 발할 것

ⓒ 1층에서 발화한 때에는 발화층·그 직상 4개층 및 지하층에 경보를 발할 것
ⓒ 지하층에서 발화한 때에는 발화층·그 직상층 및 그 밖의 지하층에 경보를 발할 것
③ 지구음향장치는 특정소방대상물의 층마다 설치하되, 해당 층의 각 부분으로부터 하나의 음향장치까지의 수평거리가 25m 이하가 되도록 하고, 해당 층의 각부분에 유효하게 경보를 발할 수 있도록 설치할 것. 다만, 「비상방송설비의 화재안전기술기준(NFTC202)」에 적합한 방송설비를 자동화재탐지설비의 감지기와 연동하여 작동하도록 설치한 경우에는 지구음향장치를 설치하지 않을 수 있다.
④ 음향장치는 다음의 기준에 따른 구조 및 성능의 것으로 해야 한다.
　㉠ 정격전압의 80% 전압에서 음향을 발할 수 있는 것으로 할 것. 다만 건전지를 주전원으로 사용하는 음향장치는 그렇지 않다.
　㉡ 음향의 크기는 부착된 음향장치의 중심으로부터 1m 떨어진 위치에서 90dB 이상이 되는 것으로 할 것
　㉢ 감지기 및 발신기의 작동과 연동하여 작동할 수 있는 것으로 할 것
⑤ ③에도 불구하고 ③의 기준을 초과하는 경우로서 기둥 또는 벽이 설치되지 아니한 대형공간의 경우 지구음향장치는 설치 대상 장소의 가장 가까운 장소의 벽 또는 기둥 등에 설치 할 것

10 시각경보장치

(1) 시각경보장치의 정의

자동화재탐지설비에서 발하는 화재신호를 시각경보기에 전달하여 청각장애인에게 점멸형태의 시각경보를 하는 장치를 말한다.

(2) 시각경보장치의 설치기준

① 복도·통로·청각장애인용 객실 및 공용으로 사용하는 거실(로비, 회의실, 강의실, 식당, 휴게실, 오락실, 대기실, 체력단련실, 접객실, 안내실, 전시실, 기타 이와 유사한 장소를 말한다)에 설치하며, 각 부분으로부터 유효하게 경보를 발할 수 있는 위치에 설치할 것
② 공연장·집회장·관람장 또는 이와유사한 장소에 설치하는 경우에는 시선이 집중되는 무대부 부분 등에 설치할 것
③ 설치 높이는 바닥으로부터 2m 이상 2.5m 이하의 장소에 설치할 것 다만, 천장의 높이가 2m 이하인 경우에는 천장으로부터 0.15m 이내의 장소에 설치해야 한다.
④ 시각경보장치의 광원은 전용의 축전지설비 또는 전기저장장치에 의하여 점등되도록

할 것. 다만, 시각경보기에 작동전원을 공급할 수 있도록 형식승인을 얻은 수신기를 설치한 경우에는 그렇지 않다.

11 전 원

(1) 상용전원
전기가 정상적으로 공급되는 축전지, 전기저장장치 또는 교류전압의 옥내간선으로 하고, 전원까지의 배선은 전용으로 할 것

(2) 비상전원
축전지설비 또는 전기저장장치를 사용하며, 상용전원 정전 시 자동적으로 절환되며, 상용전원 복구 시 자동적으로 비상전원에서 상용전원으로 자동 복구될 수 있을 것

(3) 전원의 설치기준
① 상용전원의 설치기준
　㉠ 전원은 전기가 정상적으로 공급되는 축전지, 전기저장장치 또는 교류전압의 옥내간선으로 하고, 전원까지의 배선은 전용으로 할 것
　㉡ 개폐기에는 "자동화재탐지설비용"이라고 표시한 표지를 할 것
② 예비전원의 확보 : 자동화재탐지설비에 대한 감시상태를 60분간 지속한 후 유효하게 10분 이상(층수가 30층 이상이면 30분 이상) 경보할 수 있는 축전지설비(수신기에 내장하는 경우도 포함) 또는 전기저장장치를 설치해야 한다. 다만, 상용전원이 축전지설비인 경우 또는 건전지를 주전원으로 사용하는 무선식설비인 경우에는 그렇지 않다.

12 배 선

① 전원회로의 배선은 「옥내소화전설비의 화재안전기술기준(NFTC 102)」에 따른 내화배선에 따르고, 그 밖의 배선(감지기 상호간 또는 감지기로부터 수신기에 이르는 감지기회로의 배선을 제외한다)은 「옥내소화전설비의 화재안전기술기준(NFTC 102)」에 따른 내화배선 또는 내열배선에 따라 설치할 것
② 감지기 상호간 또는 감지기로부터 수신기에 이르는 감지기회로의 배선은 다음의 기준에 따라 설치할 것

㉠ 아날로그식, 다신호식 감지기나 R형수신기용으로 사용되는 것은 전자파 방해를 받지 않는 실드선 등을 사용해야 하며, 광케이블의 경우에는 전자파방해를 받지 아니하고 내열성능이 있는 경우 사용할 것. 다만 전자파 방해를 받지 않는 방식의 경우에는 그렇지 않다.

㉡ ㉠외의 일반배선을 사용할 때는 「옥내소화전설비의 화재안전기술기준(NFTC 102)」에 따른 내화배선 또는 내열배선으로 사용할 것

③ 감지기회로의 도통시험을 위한 종단저항은 다음의 기준에 따를 것
㉠ 점검 및 관리가 쉬운 장소에 설치할 것
㉡ 전용함을 설치하는 경우 그 설치 높이는 바닥으로부터 1.5m 이내로 할 것
㉢ 감지기 회로의 끝부분에 설치하며, 종단감지기에 설치할 경우에는 구별이 쉽도록 해당 감지기의 기판 및 감지기 외부 등에 별도의 표시를 할 것

④ 감지기 사이의 회로의 배선은 송배전식으로 할 것

⑤ 전원회로의 전로와 대지 사이 및 배선 상호간의 절연저항은 「전기사업법」 제67조에 따른 기술기준이 정하는 바에 의하고, 감지기회로 및 부속회로의 전로와 대지 사이 및 배선 상호간의 절연저항은 1경계구역마다 직류 250V의 절연저항측정기를 사용하여 측정한 절연저항이 0.1MΩ 이상이 되도록 할 것

⑥ 자동화재탐지설비의 배선은 다른 전선과 별도의 관·덕트(절연효력이 있는 것으로 구획한 때에는 그 구획된 부분은 별개의 덕트로 본다)·몰드 또는 풀박스 등에 설치할 것. 다만, 60V 미만의 약 전류회로에 사용하는 전선으로서 각각의 전압이 같을 때에는 그렇지 않다.

⑦ P형 수신기 및 G.P형 수신기의 감지기 회로의 배선에 있어서 하나의 공통선에 접속할 수 있는 경계구역은 7개 이하로 할 것

⑧ 자동화재탐지설비의 감지기회로의 전로저항은 50Ω 이하가 되도록 해야 하며, 수신기의 각 회로별 종단에 설치되는 감지기에 접속되는 배선의 전압은 감지기 정격전압의 80% 이상이어야 할 것

[표 2.4.6(1)]

설치장소별 감지기 적응성(연기감지기를 설치할 수 없는 경우 적용)

설치장소		적응열감지기									비고
환경상태	적응장소	차동식 스포트형		차동식 분포형		보상식 스포트형		정온식		열아날로그식	불꽃감지기	
		1종	2종	1종	2종	1종	2종	특종	1종			
1. 먼지 또는 미분 등이 다량으로 체류하는 장소	쓰레기장, 하역장, 도장실, 섬유·목재·석재 등 가공 공장	○	○	○	○	○	○	○	×	○	○	1. 불꽃감지기에 따라 감시가 곤란한 장소 적응성이 있는 열감지기를 설치할 것 2. 차동식분포형감지기를 설치하는 경우에는 검출부에 먼지, 미분 등이 침입하지 않도록 조치할 것 3. 차동식스포트형감지기 또는 보상식 스포트형감지기를 설치하는 경우에는 검출부에 먼지, 미분 등이 침입하지 않도록 조치할 것 4. 섬유, 목재가공 공장 등 화재확대가 급속하게 진행될 우려가 있는 장소에 설치하는 경우 정온식 감지기는 특종으로 설치할 것. 공칭작동 온도 75℃ 이하, 열아날로그식스포트형감지기는 화재표시 설정은 80℃ 이하가 되도록 할 것
2. 수증기가 다량으로 머무는 장소	증기세정실, 탕비실, 소독실 등	×	×	×	○	×	○	○	○	○	○	1. 차동식분포형감지기 또는 보상식 스포트형감지기는 급격한 온도변화가 없는 장소에 한하여 사용할 것 2. 차동식분포형감지기를 설치하는 경우에는 검출부에 수증기가 침입하지 않도록 조치할 것 3. 보상식스포트형감지기, 정온식 감지기 또는 열아날로그식 감지기를 설치하는 경우에는 방수형으로 설치할 것 4. 불꽃감지기를 설치할 경우 방수형으로 할 것

설치장소		적응열감지기								불꽃감지기	비고
		차동식 스포트형		차동식 분포형		보상식 스포트형		정온식		열아날로그식	
환경상태	적응장소	1종	2종	1종	2종	1종	2종	특종	1종			
3. 부식성 가스가 발생할 우려가 있는 장소	도금공장, 축전지실, 오수 처리장 등	×	×	○	○	○	○	○	×	○	○	1. 차동식분포형감지기를 설치하는 경우에는 감지부가 피복되어 있고 검출부가 부식성가스에 영향을 받지 않는것 또는 검출부에 부식성 가스가 침입하지 않도록 조치할 것 2. 보상식스포트형감지기, 정온식 감지기 또는 열아날로그식 스포트형감지기를 설치하는 경우에는 부식성가스의 성상에 반응하지 않는 내산형 또는 내알칼리형으로 설치할 것
4. 주방, 기타 평상시에 연기가 체류하는 장소	주방, 조리실, 용접작업장 등	×	×	×	×	×	×	○	○	○	○	1. 주방, 조리실 등 습도가 많은 장소에는 방수형 감지기를 설치할 것 2. 불꽃감지기는 UV/IR형을 설치할 것
5. 현저하게 고온으로 되는 장소	건조실, 살균실, 보일러실, 주조실, 영사실, 스튜디오	×	×	×	×	×	×	○	○	○	×	-
6. 배기가스가 다량으로 체류하는 장소	주차장, 차고, 화물취급소 차로, 자가발전실, 트럭터미널, 엔진시험실	○	○	○	○	○	○	×	×	○	○	1. 불꽃감지기에 따라 감시가 곤란한 장소는 적응성이 있는 열감지기를 설치할 것 2. 열아날로그식스포트형감지기는 화재표시 설정이 60℃ 이하가 바람직하다.

설치장소		적응열감지기								불꽃감지기	비고
		차동식 스포트형		차동식 분포형		보상식 스포트형		정온식		열아날로그식	
환경상태	적응장소	1종	2종	1종	2종	1종	2종	특종	1종			
7. 연기가 다량으로 유입할 우려가 있는 장소	음식물배급실, 주방전실, 주방내 식품저장실, 음식물 운반용 엘리베이터, 주방 주변의 복도 및 통로, 식당 등	○	○	○	○	○	○	○	○	○	×	1. 고체연료 등 가연물이 수납되어 있는 음식물배급실, 주방전실에 설치하는 정온식감지기는 특종으로 설치할 것 2. 주방주변의 복도 및 통로, 식당 등에는 정온식감지기를 설치하지 말 것 3. 제1호 및 제2호의 장소에 열아날로그식스포트형감지기를 설치하는 경우에는 화재표시 설정을 60℃ 이하로 할 것
8. 물방울이 발생하는 장소	스레트 또는 철판으로 설치한 지붕 창고·공장, 패키지형 냉각기 전용수납실, 밀폐된 지하 창고, 냉동실 주변 등	×	×	○	○	○	○	○	○	○	○	1. 보상식스포트형감지기, 정온식감지기 또는 열아날로그식 스포트형감지기를 설치하는 경우에는 방수형으로 설치할 것 2. 보상식스포트형감지기는 급격한 온도변화가 없는 장소에 한하여 설치할 것 3. 불꽃감지기를 설치하는 경우에는 방수형으로 설치할 것
9. 불을 사용하는 설비로서 불꽃이 노출되는 장소	유리공장, 용선로가 있는 장소, 용접실, 주방, 작업장, 주조실 등	×	×	×	×	×	×	○	○	○	×	

주) 1. "○"는 해당 설치장소에 적응하는 것을 표시, "×"는 해당 설치장소에 적응하지않는 것을 표시
2. 차동식스포트형, 차동식분포형 및 보상식스포트형 1종은 감도가 예민하기 때문에 비화재보 발생은 2종에 비해 불리한 조건이라는 것을 유의할 것
3. 차동식분포형 3종 및 정온식 2종은 소화설비와 연동하는 경우에 한해서 사용 할 것
4. 다신호식감지기는 그 감지기가 가지고 있는 종별, 공칭작동온도별로 따르지 말고 상기 표에 따른 적응성이 있는 감지기로 할 것

[표2.4.6(2)]

설치장소별 감지기 적응성

설치장소		적응열감지기				적응연기감지기					불꽃감지기	비고
환경상태	적응장소	차동식스포트형	차동식분포형	보상식스포트형	정온식	열아날로그식	이온화식스포트형	광전식스포트형	이온아날로그식스포트형	광전아날로그식스포트형	광전식분리형	광전아날로그식분리형	
1. 흡연에 의해 연기가 체류하며 환기가 되지 않는 장소	회의실, 응접실, 휴게실, 노래연습실, 오락실, 다방, 음식점, 대합실, 카바레 등의 객실, 집회장, 연회장 등	○	○	○	-	-	-	◎	-	◎	○	○	-	
2. 취침시설로 사용하는 장소	호텔 객실, 여관, 수면실 등	-	-	-	-	-	◎	○	◎	○	○	○	-	
3. 연기이외의 미분이 떠다니는 장소	복도, 통로 등	-	-	-	-	-	◎	○	◎	○	○	○	○	
4. 바람에 영향을 받기 쉬운 장소	로비, 교회, 관람장, 옥탑에 있는 기계실	-	○	-	-	○	-	◎	-	◎	○	○	○	
5. 연기가 멀리 이동해서 감지기에 도달하는 장소	계단, 경사로	-	-	-	-	-	-	◎	-	◎	○	○	-	광전식스포트형 감지기 또는 광전아날로그식스포트형 감지기를 설치하는 경우에는 해당 감지기 회로에 축적기능을 갖지 않는 것으로 할 것
6. 훈소화재의 우려가 있는 장소	전화기기실, 통신기기실, 전산실, 기계제어실	-	-	-	-	-	-	○	-	○	○	○	-	
7. 넓은 공간으로 천장이 높아 열 및 연기가 확산 하는 장소	체육관, 항공기 격납고, 높은 천장의 창고·공장, 관람석 상부 등 감지기 부착 높이가 8m 이상의 장소	-	○	-	-	-	-	-	-	-	○	○	○	

주) 1. "○"는 해당 설치 장소에 적응하는 것을 표시
2. "◎" 해당 설치 장소에 연감지기를 설치하는 경우에는 해당 감지회로에 축적기능을 갖는 것을 표시
3. 차동식스포트형, 차동식분포형, 보상식스포트형 및 연기식(해당 감지기회로에 축적기능을 갖지 않는 것) 1종은 감도가 예민하기 때문에 비화재보 발생은 2종에 비해 불리한 조건이라는 것을 유의할 것
4. 차동식분포형 3종 및 정온식 2종은 소화설비와 연동하는 경우에 한해서 사용할 것
5. 광전식분리형감지기는 평상시 연기가 발생하는 장소 또는 공간이 협소한 경우에는 적응성이 없음
6. 넓은 공간으로 천장이 높아 열 및 연기가 확산하는 장소로서 차동식분포형 또는 광전식분리형 2종을 설치하는 경우에는 제조사의 사양에 따를 것
7. 다신호식감지기는 그 감지기가 가지고 있는 종별, 공칭작동온도별로 따르고 표에 따른 적응성이 있는 감지기로 할 것
8. 축적형감지기 또는 축적형중계기 혹은 축적형수신기를 설치하는 경우에는 2.4(감지기)에 따를 것

자동화재속보설비 (NFTC204)

1 설치대상

자동화재속보설비를 설치해야 하는 특정소방대상물은 다음의 어느 하나에 해당하는 것으로 한다. 다만, 방재실 등 화재 수신기가 설치된 장소에 24시간 화재를 감시할 수 있는 사람이 근무하고 있는 경우에는 자동화재속보설비를 설치하지 않을 수 있다.

① 노유자 생활시설
② 노유자 시설로서 바닥면적이 500㎡ 이상인 층이 있는 것
③ 수련시설(숙박시설이 있는 것만 해당한다)로서 바닥면적이 500㎡ 이상인 층이 있는 것
④ 문화유산 중 「문화유산의 보존 및 활용에 관한 법률」 제23조에 따라 보물 또는 국보로 지정된 목조건축물
⑤ 근린생활시설 중 다음의 어느 하나에 해당하는 시설
　가) 의원, 치과의원 및 한의원으로서 입원실이 있는 시설
　나) 조산원 및 산후조리원
⑥ 의료시설 중 다음의 어느 하나에 해당하는 것
　가) 종합병원, 병원, 치과병원, 한방병원 및 요양병원(의료재활시설은 제외한다)
　나) 정신병원 및 의료재활시설로 사용되는 바닥면적의 합계가 500㎡ 이상인 층이 있는 것
⑦ 판매시설 중 전통시장

2 계통도 및 구성

자동화재탐지설비의 수신기에 접속하여 사용하며, 자동화재탐지설비의 화재감지신호를 소방서에 보낸다. 자동화재속보기, 전화선, 상용전원 및 예비전원, 배선 등으로 구성되어 있다.

자동화재속보설비(NFTC204) Chapter 04.

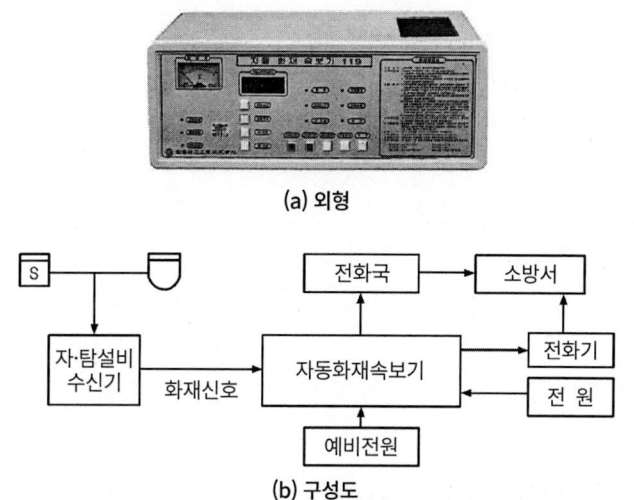

(a) 외형

(b) 구성도

자동화재속보설비의 기능

- 화재경보의 표시기능
- 작동횟수 표시기능
- 비상스위치 작동 표시기능
- 작동시간 표시기능
- 전화번호의 표시기능

3 종류 및 특징

(1) 종 류

① **A형 화재속보기** : P형 또는 R형 수신기로부터 입력된 화재신호를 20초 이내에 소방서로 통보하고 3회 이상 녹음내용을 자동적으로 반복 통보하는 성능이 있다. 지구등이 없는 구조이다.

② **B형 화재속보기** : P형 또는 R형 수신기에 A형 화재속보기의 기능을 겸한 것으로, 감지기 또는 발신기에서 오는 화재신호나 중계를 거쳐 오는 화재신호를 특정소방대상물의 관계인은 물론 소방서에 20초 이내에 녹음내용을 3회 이상 자동적으로 반복 통보하는 성능이 있다. 지구등이 있는 구조이다.(Tape의 녹음용량은 5분 이상으로 함)

(2) 특 징
① 화재발생 시 사람 없이도 신속한 속보가 가능하다.
② 녹음테이프로 정보를 전달하므로 정확히 통보할 수 있다.
③ 오보를 제어, 선별하는 기능이 있으므로 오보의 우려가 없다.
④ 일반전화에 용이하게 연결하여 사용할 수 있으며, 일반전화 사용 중에도 이를 차단하고 소방서로 즉시 속보할 수 있다.
⑤ 대규모 건물에 대하여도 1대의 자동화재속보설비로 대응할 수 있다.
⑥ 방재센터가 설치되어 있고 상주인이 근무하는 경우에는 설치를 면제할 수 있으나, 상주하지 않는 경우에는 반드시 자동화재속보설비를 설치해야 한다.

4 자동화재속보설비의 설치기준

① 자동화재탐지설비와 연동으로 작동하여 자동적으로 화재신호를 소방관서에 전달되는 것으로 할 것. 이 경우 부가적으로 특정소방대상물의 관계인에게 화재신호를 전달되도록 할 수 있다.
② 조작스위치는 바닥으로부터 0.8m 이상 1.5m 이하의 높이에 설치할 것
③ 속보기는 소방관서에 통신망으로 통보하도록 하며, 데이터 또는 코드전송방식을 부가적으로 설치할 수 있다. 다만, 데이터 및 코드전송방식의 기준은 소방청장이 정하여 고시한「자동화재속보설비의 속보기의 성능인증 및 제품검사의 기술기준」제5조제12호에 따른다.
④ 문화재에 설치하는 자동화재속보설비는 위 ①의 기준에도 불구하고 속보기에 감지기를 직접 연결하는 방식(자동화재탐지설비 1개의 경계구역에 한한다)으로 할 수 있다.
⑤ 속보기는 소방청장이 정하여 고시한「자동화재속보설비의 속보기의 성능인증 및 제품검사의 기술기준」에 적합한 것으로 설치할 것

CHAPTER 05 누전경보기(NFTC205)

1 설치대상

누전경보기는 계약전류용량(같은 건축물에 계약 종류가 다른 전기가 공급되는 경우에는 그 중 최대계약전류용량을 말한다)이 100암페어를 초과하는 특정소방대상물(내화구조가 아닌 건축물로서 벽·바닥 또는 반자의 전부나 일부를 불연재료 또는 준불연재료가 아닌 재료에 철망을 넣어 만든 것만 해당한다)에 설치해야 한다. 다만, 위험물 저장 및 처리 시설 중 가스시설, 지하가 중 터널 및 지하구의 경우에는 그렇지 않다.

2 구성요소

누전경보기(누전차단기)는 내화구조가 아닌 건축물로서 벽, 바닥 또는 천장의 전부나 일부를 불연재료 또는 준불연재료가 아닌 재료에 철망을 넣어 만든 건물의 전기설비로부터 누설전류를 탐지하여 경보를발하며 변류기와 수신부로 구성된다.

(1) 변류기(ZCT)

경계전로의 누설전류를 자동적으로 검출하여 이를 누전경보기의 수신부에 송신하는 것 (관통형과 분할형이 있다)

(2) 수신부

변류기로부터 검출된 신호를 수신하여 누전의 발생을 해당 특정소방대상물의 관계인에게 경보하여 주는 것(차단기구를 갖는 것도 포함)으로 집합형과 단독형이 있다.
→ 기능 : 수신, 증폭, 경보, 표시, 차단기능

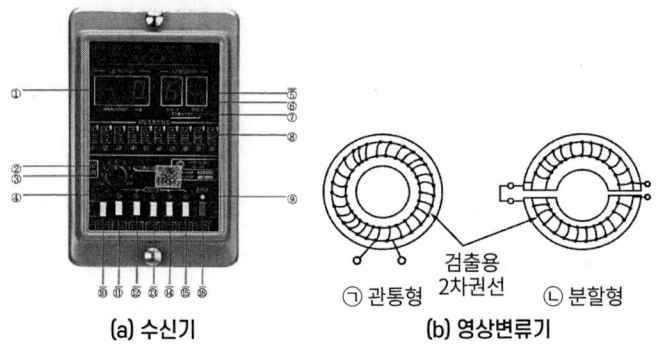

(a) 수신기 (b) 영상변류기

3 구조 및 기능

(1) 공칭작동전류 및 감도조정 범위

① **공칭작동 전류치** : 200[mA] 이하(누전경보기를 동작시키는 데 필요한 누설전류치로 제조자가 표시)

② **감도조정 범위** : 200[mA], 500[mA], 1,000[mA](최대치 1,000[mA] 즉, 1[A])

(2) 변류기(ZCT)

① **관통형 변류기** : 환상형 철심에 검출용 2차 코일을 내장시키고 수지로 몰딩 처리하여 중앙의 빈 공간에 전선을 통과시켜 누설전류를 검출하는 변류기(정확도가 높아 널리 사용)

② **분할형 변류기** : 철심을 2개로 분할하여 전선로를 차단하지 않고, 삽입시켜 누설전류를 검출하는 변류기

(3) 수신기

① **기능** : 수신부는 변류기에서 검출한 신호를 받아 계전기가 동작 가능하게 증폭시켜 계전기를 동작시켜 주고 관계자에게 경보음으로써 누전 사실을 알려준다.

② 수신부의 내부 구조

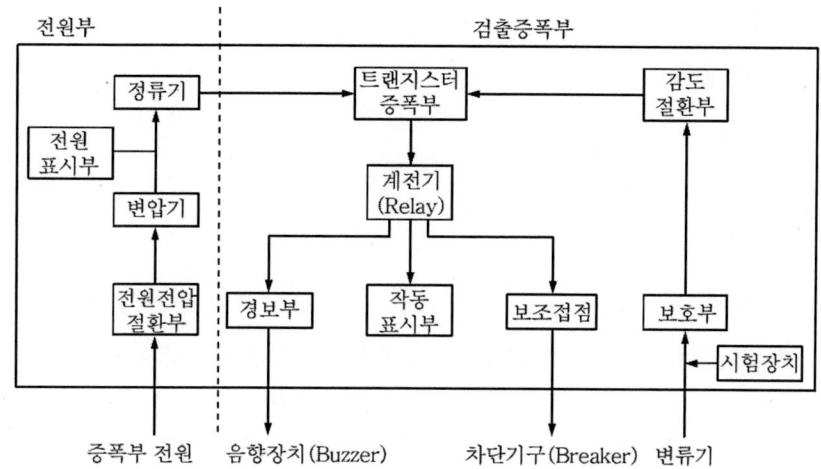

(4) 음향장치

① 사용전압의 80[%]인 전압에서 소리를 낼 것
② 음압(음량)은 무향실 내에서 정위치에 부착된 음향장치의 중심으로부터 1[m] 떨어진 지점에서 70[dB](고장표시장치용 음압은 60[dB]) 이상일 것

4 회로의 결선

① 상용전원은 분전반과 전용회로로 연결하며, 전용회로에 개폐기 및 과전류차단기(적색 표시)를 설치할 것
② 변류기에 선로의 전선을 모두 관통시킬 것
　단상 3선식이면 3선, 3상 4선식이면 4선 모두 관통

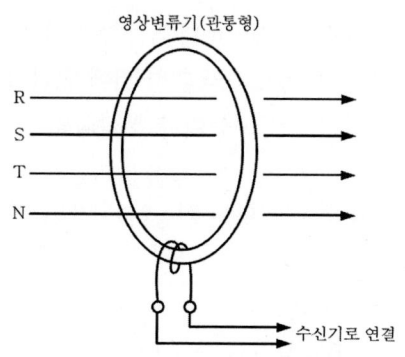

③ 수신기의 전원은 다른 전원과 병렬로 하지 말고, 변류기 이전에서 분리하여 별도의 배선으로 연결할 것
④ 누전으로 인해 보수를 한 후에도 수신기표시등이 계속 점등 상태에 있으므로 필히 복귀시킬 것
⑤ 기기 설치 후 모든 기능이 정상인지 동작상태 등을 확인할 것

5 설치기준

(1) 설치방법 등

① 경계전로의 정격전류가 60[A]를 초과하는 전로에 있어서는 1급 누전경보기를, 60[A] 이하의 전로에 있어서는 1급 또는 2급 누전경보기를 설치할 것. 다만, 정격전류가 60[A]를 초과하는 경계전로가 분기되어 각 분기회로의 정격전류가 60[A] 이하로 되는 경우 해당 분기회로마다 2급 누전경보기를 설치한 때에는 해당 경계전로에 1급 누전경보기를 설치한 것으로 본다.
② 변류기는 특정소방대상물의 형태, 인입선의 시설방법 등에 따라 옥외 인입선의 제1지점의 부하측 또는 제2종 접지선측의 점검이 쉬운 위치에 설치할 것. 다만, 인입선의 형태 또는 특정소방대상물의 구조상 부득이한 경우에는 인입구에 근접한 옥내에 설치할 수 있다.
③ 변류기를 옥외의 전로에 설치하는 경우에는 옥외형의 것을 설치할 것

(2) 수신부

① **수신부의 설치장소** : 옥내의 점검에 편리한 장소에 설치하되, 가연성의 증기·먼지 등이 체류할 우려가 있는 장소의 전기회로에는 해당 부분의 전기회로를 차단할 수 있는 차단기구를 가진 수신부를 설치해야 한다. 이 경우 차단기구의 부분은 해당 장소 외의 안전한 장소에 설치해야 한다.
② **수신부의 설치제외 장소** : 다만, 해당 누전경보기에 대하여 방폭·방식·방습·방온·방진 및 정전기 차폐 등의 방호조치를 한 것에 있어서는 그렇지 않다.
  ㉠ 가연성의 증기·먼지·가스 등이나 부식성의 증기·가스 등이 다량으로 체류하는 장소
  ㉡ 화약류를 제조하거나 저장 또는 취급하는 장소
  ㉢ 습도가 높은 장소
  ㉣ 온도의 변화가 급격한 장소
  ㉤ 대전류회로·고주파 발생회로 등에 따른 영향을 받을 우려가 있는 장소

(3) 음향장치

수위실 등 상시 사람이 근무하는 장소에 설치해야 하며, 그 음량 및 음색은 다른 기기의 소음 등과 명확히 구별할 수 있는 것으로 해야 한다.

(4) 전 원

① 전원은 분전반으로부터 전용회로로 하고, 각 극에 개폐기 및 15[A] 이하의 과전류차단기(배선용 차단기에 있어서는 20[A] 이하의 것으로 각 극을 개폐할 수 있는 것)를 설치할 것
② 전원을 분기할 때에는 다른 차단기에 따라 전원이 차단되지 않도록 할 것
③ 전원의 개폐기에는 "누전경보기용"이라고 표시한 표지를 할 것

가스누설경보기 (NFTC206)

1. 설치대상

가스누설경보기를 설치해야 하는 특정소방대상물(가스시설이 설치된 경우만 해당한다)은 다음의 어느 하나에 해당하는 것으로 한다.
① 문화 및 집회시설, 종교시설, 판매시설, 운수시설, 의료시설, 노유자 시설
② 수련시설, 운동시설, 숙박시설, 창고시설 중 물류터미널, 장례시설

2. 용어정의

① "가연성가스 경보기"란 보일러 등 가스연소기에서 액화석유가스(LPG), 액화천연가스(LNG) 등의 가연성가스가 새는 것을 탐지하여 관계자나 이용자에게 경보하여 주는 것을 말한다. 다만, 탐지소자 외의 방법에 의하여 가스가 새는 것을 탐지하는 것, 점검용으로 만들어진 휴대용탐지기 또는 연동기기에 의하여 경보를 발하는 것은 제외한다.
② "일산화탄소 경보기"란 일산화탄소가 새는 것을 탐지하여 관계자나 이용자에게 경보하여 주는 것을 말한다. 다만, 탐지소자 외의 방법에 의하여 가스가 새는 것을 탐지하는 것, 점검용으로 만들어진 휴대용탐지기 또는 연동기기에 의하여 경보를 발하는 것은 제외한다.
③ "탐지부"란 가스누설경보기(이하 "경보기"라 한다) 중 가스누설을 탐지하여 중계기 또는 수신부에 가스누설 신호를 발신하는 부분을 말한다.
④ "수신부"란 경보기 중 탐지부에서 발하여진 가스누설신호를 직접 또는 중계기를 통하여 수신하고 이를 관계자에게 음향으로서 경보하여 주는 것을 말한다.
⑤ "분리형"이란 탐지부와 수신부가 분리되어 있는 형태의 경보기를 말한다.
⑥ "단독형"이란 탐지부와 수신부가 일체로 되어있는 형태의 경보기를 말한다.
⑦ "가스연소기"란 가스레인지 또는 가스보일러 등 가연성가스를 이용하여 불꽃을 발생하는 장치를 말한다.

3 가연성가스 경보기의 설치기준

① 가연성가스를 사용하는 가스연소기가 있는 경우에는 가연성가스(액화석유가스(LPG), 액화천연가스(LNG) 등)의 종류에 적합한 경보기를 가스연소기 주변에 설치해야 한다.
② 분리형 경보기의 수신부는 다음의 기준에 따라 설치해야 한다.
　㉠ 가스연소기 주위의 경보기의 상태 확인 및 유지 관리에 용이한 위치에 설치할 것
　㉡ 가스누설 경보음향의 음량과 음색이 다른 기기의 소음 등과 명확히 구별될 것
　㉢ 가스누설 경보음향의 크기는 수신부로부터 1m 떨어진 위치에서 음압이 70dB 이상일 것
　㉣ 수신부의 조작 스위치는 바닥으로부터의 높이가 0.8m 이상 1.5m 이하인 장소에 설치할 것
　㉤ 수신부가 설치된 장소에는 관계자 등에게 신속히 연락할 수 있도록 비상연락번호를 기재한 표를 비치할 것
③ 분리형 경보기의 탐지부는 다음의 기준에 따라 설치해야 한다.
　㉠ 탐지부는 가스연소기의 중심으로부터 직선거리 8m(공기보다 무거운 가스를 사용하는 경우에는 4m) 이내에 1개 이상 설치해야 한다.
　㉡ 탐지부는 천장으로부터 탐지부 하단까지의 거리가 0.3m 이하가 되도록 설치한다. 다만, 공기보다 무거운 가스를 사용하는 경우에는 바닥면으로부터 탐지부 상단까지의 거리는 0.3m 이하로 한다.
④ 단독형 경보기는 다음의 기준에 따라 설치해야 한다.
　㉠ 가스연소기 주위의 경보기의 상태 확인 및 유지 관리에 용이한 위치에 설치할 것
　㉡ 가스누설 경보음향의 음량과 음색이 다른 기기의 소음 등과 명확히 구별될 것
　㉢ 가스누설 경보음향장치는 수신부로부터 1m 떨어진 위치에서 음압이 70dB 이상일 것
　㉣ 단독형 경보기는 가스연소기의 중심으로부터 직선거리 8m(공기보다 무거운 가스를 사용하는 경우에는 4m) 이내에 1개 이상 설치해야 한다.
　㉤ 단독형 경보기는 천장으로부터 경보기 하단까지의 거리가 0.3m 이하가 되도록 설치한다. 다만, 공기보다 무거운 가스를 사용하는 경우에는 바닥면으로부터 단독형 경보기 상단까지의 거리는 0.3m 이하로 한다.
　㉥ 경보기가 설치된 장소에는 관계자 등에게 신속히 연락할 수 있도록 비상연락번호를 기재한 표를 비치할 것

4 일산화탄소 경보기의 설치기준

① 일산화탄소 경보기를 설치하는 경우(타 법령에 따라 일산화탄소 경보기를 설치하는 경우를 포함한다)에는 가스연소기 주변(타 법령에 따라 설치하는 경우에는 해당 법령에서 지정한 장소)에 설치할 수 있다.
② 분리형 경보기의 수신부는 다음의 기준에 따라 설치해야 한다.
　㉠ 가스누설 경보음향의 음량과 음색이 다른 기기의 소음 등과 명확히 구별될 것
　㉡ 가스누설 경보음향의 크기는 수신부로부터 1m 떨어진 위치에서 음압이 70dB 이상일 것
　㉢ 수신부의 조작 스위치는 바닥으로부터의 높이가 0.8m 이상 1.5m 이하인 장소에 설치할 것
　㉣ 수신부가 설치된 장소에는 관계자 등에게 신속히 연락할 수 있도록 비상연락번호를 기재한 표를 비치할 것
③ 분리형 경보기의 탐지부는 천장으로부터 탐지부 하단까지의 거리가 0.3m 이하가 되도록 설치한다.
④ 단독형 경보기는 다음의 기준에 따라 설치해야 한다.
　㉠ 가스누설 경보음향의 음량과 음색이 다른 기기의 소음 등과 명확히 구별될 것
　㉡ 가스누설 경보음향장치는 수신부로부터 1m 떨어진 위치에서 음압이 70dB 이상일 것
　㉢ 단독형 경보기는 천장으로부터 경보기 하단까지의 거리가 0.3m 이하가 되도록 설치한다.
　㉣ 경보기가 설치된 장소에는 관계자 등에게 신속히 연락할 수 있도록 비상연락번호를 기재한 표를 비치할 것
⑤ ② 내지 ④에도 불구하고 중앙소방기술심의위원회의 심의를 거쳐 일산화탄소경보기의 성능을 확보할 수 있는 별도의 설치방법을 인정받은 경우에는 해당 설치방법을 반영한 제조사의 시방서에 따라 설치할 수 있다.

5 설치제외 장소

분리형 경보기의 탐지부 및 단독형 경보기는 다음의 장소 이외의 장소에 설치한다.
① 출입구 부근 등으로서 외부의 기류가 통하는 곳
② 환기구 등 공기가 들어오는 곳으로부터 1.5m 이내인 곳
③ 연소기의 폐가스에 접촉하기 쉬운 곳
④ 가구·보·설비 등에 가려져 누설가스의 유통이 원활하지 못한 곳
⑤ 수증기 또는 기름 섞인 연기 등이 직접 접촉될 우려가 있는 곳

6 전 원

경보기는 건전지 또는 교류전압의 옥내간선을 사용하여 상시 전원이 공급되도록 해야 한다.

음향장치
① 사용전압의 80% 인 전압에서 음향을 발할 것
② 음압기준
  ㉠ 공업용 : 90dB 이상
  ㉡ 단독형 및 영업용 : 70dB 이상
  ㉢ 고장표시 : 60dB 이상

CHAPTER 07 화재알림설비(NFTC207)

1 설치대상

화재알림설비를 설치해야 하는 특정소방대상물은 판매시설 중 전통시장으로 한다.

2 용어정의

이 기준에서 사용하는 용어의 정의는 다음과 같다.

① "화재알림형 감지기"란 화재 시 발생하는 열, 연기, 불꽃을 자동적으로 감지하는 기능 중 두 가지 이상의 성능을 가진 열·연기 또는 열·연기·불꽃 복합형 감지기로서 화재알림형 수신기에 주위의 온도 또는 연기의 양의 변화에 따라 각각 다른 전류 또는 전압 등(이하 "화재정보값"이라 한다)의 출력을 발하고, 불꽃을 감지하는 경우 화재신호를 발신하며, 자체 내장된 음향장치에 의하여 경보하는 것을 말한다.

② "화재알림형 중계기"란 화재알림형 감지기, 발신기 또는 전기적인 접점 등의 작동에 따른 화재정보값 또는 화재신호 등을 받아 이를 화재알림형 수신기에 전송하는 장치를 말한다.

③ "화재알림형 수신기"란 화재알림형 감지기나 발신기에서 발하는 화재정보값 또는 화재신호 등을 직접 수신하거나 화재알림형 중계기를 통해 수신하여 화재의 발생을 표시 및 경보하고, 화재정보값 등을 자동으로 저장하여, 자체 내장된 속보기능에 의해 화재신호를 통신망을 통하여 소방관서에는 음성 등의 방법으로 통보하고, 관계인에게는 문자로 전달할 수 있는 장치를 말한다.

④ "발신기"란 수동누름버튼 등의 작동으로 화재신호를 수신기에 발신하는 장치를 말한다.

⑤ "화재알림형 비상경보장치"란 발신기, 표시등, 지구음향장치(경종 또는 사이렌 등)를 내장한 것으로 화재발생 상황을 경보하는 장치를 말한다.

⑥ "원격감시서버"란 원격지에서 각각의 화재알림설비로부터 수신한 화재정보값 및 화재신호, 상태신호 등을 원격으로 감시하기 위한 서버를 말한다.

⑦ "공용부분"이란 전유부분 외의 건물부분, 전유부분에 속하지 아니하는 건물의 부속물, 「집합건물의 소유 및 관리에 관한 법률」 제3조제2항 및 제3항에 따라 공용부분으로 된 부속의 건물을 말한다.

3 화재알림설비의 구성요소

① 화재알림형 수신기
② 화재알림형 중계기
③ 화재알림형 감지기
④ 화재알림형 비상경보장치
⑤ 원격감시서버

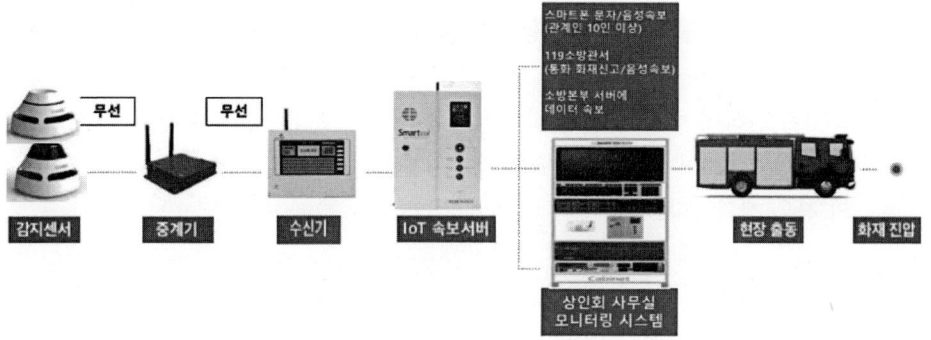

4 화재알림형 수신기

① 화재알림형 수신기는 다음의 기준에 적합한 것으로 설치하여야 한다.
　㉠ 화재알림형 감지기, 발신기 등의 작동 및 설치지점을 확인할 수 있는 것으로 설치할 것
　㉡ 해당 특정소방대상물에 가스누설탐지설비가 설치된 경우에는 가스누설탐지설비로부터 가스누설신호를 수신하여 가스누설경보를 할 수 있는 것으로 설치할 것. 다만, 가스누설탐지설비의 수신부를 별도로 설치한 경우에는 제외한다.
　㉢ 화재알림형 감지기, 발신기 등에서 발신되는 화재정보 · 신호 등을 자동으로 1년 이상 저장할 수 있는 용량의 것으로 설치할 것. 이 경우 저장된 데이터는 수신기에서 확인할 수 있어야 하며, 복사 및 출력도 가능하여야 한다.
　㉣ 화재알림형 수신기에 내장된 속보기능은 화재신호를 자동적으로 통신망을 통하여 소방관서에는 음성 등의 방법으로 통보하고, 관계인에게는 문자로 전달할 수 있는 것으로 설치할 것
② 화재알림형 수신기는 다음의 기준에 따라 설치하여야 한다.
　㉠ 상시 사람이 근무하는 장소에 설치할 것. 다만, 사람이 상시 근무하는 장소가 없는 경우에는 관계인이 쉽게 접근할 수 있고 관리가 용이한 장소로서 화재 및 침수 등의

재해로 인한 피해를 받을 우려가 없는 곳에 설치하여야 한다.
ⓒ 화재알림형 수신기가 설치된 장소에는 화재알림설비 일람도를 비치할 것
ⓒ 화재알림형 수신기의 내부 또는 그 직근에 주음향장치를 설치할 것
ⓔ 화재알림형 수신기의 음향기구는 그 음압 및 음색이 다른 기기의 소음 등과 명확히 구별될 수 있는 것으로 할 것
ⓜ 화재알림형 수신기의 조작 스위치는 바닥으로부터의 높이가 0.8 m 이상 1.5 m 이하인 장소에 설치할 것
ⓗ 하나의 특정소방대상물에 2 이상의 화재알림형 수신기를 설치하는 경우에는 화재알림형 수신기를 상호 간 연동하여 화재발생 상황을 각 화재알림형 수신기마다 확인할 수 있도록 할 것
ⓢ 화재로 인하여 하나의 층의 화재알림형 비상경보장치 또는 배선이 단락되어도 다른 층의 화재통보에 지장이 없도록 각 층 배선 상에 유효한 조치를 할 것. 다만, 무선식의 경우 제외한다.

5 화재알림형 중계기

화재알림형 중계기를 설치할 경우 다음의 기준에 따라 설치하여야 한다.
① 화재알림형 수신기와 화재알림형 감지기 사이에 설치할 것
② 조작 및 점검에 편리하고 화재 및 침수 등의 재해로 인한 피해를 받을 우려가 없는 장소에 설치할 것. 다만, 외기에 개방되어 있는 장소에 설치하는 경우 빗물·먼지 등으로부터 화재알림형 중계기를 보호할 수 있는 구조로 설치하여야 한다.
③ 화재알림형 수신기에 따라 감시되지 않는 배선을 통하여 전력을 공급받는 것에 있어서는 전원입력측의 배선에 과전류 차단기를 설치하고 해당 전원의 정전이 즉시 화재알림형 수신기에 표시되는 것으로 하며, 상용전원 및 예비전원의 시험을 할 수 있도록 할 것

6 화재알림형 감지기

① 화재알림형 감지기 중 열을 감지하는 경우 공칭감지온도범위, 연기를 감지하는 경우 공칭감지농도범위, 불꽃을 감지하는 경우 공칭감시거리 및 공칭시야각 등에 따라 적합한 장소에 설치하여야 한다. 다만, 이 기준에서 정하지 않는 설치방법에 대하여는 형식승인 사항이나 제조사의 시방서에 따라 설치할 수 있다.

② 무선식의 경우 화재를 유효하게 검출할 수 있도록 해당 특정소방대상물에 음영구역이 없도록 설치하여야 한다.
③ 동작된 감지기는 자체 내장된 음향장치에 의하여 경보를 발하여야 하며, 음압은 부착된 화재알림형 감지기의 중심으로부터 1m 떨어진 위치에서 85dB 이상 되어야 한다.

7 비화재보방지

화재알림설비는 화재알림형 수신기 또는 화재알림형 감지기에 자동보정기능이 있는 것으로 설치하여야 한다. 다만, 자동보정기능이 있는 화재알림형 수신기에 연결하여 사용하는 화재알림형 감지기는 자동보정기능이 없는 것으로 설치한다.

8 화재알림형 비상경보장치

① 화재알림형 비상경보장치는 다음의 기준에 따라 설치하여야 한다. 다만, 전통시장의 경우 공용부분에 한하여 설치할 수 있다.
  ㉠ 층수가 11층(공동주택의 경우에는 16층) 이상의 특정소방대상물은 발화층에 따라 경보하는 층을 달리하여 경보를 발할 수 있도록 할 것. 다만, 그 외 특정소방대상물은 전층경보방식으로 경보를 발할 수 있도록 설치하여야 한다.
    ㉮ 2층 이상의 층에서 발화한 때에는 발화층 및 그 직상 4개 층에 경보를 발할 것
    ㉯ 1층에서 발화한 때에는 발화층·그 직상 4개 층 및 지하층에 경보를 발할 것
    ㉰ 지하층에서 발화한 때에는 발화층·그 직상층 및 기타의 지하층에 경보를 발할 것
  ㉡ 화재알림형 비상경보장치는 특정소방대상물의 층마다 설치하되, 해당 특정소방대상물의 각 부분으로부터 하나의 화재알림형 비상경보장치까지의 수평거리가 25m 이하(다만, 복도 또는 별도로 구획된 실로서 보행거리 40 m 이상일 경우에는 추가로 설치하여야 한다)가 되도록하고, 해당 층의 각 부분에 유효하게 경보를 발할 수 있도록 설치할 것. 다만, 「비상방송설비의 화재안전기술기준(NFTC 202)」에 적합한 방송설비를 화재알림형 감지기와 연동하여 작동하도록 설치한 경우에는 비상경보장치를 설치하지 아니하고, 발신기만 설치할 수 있다.
  ㉢ 위 ㉡에도 불구하고 ㉡의 기준을 초과하는 경우로서 기둥 또는 벽이 설치되지 아니한 대형공간의 경우 화재알림형 비상경보장치는 설치대상 장소 중 가장 가까운 장소의 벽 또는 기둥 등에 설치할 것
  ㉣ 화재알림형 비상경보장치는 조작이 쉬운 장소에 설치하고, 발신기의 스위치는 바닥으로부터 0.8m 이상 1.5m 이하의 높이에 설치할 것

ⓜ 화재알림형 비상경보장치의 위치를 표시하는 표시등은 함의 상부에 설치하되, 그 불빛은 부착면으로부터 15° 이상의 범위 안에서 부착지점으로부터 10m 이내의 어느 곳에서도 쉽게 식별할 수 있는 적색등으로 설치할 것
② 화재알림형 비상경보장치는 다음의 기준에 따른 구조 및 성능의 것으로 하여야 한다.
㉠ 정격전압의 80% 전압에서 음압을 발할 수 있는 것으로 할 것. 다만, 건전지를 주전원으로 사용하는 화재알림형 비상경보장치는 그렇지 않다.
㉡ 음압은 부착된 화재알림형 비상경보장치의 중심으로부터 1m 떨어진 위치에서 90dB 이상이 되는 것으로 할 것
㉢ 화재알림형 감지기 및 발신기의 작동과 연동하여 작동할 수 있는 것으로 할 것
③ 하나의 특정소방대상물에 2 이상의 화재알림형 수신기가 설치된 경우 어느 화재알림형 수신기에서도 화재알림형 비상경보장치를 작동할 수 있도록 하여야 한다.

9 원격감시서버

① 화재알림설비의 감시업무를 위탁할 경우 원격감시서버는 다음의 기준에 따라 설치할 것을 권장한다.
② 원격감시서버의 비상전원은 상용전원 차단 시 24시간 이상 전원을 유효하게 공급될 수 있는 것으로 설치한다.
③ 화재알림설비로부터 수신한 정보(주소, 화재정보·신호 등)를 1년 이상 저장할 수 있는 용량을 확보한다.
㉠ 저장된 데이터는 원격감시서버에서 확인할 수 있어야 하며, 복사 및 출력도 가능할 것
㉡ 저장된 데이터는 임의로 수정이나 삭제를 방지할 수 있는 기능이 있을 것

유도등 및 유도표지 (NFTC303)

1 설치대상

① 피난구유도등, 통로유도등 및 유도표지는 특정소방대상물에 설치한다. 다만, 다음의 어느 하나에 해당하는 경우는 제외한다.
　가) 동물 및 식물 관련 시설 중 축사로서 가축을 직접 가두어 사육하는 부분
　나) 지하가 중 터널
② 객석유도등은 다음의 어느 하나에 해당하는 특정소방대상물에 설치한다.
　가) 유흥주점영업시설(「식품위생법 시행령」 제21조제8호라목의 유흥주점영업 중 손님이 춤을 출 수 있는 무대가 설치된 카바레, 나이트클럽 또는 그 밖에 이와 비슷한 영업시설만 해당한다)
　나) 문화 및 집회시설
　다) 종교시설
　라) 운동시설
③ 피난유도선은 화재안전기준에서 정하는 장소에 설치한다.

2 유도등 및 유도표지의 종류

① **유도등**
　㉠ 피난구유도등 : 대형피난구유도등, 중형피난구유도등, 소형피난구유도등
　㉡ 통로유도등 : 거실통로유도등, 복도통로유도등, 계단통로유도등
　㉢ 객석유도등
② **유도표지**
　㉠ 피난구유도표지
　㉡ 통로유도표지
③ **피난유도선**
　㉠ 축광방식 피난유도선
　㉡ 광원점등방식 피난유도선

3 용어정의

① "유도등"이란 화재 시에 피난을 유도하기 위한 등으로서 정상상태에서는 상용전원에 따라 켜지고 상용전원이 정전되는 경우에는 비상전원으로 자동전환되어 켜지는 등을 말한다.
② "피난구유도등"이란 피난구 또는 피난경로로 사용되는 출입구를 표시하여 피난을 유도하는 등을 말한다.
③ "통로유도등"이란 피난통로를 안내하기 위한 유도등으로 복도통로유도등, 거실통로유도등, 계단통로유도등을 말한다.
④ "복도통로유도등"이란 피난통로가 되는 복도에 설치하는 통로유도등으로서 피난구의 방향을 명시하는 것을 말한다.
⑤ "거실통로유도등"이란 거주, 집무, 작업, 집회, 오락 그 밖에 이와 유사한 목적을 위하여 계속적으로 사용하는 거실, 주차장 등 개방된 통로에 설치하는 유도등으로 피난의 방향을 명시하는 것을 말한다.
⑥ "계단통로유도등"이란 피난통로가 되는 계단이나 경사로에 설치하는 통로유도등으로 바닥면 및 디딤바닥면을 비추는 것을 말한다.
⑦ "객석유도등"이란 객석의 통로, 바닥 또는 벽에 설치하는 유도등을 말한다.
⑧ "피난구유도표지"란 피난구 또는 피난경로로 사용되는 출입구를 표시하여 피난을 유도하는 표지를 말한다.
⑨ "통로유도표지"란 피난통로가 되는 복도, 계단등에 설치하는 것으로서 피난구의 방향을 표시하는 유도표지를 말한다.
⑩ "피난유도선"이란 햇빛이나 전등불에 따라 축광(이하 "축광방식"이라 한다)하거나 전류에 따라 빛을 발하는(이하 "광원점등방식"이라 한다) 유도체로서 어두운 상태에서 피난을 유도할 수 있도록 띠 형태로 설치되는 피난유도시설을 말한다.
⑪ "입체형"이란 유도등 표시면을 2면 이상으로 하고 각 면마다 피난유도표시가 있는 것을 말한다.
⑫ "3선식 배선"이란 평상시에는 유도등을 소등 상태로 유도등의 비상전원을 충전하고, 화재 등 비상시 점등 신호를 받아 유도등을 자동으로 점등되도록 하는 방식의 배선을 말한다.

4 유도등 및 유도표지의 적응성

특정소방대상물의 용도별로 설치하여야 할 유도등 및 유도표지는 다음 표에 따라 그에 적응하는 종류의 것으로 설치해야 한다.

설치장소	유도등 및 유도표지의 종류
1. 공연장·집회장(종교집회장 포함)·관람장·운동시설	• 대형피난구유도등 • 통로유도등 • 객석유도등
2. 유흥주점영업시설(「식품위생법 시행령」제21조제8호라목의 유흥주점영업중 손님이 춤을 출 수 있는 무대가 설치된 카바레, 나이트클럽 또는 그 밖에 이와 비슷한 영업시설만 해당한다)	
3. 위락시설·판매시설·운수시설·「관광진흥법」제3조제1항제2호에 따른 관광숙박업·의료시설·장례식장·방송통신시설·전시장·지하상가·지하철역사	• 대형피난구유도등 • 통로유도등
4. 숙박시설(제3호의 관광숙박업 외의 것을 말한다)·오피스텔	• 중형피난구유도등 • 통로유도등
5. 제1호부터 제3호까지 외의 건축물로서 지하층·무창층 또는 층수가 11층 이상인 특정소방대상물	
6. 제1호부터 제5호까지 외의 건축물로서 근린생활시설·노유자시설·업무시설·발전시설·종교시설(집회장 용도로 사용하는 부분 제외)·교육연구시설·수련시설·공장·교정 및 군사시설(국방·군사시설 제외)·자동차정비공장·운전학원 및 정비학원·다중이용업소·복합건축물	• 소형피난구유도등 • 통로유도등
7. 그 밖의 것	• 피난구유도표지 • 통로유도표지

※ 비고
1. 소방서장은 특정소방대상물의 위치·구조 및 설비의 상황을 판단하여 대형피난구유도등을 설치해야 할 장소에 중형피난구유도등 또는 소형피난구유도등을, 중형피난구유도등을 설치해야 할 장소에 소형피난구유도등을 설치하게 할 수 있다.
2. 복합건축물의 경우, 주택의 세대 내에는 유도등을 설치하지 않을 수 있다.

5 피난구유도등의 설치장소 및 설치기준

① 피난구유도등의 설치 장소
㉠ 옥내로부터 직접 지상으로 통하는 출입구 및 그 부속실의 출입구
㉡ 직통계단·직통계단의 계단실 및 그 부속실의 출입구
㉢ 위 ㉠ 및 ㉡의 규정에 따른 출입구에 이르는 복도 또는 통로로 통하는 출입구
㉣ 안전구획된 거실로 통하는 출입구

② 피난구의 바닥으로부터 높이 1.5[m] 이상으로서 출입구에 인접하도록 설치할 것
③ 피난층으로 향하는 피난구의 위치를 안내할 수 있도록 ①㉠ 또는 ㉡의 출입구 인근 천장에 ①㉠ 또는 ㉡ 따라 설치된 피난구유도등의 면과 수직이 되도록 피난구유도등을 추가로 설치해야 한다. 다만, ①㉠ 또는 ㉡에 따라 설치된 피난구유도등이 입체형인 경우에는 그렇지 않다.
④ ③에 따라 추가로 설치하는 피난구유도등은 피난구의 식별이 용이하도록 피난구 방향의 화살표가 함께 표시된 것으로 설치해야 한다.

6 통로유도등의 설치장소 및 설치기준

통로유도등의 설치 장소 : 특정소방대상물의 각 거실과 그로부터 지상에 이르는 복도 또는 계단의 통로
① 복도통로유도등의 설치기준
  ㉠ 복도에 설치하되 피난구유도등설치장소 ①의 ㉠, ㉡에 따라 피난구유도등이 설치된 출입구의 맞은편 복도에는 입체형으로 설치하거나, 바닥에 설치할 것
  ㉡ 구부러진 모퉁이 및 ㉠에 따라 설치된 통로유도등을 기점으로 보행거리 20m마다 설치할 것
  ㉢ 바닥으로부터 높이 1[m] 이하의 위치에 설치할 것, 다만, 지하층 또는 무창층의 용도가 도매시장·소매시장·여객자동차터미널·지하역사 또는 지하상가인 경우에는 복도·통로 중앙부분의 바닥에 설치해야 한다.
  ㉣ 바닥에 설치하는 통로유도등은 하중에 따라 파괴되지 않는 강도의 것으로 할 것
② 거실통로유도등의 설치기준
  ㉠ 거실의 통로에 설치할 것. 다만, 거실의 통로가 벽체 등으로 구획된 경우에는 복도통로유도등을 설치할 것
  ㉡ 구부러진 모퉁이 및 보행거리 20[m]마다 설치할 것
  ㉢ 바닥으로부터 높이 1.5[m] 이상의 위치에 설치할 것(단, 거실통로에 기둥이 설치된 경우 기둥의 바닥으로부터 높이 1.5[m] 이하의 위치에 설치)
③ 계단통로유도등의 설치기준
  ㉠ 각 층의 경사로 참 또는 계단 참마다(1개층에 경사로 참 또는 계단 참이 2 이상 있는 경우에는 2개의 계단 참마다) 설치할 것
  ㉡ 바닥으로부터 높이 1[m] 이하의 위치에 설치할 것
④ 통행에 지장이 없도록 설치할 것
⑤ 주위에 이와 유사한 등화광고물·게시물 등을 설치하지 않을 것

7 객석유도등의 설치장소 및 설치기준

① 객석유도등은 객석의 통로, 바닥 또는 벽에 설치할 것
② 객석 내의 통로가 경사로 또는 수평로로 되어 있는 부분에 있어서는 다음의 식에 따라 산출한 개수(소수점 이하의 수는 1로 본다)의 유도등을 설치해야 한다.

$$N(\text{설치개수}) = \frac{\text{객석 통로의 직선부분의 길이}[m]}{4} - 1(\text{개})$$

③ 객석 내의 통로가 옥외 또는 이와 유사한 부분에 있는 경우에는 해당 통로 전체에 미칠 수 있는 개수의 유도등을 설치할 것

> **표시면의 색상**
> - 피난구유도등 : 녹색바탕에 백색문자(녹색등화)
> - 통로 유도등 : 백색바탕에 녹색문자(백색등화)
> - 객석 유도등 : 백색바탕에 녹색문자(백색등화)

8 유도표지의 설치기준

① **설치기준**
   ㉠ 계단에 설치하는 것을 제외하고는 각 층마다 복도 및 통로의 각 부분으로부터 하나의 유도표지까지의 보행거리가 15[m] 이하가 되는 곳과 구부러진 모퉁이의 벽에 설치할 것
   ㉡ 피난구유도표지는 출입구 상단에 설치하고, 통로유도표지는 바닥으로부터 높이 1[m] 이하의 위치에 설치할 것
   ㉢ 주위에는 이와 유사한 등화광고물·게시물 등을 설치하지 않을 것
   ㉣ 유도표지는 부착판 등을 사용하여 쉽게 떨어지지 않도록 설치할 것
   ㉤ 축광방식의 유도표지는 외광 또는 조명장치에 의하여 상시 조명이 제공되거나 비상조명등에 의한 조명이 제공되도록 설치할 것
② 유도표지는 소방청장이 정하여 고시한 「축광표지의 성능인증 및 제품검사의 기술기준」에 적합한 것이어야 한다. 다만, 방사성물질을 사용하는 위치표지는 쉽게 파괴되지 않는 재질로 처리해야 한다.

9 피난유도선의 설치기준

① **축광방식의 피난유도선 설치기준**
  ㉠ 구획된 각 실로부터 주출입구 또는 비상구까지 설치할 것
  ㉡ 바닥으로부터 높이 50[cm] 이하의 위치 또는 바닥 면에 설치할 것
  ㉢ 피난유도 표시부는 50[cm] 이내의 간격으로 연속되도록 설치할 것
  ㉣ 부착대에 의하여 견고하게 설치할 것
  ㉤ 외부의 빛 또는 조명장치에 의하여 상시 조명이 제공되거나 비상조명등에 의한 조명이 제공되도록 설치 할 것

② **광원점등방식의 피난유도선 설치기준**
  ㉠ 구획된 각 실로부터 주출입구 또는 비상구까지 설치할 것
  ㉡ 피난유도 표시부는 바닥으로부터 높이 1[m] 이하의 위치 또는 바닥 면에 설치할 것
  ㉢ 피난유도 표시부는 50[cm] 이내의 간격으로 연속되도록 설치하되 실내장식물 등으로 설치가 곤란할 경우 1[m] 이내로 설치할 것
  ㉣ 수신기로부터의 화재신호 및 수동조작에 의하여 광원이 점등되도록 설치할 것
  ㉤ 비상전원이 상시 충전상태를 유지하도록 설치할 것
  ㉥ 바닥에 설치되는 피난유도 표시부는 매립하는 방식을 사용할 것
  ㉦ 피난유도 제어부는 조작 및 관리가 용이하도록 바닥으로부터 0.8[m] 이상 1.5[m] 이하의 높이에 설치할 것

③ 피난유도선은 소방청장이 정하여 고시한 「피난유도선의 성능인증 및 제품검사의 기술기준」에 적합한 것으로 설치해야 한다.

10 유도등의 전원

① 유도등의 상용전원은 전기가 정상적으로 공급되는 축전지설비, 전기저장장치 또는 교류전압의 옥내간선으로 하고, 전원까지의 배선은 전용으로 해야 한다.
② 비상전원은 다음의 기준에 적합하게 설치해야 한다.
  ㉠ 축전지로 할 것
  ㉡ 유도등을 20분 이상 유효하게 작동시킬 수 있는 용량으로 할 것. 다만, 다음 기준의 특정소방대상물의 경우에는 그 부분에서 피난층에 이르는 부분의 유도등을 60분 이상 유효하게 작동시킬 수 있는 용량으로 해야 한다.
    ㉮ 지하층을 제외한 층수가 11층 이상의 층

④ 지하층 또는 무창층으로서 용도가 도매시장·소매시장·여객자동차터미널·지하역사 또는 지하상가

③ 배선은 「전기사업법」 제67조에서 정한 것 외에 다음의 기준에 따라야 한다.
　㉠ 유도등의 인입선과 옥내배선은 직접 연결할 것
　㉡ 유도등은 전기회로에 점멸기를 설치하지 않고 항상 점등상태를 유지할 것. 다만, 특정소방대상물 또는 그 부분에 사람이 없거나 다음의 어느 하나에 해당하는 장소로서 3선식 배선에 따라 상시 충전되는 구조인 경우에는 그렇지 않다.
　　㉮ 외부의 빛에 의해 피난구 또는 피난방향을 쉽게 식별할 수 있는 장소
　　㉯ 공연장, 암실(暗室) 등으로서 어두워야 할 필요가 있는 장소
　　㉰ 특정소방대상물의 관계인 또는 종사원이 주로 사용하는 장소
　㉢ 3선식 배선은 「옥내소화전설비의 화재안전기술기준(NFTC 102)」에 따른 내화배선 또는 내열배선으로 할 것

④ 3선식 배선으로 상시 충전되는 유도등의 전기회로에 점멸기를 설치하는 경우에는 다음의 어느 하나에 해당되는 경우에 점등되도록 해야 한다.
　㉠ 자동화재탐지설비의 감지기 또는 발신기가 작동되는 때
　㉡ 비상경보설비의 발신기가 작동되는 때
　㉢ 상용전원이 정전되거나 전원선이 단선되는 때
　㉣ 방재업무를 통제하는 곳 또는 전기실의 배전반에서 수동으로 점등하는 때
　㉤ 자동소화설비가 작동되는 때

[3선식과 2선식 유도등 비교]

구분	3선식	2선식
특징	상시 소등, 비상시 점등	상시 및 비상시 점등
유도등 작동	• 점멸기로 유도등 소등 • 평상시 유도등 소등상태이나 예비전원은 늘 충전상태(감시상태) • 상용전원의 정전이나 단선 시 자동적으로 예비전원에 의해 20분 이상 유도등 점등	• 평상시 늘 점등상태 • 상용전원의 정전이나 단선 시 예비전원에 의해 유도등 점등(20분 이상)
결선	• 전원선(공통선), 점등선, 충전선의 3선 이용하여 접속 • 점멸기를 설치하여 축전지는 항상 충전 상태 유지	• 2선으로 결선 • 점멸기를 설치하지 않음
조건	• 소등 중에는 축전지가 항상 충전상태로 대기 • 화재시 또는 정전 시 자동 점등될 것	• 정상 시는 물론 화재 또는 정전 시 계속 점등될 것

구분	3선식	2선식
장점	• 조명이 양호하거나 주광이 확보되는 장소에는 소등하므로 합리적임 • 절전효과 • 등기구의 수명 연장	• 평상시 상시 점등되므로 불량 개소 파악 등 유지관리에 용이 • 평소 피난구의 위치, 피난 인식을 부여
단점	• 배선, 등기구, 램프 등의 이상 여부 파악이 어렵다. • 관리자의 잦은 손길이 요구 • 평소 피난구의 위치, 피난 인식을 상실	• 경제적 손실(전력 소모, 등기구 수명 단축 등) • 조명이 양호하거나 주광이 확보되는 장소에 상시 점등되는 불합리성이 있다.

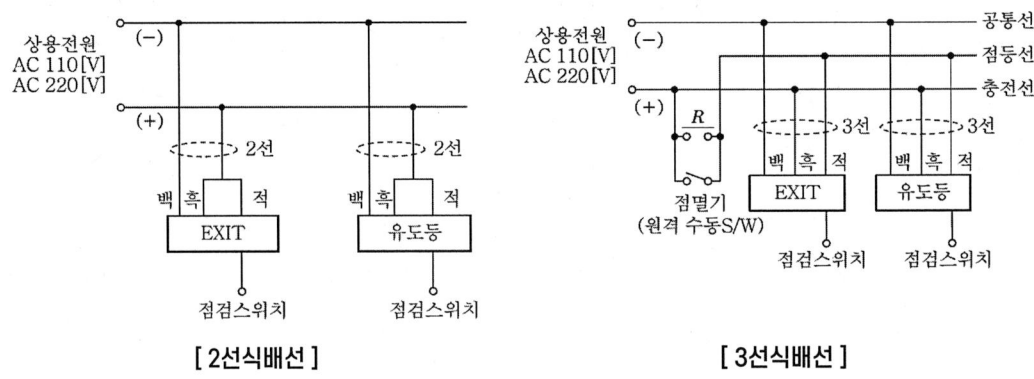

[2선식배선]　　　　　　　　　　[3선식배선]

11 유도등 및 유도표지의 설치제외

① 피난구유도등의 설치제외
㉠ 바닥면적이 1,000[m^2] 미만인 층으로서 옥내로부터 직접 지상으로 통하는 출입구 (외부의 식별이 용이한 경우에 한함)
㉡ 대각선 길이가 15m 이내인 구획된 실의 출입구
㉢ 거실 각 부분으로부터 하나의 출입구에 이르는 보행거리가 20[m] 이하이고 비상조명등과 유도표지가 설치된 거실의 출입구
㉣ 출입구가 3개소 이상 있는 거실로서 그 거실 각 부분으로부터 하나의 출입구에 이르는 보행 거리가 30[m] 이하인 경우에는 주된 출입구 2개소 외의 출입구(유도표지가 부착된 출입구). 다만, 공연장·집회장·관람장·전시장·판매시설·운수시설·숙박시설·노유자시설·의료시설·장례식장의 경우에는 그렇지 않다.

② 통로유도등의 설치제외
㉠ 구부러지지 아니한 복도 또는 통로로서 길이가 30[m] 미만인 복도 또는 통로

ⓒ ㉠에 해당하지 않는 복도 또는 통로로서 보행거리가 20[m] 미만이고 그 복도 또는 통로와 연결된 출입구 또는 그 부속실의 출입구에 피난구유도등이 설치된 복도 또는 통로

③ **객석유도등의 설치제외**
  ㉠ 주간에만 사용하는 장소로서 채광이 충분한 객석
  ㉡ 거실 등의 각 부분으로부터 하나의 거실출입구에 이르는 보행거리가 20[m] 이하인 객석의 통로로서 그 통로에 통로유도등이 설치된 객석

④ **유도표지의 설치제외**
  ㉠ 유도등이 규정에 적합하게 설치된 출입구·복도·계단 및 통로
  ㉡ ①의 ㉠, ㉡과 ②에 해당하는 출입구·복도·계단 및 통로

CHAPTER 09 비상조명등(NFTC304)

1 설치대상

(1) 비상조명등을 설치해야 하는 특정소방대상물(창고시설 중 창고 및 하역장, 위험물 저장 및 처리 시설 중 가스시설 및 사람이 거주하지 않거나 벽이 없는 축사 등 동물 및 식물 관련 시설은 제외한다)은 다음의 어느 하나에 해당하는 것으로 한다.

① 지하층을 포함하는 층수가 5층 이상인 건축물로서 연면적 3천㎡ 이상인 경우에는 모든 층
② ①에 해당하지 않는 특정소방대상물로서 그 지하층 또는 무창층의 바닥면적이 450㎡ 이상인 경우에는 해당 층
③ 지하가 중 터널로서 그 길이가 500m 이상인 것

(2) 휴대용 비상조명등을 설치해야 하는 특정소방대상물은 다음의 어느 하나에 해당하는 것으로 한다.

① 숙박시설
② 수용인원 100명 이상의 영화상영관, 판매시설 중 대규모점포, 철도 및 도시철도 시설 중 지하역사, 지하가 중 지하상가

2 종류 및 정의

[비상조명등]

[휴대용비상조명등]

① "비상조명등"이란 화재발생 등에 따른 정전 시 안전하고 원활한 피난활동을 할 수 있도록 거실 및 피난통로 등에 설치되어 자동 점등되는 조명등을 말한다.
② "휴대용비상조명등"이란 화재발생 등으로 정전시 안전하고 원활한 피난을 위하여 피난자가 휴대할 수 있는 조명등을 말한다.

3 설치기준

① 비상조명등은 다음의 기준에 따라 설치해야 한다.

㉠ 특정소방대상물의 각 거실과 그로부터 지상에 이르는 복도·계단 및 그 밖의 통로에 설치할 것

㉡ 조도는 비상조명등이 설치된 장소의 각 부분의 바닥에서 1lx 이상이 되도록 할 것

㉢ 예비전원을 내장하는 비상조명등에는 평상시 점등 여부를 확인할 수 있는 점검스위치를 설치하고 해당 조명등을 유효하게 작동시킬 수 있는 용량의 축전지와 예비전원 충전장치를 내장할 것

㉣ 예비전원을 내장하지 않은 비상조명등의 비상전원은 자가발전설비, 축전지설비 또는 전기저장장치를 다음의 기준에 따라 설치해야 한다.

　㉮ 점검에 편리하고 화재 및 침수 등의 재해로 인한 피해를 받을 우려가 없는 곳에 설치할 것

　㉯ 상용전원으로부터 전력의 공급이 중단된 때에는 자동으로 비상전원으로부터 전력을 공급받을 수 있도록 할 것

　㉰ 비상전원의 설치장소는 다른 장소와 방화구획 할 것. 이 경우 그 장소에는 비상전원의 공급에 필요한 기구나 설비외의 것(열병합발전설비에 필요한 기구나 설비는 제외한다)을 두어서는 아니 된다.

　㉱ 비상전원을 실내에 설치하는 때에는 그 실내에 비상조명등을 설치할 것

㉤ ①의 ㉢과 ㉣에 따른 예비전원과 비상전원은 비상조명등을 20분 이상 유효하게 작동시킬 수 있는 용량으로 할 것. 다만, 다음의 특정소방대상물의 경우에는 그 부분에서 피난층에 이르는 부분의 비상조명등을 60분 이상 유효하게 작동시킬 수 있는 용량으로 해야 한다.

　㉮ 지하층을 제외한 층수가 11층 이상의 층

　㉯ 지하층 또는 무창층으로서 용도가 도매시장·소매시장·여객자동차터미널·지하역사 또는 지하상가

㉥ 영 별표 5 제15호 비상조명등의 설치면제 요건에서 "그 유도등의 유효범위"란 유도등의 조도가 바닥에서 1lx 이상이 되는 부분을 말한다.

② **휴대용비상조명등은 다음의 기준에 적합해야 한다.**
  ㉠ 다음의 장소에 설치할 것
    ㉮ 숙박시설 또는 다중이용업소에는 객실 또는 영업장 안의 구획된 실마다 잘 보이는 곳(외부에 설치시 출입문 손잡이로부터 1m 이내 부분)에 1개 이상 설치
    ㉯ 「유통산업발전법」 제2조제3호에 따른 대규모점포(지하상가 및 지하역사는 제외한다)와 영화상영관에는 보행거리 50m 이내마다 3개 이상 설치
    ㉰ 지하상가 및 지하역사에는 보행거리 25m 이내마다 3개 이상 설치
  ㉡ 설치높이는 바닥으로부터 0.8m 이상 1.5m 이하의 높이에 설치할 것
  ㉢ 어둠속에서 위치를 확인할 수 있도록 할 것
  ㉣ 사용 시 자동으로 점등되는 구조일 것
  ㉤ 외함은 난연성능이 있을 것
  ㉥ 건전지를 사용하는 경우에는 방전 방지조치를 해야 하고, 충전식 밧데리의 경우에는 상시 충전되도록 할 것
  ㉦ 건전지 및 충전식 밧데리의 용량은 20분 이상 유효하게 사용할 수 있는 것으로 할 것

4 설치제외

① 다음의 어느 하나에 해당하는 경우에는 비상조명등을 설치하지 않을 수 있다.
  ㉠ 거실의 각 부분으로부터 하나의 출입구에 이르는 보행거리가 15m 이내인 부분
  ㉡ 의원·경기장·공동주택·의료시설·학교의 거실
② 지상 1층 또는 피난층으로서 복도·통로 또는 창문 등의 개구부를 통하여 피난이 용이한 경우 숙박시설로서 복도에 비상조명등을 설치 한 경우에는 휴대용비상조명등을 설치하지 않을 수 있다.

CHAPTER 10 비상콘센트설비(NFTC504)

1 설치대상

비상콘센트설비를 설치해야 하는 특정소방대상물(위험물 저장 및 처리시설 중 가스시설 및 지하구는 제외한다)은 다음 어느 하나에 해당하는 것으로 한다.
① 층수가 11층 이상인 특정소방대상물의 경우에는 11층 이상의 층
② 지하층의 층수가 3층 이상이고 지하층의 바닥면적의 합계가 1천㎡ 이상인 것은 지하층의 모든 층
③ 지하가 중 터널로서 길이가 5백m 이상인 것

2 계통도

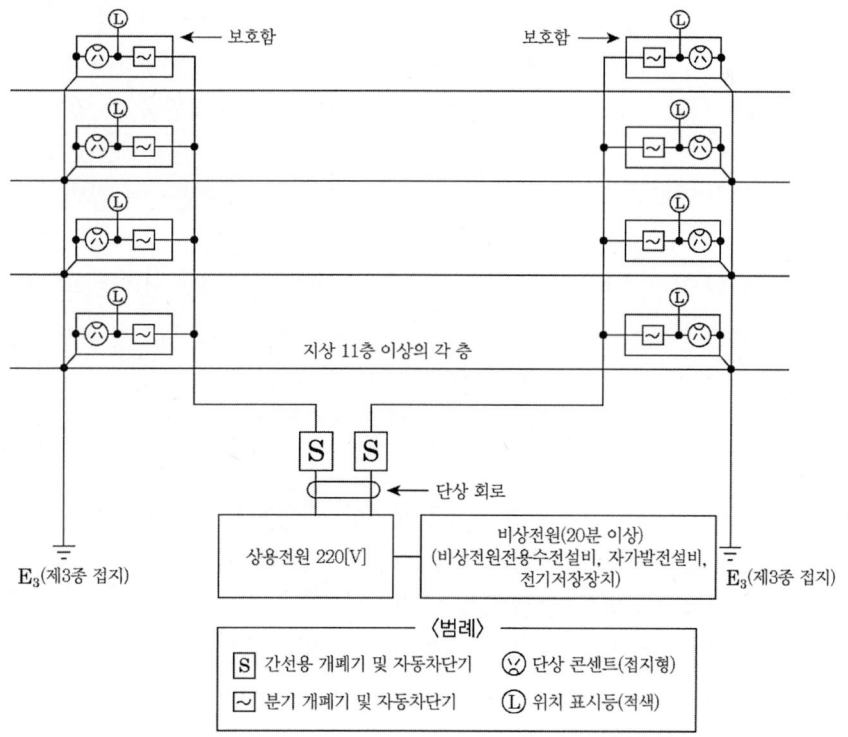

3 용어의 정의

① "비상콘센트설비"란 상용전원으로부터 전력의 공급이 중단된 때에는 자동으로 공급되는 전원을 말한다.
② "저압"이란 직류는 1.5kV 이하, 교류는 1kV 이하인 것을 말한다.
③ "고압"이란 직류는 1.5kV를, 교류는 1kV를 초과하고, 7kV 이하인 것을 말한다.
④ "특고압"이란 7kV를 초과하는 것을 말한다.

4 설치기준

(1) 전원 및 콘센트 등

① 전원의 기준
  ㉠ 상용전원회로의 배선은 저압수전인 경우에는 인입개폐기의 직후에서, 고압수전 또는 특고압수전인 경우에는 전력용 변압기 2차측의 주차단기 1차측 또는 2차측에서 분기하여 전용배선으로 할 것
  ㉡ 지하층을 제외한 층수가 7층 이상으로서 연면적이 2,000[m^2] 이상이거나 지하층의 바닥면적의 합계가 3,000[m^2] 이상인 특정소방대상물의 비상콘센트설비에는 자가발전설비, 비상전원수전설비, 축전지설비 또는 전기저장장치를 비상전원으로 설치할 것. 다만, 2 이상의 변전소에서 전력을 동시에 공급받을 수 있거나 하나의 변전소로부터 전력의 공급이 중단되는 때에는 자동으로 다른 변전소로부터 전력을 공급받을 수 있도록 상용전원을 설치한 경우(2중모선 배전방식의 경우)에는 비상전원을 설치하지 않을 수 있다.
  ㉢ 위 ㉡의 규정에 따른 비상전원 중 자가발전설비, 축전지설비 또는 전기저장장치는 다음의 기준에 따라 설치하고, 비상전원수전설비는 「소방시설용 비상전원수전설비의 화재안전기술기준(NFTC 602)」에 따라 설치할 것
    ㉮ 점검에 편리하고 화재 및 침수 등의 재해로 인한 피해를 받을 우려가 없는 곳에 설치할 것
    ㉯ 비상콘센트설비를 유효하게 20분 이상 작동시킬 수 있는 용량으로 할 것
    ㉰ 상용전원으로부터 전력의 공급이 중단된 때에는 자동으로 비상전원으로부터 전력을 공급받을 수 있도록 할 것
    ㉱ 비상전원의 설치장소는 다른 장소와 방화구획할 것. 이 경우 그 장소에는 비상전원의 공급에 필요한 기구나 설비 외의 것(열병합발전설비에 필요한 기구나 설비

는 제외한다)을 두어서는 안된다.
- ⑪ 비상전원을 실내에 설치하는 때에는 그 실내에 비상조명등을 설치할 것

② 전원회로(비상콘센트에 전력을 공급하는 회로)의 기준
- ㉠ 비상콘센트설비의 전원회로는 단상교류 220[V]인 것으로서, 그 공급용량은 1.5[kVA] 이상인 것으로 할 것
- ㉡ 전원회로는 각 층에 있어서 2 이상이 되도록 설치할 것. 다만, 설치해야 할 층의 비상콘센트가 1개인 때에는 하나의 회로로 할 수 있다.
- ㉢ 전원회로는 주배전반에서 전용회로로 할 것. 다만, 다른 설비 회로의 사고에 따른 영향을 받지 않도록 되어 있는 것에 있어서는 그렇지 않다.
- ㉣ 전원으로부터 각 층의 비상콘센트에 분기되는 경우에는 분기배선용 차단기를 보호함 안에 설치할 것
- ㉤ 콘센트마다 배선용 차단기를 설치해야 하며, 충전부가 노출되지 않도록 할 것
- ㉥ 개폐기에는 "비상콘센트"라고 표시한 표지를 할 것
- ㉦ 비상콘센트용 풀박스 등은 방청도장을 한 것으로서, 두께 1.6[mm] 이상의 철판으로 할 것
- ㉧ 하나의 전용회로에 설치하는 비상콘센트는 10개 이하로 할 것. 이 경우 전선의 용량은 각 비상콘센트(비상콘센트가 3개 이상인 경우에는 3개)의 공급용량을 합한 용량 이상의 것으로 해야 한다.

③ 플러그(Plug) 접속기 : 접지형 2극 플러그접속기(KS C 8305)를 사용할 것
④ 접지공사 : 플러그접속기 칼받이의 접지극에는 접지공사를 할 것
⑤ 비상콘센트의 설치기준
- ㉠ 바닥으로부터 높이 0.8[m] 이상 1.5[m] 이하의 위치에 설치할 것
- ㉡ 비상콘센트의 배치는 아파트 또는 바닥면적이 1,000[m^2] 미만인 층은 계단의 출입구(계단의 부속실을 포함하며 계단이 2 이상 있는 경우에는 그 중 1개의 계단)로부터 5[m] 이내에, 바닥면적 1,000[m^2] 이상인 층은 각 계단의 출입구 또는 계단부속실의 출입구(계단의 부속실을 포함하며 계단이 3 이상 있는 층의 경우에는 그 중 2개의 계단)로부터 5[m] 이내에 설치하되, 그 비상콘센트로부터 그 층의 각 부분까지의 거리가 다음의 기준을 초과하는 경우에는 그 기준 이하가 되도록 비상콘센트를 추가하여 설치할 것
  - ㉮ 지하상가 또는 지하층의 바닥면적의 합계가 3,000[m^2] 이상인 것은 수평거리 25[m]
  - ㉯ 그 밖의 것은 수평거리 50[m]

⑥ **절연저항 및 절연내력의 적합기준**
  ㉠ 절연저항 : 전원부와 외함 사이를 500[V] 절연저항계로 측정할 때 20[MΩ] 이상일 것
  ㉡ 절연내력 : 전원부와 외함 사이에 다음과 같이 실효전압을 가하는 시험에서 1분 이상 견디는 것일 것
    ㉮ 정격전압이 150[V] 이하인 경우 : 1,000[V]의 실효전압을 인가
    ㉯ 정격전압이 150[V] 초과인 경우 : (정격전압×2)+1,000[V]의 실효전압을 인가

(2) 보호함의 기준

① 보호함에는 쉽게 개폐할 수 있는 문을 설치할 것
② 보호함 표면에 "비상콘센트"라고 표시한 표지를 할 것
③ 보호함 상부에 적색의 표시등을 설치할 것. 다만, 비상콘센트의 보호함을 옥내소화전함 등과 접속하여 설치하는 경우에는 옥내소화전함 등의 표시등과 겸용할 수 있다.

(a) 단독형(매입)

(b) 소화전함 내장형

(3) 배선의 기준

① 전원회로의 배선은 내화배선으로, 그 밖의 배선은 내화배선 또는 내열배선으로 할 것
② ①에 따른 내화배선 및 내열배선에 사용하는 전선의 종류 및 설치방법은 「옥내소화전설비의 화재안전기술기준(NFTC 102)」의 기준에 따를 것

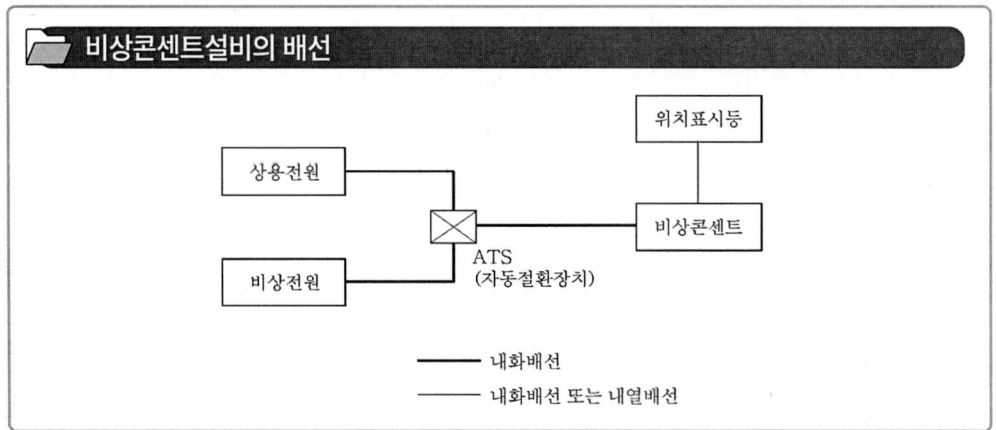

CHAPTER 11 무선통신보조설비 (NFTC505)

1 설치대상

무선통신보조설비를 설치해야 하는 특정소방대상물(위험물 저장 및 처리시설 중 가스시설은 제외한다)은 다음 어느 하나에 해당하는 것으로 한다.
① 지하가(터널은 제외한다)로서 연면적 1천㎡ 이상인 것
② 지하층의 바닥면적의 합계가 3천㎡ 이상인 것 또는 지하층의 층수가 3층 이상이고 지하층의 바닥면적의 합계가 1천㎡ 이상인 것은 지하층의 모든 층
③ 지하가 중 터널로서 길이가 500m 이상인 것
④ 지하구 중 공동구
⑤ 층수가 30층 이상인 것으로서 16층 이상 부분의 모든 층

2 용어정의

① "누설동축케이블"이란 동축케이블의 외부도체에 가느다란 홈을 만들어서 전파가 외부로 새어나갈 수 있도록 한 케이블을 말한다.
② "분배기"란 신호의 전송로가 분기되는 장소에 설치하는 것으로 임피던스 매칭(Matching)과 신호 균등분배를 위해 사용하는 장치를 말한다.
③ "분파기"란 서로 다른 주파수의 합성된 신호를 분리하기 위해서 사용하는 장치를 말한다.
④ "혼합기"란 2 이상의 입력신호를 원하는 비율로 조합한 출력이 발생하도록 하는 장치를 말한다.
⑤ "증폭기"란 전압, 전류의 진폭을 늘려 감도등을 개선하는 장치를 말한다.
⑥ "무선중계기"란 안테나를 통하여 수신된 무전기 신호를 증폭한 후 음영지역에 재방사하여 무전기 상호 간 송수신이 가능하도록 하는 장치를 말한다.
⑦ "옥외안테나"란 감시제어반 등에 설치된 무선중계기의 입력과 출력포트에 연결되어 송수신 신호를 원활하게 방사·수신하기 위해 옥외에 설치하는 장치를 말한다.
⑧ "임피던스"란 교류회로에 전압이 가해졌을 때 전류의 흐름을 방해하는 값으로서 교류회로에서의 전류에 대한 전압의 비를 말한다.

3 설치기준

(1) 설치제외
지하층으로서 특정소방대상물의 바닥부분 2면 이상이 지표면과 동일하거나 지표면으로부터의 깊이가 1m 이하인 경우에는 해당 층에 한하여 무선통신보조설비를 설치하지 않을 수 있다.

(2) 누설동축케이블 등의 설치기준
① 무선통신보조설비의 누설동축케이블 등은 다음의 기준에 따라 설치해야 한다.
　㉠ 소방전용주파수대에서 전파의 전송 또는 복사에 적합한 것으로서 소방전용의 것으로 할 것. 다만, 소방대 상호 간의 무선연락에 지장이 없는 경우에는 다른 용도와 겸용할 수 있다.
　㉡ 누설동축케이블과 이에 접속하는 안테나 또는 동축케이블과 이에 접속하는 안테나로 구성할 것
　㉢ 누설동축케이블 및 동축케이블은 불연 또는 난연성의 것으로서 습기 등의 환경조건에 따라 전기의 특성이 변질되지 않는 것으로 하고, 노출하여 설치한 경우에는 피난 및 통행에 장애가 없도록 할 것
　㉣ 누설동축케이블 및 동축케이블은 화재에 따라 해당 케이블의 피복이 소실된 경우에 케이블 본체가 떨어지지 않도록 4m 이내마다 금속제 또는 자기제 등의 지지금구로 벽·천장·기둥 등에 견고하게 고정할 것. 다만, 불연재료로 구획된 반자 안에 설치하는 경우에는 그렇지 않다.
　㉤ 누설동축케이블 및 안테나는 금속판 등에 따라 전파의 복사 또는 특성이 현저하게 저하되지 않는 위치에 설치할 것
　㉥ 누설동축케이블 및 안테나는 고압의 전로로부터 1.5m 이상 떨어진 위치에 설치할 것. 다만, 해당 전로에 정전기 차폐장치를 유효하게 설치한 경우에는 그렇지 않다.
　㉦ 누설동축케이블의 끝부분에는 무반사 종단저항을 견고하게 설치할 것
② 누설동축케이블 또는 동축케이블의 임피던스는 50Ω으로 하고, 이에 접속하는 안테나·분배기 기타의 장치는 해당 임피던스에 적합한 것으로 해야 한다.
③ 무선통신보조설비는 다음의 기준에 따라 설치해야 한다.
　㉠ 누설동축케이블 또는 동축케이블과 이에 접속하는 안테나가 설치된 층은 모든 부분(계단실, 승강기, 별도 구획된 실 포함)에서 유효하게 통신이 가능할 것
　㉡ 옥외 안테나와 연결된 무전기와 건축물 내부에 존재하는 무전기 간의 상호통신,

건축물 내부에 존재하는 무전기 간의 상호통신, 옥외 안테나와 연결된 무전기와 방재실 또는 건축물 내부에 존재하는 무전기와 방재실 간의 상호통신이 가능할 것

(3) 옥외안테나의 설치기준

옥외안테나는 다음의 기준에 따라 설치해야 한다.
① 건축물, 지하가, 터널 또는 공동구의 출입구(「건축법 시행령」 제39조에 따른 출구 또는 이와 유사한 출입구를 말한다) 및 출입구 인근에서 통신이 가능한 장소에 설치할 것
② 다른 용도로 사용되는 안테나로 인한 통신장애가 발생하지 않도록 설치할 것
③ 옥외안테나는 견고하게 파손의 우려가 없는 곳에 설치하고 그 가까운 곳의 보기 쉬운 곳에 "무선통신보조설비 안테나"라는 표시와 함께 통신 가능거리를 표시한 표지를 설치할 것
④ 수신기가 설치된 장소 등 사람이 상시 근무하는 장소에는 옥외 안테나의 위치가 모두 표시된 옥외안테나 위치표시도를 비치할 것

(4) 분배기 등의 설치기준

분배기·분파기 및 혼합기 등은 다음의 기준에 따라 설치해야 한다.
① 먼지·습기 및 부식 등에 따라 기능에 이상을 가져오지 않도록 할 것
② 임피던스는 50Ω의 것으로 할 것
③ 점검에 편리하고 화재 등의 재해로 인한 피해의 우려가 없는 장소에 설치할 것

(5) 증폭기 등의 설치기준

증폭기 및 무선중계기를 설치하는 경우에는 다음의 기준에 따라 설치해야 한다.
① 상용전원은 전기가 정상적으로 공급되는 축전지설비, 전기저장장치(외부 전기에너지를 저장해 두었다가 필요한 때 전기를 공급하는 장치) 또는 교류전압의 옥내간선으로 하고, 전원까지의 배선은 전용으로 할 것
② 증폭기의 전면에는 주 회로전원의 정상 여부를 표시할 수 있는 표시등 및 전압계를 설치할 것
③ 증폭기에는 비상전원이 부착된 것으로 하고 해당 비상전원 용량은 무선통신보조설비를 유효하게 30분 이상 작동시킬 수 있는 것으로 할 것
④ 증폭기 및 무선중계기를 설치하는 경우에는 「전파법」 제58조의2에 따른 적합성평가를 받은 제품으로 설치하고 임의로 변경하지 않도록 할 것
⑤ 디지털 방식의 무전기를 사용하는데 지장이 없도록 설치할 것

기타 설비(NFTC602~609) 전기분야

1 기타 설비(NFTC602~609) 종류

(1) NFTC 602 : 소방시설용 비상전원수전설비
(2) NFTC 603 : 도로터널
(3) NFTC 604 : 고층건축물
(4) NFTC 605 : 지하구
(5) NFTC 606 : 건설현장
(6) NFTC 607 : 전기저장시설
(7) NFTC 608 : 공동주택
(8) NFTC 609 : 창고시설

2 소방시설용 비상전원수전설비

(1) 설치대상

[스프링클러설비]
차고·주차장으로서 스프링클러설비가 설치된 부분의 바닥면적(포소화설비가 설치된 차고·주차장의 바닥면적을 포함) 합계가 1,000[m^2] 미만인 특정소방대상물

[간이스프링클러설비]
간이스프링클러설비 설치장소

[포소화설비]
① 호스릴포소화설비 또는 포소화전만을 설치한 차고, 주차장
② 포헤드설비 또는 고정포방출설비가 설치된 부분의 바닥면적(스프링클러설비가 설치된 차고·주차장의 바닥면적 포함) 합계가 1,000[m^2] 미만인 특정소방대상물

[비상콘센트설비]
① 지하층을 제외한 층수가 7층 이상으로서 연면적이 2,000[m^2] 이상인 특정소방대상물
② 지하층 바닥면적 합계가 3,000[m^2] 이상인 특정소방대상물

(2) 용어의 정의
① "소방회로"란 소방부하에 전원을 공급하는 전기회로를 말한다.
② "일반회로"란 소방회로 이외의 전기회로를 말한다.
③ "수전설비"란 전력수급용 계기용변성기·주차단장치 및 그 부속기기를 말한다.
④ "변전설비"란 전력용변압기 및 그 부속장치를 말한다.
⑤ "전용큐비클식"이란 소방회로용의 것으로 수전설비, 변전설비와 그 밖의 기기 및 배선을 금속제 외함에 수납한 것을 말한다.
⑥ "공용큐비클식"이란 소방회로 및 일반회로 겸용의 것으로서 수전설비, 변전설비와 그 밖의 기기 및 배선을 금속제 외함에 수납한 것을 말한다.
⑦ "전용배전반"이란 소방회로 전용의 것으로서 개폐기, 과전류차단기, 계기와 그 밖의 배선용기기 및 배선을 금속제 외함에 수납한 것을 말한다.
⑧ "공용배전반"이란 소방회로 및 일반회로 겸용의 것으로서 개폐기, 과전류차단기, 계기와 그 밖의 배선용기기 및 배선을 금속제 외함에 수납한 것을 말한다.
⑨ "전용분전반"이란 소방회로 전용의 것으로서 분기 개폐기, 분기과전류차단기와 그 밖의 배선용기기 및 배선을 금속제 외함에 수납한 것을 말한다.
⑩ "공용분전반"이란 소방회로 및 일반회로 겸용의 것으로서 분기개폐기, 분기과전류차단기와 그 밖의 배선용기기 및 배선을 금속제 외함에 수납한 것을 말한다.

(3) 전압의 종류
① "저압"이란 직류는 1.5kV 이하, 교류는 1kV 이하인 것을 말한다.
② "고압"이란 직류는 1.5kV를, 교류는 1kV를 초과하고, 7kV 이하인 것을 말한다.
③ "특고압"이란 7kV를 초과하는 것을 말한다.

(4) 고압 또는 특고압수전인 경우
① 일반전기사업자로부터 특별고압 또는 고압으로 수전하는 비상전원 수전설비는 방화구획형, 옥외개방형 또는 큐비클(Cubicle)형으로서 방화구획형은 다음 기준에 적합하게 설치해야 한다.
  ㉠ 전용의 방화구획 내에 설치할 것
  ㉡ 소방회로배선은 일반회로배선과 불연성의 격벽으로 구획할 것. 다만, 소방회로배선

과 일반회로배선을 15cm 이상 떨어져 설치한 경우는 그렇지 않다.
ⓒ 일반회로에서 과부하, 지락사고 또는 단락사고가 발생한 경우에도 이에 영향을 받지 아니하고 계속하여 소방회로에 전원을 공급시켜 줄 수 있어야 할 것
ⓔ 소방회로용 개폐기 및 과전류차단기에는 "소방시설용"이라 표시할 것
ⓜ 전기회로는 그림 2.2.1.5 같이 결선할 것

[그림 2.2.1.5]

고압 또는 특별고압 수전의 전기회로

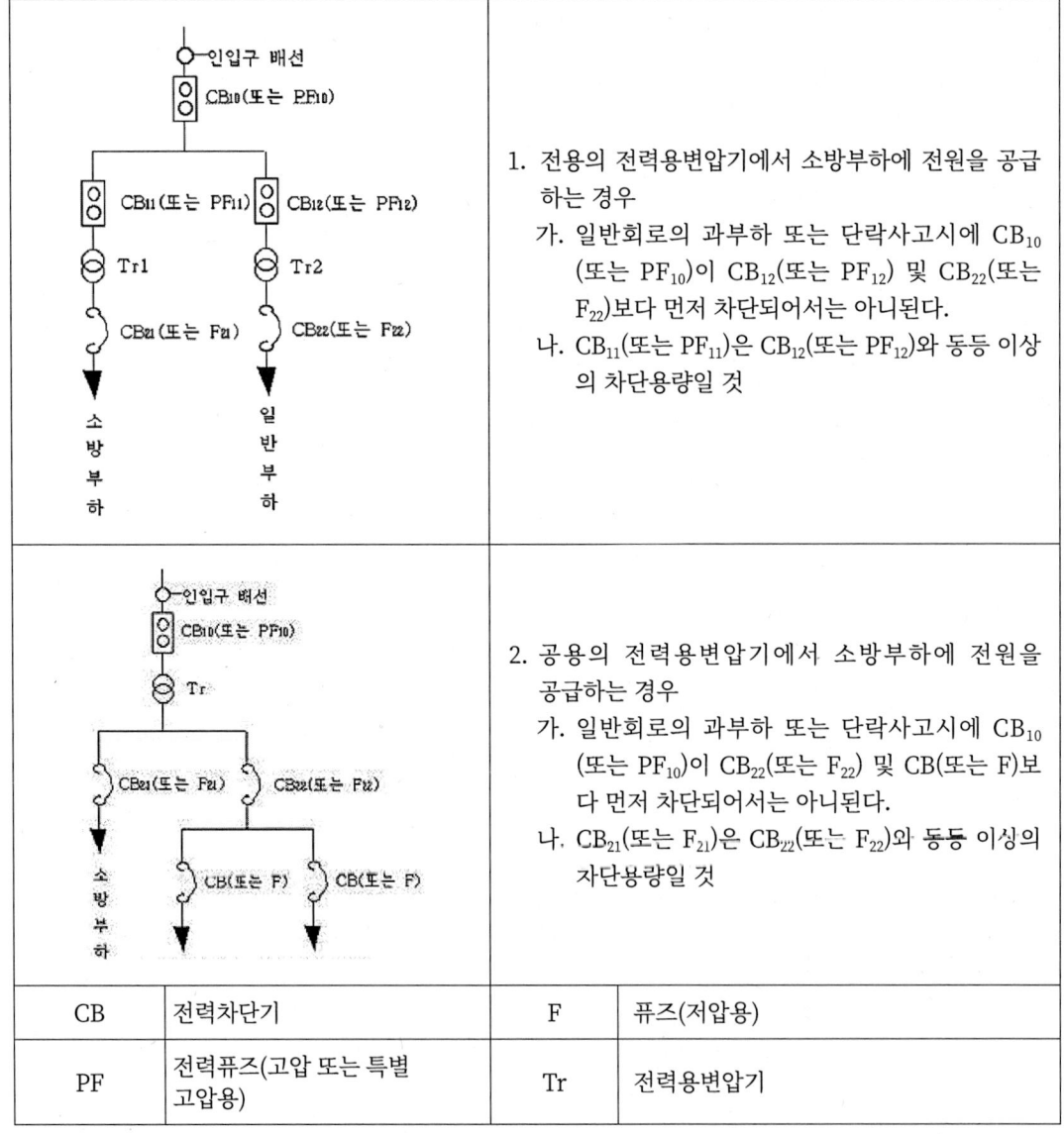

CB	전력차단기	F	퓨즈(저압용)
PF	전력퓨즈(고압 또는 특별고압용)	Tr	전력용변압기

② 옥외개방형은 다음 기준에 적합하게 설치해야 한다.
　㉠ 건축물의 옥상에 설치하는 경우에는 그 건축물에 화재가 발생할 경우에도 화재로 인한 손상을 받지 않도록 할 것
　㉡ 공지에 설치하는 경우에는 인접 건축물에 화재가 발생한 경우에도 화재로 인한 손상을 받지 않도록 할 것
　㉢ 그 밖의 옥외개방형의 설치에 관하여는 위 ①의 ㉡부터 ㉤까지의 규정에 적합하게 설치할 것
③ 큐비클형은 다음 기준에 적합하게 설치해야 한다.
　㉠ 전용큐비클 또는 공용큐비클식으로 설치할 것
　㉡ 외함은 두께 2.3㎜ 이상의 강판과 이와 동등 이상의 강도와 내화성능이 있는 것으로 제작해야 하며, 개구부(㉢의 각 기준에 해당하는 것은 제외한다)에는 60분+방화문, 60분 방화문 또는 30분 방화문을 설치할 것
　㉢ 다음 기준(옥외에 설치하는 것은 ㉮부터 ㉰까지)에 해당하는 것은 외함에 노출하여 설치할 수 있다.
　　㉮ 표시등(불연성 또는 난연성재료로 덮개를 설치한 것에 한한다)
　　㉯ 전선의 인입구 및 인출구
　　㉰ 환기장치
　　㉱ 전압계(퓨즈 등으로 보호한 것에 한한다)
　　㉲ 전류계(변류기의 2차측에 접속된 것에 한한다)
　　㉳ 계기용 전환스위치(불연성 또는 난연성재료로 제작된 것에 한한다)
　㉣ 외함은 건축물의 바닥 등에 견고하게 고정할 것
　㉤ 외함에 수납하는 수전설비, 변전설비와 그 밖의 기기 및 배선은 다음 기준에 적합하게 설치할 것
　　㉮ 외함 또는 프레임(Frame) 등에 견고하게 고정할 것
　　㉯ 외함의 바닥에서 10㎝(시험단자, 단자대 등의 충전부는 15㎝) 이상의 높이에 설치할 것
　㉥ 전선 인입구 및 인출구에는 금속관 또는 금속제 가요전선관을 쉽게 접속할 수 있도록 할 것
　㉦ 환기장치는 다음 기준에 적합하게 설치할 것
　　㉮ 내부의 온도가 상승하지 않도록 환기장치를 할 것
　　㉯ 자연환기구의 개부구 면적의 합계는 외함의 한 면에 대하여 해당 면적의 3분의 1 이하로 할 것. 이 경우 하나의 통기구의 크기는 직경 10㎜ 이상의 둥근 막대가 들어가서는 안된다.

㉰ 자연환기구에 따라 충분히 환기할 수 없는 경우에는 환기설비를 설치할 것
㉱ 환기구에는 금속망, 방화댐퍼 등으로 방화조치를 하고, 옥외에 설치하는 것은 빗물 등이 들어가지 않도록 할 것
◎ 공용큐비클식의 소방회로와 일반회로에 사용되는 배선 및 배선용기기는 불연재료로 구획할 것
㉾ 그 밖의 큐비클형의 설치에 관하여는 ①의 ㉡부터 ㉺까지의 규정 및 한국산업표준에 적합할 것

(5) 저압수전인 경우

전기사업자로부터 저압으로 수전하는 비상전원설비는 전용배전반(1·2종)·전용분전반(1·2종) 또는 공용분전반(1·2종)으로 해야 한다.

① 제1종 배전반 및 제1종 분전반은 다음 기준에 적합하게 설치해야 한다.
  ㉠ 외함은 두께 1.6㎜(전면판 및 문은 2.3㎜) 이상의 강판과 이와 동등 이상의 강도와 내화성능이 있는 것으로 제작할 것
  ㉡ 외함의 내부는 외부의 열에 의해 영향을 받지 않도록 내열성 및 단열성이 있는 재료를 사용하여 단열할 것. 이 경우 단열부분은 열 또는 진동에 따라 쉽게 변형되지 않아야 한다.
  ㉢ 다음의 기준에 해당하는 것은 외함에 노출하여 설치할 수 있다.
    ㉮ 표시등(불연성 또는 난연성재료로 덮개를 설치한 것에 한한다)
    ㉯ 전선의 인입구 및 입출구
  ㉣ 외함은 금속관 또는 금속제 가요전선관을 쉽게 접속할 수 있도록 하고, 해당 접속부분에는 단열조치를 할 것
  ㉤ 공용배전반 및 공용분전반의 경우 소방회로와 일반회로에 사용하는 배선 및 배선용기기는 불연재료로 구획되어야 할 것

② 제2종 배전반 및 제2종 분전반은 다음 기준에 적합하게 설치해야 한다.
  ㉠ 외함은 두께 1㎜(함 전면의 면적이 1,000㎠를 초과하고 2,000㎠ 이하인 경우에는 1.2㎜, 2,000㎠를 초과하는 경우에는 1.6㎜) 이상의 강판과 이와 동등 이상의 강도와 내화성능이 있는 것으로 제작할 것
  ㉡ ①㉢의 ㉮, ㉯에 정한 것과 120℃의 온도를 가했을 때 이상이 없는 전압계 및 전류계는 외함에 노출하여 설치할 것
  ㉢ 단열을 위해 배선용 불연전용실 내에 설치할 것
  ㉣ 그 밖의 제2종 배전반 및 제2종 분전반의 설치에 관하여는 ①의 ㉣ 및 ㉤의 규정에 적합할 것

③ 그 밖의 배전반 및 분전반의 설치에 관하여는 다음 기준에 적합해야 한다.
　㉠ 일반회로에서 과부하·지락사고 또는 단락사고가 발생한 경우에도 이에 영향을 받지 아니하고 계속하여 소방회로에 전원을 공급시켜 줄 수 있어야 할 것
　㉡ 소방회로용 개폐기 및 과전류차단기에는 "소방시설용"이라는 표시를 할 것
　㉢ 전기회로는 그림 2.3.1.3.3과 같이 결선할 것

[그림 2.3.1.3.3]

저압수전의 전기회로

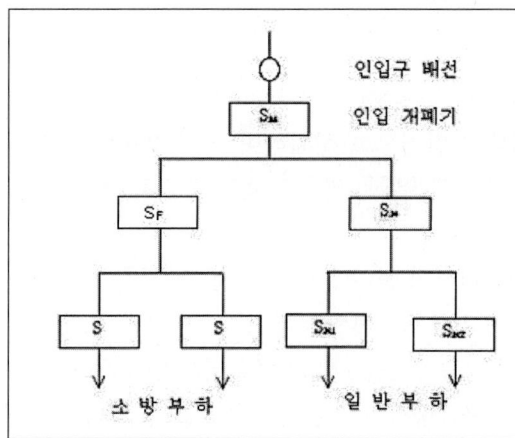

1. 일반회로의 과부하 또는 단락사고시 S_M이 S_N, S_{N1} 및 S_{N2}보다 먼저 차단 되어서는 안된다.
2. S_F는 S_N과 동등 이상의 차단용량일 것

S : 저압용개폐기 및 과전류차단기

3 도로터널

(1) 설치대상

[터널 길이에 따른 소방시설의 종류]
① **500m 이상** : 비상경보설비, 비상조명등설비, 비상콘센트설비, 무선통신보조설비
② **1,000m 이상** : 옥내소화전설비, 자동화재탐지설비, 연결송수관설비
③ **모든 터널** : 소화기
④ **예상 교통량, 경사도 등 터널의 특성을 고려하여 행정안전부령으로 정하는 위험등급 이상에 해당하는 터널** : 물분무소화설비, 제연설비

(2) 비상경보설비 설치기준

① 발신기는 주행차로 한쪽 측벽에 50m 이내의 간격으로 설치하며, 편도 2차선 이상의 양방향 터널이나 4차로 이상의 일방향 터널의 경우에는 양쪽의 측벽에 각각 50m 이내의 간격으로 엇갈리게 설치할 것
② 발신기는 바닥면으로부터 0.8m 이상 1.5m 이하의 높이에 설치할 것
③ 음향장치는 발신기 설치위치와 동일하게 설치할 것. 다만, 「비상방송설비의 화재안전기술기준(NFTC 202)」에 적합하게 설치된 방송설비를 비상경보설비와 연동하여 작동하도록 설치한 경우에는 비상경보설비의 지구음향장치를 설치하지 않을 수 있다.
④ 음향장치의 음량은 부착된 음향장치의 중심으로부터 1m 떨어진 위치에서 90dB 이상이 되도록 할 것
⑤ 음향장치는 터널 내부 전체에 동시에 경보를 발하도록 설치할 것
⑥ 시각경보기는 주행차로 한쪽 측벽에 50m 이내의 간격으로 비상경보설비의 상부 직근에 설치하고, 설치된 전체 시각경보기는 동기방식에 의해 작동될 수 있도록 할 것

(3) 자동화재탐지설비 설치기준

① 터널에 설치할 수 있는 감지기의 종류는 다음의 어느 하나와 같다.
　㉠ 차동식분포형감지기
　㉡ 정온식감지선형감지기(아날로그식에 한한다. 이하 같다)
　㉢ 중앙기술심의위원회의 심의를 거쳐 터널화재에 적응성이 있다고 인정된 감지기
② 하나의 경계구역의 길이는 100m 이하로 해야 한다.
③ ①에 의한 감지기의 설치기준은 다음 기준과 같다. 다만, 중앙기술심의위원회의 심의를 거쳐 제조사의 시방서에 따른 설치방법이 터널화재에 적합하다고 인정되는 경우에

는 다음의 기준에 의하지 아니하고 심의결과에 의한 제조사의 시방서에 따라 설치할 수 있다.
  ㉠ 감지기의 감열부(열을 감지하는 기능을 갖는 부분을 말한다. 이하 같다)와 감열부 사이의 이격거리는 10m 이하로, 감지기와 터널 좌·우측 벽면과의 이격거리는 6.5m 이하로 설치할 것
  ㉡ ㉠에도 불구하고 터널 천장의 구조가 아치형의 터널에 감지기를 터널 진행방향으로 설치하고자 하는 경우에는 감열부와 감열부 사이의 이격거리를 10m 이하로 하여 아치형 천장의 중앙 최상부에 1열로 감지기를 설치해야 하며, 감지기를 2열 이상으로 설치하고자 하는 경우에는 감열부와 감열부 사이의 이격거리는 10m 이하로 감지기 간의 이격거리는 6.5m 이하로 설치할 것
  ㉢ 감지기를 천장면(터널 안 도로 등에 면한 부분 또는 상층의 바닥 하부면을 말한다. 이하 같다)에 설치하는 경우에는 감기기가 천장면에 밀착되지 않도록 고정금구 등을 사용하여 설치할 것
  ㉣ 형식승인 내용에 설치방법이 규정된 경우에는 형식승인 내용에 따라 설치할 것. 다만, 감지기와 천장면과의 이격거리에 대해 제조사의 시방서에 규정되어 있는 경우에는 시방서의 규정에 따라 설치할 수 있다.
④ ②에도 불구하고 감지기의 작동에 의하여 다른 소방시설 등이 연동되는 경우로서 해당 소방시설 등의 작동을 위한 정확한 발화위치를 확인할 필요가 있는 경우에는 경계구역의 길이가 해당 설비의 방호구역 등에 포함되도록 설치해야 한다.
⑤ 발신기 및 지구음향장치는 비상경보설비설치기준을 준용하여 설치해야 한다.

(4) 비상조명등 설치기준

① 상시 조명이 소등된 상태에서 비상조명등이 점등되는 경우 터널안의 차도 및 보도의 바닥면의 조도는 10lx 이상, 그 외 모든 지점의 조도는 1lx 이상이 될 수 있도록 설치할 것
② 비상조명등의 비상전원은 상용전원이 차단되는 경우 자동으로 비상조명등을 유효하게 60분 이상 작동할 수 있을 것
③ 비상조명등에 내장된 예비전원이나 축전지설비는 상용전원의 공급에 의하여 상시 충전상태를 유지할 수 있도록 설치할 것

(5) 무선통신보조설비 설치기준

① 무선통신보조설비의 옥외안테나는 방재실 인근과 터널의 입구 및 출구, 피난연결통로 등에 설치해야 한다.
② 라디오 재방송설비가 설치되는 터널의 경우에는 무선통신보조설비와 겸용으로 설치할 수 있다.

(6) 비상콘센트설비 설치기준

① 비상콘센트설비의 전원회로는 단상교류 220V인 것으로서, 그 공급용량은 1.5kVA 이상인 것으로 할 것
② 전원회로는 주배전반에서 전용회로로 할 것. 다만, 다른 설비의 회로 사고에 따른 영향을 받지 않도록 되어 있는 것은 그렇지 않다.
③ 콘센트마다 배선용 차단기(KS C 8321)를 설치해야 하며, 충전부가 노출되지 않도록 할 것
④ 주행차로의 우측 측벽에 50m 이내의 간격으로 바닥으로부터 0.8m 이상 1.5m 이하의 높이에 설치할 것

4 고층건축물

(1) 자동화재탐지설비 설치기준

① 감지기는 아날로그방식의 감지기로서 감지기의 작동 및 설치지점을 수신기에서 확인할 수 있는 것으로 설치해야 한다. 다만, 공동주택의 경우에는 감지기별로 작동 및 설치지점을 수신기에서 확인할 수 있는 아날로그방식 외의 감지기로 설치할 수 있다.
② 자동화재탐지설비의 음향장치는 다음의 기준에 따라 경보를 발할 수 있도록 해야 한다.
　㉠ 2층 이상의 층에서 발화한 때에는 발화층 및 그 직상 4개층에 경보를 발할 것
　㉡ 1층에서 발화한 때에는 발화층·그 직상 4개층 및 지하층에 경보를 발할 것
　㉢ 지하층에서 발화한 때에는 발화층·그 직상층 및 기타의 지하층에 경보를 발할 것
③ 50층 이상인 건축물에 설치하는 다음의 통신·신호배선은 이중배선을 설치하도록 하고 단선시에도 고장표시가 되며 정상 작동할 수 있는 성능을 갖도록 설비를 해야 한다.
　㉠ 수신기와 수신기 사이의 통신배선
　㉡ 수신기와 중계기 사이의 신호배선
　㉢ 수신기와 감지기 사이의 신호배선

④ 자동화재탐지설비에는 그 설비에 대한 감시상태를 60분간 지속한 후 유효하게 30분 이상 경보할 수 있는 축전지설비(수신기에 내장하는 경우를 포함한다) 또는 전기저장장치를 설치해야 한다. 다만, 상용전원이 축전지설비인 경우에는 그렇지 않다.

(2) 피난안전구역의 소방시설 설치기준

[피난안전구역에 설치하는 소방시설 설치기준]

구 분	설치기준
1. 제연설비	피난안전구역과 비 제연구역간의 차압은 50Pa(옥내에 스프링클러설비가 설치된 경우에는 12.5Pa) 이상으로 해야 한다. 다만 피난안전구역의 한쪽 면 이상이 외기에 개방된 구조의 경우에는 설치하지 않을 수 있다.
2. 피난유도선	피난유도선은 다음의 기준에 따라 설치해야 한다. 가. 피난안전구역이 설치된 층의 계단실 출입구에서 피난안전구역 주 출입구 또는 비상구까지 설치할 것 나. 계단실에 설치하는 경우 계단 및 계단참에 설치할 것 다. 피난유도 표시부의 너비는 최소 25mm 이상으로 설치할 것 라. 광원점등방식(전류에 의하여 빛을 내는 방식)으로 설치하되, 60분 이상 유효하게 작동할 것
3. 비상조명등	피난안전구역의 비상조명등은 상시 조명이 소등된 상태에서 그 비상조명등이 점등되는 경우 각 부분의 바닥에서 조도는 10lx 이상이 될 수 있도록 설치할 것

4. 휴대용 비상조명등	가. 피난안전구역에는 휴대용비상조명등을 다음의 기준에 따라 설치해야 한다.
	  1) 초고층 건축물에 설치된 피난안전구역 : 피난안전구역 위층의 재실자수 (「건축물의 피난·방화구조 등의 기준에 관한 규칙」별표 1의2에 따라 산정된 재실자 수를 말한다)의 10분의 1 이상
	  2) 지하연계 복합건축물에 설치된 피난안전구역 : 피난안전구역이 설치된 층의 수용인원(영 별표 7에 따라 산정된 수용인원을 말한다)의 10분의 1 이상
	나. 건전지 및 충전식 건전지의 용량은 40분 이상 유효하게 사용할 수 있는 것으로 한다. 다만, 피난안전구역이 50층 이상에 설치되어 있을 경우의 용량은 60분 이상으로 할 것

5. 인명구조 기구	가. 방열복, 인공소생기를 각 2개 이상 비치할 것 나. 45분 이상 사용할 수 있는 성능의 공기호흡기(보조마스크를 포함한다)를 2개 이상 비치해야 한다. 다만, 피난안전구역이 50층 이상에 설치되어 있을 경우에는 동일한 성능의 예비용기를 10개 이상 비치할 것 다. 화재시 쉽게 반출할 수 있는 곳에 비치할 것 라. 인명구조기구가 설치된 장소의 보기 쉬운 곳에 "인명구조기구"라는 표지판 등을 설치할 것

5 지하구

(1) 지하구에 설치되는 소방시설

① 소화기구 및 자동소화장치
② 자동화재탐지설비
③ 유도등
④ 연소방지설비
⑤ 연소방지재
⑥ 방화벽
⑦ 무선통신보조설비
⑧ 통합감시시설

(2) 자동화재탐지설비의 설치기준

① 감지기는 다음 기준에 따라 설치해야 한다.
  ㉠ 「자동화재탐지설비 및 시각경보장치의 화재안전기술기준(NFTC 203)」 2.4.1(1)부터 2.4.1(8)의 감지기 중 먼지·습기 등의 영향을 받지 않고 발화지점(1m 단위)과 온도를 확인할 수 있는 것을 설치할 것
  ㉡ 지하구 천장의 중심부에 설치하되 감지기와 천장 중심부 하단과의 수직거리는 30cm 이내로 할 것. 다만, 형식승인 내용에 설치방법이 규정되어 있거나, 중앙기술심의위원회의 심의를 거쳐 제조사 시방서에 따른 설치방법이 지하구 화재에 적합하다고 인정되는 경우에는 형식승인 내용 또는 심의결과에 의한 제조사 시방서에 따라 설치할 수 있다.
  ㉢ 발화지점이 지하구의 실제거리와 일치하도록 수신기 등에 표시할 것
  ㉣ 공동구 내부에 상수도용 또는 냉·난방용 설비만 존재하는 부분은 감지기를 설치하지 않을 수 있다.
② 발신기, 지구음향장치 및 시각경보기는 설치하지 않을 수 있다.

(3) 무선통신보조설비 설치기준

무선통신보조설비의 옥외안테나는 방재실인근과 공동구의 입구 및 연소방지설비 송수구가 설치된 장소(지상)에 설치해야 한다.

6 건설현장

(1) 건설현장 임시소방시설의 종류와 설치대상

■ 소방시설 설치 및 관리에 관한 법률 시행령 [별표 8]

임시소방시설의 종류와 설치기준 등(제18조제2항 및 제3항 관련)

1. 임시소방시설의 종류
- 가. 소화기
- 나. 간이소화장치: 물을 방사(放射)하여 화재를 진화할 수 있는 장치로서 소방청장이 정하는 성능을 갖추고 있을 것
- 다. 비상경보장치: 화재가 발생한 경우 주변에 있는 작업자에게 화재사실을 알릴 수 있는 장치로서 소방청장이 정하는 성능을 갖추고 있을 것
- 라. 가스누설경보기: 가연성 가스가 누설되거나 발생된 경우 이를 탐지하여 경보하는 장치로서 법 제37조에 따른 형식승인 및 제품검사를 받은 것
- 마. 간이피난유도선: 화재가 발생한 경우 피난구 방향을 안내할 수 있는 장치로서 소방청장이 정하는 성능을 갖추고 있을 것
- 바. 비상조명등: 화재가 발생한 경우 안전하고 원활한 피난활동을 할 수 있도록 자동 점등되는 조명장치로서 소방청장이 정하는 성능을 갖추고 있을 것
- 사. 방화포: 용접·용단 등의 작업 시 발생하는 불티로부터 가연물이 점화되는 것을 방지해주는 천 또는 불연성 물품으로서 소방청장이 정하는 성능을 갖추고 있을 것

2. 임시소방시설을 설치해야 하는 공사의 종류와 규모
- 가. 소화기: 법 제6조제1항에 따라 소방본부장 또는 소방서장의 동의를 받아야 하는 특정소방대상물의 신축·증축·개축·재축·이전·용도변경 또는 대수선 등을 위한 공사 중 법 제15조제1항에 따른 화재위험작업의 현장(이하 이 표에서 "화재위험작업현장"이라 한다)에 설치한다.
- 나. 간이소화장치: 다음의 어느 하나에 해당하는 공사의 화재위험작업현장에 설치한다.
  1) 연면적 3천㎡ 이상
  2) 지하층, 무창층 또는 4층 이상의 층. 이 경우 해당 층의 바닥면적이 600㎡ 이상인 경우만 해당한다.
- 다. 비상경보장치: 다음의 어느 하나에 해당하는 공사의 화재위험작업현장에 설치한다.
  1) 연면적 400㎡ 이상
  2) 지하층 또는 무창층. 이 경우 해당 층의 바닥면적이 150㎡ 이상인 경우만 해당한다.
- 라. 가스누설경보기: 바닥면적이 150㎡ 이상인 지하층 또는 무창층의 화재위험작업현장에 설치한다.
- 마. 간이피난유도선: 바닥면적이 150㎡ 이상인 지하층 또는 무창층의 화재위험작업현장에 설치한다.
- 바. 비상조명등: 바닥면적이 150㎡ 이상인 지하층 또는 무창층의 화재위험작업현장에 설치한다.
- 사. 방화포: 용접·용단 작업이 진행되는 화재위험작업현장에 설치한다.

3. 임시소방시설과 기능 및 성능이 유사한 소방시설로서 임시소방시설을 설치한 것으로 보는 소방시설
    가. 간이소화장치를 설치한 것으로 보는 소방시설: 소방청장이 정하여 고시하는 기준에 맞는 소화기(연결송수관설비의 방수구 인근에 설치한 경우로 한정한다) 또는 옥내소화전설비
    나. 비상경보장치를 설치한 것으로 보는 소방시설: 비상방송설비 또는 자동화재탐지설비
    다. 간이피난유도선을 설치한 것으로 보는 소방시설: 피난유도선, 피난구유도등, 통로유도등 또는 비상조명등

(2) 비상경보장치의 성능 및 설치기준

① 피난층 또는 지상으로 통하는 각 층 직통계단의 출입구마다 설치할 것
② 발신기를 누를 경우 해당 발신기와 결합된 경종이 작동할 것. 이 경우 다른 장소에 설치된 경종도 함께 연동하여 작동되도록 설치할 수 있다.
③ 발신기의 위치표시등은 함의 상부에 설치하되, 그 불빛은 부착 면으로부터 15도 이상의 범위 안에서 부착지점으로부터 10m 이내의 어느 곳에서도 쉽게 식별할 수 있는 적색등으로 할 것
④ 시각경보장치는 발신기함 상부에 위치하도록 설치하되 바닥으로부터 2m 이상 2.5m 이하의 높이에 설치하여 건설현장의 각 부분에 유효하게 경보할 수 있도록 할 것
⑤ "비상경보장치"라고 표시한 표지를 비상경보장치 상단에 부착할 것

건설현장의 화재안전성능기준(NFPC 606)
제7조(비상경보장치의 성능 및 설치기준) 비상경보장치의 성능 및 설치기준은 다음 각 호와 같다.
1. 피난층 또는 지상으로 통하는 각 층 직통계단의 출입구마다 설치해야 한다.
2. 발신기를 누를 경우 해당 발신기와 결합된 경종이 작동해야 한다. 이 경우 다른 장소에 설치된 경종도 함께 연동하여 작동되도록 설치할 수 있다.
3. 경종의 음량은 부착된 음향장치의 중심으로부터 1미터 떨어진 위치에서 100데시벨 이상이 되는 것으로 설치해야 한다.
4. 발신기의 위치표시등은 함의 상부에 설치하되, 그 불빛은 부착 면으로부터 15도 이상의 범위 안에서 부착지점으로부터 10미터 이내의 어느 곳에서도 쉽게 식별할 수 있는 적색등으로 할 것
5. 시각경보장치는 발신기함 상부에 위치하도록 설치하되 바닥으로부터 2미터 이상 2.5미터 이하의 높이에 설치하여 건설현장의 각 부분에 유효하게 경보할 수 있도록 할 것
6. 발신기와 경종은 각각 「발신기의 형식승인 및 제품검사의 기술기준」과 「경종의 형식승인 및 제품검사의 기술기준」에 적합한 것으로, 표시등은 「표시등의 성능인증 및 제품검사의 기술기준」에 적합한 것으로 설치해야 한다.
7. "비상경보장치"라고 표시한 표지를 비상경보장치 상단에 부착해야 한다.
8. 비상경보장치를 20분 이상 유효하게 작동시킬 수 있는 비상전원을 확보해야 한다.
9. 영 제18조제2항 별표 8 제3호나목에 따라 해당 특정소방대상물에 설치되는 자동화재탐지설비 또는 비상방송설비를 사용승인 전이라도 완공검사를 받아 사용할 수 있게 된 경우 비상경보장치를 설치하지 않을 수 있다.

(3) 가스누설경보기의 성능 및 설치기준

영 제18조제1항제1호에 따른 가연성가스를 발생시키는 작업을 하는 지하층 또는 무창층 내부(내부에 구획된 실이 있는 경우에는 구획실마다)에 가연성가스를 발생시키는 작업을 하는 부분으로부터 수평거리 10m 이내에 바닥으로부터 탐지부 상단까지의 거리가 0.3m 이하인 위치에 설치할 것

> **건설현장의 화재안전성능기준(NFPC606)**
> **제8조(가스누설경보기의 성능 및 설치기준)** 가스누설경보기의 성능 및 설치기준은 다음 각 호와 같다.
> 1. 영 제18조제1항제1호에 따른 가연성가스를 발생시키는 작업을 하는 지하층 또는 무창층 내부(내부에 구획된 실이 있는 경우에는 구획실마다)에 가연성가스를 발생시키는 작업을 하는 부분으로부터 수평거리 10미터 이내에 바닥으로부터 탐지부 상단까지의 거리가 0.3미터 이하인 위치에 설치해야 한다.
> 2. 가스누설경보기는 소방청장이 정하여 고시한「가스누설경보기의 형식승인 및 제품검사의 기술기준」에 적합한 것으로 설치해야 한다.

(4) 간이피난유도선의 성능 및 설치기준

① 영 제18조제2항 별표 8 제2호마목에 따른 지하층이나 무창층에는 간이피난유도선을 녹색 계열의 광원점등방식으로 해당 층의 직통계단마다 계단의 출입구로부터 건물 내부로 10m 이상의 길이로 설치할 것
② 바닥으로부터 1m 이하의 높이에 설치하고, 피난유도선이 점멸하거나 화살표로 표시하는 등의 방법으로 작업장의 어느 위치에서도 피난유도선을 통해 출입구로의 피난방향을 알 수 있도록 할 것
③ 층 내부에 구획된 실이 있는 경우에는 구획된 각 실로부터 가장 가까운 직통계단의 출입구까지 연속하여 설치할 것

> **건설현장의 화재안전성능기준(NFPC 606)**
> **제9조(간이피난유도선의 성능 및 설치기준)** 간이피난유도선의 성능 및 설치기준은 다음 각 호와 같다.
> 1. 영 제18조제2항 별표 8 제2호마목에 따른 지하층이나 무창층에는 간이피난유도선을 녹색 계열의 광원점등방식으로 해당 층의 직통계단마다 계단의 출입구로부터 건물 내부로 10미터 이상의 길이로 설치해야 한다.
> 2. 바닥으로부터 1미터 이하의 높이에 설치하고, 피난유도선이 점멸하거나 화살표로 표시하는 등의 방법으로 작업장의 어느 위치에서도 피난유도선을 통해 출입구로의 피난방향을 알 수 있도록 해야 한다.

> 3. 층 내부에 구획된 실이 있는 경우에는 구획된 각 실로부터 가장 가까운 직통계단의 출입구까지 연속하여 설치해야 한다.
> 4. 공사 중에는 상시 점등되도록 하고, 간이피난유도선을 20분 이상 유효하게 작동시킬 수 있는 비상전원을 확보해야 한다.
> 5. 영 제18조제2항 별표 8 제3호다목에 따라 해당 특정소방대상물에 설치되는 피난유도선, 피난구유도등, 통로유도등 또는 비상조명등을 사용승인 전이라도 완공검사를 받아 사용할 수 있게 된 경우 간이피난유도선을 설치하지 않을 수 있다.

(5) 비상조명등의 성능 및 설치기준

① 영 제18조제2항 별표 8 제2호바목에 따른 지하층이나 무창층에서 피난층 또는 지상으로 통하는 직통계단의 계단실 내부에 각 층마다 설치할 것
② 비상조명등이 설치된 장소의 조도는 각 부분의 바닥에서 1lx 이상이 되도록 할 것
③ 비상경보장치가 작동할 경우 연동하여 점등되는 구조로 설치할 것

> **건설현장의 화재안전성능기준(NFPC606)**
> **제10조(비상조명등의 성능 및 설치기준)** 비상조명등의 성능 및 설치기준은 다음 각 호와 같다.
> 1. 영 제18조제2항 별표 8 제2호바목에 따른 지하층이나 무창층에서 피난층 또는 지상으로 통하는 직통계단의 계단실 내부에 각 층마다 설치해야 한다.
> 2. 비상조명등이 설치된 장소의 조도는 각 부분의 바닥에서 1 럭스 이상이 되도록 해야 한다.
> 3. 비상조명등을 20분(지하층과 지상 11층 이상의 층은 60분) 이상 유효하게 작동시킬 수 있는 비상전원을 확보해야 한다.
> 4. 비상경보장치가 작동할 경우 연동하여 점등되는 구조로 설치해야 한다.
> 5. 비상조명등은 소방청장이 정하여 고시한 「비상조명등의 형식승인 및 제품검사의 기술기준」에 적합한 것으로 해야 한다.

7 전기저장시설

(1) 전기저장시설에 설치하는 소방시설등의 종류
① 소화기
② 스프링클러설비
③ 배터리용 소화장치
④ 자동화재탐지설비
⑤ 배출설비

(2) 설치장소
전기저장장치는 관할 소방대의 원활한 소방활동을 위해 지면으로부터 지상 22미터 이내, 지하 9미터 이내로 설치해야 한다.

(3) 자동화재탐지설비의 설치기준
① 자동화재탐지설비는 「자동화재탐지설비 및 시각경보장치의 화재안전기술기준(NFTC 203)」에 따라 설치해야한다. 다만, 옥외형 전기저장장치 설비에는 자동화재탐지설비를 설치하지 않을 수 있다.
② 화재감지기는 다음 어느 하나에 해당하는 감지기를 설치해야 한다.
　㉠ 공기흡입형 감지기 또는 아날로그식 연기감지기(감지기의 신호처리방식은 「자동화재탐지설비 및 시각경보장치의 화재안전기술기준(NFTC 203)」 1.7.2에 따른다)
　㉡ 중앙소방기술심의위원회의 심의를 통해 전기저장장치화재에 적응성이 있다고 인정된 감지기

8 공동주택

(1) 자동화재탐지설비 설치기준
① 감지기는 다음 기준에 따라 설치해야 한다.
　㉠ 아날로그방식의 감지기, 광전식 공기흡입형 감지기 또는 이와 동등 이상의 기능·성능이 인정되는 것으로 설치할 것
　㉡ 감지기의 신호처리방식은 「자동화재탐지설비 및 시각경보장치의 화재안전기술기준(NFTC 203)」 1.7.1.2에 따른다.

ⓒ 세대 내 거실(취침용도로 사용될 수 있는 통상적인 방 및 거실을 말한다)에는 연기감지기를 설치할 것
ⓓ 감지기 회로 단선 시 고장표시가 되며, 해당 회로에 설치된 감지기가 정상 작동될 수 있는 성능을 갖도록 할 것
② 복층형 구조인 경우에는 출입구가 없는 층에 발신기를 설치하지 아니할 수 있다.

(2) 비상방송설비 설치기준

비상방송설비는 다음의 기준에 따라 설치해야 한다.
① 확성기는 각 세대마다 설치할 것
② 아파트등의 경우 실내에 설치하는 확성기 음성입력은 2W 이상일 것

(3) 유도등 설치기준

유도등은 다음의 기준에 따라 설치해야 한다.
① 소형 피난구 유도등을 설치할 것. 다만, 세대 내에는 유도등을 설치하지 않을 수 있다.
② 주차장으로 사용되는 부분은 중형 피난구유도등을 설치할 것
③ 「건축법 시행령」 제40조제3항제2호나목 및 「주택건설기준 등에 관한 규정」 제16조의2 제3항에 따라 비상문자동개폐장치가 설치된 옥상 출입문에는 대형 피난구유도등을 설치할 것
④ 내부구조가 단순하고 복도식이 아닌 층에는 「유도등 및 유도표지의 화재안전기술기준 (NFTC 303)」 2.2.1.3 및 2.3.1.1.1 기준을 적용하지 아니할 것

(4) 비상조명등 설치기준

비상조명등은 각 거실로부터 지상에 이르는 복도·계단 및 그 밖의 통로에 설치해야 한다. 다만, 공동주택의 세대 내에는 출입구 인근 통로에 1개 이상 설치한다.

(5) 비상콘센트설비 설치기준

아파트등의 경우에는 계단의 출입구(계단의 부속실을 포함하며 계단이 2개 이상 있는 경우에는 그 중 1개의 계단을 말한다)로부터 5m 이내에 비상콘센트를 설치하되, 그 비상콘센트로부터 해당 층의 각 부분까지의 수평거리가 50m를 초과하는 경우에는 비상콘센트를 추가로 설치해야 한다.

9 창고시설

(1) 비상방송설비 설치기준
① 확성기의 음성입력은 3W(실내에 설치하는 것을 포함한다) 이상으로 해야 한다.
② 창고시설에서 발화한 때에는 전 층에 경보를 발해야 한다.
③ 비상방송설비에는 그 설비에 대한 감시상태를 60분간 지속한 후 유효하게 30분 이상 경보할 수 있는 축전지설비(수신기에 내장하는 경우를 포함한다. 이하 같다) 또는 전기저장장치를 설치해야 한다.

(2) 자동화재탐지설비 설치기준
① 감지기 작동 시 해당 감지기의 위치가 수신기에 표시되도록 해야 한다.
②「개인정보 보호법」제2조제7호에 따른 영상정보처리기기를 설치하는 경우 수신기는 영상정보의 열람·재생 장소에 설치해야 한다.
③ 영 제11조에 따라 스프링클러설비를 설치해야 하는 창고시설의 감지기는 다음 기준에 따라 설치해야 한다.
　㉠ 아날로그방식의 감지기, 광전식 공기흡입형 감지기 또는 이와 동등 이상의 기능·성능이 인정되는 감지기를 설치할 것
　㉡ 감지기의 신호처리 방식은「자동화재탐지설비 및 시각경보장치의 화재안전기술기준(NFTC 203)」1.7.2에 따른다.
④ 창고시설에서 발화한 때에는 전 층에 경보를 발해야 한다.
⑤ 자동화재탐지설비에는 그 설비에 대한 감시상태를 60분간 지속한 후 유효하게 30분 이상 경보할 수 있는 비상전원으로서 축전지설비 또는 전기저장장치를 설치해야 한다. 다만, 상용전원이 축전지설비인 경우에는 그렇지 않다.

(3) 유도등 설치기준
① 피난구유도등과 거실통로유도등은 대형으로 설치해야 한다.
② 피난유도선은 연면적 15,000㎡ 이상인 창고시설의 지하층 및 무창층에 다음의 기준에 따라 설치해야 한다.
　㉠ 광원점등방식으로 바닥으로부터 1m 이하의 높이에 설치할 것
　㉡ 각 층 직통계단 출입구로부터 건물 내부 벽면으로 10m 이상 설치할 것
　㉢ 화재 시 점등되며 비상전원 30분 이상을 확보할 것
　㉣ 피난유도선은 소방청장이 정하여 고시하는「피난유도선 성능인증 및 제품검사의 기술기준」에 적합한 것으로 설치할 것

CHAPTER 13 기계설비 전기분야

1 옥내소화전설비

(1) 구성
가압송수장치, 동력장치, 제어반, 수원, 배관 및 배관부속품, 옥내소화전함, 전원 및 배선 등으로 구성되어 있다.

(2) 화재안전기술기준(NFTC 102)
① 전원
  ㉠ 배선의 기준
    ⓐ 저압수전인 경우에는 인입개폐기의 직후에서 분기하여 전용배선으로 해야 하며, 전용의 전선관에 보호되도록 할 것
    ⓑ 특별고압수전 또는 고압수전일 경우에는 전력용 변압기 2차측의 주차단기 1차측에서 분기하여 전용배선으로 하되, 상용전원의 상시공급에 지장이 없을 경우에는 주차단기 2차측에서 분기하여 전용배선으로 할 것. 다만, 가압송수장치의 정격입력전압이 수전전압과 같은 경우에는 ⓐ의 기준에 따른다.
  ㉡ 비상전원
    ⓐ 종류 : 자가발전설비, 축전지설비, 전기저장장치
    ⓑ 용량 : 20분 이상(층수가 30층 이상 49층 이하는 40분, 50층 이상은 60분 이상) 작동

② 제어반
  ㉠ 제어반의 설치 : 옥내소화전설비에는 제어반을 설치하되, 감시제어반과 동력제어반으로 구분하여 설치해야 한다. 다만, 다음의 어느 하나에 해당하는 경우에는 감시제어반과 동력제어반으로 구분하여 설치하지 않을 수 있다.
    ⓐ 비상전원의 설치대상에 해당하지 않는 특정소방대상물에 설치되는 옥내소화전설비
    ⓑ 내연기관에 따른 가압송수장치를 사용하는 옥내소화전설비

ⓒ 고가수조에 따른 가압송수장치를 사용하는 옥내소화전설비
ⓓ 가압수조에 따른 가압송수장치를 사용하는 옥내소화전설비
ⓛ 감시제어반의 기능
    ⓐ 각 펌프의 작동여부를 확인할 수 있는 표시등 및 음향경보기능이 있어야 할 것
    ⓑ 각 펌프를 자동 및 수동으로 작동시키거나 중단시킬 수 있어야 할 것
    ⓒ 비상전원을 설치한 경우에는 상용전원 및 비상전원의 공급여부를 확인할 수 있어야 할 것
    ⓓ 수조 또는 물올림수조가 저수위로 될 때 표시등 및 음향으로 경보할 것
    ⓔ 다음의 각 확인회로마다 도통시험 및 작동시험을 할 수 있도록 할 것
        ㉮ 기동용수압개폐장치의 압력스위치회로
        ㉯ 수조 또는 물올림수조의 저수위감시회로
        ㉰ 개폐밸브의 폐쇄상태 확인회로
        ㉱ 그 밖의 이와 비슷한 회로
    ⓕ 예비전원이 확보되고 예비전원의 적합여부를 시험할 수 있어야 할 것
ⓒ 감시제어반의 설치기준
    ⓐ 화재 및 침수 등의 재해로 인한 피해를 받을 우려가 없는 곳에 설치할 것
    ⓑ 감시제어반은 옥내소화전설비의 전용으로 할 것. 다만, 옥내소화전설비의 제어에 지장이 없는 경우에는 다른 설비와 겸용할 수 있다.
    ⓒ 감시제어반은 다음의 기준에 따른 전용실안에 설치할 것. 다만 감시제어반과 동력제어반을 같은 장소에 설치할수 있는 경우와 공장, 발전소 등에서 설비를 집중제어·운전할 목적으로 설치하는 중앙제어실내에 감시제어반을 설치하는 경우에는 그렇지 않다.
        ㉮ 다른 부분과 방화구획을 할 것. 이 경우 전용실의 벽에는 기계실 또는 전기실 등의 감시를 위하여 두께 7㎜ 이상의 망입유리(두께 16.3㎜ 이상의 접합유리 또는 두께 28㎜ 이상의 복층유리를 포함한다)로 된 4㎡ 미만의 붙박이창을 설치할 수 있다.
        ㉯ 피난층 또는 지하 1층에 설치할 것. 다만, 다음의 어느 하나에 해당하는 경우에는 지상 2층에 설치하거나 지하 1층 외의 지하층에 설치할 수 있다.
           • 「건축법시행령」제35조에 따라 특별피난계단이 설치되고 그 계단(부속실을 포함한다)출입구로부터 보행거리 5m 이내에 전용실의 출입구가 있는 경우
           • 아파트의 관리동(관리동이 없는 경우에는 경비실)에 설치하는 경우
        ㉰ 비상조명등 및 급·배기설비를 설치할 것

㉣ 「무선통신보조설비의 화재안전기술기준(NFTC 505)」 2.2.3에 따라 유효하게 통신이 가능할 것(영 별표 4의 제5호마목에 따른 무선통신보조설비가 설치된 특정소방대상물에 한한다)
㉤ 바닥면적은 감시제어반의 설치에 필요한 면적 외에 화재 시 소방대원이 그 감시제어반의 조작에 필요한 최소면적 이상으로 할 것
ⓓ 전용실에는 특정소방대상물의 기계·기구 또는 시설 등의 제어 및 감시설비 외의 것을 두지 않을 것

③ **표시등의 기준**
㉠ 옥내소화전설비의 위치를 표시하는 표시등은 함의 상부에 설치하되, 소방청장이 고시하는 「표시등의 성능인증 및 제품검사의 기술기준」에 적합한 것으로 할 것
㉡ 가압송수장치의 기동을 표시하는 표시등은 옥내소화전함의 상부 또는 그 직근에 설치하되 적색등으로 할 것. 다만, 자체소방대를 구성하여 운영하는 경우(「위험물 안전관리법 시행령」 별표 8에서 정한 소방자동차와 자체소방대원의 규모를 말한다) 가압송수장치의 기동표시등을 설치하지 않을 수 있다.

옥내소화전설비의 배선

- 내화배선 : 비상전원(자가발전기)에서 동력제어반 또는 가압송수장치에 이르는 배선
- 내화 또는 내열배선 : 상용전원에서 동력제어반에 이르는 배선, 그 밖에 감시, 조작 회로 및 표시등 회로의 배선

위치표시등과 기동(시동)표시등

	점 등	색 상
위치표시등	평시 점등	적색
기동표시등	평시 소등, 기동시 점등	적색

2 스프링클러설비

(1) 스프링클러설비의 종류

[스프링클러설비의 종류 및 특징]

설비의 종류	사용 헤드	유수검지장치 등	배관상태(1차측/2차측)	감지기와 연동성
습식	폐쇄형	습식유수검지장치	가압수/가압수	없음
건식	폐쇄형	건식유수검지장치	가압수/압축공기	없음
준비작동식	폐쇄형	준비작동식유수검지장치	가압수/저압공기	있음
부압식	폐쇄형	준비작동식유수검지장치	가압수/부압수	있음
일제살수식	개방형	일제개방밸브	가압수/대기압	있음

(2) 설치기준

① **탬퍼스위치의 설치기준** : 급수배관에 설치되어 급수를 차단할 수 있는 개폐밸브에는 그 밸브의 개폐상태를 감시제어반에서 확인할 수 있도록 급수개폐밸브 작동표시 스위치를 다음의 기준에 따라 설치하여야 한다.

　㉠ 급수개폐밸브가 잠길 경우 탬퍼 스위치의 동작으로 인하여 감시제어반 또는 수신기에 표시되어야 하며 경보음을 발할 것

　㉡ 탬퍼스위치는 감시제어반 또는 수신기에서 동작의 유무확인과 동작시험, 도통시험을 할 수 있을 것

　㉢ 급수개폐밸브의 작동표시 스위치에 사용되는 전기배선은 내화전선 또는 내열전선으로 설치할 것

② **음향장치 및 기동장치**

　㉠ 설치기준

　　ⓐ 습식유수검지장치 또는 건식유수검지장치를 사용하는 설비에 있어서는 헤드가 개방되면 유수검지장치가 화재신호를 발신하고 그에 따라 음향장치가 경보되도록 할 것

　　ⓑ 준비작동식유수검지장치 또는 일제개방밸브를 사용하는 설비에는 화재감지기의 감지에 따라 음향장치가 경보되도록 할 것. 이 경우 화재감지기회로를 교차회로방식(하나의 준비작동식유수검지장치 또는 일제개방밸브의 담당구역 내에 2 이상의 화재감지기회로를 설치하고 인접한 2 이상의 화재감지기가 동시에 감지되는 때에 준비작동식유수검지장치 또는 일제개방밸브가 개방·작동되는 방식

을 말한다)으로 하는 때에는 하나의 화재감지기회로가 화재를 감지하는 때에도 음향장치가 경보되도록 해야 한다.

> **Reference**
>
> **교차회로배선**
> - 배선방식 : 1개 밸브의 담당구역 내에 2 이상의 화재감지기 회로를 설치하고, 인접한 2개 이상의 화재감지기가 동시에 감지되는 때에 준비작동식밸브 또는 일제개방밸브가 개방·작동되게 하는 감지기 배선방식
> - 배선목적 : 감지기오동작에 의한 설비의 오동작 방지
> - 교차배선의 설계
>
>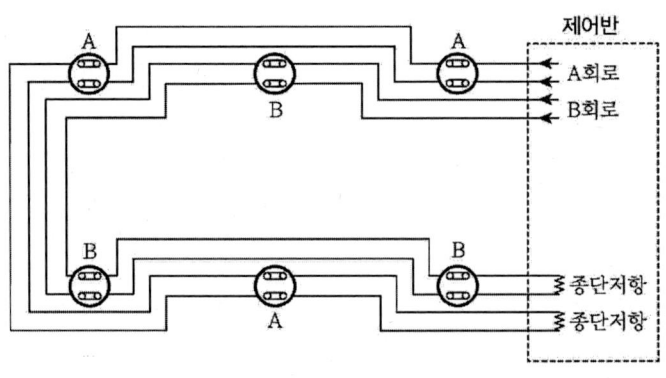

ⓒ 음향장치는 유수검지장치 및 일제개방밸브 등의 담당구역마다 설치하되 그 구역의 각 부분으로부터 하나의 음향장치까지의 수평거리는 25m 이하가 되도록 할 것

ⓓ 음향장치는 경종 또는 사이렌(전자식 사이렌을 포함한다)으로 하되, 주위의 소음 및 다른 용도의 경보와 구별이 가능한 음색으로 할 것. 이 경우 경종 또는 사이렌은 자동화재탐지설비·비상벨설비 또는 자동식사이렌설비의 음향장치와 겸용할 수 있다.

ⓔ 주 음향장치는 수신기의 내부 또는 그 직근에 설치할 것

ⓕ 층수가 11층(공동주택의 경우 16층) 이상의 특정소방대상물은 다음의 기준에 따라 경보를 발할 수 있도록 해야 한다.
  ㉮ 2층 이상의 층에서 발화한 때에는 발화층 및 그 직상 4개층에 경보를 발할 것
  ㉯ 1층에서 발화한 때에는 발화층·그 직상 4개층 및 지하층에 경보를 발할 것
  ㉰ 지하층에서 발화한 때에는 발화층·그 직상층 및 기타의 지하층에 경보를 발할 것

ⓖ 음향장치의 구조 및 성능
   ㉮ 정격전압의 80[%] 전압에서 음향을 발할 수 있는 것으로 할 것
   ㉯ 음량은 부착된 음향장치의 중심으로부터 1[m] 떨어진 위치에서 90[dB] 이상이 되는 것으로 할 것
ⓛ 준비작동식유수검지장치 또는 일제개방밸브 작동기준
   ⓐ 담당구역내의 화재감지기의 동작에 따라 개방 및 작동될 것
   ⓑ 화재감지회로는 교차회로방식으로 할 것. 다만, 다음의 어느 하나에 해당하는 경우에는 그렇지 않다.
      ㉮ 스프링클러설비의 배관 또는 헤드에 누설경보용 물 또는 압축공기가 채워지거나 부압식스프링클러설비의 경우
      ㉯ 화재감지기를「자동화재탐지설비 및 시각경보장치의 화재안전기술기준(NFTC 203)」의 2.4.1 단서의 각 감지기로 설치한 때[오동작 우려가 없는 감지기]
   ⓒ 준비작동식유수검지장치 또는 일제개방밸브의 인근에서 수동기동(전기식 및 배수식)에 따라서도 개방 및 작동될 수 있게 할 것

※ 슈퍼비조리판넬
DC 24[V]의 전압으로 작동하며,
전원표시등, 밸브개방표시등,
밸브주의등, 전화잭으로 구성

   ⓓ ⓐ 및 ⓑ에 따른 화재감지기의 설치기준에 관하여는「자동화재탐지설비 및 시각경보장치의 화재안전기술기준(NFTC 203)」 2.4(감지기) 및 2.8(배선)를 준용할 것. 이 경우 교차회로방식에 있어서의 화재감지기의 설치는 각 화재감지기 회로별로 설치하되, 각 화재감지기 회로별 화재감지기 1개가 담당하는 바닥면적은「자동화재탐지설비 및 시각경보장치의 화재안전기술기준(NFTC 203)」의 2.4.3.5, 2.4.3.8부터 2.4.3.10에 따른 바닥면적으로 한다.

ⓔ 화재감지기 회로에는 다음 기준에 따른 발신기를 설치할 것. 다만, 자동화재탐지설비의 발신기가 설치된 경우에는 그렇지 않다.
  ㉮ 조작이 쉬운 장소에 설치하고, 스위치는 바닥으로부터 0.8m 이상 1.5m 이하의 높이에 설치할 것
  ㉯ 특정소방대상물의 층마다 설치하되, 해당 특정소방대상물의 각 부분으로부터 하나의 발신기까지의 수평거리가 25m 이하가 되도록 할 것. 다만, 복도 또는 별도로 구획된 실로서 보행거리가 40m 이상일 경우에는 추가로 설치해야 한다.
  ㉰ 발신기의 위치를 표시하는 표시등은 함의 상부에 설치하되, 그 불빛은 부착 면으로부터 15° 이상의 범위 안에서 부착지점으로부터 10m 이내의 어느 곳에서도 쉽게 식별할 수 있는 적색등으로 할 것

> **교차회로 적용설비**
> - 스프링클러설비(준비작동식, 일제살수식)
> - 이산화탄소 소화설비
> - 할론소화설비
> - 분말소화설비
> - 할로겐화합물 및 불활성기체소화약제 소화설비

③ 전원
  ㉠ 비상전원
    ⓐ 자가발전설비
    ⓑ 축전지설비
    ⓒ 전기저장장치
    ⓓ 비상전원 수전설비 → 차고·주차장으로서 바닥면적의 합계가 1,000[m²] 미만인 경우에만 해당
  ㉡ 비상전원의 설치기준 : ㉠에 따른 비상전원 중 자가발전설비, 축전지설비 또는 전기저장장치는 다음 각 기준에 따라 설치하고, 비상전원수전설비의 경우 「소방시설용비상전원수전설비의 화재안전기술기준(NFTC 602)」에 따라 설치해야 한다.
    ⓐ 점검에 편리하고 화재 및 침수 등의 재해로 인한 피해를 받을 우려가 없는 곳에 설치할 것
    ⓑ 스프링클러설비를 유효하게 20분 이상 작동할 수 있어야 할 것

ⓒ 상용전원으로부터 전력의 공급이 중단된 때에는 자동으로 비상전원으로부터 전력을 공급받을 수 있도록 할 것

ⓓ 비상전원(내연기관의 기동 및 제어용 축전지를 제외한다)의 설치장소는 다른 장소와 방화구획 할 것. 이 경우 그 장소에는 비상전원의 공급에 필요한 기구나 설비외의 것(열병합발전설비에 필요한 기구나 설비는 제외한다)을 두어서는 안된다.

ⓔ 비상전원을 실내에 설치하는 때에는 그 실내에 비상조명등을 설치할 것

ⓕ 옥내에 설치하는 비상전원실에는 옥외로 직접 통하는 충분한 용량의 급배기설비를 설치할 것

ⓖ 비상전원의 출력용량은 다음 각 기준을 충족할 것
  ㉮ 비상전원 설비에 설치되어 동시에 운전될 수 있는 모든 부하의 합계 입력용량을 기준으로 정격출력을 선정할 것. 다만, 소방전원 보존형발전기를 사용할 경우에는 그렇지 않다.
  ㉯ 기동전류가 가장 큰 부하가 기동될 때에도 부하의 허용 최저입력전압 이상의 출력전압을 유지할 것
  ㉰ 단시간 과전류에 견디는 내력은 입력용량이 가장 큰 부하가 최종 기동할 경우에도 견딜 수 있을 것

ⓗ 자가발전설비는 부하의 용도와 조건에 따라 다음 중의 하나를 설치하고 그 부하용도별 표지를 부착해야 한다. 다만, 자가발전설비의 정격출력용량은 하나의 건축물에 있어서 소방부하의 설비용량을 기준으로 하고, 소방부하겸용발전기의 경우 비상부하는 국토교통부장관이 정한 「건축전기설비설계기준」의 수용률 범위 중 최대값 이상을 적용한다.
  ㉮ 소방전용 발전기 : 소방부하용량을 기준으로 정격출력용량을 산정하여 사용하는 발전기
  ㉯ 소방부하 겸용 발전기 : 소방 및 비상부하 겸용으로서 소방부하와 비상부하의 전원용량을 합산하여 정격출력용량을 산정하여 사용하는 발전기
  ㉰ 소방전원 보존형 발전기 : 소방 및 비상부하 겸용으로서 소방부하의 전원용량을 기준으로 정격출력용량을 산정하여 사용하는 발전기

ⓘ 비상전원실의 출입구 외부에는 실의 위치와 비상전원의 종류를 식별할 수 있도록 표지판을 부착할 것

④ 제어반
  ㉠ 스프링클러설비에는 제어반을 설치하되, 감시제어반과 동력제어반으로 구분하여 설치해야 한다.

> **감시제어반과 동력제어반을 구분하여 설치하지 않을 수 있는 경우**
> - 비상전원 설치제외 대상
>   [다음에 해당하지 않는 경우]
>   - 지하층을 제외한 층수가 7층 이상으로서 연면적이 2,000[m²] 이상인 것
>   - 지하층의 바닥면적의 합계가 3,000[m²] 이상인 것
> - 내연기관에 따른 가압송수장치를 사용하는 스프링클러설비
> - 고가수조에 따른 가압송수장치를 사용하는 스프링클러설비
> - 가압수조에 따른 가압송수장치를 사용하는 스프링클러설비

ⓛ 감시제어반의 기능

  ⓐ 각 펌프의 작동여부를 확인할 수 있는 표시등 및 음향경보기능이 있어야 할 것

  ⓑ 각 펌프를 자동 및 수동으로 작동시키거나 중단시킬 수 있어야 할 것

  ⓒ 비상전원을 설치한 경우에는 상용전원 및 비상전원의 공급여부를 확인할 수 있어야 할 것

  ⓓ 수조 또는 물올림수조가 저수위로 될 때 표시등 및 음향으로 경보할 것

  ⓔ 예비전원이 확보되고 예비전원의 적합여부를 시험할 수 있어야 할 것

ⓒ 감시제어반의 설치기준

  ⓐ 화재 및 침수 등의 재해로 인한 피해를 받을 우려가 없는 곳에 설치할 것

  ⓑ 감시제어반은 스프링클러설비의 전용으로 할 것. 다만, 스프링클러설비의 제어에 지장이 없는 경우에는 다른 설비와 겸용할 수 있다.

  ⓒ 감시제어반은 다음 각 기준에 따른 전용실안에 설치할 것. 다만, 감시제어반과 동력제어반을 같은 장소에 설치할 수 있는 경우와 공장, 발전소 등에서 설비를 집중 제어·운전할 목적으로 설치하는 중앙제어실 내에 감시제어반을 설치하는 경우에는 그렇지 않다.

    ㉮ 다른 부분과 방화구획을 할 것. 이 경우 전용실의 벽에는 기계실 또는 전기실 등의 감시를 위하여 두께 7㎜ 이상의 망입유리(두께 16.3㎜ 이상의 접합유리 또는 두께 28㎜ 이상의 복층유리를 포함한다)로 된 4m² 미만의 붙박이창을 설치할 수 있다.

    ㉯ 피난층 또는 지하 1층에 설치할 것. 다만, 다음의 어느 하나에 해당하는 경우에는 지상 2층에 설치하거나 지하 1층 외의 지하층에 설치할 수 있다.

      • 「건축법시행령」 제35조에 따라 특별피난계단이 설치되고 그 계단(부속실을 포함한다)출입구로부터 보행거리 5m 이내에 전용실의 출입구가 있는 경우

      • 아파트의 관리동(관리동이 없는 경우에는 경비실)에 설치하는 경우

ⓒ 비상조명등 및 급·배기설비를 설치할 것
ⓓ 「무선통신보조설비의 화재안전기술기준(NFTC 505)」 2.2.3에 따라 유효하게 통신이 가능할 것(영 별표 4의 제5호마목에 따른 무선통신보조설비가 설치된 특정소방대상물에 한한다)
ⓔ 바닥면적은 감시제어반의 설치에 필요한 면적 외에 화재 시 소방대원이 그 감시제어반의 조작에 필요한 최소면적 이상으로 할 것

ⓓ 전용실에는 특정소방대상물의 기계·기구 또는 시설 등의 제어 및 감시설비 외의 것을 두지 않을 것
ⓔ 각 유수검지장치 또는 일제개방밸브의 경우에는 작동여부를 확인할 수 있는 표시 및 경보기능이 있도록 할 것
ⓕ 일제개방밸브의 경우에는 밸브를 개방시킬 수 있는 수동조작스위치를 설치할 것
ⓖ 일제개방밸브를 사용하는 설비의 화재감지는 각 경계회로별로 화재표시가 되도록 할 것
ⓗ 다음의 각 확인회로마다 도통시험 및 작동시험을 할 수 있도록 할 것
  ㉮ 기동용수압개폐장치의 압력스위치회로
  ㉯ 수조 또는 물올림탱크의 저수위감시회로
  ㉰ 유수검지장치 또는 일제개방밸브의 압력스위치회로
  ㉱ 일제개방밸브를 사용하는 설비의 화재감지기회로
  ㉲ 급수배관의 개폐밸브의 폐쇄상태 확인회로
  ㉳ 그 밖의 이와 비슷한 회로
ⓘ 감시제어반과 자동화재탐지설비의 수신기를 별도의 장소에 설치하는 경우에는 이들 상호간 연동하여 화재발생 및 ⓛ 감시제어반의 기능의 ⓐ, ⓒ 및 ⓓ의 기능을 확인할 수 있도록 할 것

ⓔ 자가발전설비 제어반의 제어장치(소방전원 보존형 발전기 제어장치)
  ⓐ 소방전원 보존형임을 식별할 수 있도록 표기할 것
  ⓑ 발전기 운전 시 소방부하 및 비상부하에 전원이 동시 공급되고, 그 상태를 확인할 수 있는 표시가 되도록 할 것
  ⓒ 발전기가 정격용량을 초과할 경우 비상부하는 자동적으로 차단되고, 소방부하만 공급되는 상태를 확인할 수 있는 표시가 되도록 할 것

3 가스계소화설비(이산화탄소, 할론, 할로겐화합물 및 불활성기체, 분말)

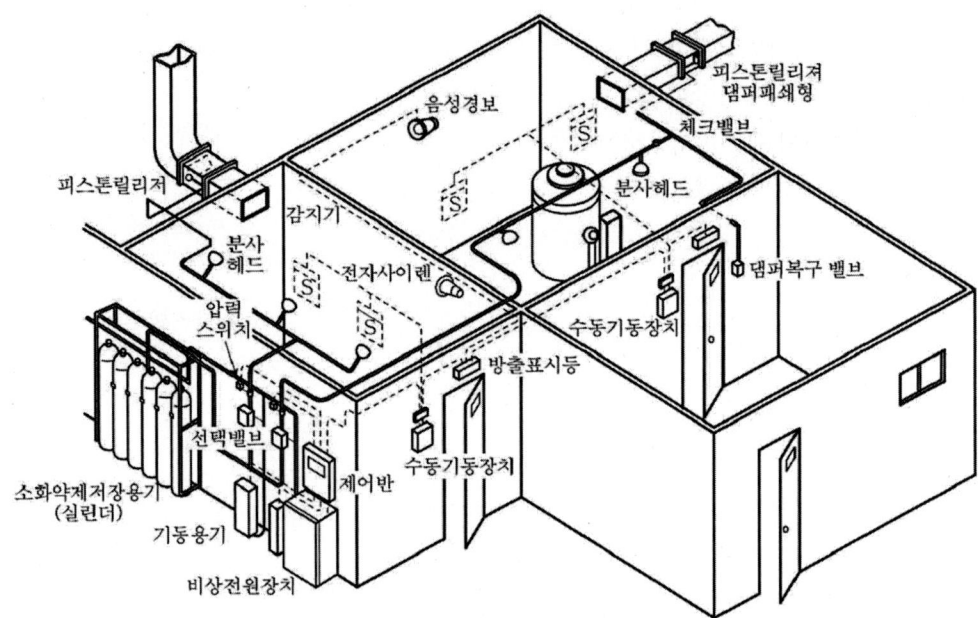

[설비의 입체도면]

기계설비 전기분야 Chapter 13.

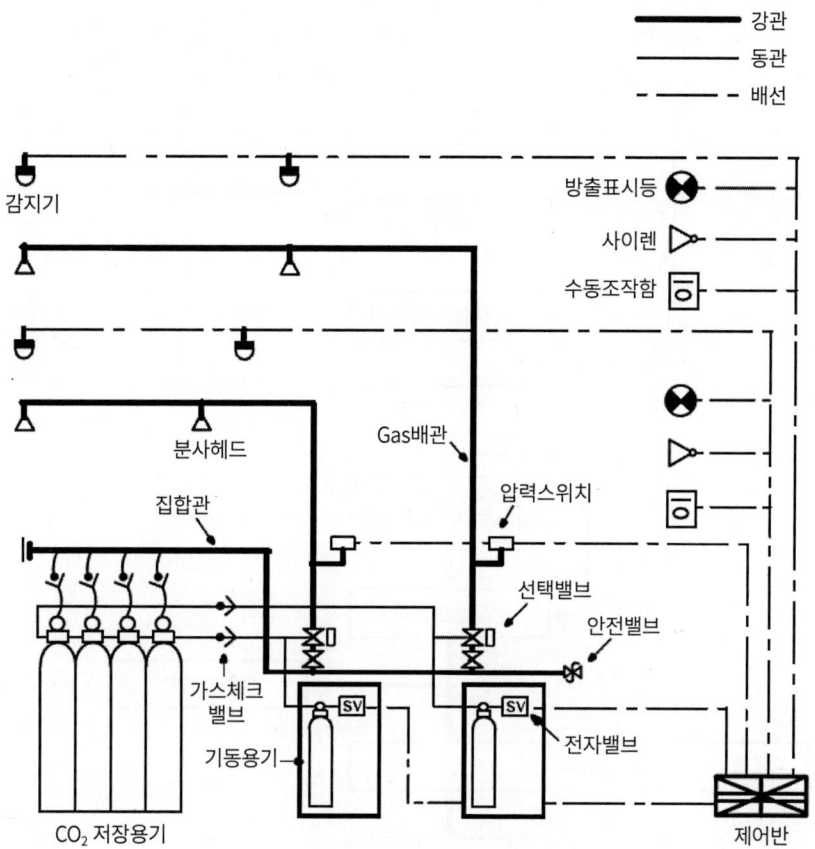

[이산화탄소소화설비 계통도]

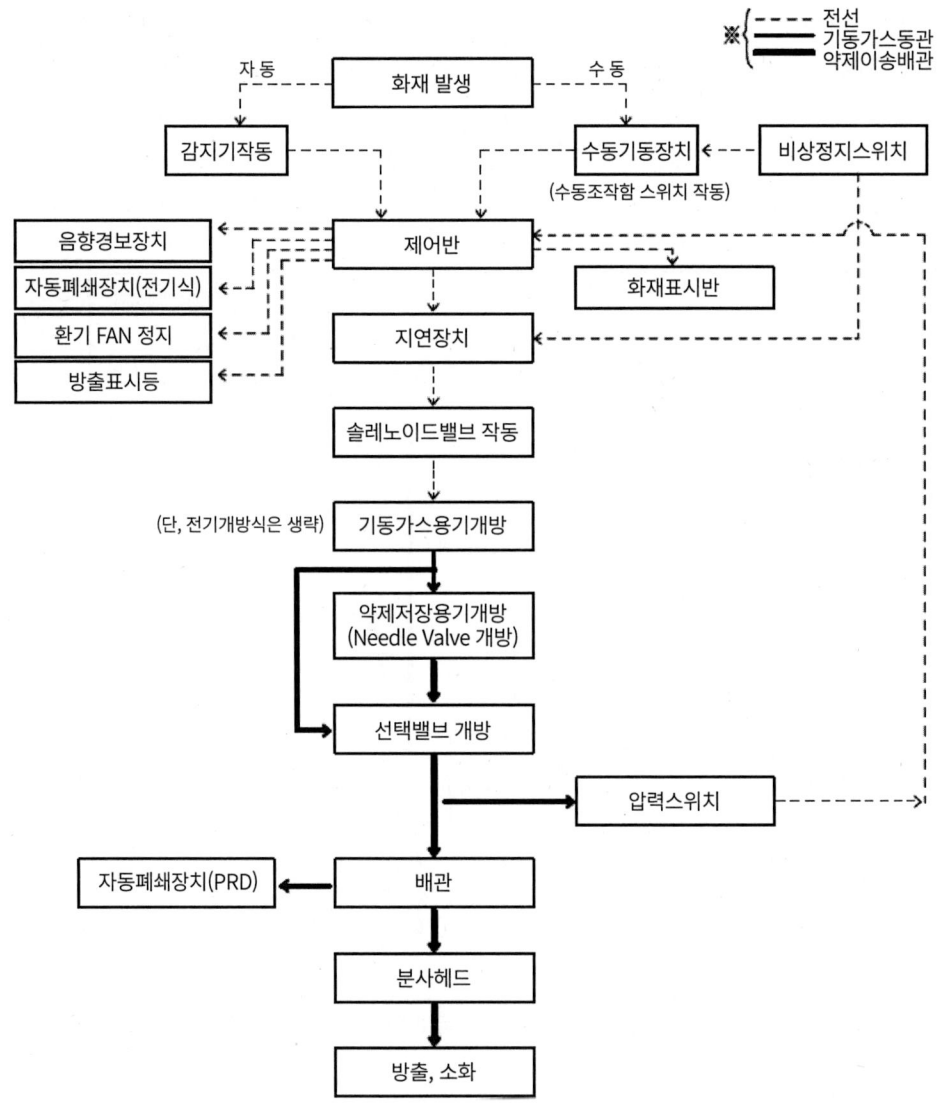

[이산화탄소소화설비 동작순서]

(1) 화재안전기준(NFTC 106 등)

① 기동장치

㉠ 수동식 기동장치의 설치기준 : 수동식 기동장치는 다음의 기준에 따라 설치해야 한다. 이 경우 수동식 기동장치의 부근에는 소화약제의 방출을 지연시킬 수 있는 방출지연스위치(자동복귀형 스위치로서 수동식 기동장치의 타이머를 순간 정지시키는 기능의 스위치)를 설치해야 한다.

ⓐ 전역방출방식에 있어서는 방호구역마다, 국소방출방식에 있어서는 방호대상물마다 설치할 것

ⓑ 해당 방호구역의 출입구 부근 등 조작을 하는 자가 쉽게 피난할 수 있는 장소에 설치할 것

[수동조작함]

ⓒ 기동장치의 조작부는 바닥으로부터 높이 0.8m 이상 1.5m 이하의 위치에 설치하고 보호판 등에 따른 보호장치를 설치할 것

ⓓ 기동장치 인근의 보기 쉬운 곳에 "이산화탄소소화설비 기동장치"라고 표시한 표지를 할 것

ⓔ 전기를 사용하는 기동장치에는 전원표시등을 설치할 것

ⓕ 기동장치의 방출용 스위치는 음향경보장치와 연동하여 조작될 수 있는 것으로 할 것

ⓖ 기동장치에는 보호장치를 설치해야 하며, 보호장치를 개방하는 경우 기동장치에 설치된 부저 또는 벨 등에 의하여 경고음을 발할 것

ⓗ 기동장치를 옥외에 설치하는 경우 빗물 또는 외부 충격의 영향을 받지 아니하도록 설치할 것

㉡ 자동식 기동장치(자동화재탐지설비의 감지기의 작동과 연동하는 것)의 설치기준

ⓐ 자동식 기동장치에는 수동으로도 기동할 수 있는 구조로 할 것

ⓑ 전기식 기동장치로서 7병 이상의 저장용기를 동시에 개방하는 설비에 있어서는 2병 이상의 저장용기에 전자개방밸브를 부착할 것
ⓒ 가스압력식 기동장치는 다음의 기준에 따를 것
 ㉮ 기동용 가스용기 및 해당 용기에 사용하는 밸브는 25MPa 이상의 압력에 견딜 수 있는 것으로 할 것
 ㉯ 기동용 가스용기에는 내압시험압력의 0.8배 부터 내압시험압력 이하에서 작동하는 안전장치를 설치할 것
 ㉰ 기동용 가스용기의 체적은 5L 이상으로 하고, 해당 용기에 저장하는 질소 등의 비활성기체는 6.0MPa 이상(21℃ 기준)의 압력으로 충전할 것
 ㉱ 질소 등의 비활성기체 기동용 가스용기에는 충전여부를 확인할 수 있는 압력 게이지를 설치할 것
ⓓ 기계식 기동장치에 있어서는 저장용기를 쉽게 개방할 수 있는 구조로 할 것
ⓒ 소화약제 방출표시등 : 이산화탄소 소화설비가 설치된 부분의 출입구 등의 보기 쉬운 곳에 소화약제의 방사를 표시하는 표시등을 설치한다.

전기식 기동장치의 전자개방밸브 부착방법

설 비	동시에 개방되는 저장용기 수	전자밸브를 부착 할 저장용기 수
CO_2 및 할론소화설비	7병 이상	2병 이상
분말소화설비	3병 이상	2병 이상

※ 전자밸브(S.V)
약제 저장용기 이외에 기동용기에 설치하는 밸브로 감지기나 수동기동에 의한 화재신호에 의해 개방되는 밸브(Solenoid Valve)

전기식 기동장치의 전자개방밸브 부착방법

기 기	설치위치	설치목적
수동조작함	방호대상실 외부(출입구 부근)	수동기동
방출표시등	방호대상실 외부 (출입구 상부 벽부)	약제방출의 표시 및 화재실 진입 방지
사이렌	방호대상실 내부(천장, 벽부)	신속한 대피유도
비상스위치	수동조작함 부근	오동작 또는 재실자 잔류시 약제방출의 순간지연

② **제어반 및 화재표시반**
　㉠ 제어반은 수동기동장치 또는 화재감지기에서의 신호를 수신하여 음향경보장치의 작동, 소화약제의 방출 또는 지연 등 기타의 제어기능을 가진 것으로 하고, 제어반에는 전원표시등을 설치할 것
　㉡ 화재표시반은 제어반에서의 신호를 수신하여 작동하는 기능을 가진 것으로 하되, 다음의 기준에 따라 설치할 것
　　ⓐ 각 방호구역마다 음향경보장치의 조작 및 감지기의 작동을 명시하는 표시등과 이와 연동하여 작동하는 벨·부저 등의 경보기를 설치할 것. 이 경우 음향경보장치의 조작 및 감지기의 작동을 명시하는 표시등을 겸용할 수 있다.
　　ⓑ 수동식 기동장치에 있어서는 그 방출용스위치의 작동을 명시하는 표시등을 설치할 것
　　ⓒ 소화약제의 방출을 명시하는 표시등을 설치할 것
　　ⓓ 자동식 기동장치는 자동·수동의 절환을 명시하는 표시등을 설치할 것
　㉢ 제어반 및 화재표시반은 화재 및 침수 등의 재해로 인한 피해를 받을 우려가 없고 점검에 편리한 장소에 설치할 것
　㉣ 제어반 및 화재표시반에는 해당 회로도 및 취급설명서를 비치할 것

③ **자동식 기동장치의 화재감지기**
　㉠ 각 방호구역 내의 화재감지기의 감지에 따라 작동되도록 할 것
　㉡ 화재감지기의 회로는 교차회로방식으로 설치할 것(단, 축적기능을 가진 감지기는 제외)
　㉢ 교차회로 내의 각 화재감지기회로별로 설치된 화재감지기 1개가 담당하는 바닥면적은 자동화재탐지설비의 화재안전기술기준의 규정에 따른 바닥면적으로 할 것

④ **음향경보장치**
　㉠ 음향경보장치의 설치기준
　　ⓐ 수동식 기동장치를 설치한 것은 그 기동장치의 조작과정에서, 자동식 기동장치를 설치한 것은 화재감지기와 연동하여 자동으로 경보를 발하는 것으로 할 것
　　ⓑ 소화약제의 방출 개시 후 1분 이상 경보를 계속할 수 있는 것으로 할 것
　　ⓒ 방호구역 또는 방호대상물이 있는 구획 안에 있는 자에게 유효하게 경보할 수 있는 것으로 할 것
　㉡ 방송에 따른 경보장치를 설치할 경우에는 다음의 기준에 따라야 한다.
　　ⓐ 증폭기 재생장치는 화재 시 연소의 우려가 없고, 유지관리가 쉬운 장소에 설치할 것

ⓑ 방호구역 또는 방호대상물이 있는 구획의 각 부분으로부터 하나의 확성기까지의 수평거리는 25[m] 이하가 되도록 할 것
ⓒ 제어반의 복구스위치를 조작하여도 경보를 계속 발할 수 있는 것으로 할 것

이산화탄소 소화설비의 제어반 기능	
• 전원표시	• 자동 및 수동 기동
• 화재 발생구역을 표시	• 음향경보장치의 작동
• 소화약제의 방출 또는 지연	• 소화약제의 방출을 표시

⑤ 비상전원
　㉠ 종류 : 자가발전설비, 축전지설비, 전기저장장치
　㉡ 용량 : 20분 이상

⑥ 배선 등
　㉠ 내화배선 : 비상전원 배선
　㉡ 내화 또는 내열배선 : 기타의 배선

4 제연설비[거실, 통로]

(1) 구성
제어반, 수동조작반, 제연용 감지기, 급기댐퍼, 배기댐퍼, 제연 Fan, 전원 및 배선으로 구성

(2) 화재안전기술기준(NFTC 501, 501A)

① 제연설비의 제연구역
　㉠ 하나의 제연구역의 면적은 1,000[m²] 이내로 할 것
　㉡ 거실과 통로(복도 포함)는 각각 제연구획할 것
　㉢ 통로상의 제연구역은 보행중심선의 길이가 60[m]를 초과하지 않을 것
　㉣ 하나의 제연구역은 직경 60[m]의 원내에 들어갈 수 있을 것
　㉤ 하나의 제연구역은 2 이상의 층에 미치지 않도록 할 것. 다만, 층의 구분이 불분명한 부분은 그 부분을 다른 부분과 별도로 제연구획해야 한다.

② 제연설비의 전원 및 기동
　㉠ 비상전원은 자가발전설비, 전기저장장치 또는 축전지설비 (내연기관에 따른 펌프를 사용하는 경우에는 내연기관의 기동 및 제어용 축전지)로서 다음 기준에 따라 설치

해야 한다.
   ⓐ 점검에 편리하고 화재 및 침수 등의 재해로 인한 피해를 받을 우려가 없는 곳에 설치할 것
   ⓑ 제연설비를 유효하게 20분 이상 작동할 수 있도록 할 것
   ⓒ 상용전원으로부터 전력의 공급이 중단된 때에는 자동으로 비상전원으로부터 전력을 공급받을 수 있도록 할 것
   ⓓ 비상전원의 설치장소는 다른 장소와 방화구획 할 것. 이 경우 그 장소에는 비상전원의 공급에 필요한 기구나 설비 외의 것(열병합발전설비에 필요한 기구나 설비는 제외)을 두어서는 안된다.
   ⓔ 비상전원을 실내에 설치하는 때에는 그 실내에 비상조명등을 설치할 것
ⓛ 제연설비의 작동은 해당 제연구역에 설치된 화재감지기와 연동되어야 하며, 예상제연구역(또는 인접장소)마다 설치된 수동기동장치 및 제어반에서 수동으로 기동이 가능하도록 해야 한다.
ⓒ ⓛ에 따른 제연설비의 작동에는 다음의 사항이 포함되어야 하며, 예상제연구역(또는 인접장소)마다 설치되는 수동기동장치는 바닥으로부터 0.8[m] 이상 1.5[m] 이하의 높이에 문 개방 등으로 인한 위치 확인에 장애가 없고 접근이 쉬운 위치에 설치해야 한다.
   ⓐ 해당 제연구역의 구획을 위한 제연경계벽 및 벽의 작동
   ⓑ 해당 제연구역의 공기유입 및 연기배출 관련 댐퍼의 작동
   ⓒ 공기유입송풍기 및 배출송풍기의 작동

MEMO

문제 PART 01

소방전기시설의 구조 및 원리 예상문제

소방전기시설의 구조 및 원리
예상문제

001 비상경보설비 및 비상방송설비에 대한 다음 각 물음에 답하시오.

가) 비상벨설비 또는 자동식 사이렌설비는 부식성 가스 또는 습기 등으로 인하여 부식의 우려가 없는 장소에 설치하되, 바닥으로부터 몇 [m] 이상 몇 [m] 이하의 높이에 설치해야 하는가?

나) 단독경보형감지기는 소방대상물의 각 실마다 설치해야 한다. 바닥면적이 600[m²]인 실에 설치해야 하는 단독경보형감지기의 최소 설치 수를 구하시오.

다) 다음 (   )에 들어갈 내용을 쓰시오.

> 비상방송설비의 화재안전기술기준에 따라 음량조정기의 배선은 (   )으로 할 것

라) 지하 2층, 지상 7층 건물에서 5층의 확성기 또는 배선이 단락 또는 단선되었다. 화재통보에 지장이 없어야 할 층을 모두 쓰시오.

가) 0.8[m] 이상 1.5[m] 이하
나) $\dfrac{바닥면적}{기준면적} = \dfrac{600[m^2]}{150[m^2]} = 4개$
다) 3선식
라) 지하 1층, 지하 2층, 지상 1층, 지상 2층, 지상 3층, 지상 4층, 지상 6층, 지상 7층

나) 단독경보형감지기는 각 실마다 설치하되, 바닥면적이 150[m²]를 초과하는 경우에는 150[m²]마다 1개 이상 설치해야 한다.

∴ 단독경보형 감지기 $= \dfrac{바닥면적}{기준면적} = \dfrac{600[m^2]}{150[m^2]} = 4개$

다) 비상방송설비의 음량조정기의 배선은 3선식(공통선, 업무용 배선, 긴급용 배선)으로 해야 한다.

라) 화재로 인하여 하나의 층의 확성기 또는 배선이 단락 또는 단선되어도 다른 층의 화재통보에는 지장이 없어야 한다.

002 비상방송설비의 화재안전기술기준에 대한 다음 각 물음에 답하시오.

가) 기동장치에 의한 화재신호를 수신한 후 필요한 음량으로 화재발생상황 및 피난에 유효한 방송이 자동으로 개시될 때까지의 소요시간은 몇 초 이내로 해야 하는가?

나) 10층 건물의 5층에서 화재가 발생할 때에 우선적으로 경보를 발하여야 할 층은?

다) 확성기를 실내에 설치할 때 그 음성입력은 몇 [W] 이상이어야 하는가?

가) 10초
나) 전층
다) 1[w] 이상

• 비상방송설비의 설치기준
① 기동장치에 따른 화재신호를 수신한 후 필요한 음량으로 화재발생상황 및 피난에 유효한 방송이 자동으로 개시될 때까지의 소요시간은 10초 이내로 할 것

② 경보방식
  ㉠ 층수가 10층이하(공동주택의 경우 15층이하)의 특정소방대상물은 전층 일제경보방식
  ㉡ 다음의 경우 우선경보방식 적용
    층수가 11층(공동주택의 경우에는 16층) 이상의 특정소방대상물은 다음의 기준에 따라 경보를 발할 수 있도록 할 것
    ⓐ 2층 이상의 층에서 발화한 때에는 발화층 및 그 직상 4개 층에 경보를 발할 것
    ⓑ 1층에서 발화한 때에는 발화층 · 그 직상 4개 층 및 지하층에 경보를 발할 것
    ⓒ 지하층에서 발화한 때에는 발화층 · 그 직상층 및 기타의 지하층에 경보를 발할 것
③ 확성기의 음성입력

설치장소	실 외	실 내
음성입력	3[W] 이상	1[W] 이상

④ 확성기는 각 층마다 설치하되, 그 층의 각 부분으로부터 하나의 확성기까지의 수평거리가 25[m] 이하가 되도록 할 것
⑤ 음량조정기(ATT : attenuator)를 설치하는 경우 음량조정기의 배선은 3선식으로 할 것
⑥ 조작부의 조작 스위치는 바닥으로부터 0.8[m] 이상 1.5[m] 이하의 높이에 설치할 것
⑦ 음향장치는 정격전압의 80[%] 전압에서 음향을 발할 수 있어야 하고 자동화재탐지설비의 작동과 연동하여 작동할 수 있는 것으로 할 것

003 다음은 비상방송설비의 화재안전기술기준에 관한 내용이다. ( )에 들어갈 내용을 쓰시오.

가) 확성기의 음성입력은 ( )(실내에 설치하는 것에 있어서는 1[W]) 이상일 것
나) 음량조정기를 설치하는 경우 음량조정기의 배선은 ( )으로 할 것
다) 조작부의 조작스위치는 바닥으로부터 ( )의 높이에 설치할 것
라) 증폭기 및 ( )는 수위실 등 상시 사람이 근무하는 장소로서 점검이 편리하고 방화상 유효한 곳에 설치할 것
마) 기동장치에 따른 화재신호를 수신한 후 필요한 음량으로 화재발생상황 및 피난에 유효한 방송이 자동으로 개시될 때까지의 소요시간은 ( ) 이내로 할 것

가) 3[W]
나) 3선식
다) 0.8[m] 이상 1.5[m] 이하
라) 조작부
마) 10초

• 비상방송설비의 설치기준
① 확성기의 음성입력은 3[W](실내에 설치하는 것에 있어서는 1[W] 이상일 것)
② 확성기는 각 층마다 설치하되, 그 층의 각 부분으로부터 하나의 확성기까지의 수평거리가 25[m] 이하가 되도록 하고, 해당 층의 각 부분에 유효하게 경보를 발할 수 있도록 설치할 것
③ 음량조정기를 설치하는 경우 음량조정기의 배선은 3선식으로 할 것
④ 조작부의 조작스위치는 바닥으로부터 0.8[m] 이상 1.5[m] 이하의 높이에 설치할 것
⑤ 증폭기 및 조작부는 수위실 등 상시 사람이 근무하는 장소로서 점검이 편리하고 방화상 유효한 곳에 설치할 것
⑥ 기동장치에 따른 화재신호를 수신한 후 필요한 음량으로 화재발생상황 및 피난에 유효한 방송이 자동으로 개시될 때까지의 소요시간은 10초 이내로 할 것

004 누전경보기에 대한 그림을 보고 다음 각 물음에 답하시오.

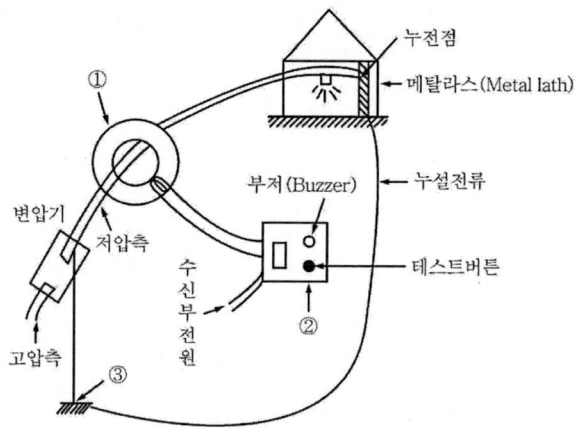

가) ① ~ ③에 대한 명칭을 쓰되 ③은 종별까지 상세히 쓰시오.
나) 누전경보기는 사용전압 몇 [V] 이하인 경계전로의 누설전류를 검출하는가?
다) 누전경보기의 공칭작동 전류치는 몇 [mA] 이하이어야 하는가?
라) 전원은 각 극에 개폐기 및 몇 [A] 이하의 과전류차단기를 설치하여야 하는가? 또한 배선용 차단기로 할 경우 몇 [A] 이하의 것으로 각 극의 개폐가 가능하여야 하는가?

정답
가) ① 영상변류기 ② 수신기 ③ 제2종 접지선
나) 600[V] 이하
다) 200[mA] 이하
라) 15[A] 이하, 20[A] 이하

해설
가) 누전경보기의 구성
① 영상변류기 : 누설전류를 검출하는 기기
② 수신기 : 수신기능, 영상변류기에서 받은 누전신호를 증폭하는 기능, 표시기능, 시험기능을 하는 기기
③ 차단기 : 누전이 발생한 경계전로를 차단하는 기기
④ 음향장치 (부저) : 누전 시 경보음을 발하는 기기
나) 누전경보기의 사용 전로
사용전압이 600[V] 이하인 경계전로
다) 공칭작동전류치 및 감도조정범위
① 공칭작동전류치 : 누전경보기를 작동시키기 위하여 필요한 누설전류의 값으로서 제조자가 표시 하는 값(200[mA] 이하)
② 감도조정장치의 조정범위 : 200[mA] 이하, 500[mA] 이하, 1,000[mA] 이하 → 최대값은 1[A](1,000[mA])
라) 누전경보기의 전원
① 전원은 분전반으로부터 전용회로로 하고, 각 극에 개폐기 및 15[A] 이하의 과전류차단기(배선 용 차단기에 있어서는 20[A] 이하의 것으로 각 극을 개폐할 수 있는 것)를 설치할 것
② 전원을 분기할 때에는 다른 차단기에 의하여 전원이 차단되지 않도록 할 것
③ 전원의 개폐기에는 "누전경보기용"이라고 표시한 표지를 할 것

005 누전경보기의 설치기준에 관한 다음 각 물음에 답하시오.

가) 경계전로의 정격전류가 몇 [A]를 초과하는 전로에 1급 누전경보기를 설치하는가?
나) 변류기는 소방대상물의 형태, 인입선의 시설방법 등에 따라 옥외 인입선의 제1지점의 부하측에 설치하거나 또는 접지선 측의 점검이 쉬운 위치에 설치하는데 이는 제 몇 종 접지공사의 접지선 측의 점검이 쉬운 위치를 말하는가?

가) 60[A] 초과
나) 제2종 접지공사

• 누전경보기의 설치기준
1) 경계전로의 정격전류에 따른 누전경보기 종류

정격전류	60[A] 초과	60[A] 이하
누전경보기의 종류	1급	2급

다만, 정격전류가 60[A]를 초과하는 경계전로가 분기되어 각 분기회로의 정격전류가 60[A] 이하로 되는 경우 당해 분기회로마다 2급 누전경보기를 설치한 때에는 당해 경계전로에 1급 누전경보기를 설치한 것으로 본다.
2) 변류기는 특정소방대상물의 형태, 인입선의 시설방법 등에 따라 옥외 인입선의 제1지점의 부하측 또는 제2종 접지선측의 점검이 쉬운 위치에 설치할 것. 다만, 인입선의 형태 또는 특정소방대상물의 구조상 부득이한 경우에는 인입구에 근접한 옥내에 설치할 수 있다.
3) 변류기를 옥외의 전로에 설치하는 경우에는 옥외형으로 설치할 것

006 가스누설경보기에 관한 다음 물음에 답하시오.

가) 지구등을 포함한 가스누설표시등은 점등 시 어떤 색으로 표시되는가?
나) 예비전원으로 사용되는 축전지의 종류를 쓰시오.
다) 사용전압에서의 음압은 무향실 내에서 정위치에 부착된 음향장치의 중심으로부터 몇 [m] 떨어진 지점에서 주음향장치용의 것이 90[dB] 이상이어야 하는가?

가) 황색
나) 알칼리계 2차축전지, 리튬계 2차축전지 또는 무보수밀폐형 연축전지
다) 1[m]

가스누설경보기의 형식승인 및 제품검사의 기술기준
가) 가스의 누설을 표시하는 표시등(이하 이 기준에서 "누설등"이라 한다) 및 가스가 누설된 경계구역의 위치를 표시하는 표시등(이하 이 기준에서 "지구등"이라 한다)은 등이 켜질 때 황색으로 표시되어야 한다. 다만, 누설등을 설치한 수신부의 지구등 및 수신기와 병용하지 아니하는 지구등은 그러하지 아니하다.
나) 예비전원은 알칼리계 2차 축전지, 리튬계 2차 축전지 또는 무보수밀폐형 연축전지로서 그 용량은 1회선용(단독형가스누설경보기를 포함한다)의 경우 감시상태를 20분간 계속한 후 유효하게 작동되어 10분간 경보를 발할 수 있어야 하며, 2회로 이상인 가스누설경보기의 경우에는 연결된 모든 회로에 대하여 감시상태를 10분간 계속한 후 2회선을 유효하게 작동시키고 10분간 경보를 발할 수 있는 용량이어야 한다.

다) 음향장치(가스누설경보기에 지구경보부를 설치하는 것은 이를 포함한다)
  가. 사용전압의 80%인 전압에서 음향을 발하여야 한다.
  나. 사용전압에서의 음압은 무향실내에서 정위치에 부착된 음향장치의 중심으로부터 1m 떨어진 지점에서 주음향장치용의 것은 90dB(단, 단독형가스누설경보기 및 분리형가스누설경보기 중 영업용인 경우에는 70dB)이상이어야 한다. 다만, 고장표시용 등의 음압은 60dB 이상이어야 한다.
  다. 사용전압으로 8시간 연속하여 울리게 하는 시험 또는 정격전압에서 3분20초 동안 울리고 6분40초 동안 정지하는 작동을 반복하여 통산한 울림 시간이 20시간이 되도록 시험하는 경우 그 구조 또는 기능에 이상이 생기지 아니하여야 한다.

007 다음은 누전경보기의 구성도이다. ① ~ ⑤의 명칭을 쓰시오.

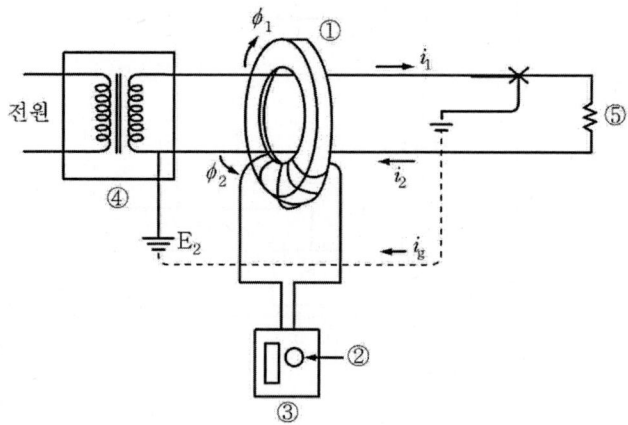

정답
① 영상변류기 ② 부저(경보장치) ③ 수신기
④ 변압기   ⑤ 부하

해설

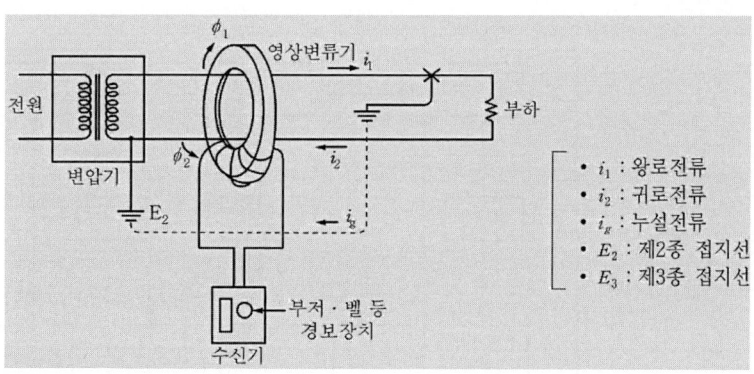

① 정상 시 : $i_1 = i_2$, $i_g = 0[A]$
② 누전 시 : $i_1 = i_2 + i_g[A]$
  → i_g에 상응하는 $\phi_g(=\phi_1 - \phi_2)$가 생기고, ϕ_g에 의한 유기기전력이 발생하여 영상변류기가 수신기로 누전신호 전류를 흘려준다.

008 누전경보기의 수신부에서 입력신호를 증폭하는 방식 3가지를 쓰시오

① 매칭 트랜스와 트랜지스터를 조합하여 계전기를 동작시키는 방식
② 트랜지스터에 의해서 증폭되어 계전기를 동작시키는 방식
③ 트랜지스터와 미터릴레이를 조합하여 계전기를 동작시키는 방식

009 누전경보기의 수신기 내부구조를 블록도로 나타낸 것이다. ⓐ ~ ⓓ에 들어갈 각각의 장치명을 쓰시오.

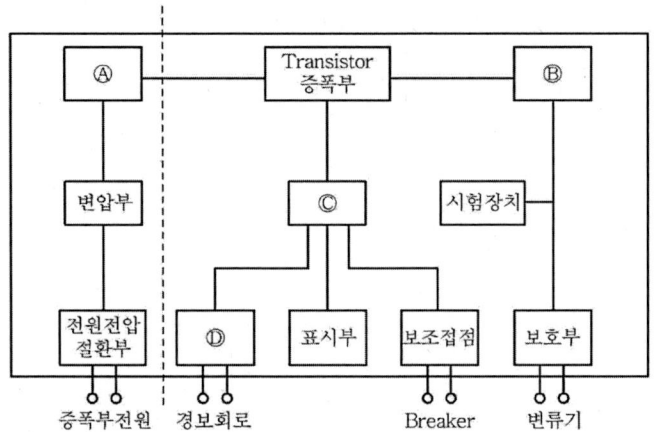

ⓐ 정류부   ⓑ 감도절환부
ⓒ 계전기   ⓓ 경보부

누전경보기의 수신기 내부구조도 및 신호 흐름도

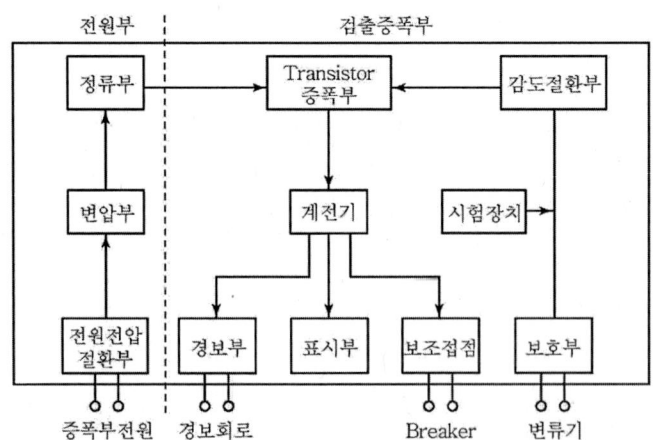

010 다음은 누전경보기의 점검 및 정비 시에 행하는 시험 및 측정사항이다. 이들 시험에 필요한 시험기 또는 측정기로 적당한 것을 쓰시오.

가) 누설전류의 검출시험 :
나) 배선 및 충전부와 대지 간의 절연상태의 측정:
다) 경보 부저(Buzzer)의 음압시험 :
라) 수신기에 의한 외부배선 및 Fuse, 표시등, 외부 부저(Buzzer) 등의 도통시험

가) 영상변류기 또는 누전계
나) 메거(절연저항 측정계)
다) 음량계
라) 회로시험기

가) 영상변류기(ZCT) 및 누전계 : 누설전류의 검출시험
나) 메거(Megger) : 배선 및 충전부와 대지간의 절연상태의 측정(절연저항 측정계라고도 함)
다) 음량계 : 경보 부저의 음압시험(단위 : 데시벨[dB])
라) 회로시험기 : 수신기에 의한 외부배선 및 퓨즈, 표시등, 외부 부저 등의 도통시험

011 다음은 누전경보기의 수신기 구조의 계통도이다. ① ~ ⑤에 들어갈 장치명을 쓰시오.

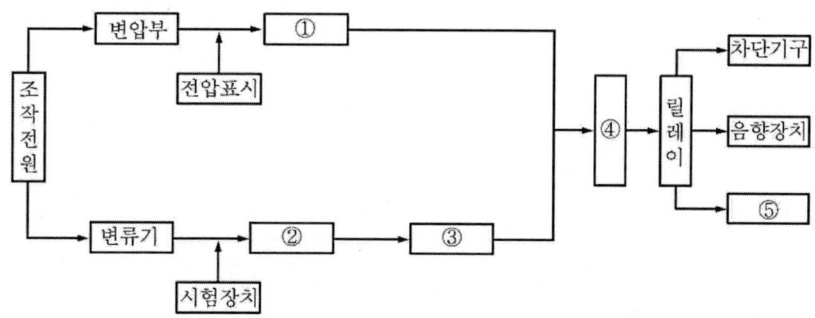

① 정류부   ② 보호부   ③ 감도절환부
④ 트랜지스터 증폭부   ⑤ 표시부

012 그림은 단상 3선식 전기회로에 누전경보기를 설치한 예이다. 이 그림을 보고 다음 각 물음에 답하시오.

가) 그림에서 잘못 도해된 부분을 2가지만 지적하고 잘못된 사유를 설명하시오.
나) 그림에서 Ⓐ부분의 접지공사 종류는 무엇이며 그 접지 저항값은 몇 [Ω] 이하이어야 하는가?[현행 삭제]
다) 단상 3선식의 중성선에서 퓨즈를 설치하지 않고 동선으로 직결한다. 그 이유를 쓰시오.

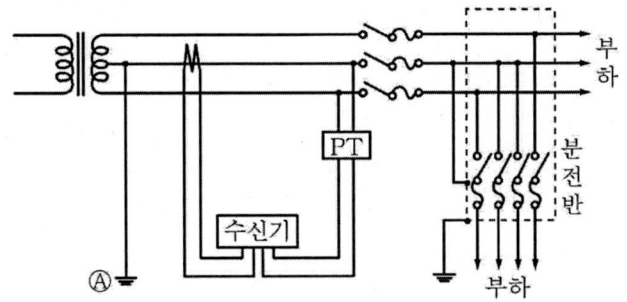

가) ① 영상변류기에 1선만 관통 → 영상변류기에 3선을 모두 관통
② 중성선과 분전반의 접지선을 접속 → 중성선을 분전반 접지로부터 해체하여 분전반에만 단독 접지하고, 중성선과 분전반의 접속선 제거

나) ① 접지공사의 종류 : 제2종 접지공사

② 접지저항값 : $\dfrac{150}{1\text{선 지락전류}}$ [Ω] 이하

다) 중성선이 단선되면 부하가 작은 쪽에 이상 과대전압이 발생하여 기기 소손의 우려가 있다.

가) 누전경보기 설치도

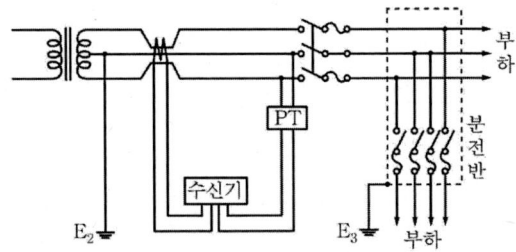

※ 개폐기는 동시 개폐형으로 한다.

나) 접지공사[2.2 이후 보호접지로 통일] [아래 내용 현행 삭제]

종류	접지저항값	접지공사별 용도
제1종 접지공사	10[Ω] 이하	① 특별고압 계기용 변압기의 2차측 전로
		② 고압전로에 시설하는 피뢰기
		③ 고압용 기계기구의 철대 및 금속제 외함

종류	접지저항값	접지공사별 용도
제2종 접지공사	$\dfrac{150}{1선 지락전류}$ [Ω] 이하	① 고압 및 특별고압 전로와 저압전로를 결합하는 변압기 저압측의 중성점 또는 1단자
		② 고압 및 특별고압 전로와 저압전로를 결합하는 변압기에서 고압 및 특별고압 권선과 저압 권선 사이에 설치하는 금속제 혼촉방지판 접지공사
제3종 접지공사	100[Ω] 이하	① 고압 계기용 변압기의 2차측 전로
		② 400[V] 미만인 저압용 기계기구의 철대 및 금속제 외함
특별 제3종 접지공사	10[Ω] 이하	① 400[V] 이상인 저압용 기계기구의 철대 및 금속제 외함

※ 제2종 접지공사의 접지저항
 ① 1~2초 이내 고압 및 특별고압 전로(3,500[V] 이하)를 자동 차단하는 장치를 한 경우
   $\dfrac{300}{1선 지락전류}$ [Ω] 이하
 ② 1초 이내 고압 및 특별고압 전로(3,500[V] 이하)를 자동 차단하는 장치를 한 경우
   $\dfrac{600}{1선 지락전류}$ [Ω] 이하

013 P형 수신기와 R형 수신기의 신호전달방식의 차이점을 간단히 설명하시오.

정답
① P형 수신기 : 개별신호방식
② R형 수신기 : 다중전송방식

해설
• P형 수신기와 R형 수신기의 비교

구 분	P형 시스템	R형 시스템
신호전달(전송) 방식	1:1 개별신호방식	다중전송방식 (multiplexing)
신호의 종류	공통 신호	고유 신호
배관배선공사	선로수가 많아 공사비가 고가	선로수가 적어 공사비가 저렴
유지 관리	선로수가 많아 복잡하다	용이하다
수신기 가격	가격이 싸다	가격이 비싸다
적용 대상물	중·소형 건물	대규모, 초고층, 다수동 건물

※ 주의사항 : 신호의 종류와 신호전달방식을 확실히 구분하여 답할 것

014

다음은 수신기의 형식승인 및 제품검사의 기술기준에 따른 용어의 정의다. ( )에 들어갈 내용을 쓰시오.

가) "( )"(이)란 감지기 또는 발신기로부터 발하여지는 신호를 직접 또는 중계기를 통하여 공통신호로서 수신하여 화재의 발생을 당해 소방대상물의 관계자에게 경보하여 주는 것을 말한다.

나) "( )"(이)란 감지기 또는 발신기로부터 발하여지는 신호를 직접 또는 중계기를 통하여 고유신호로서 수신하여 화재의 발생을 당해 소방대상물의 관계자에게 경보하여 주는 것을 말한다.

다) "( )"(이)란 수신기의 화재신호, 고장신호 및 수신기에 접속된 타 기구에 대한 외부배선으로의 신호 등을 저장할 수 있는 것을 말한다.

라) "( )"(이)란 전파에 의해 신호를 송·수신하는 방식의 것을 말한다.

마) "( )"(이)란 연기감지기 또는 정온식감지기로부터 일정농도의 연기 또는 온도가 일정시간 연속하는 것을 전기적으로 검출하여 화재신호를 수신하는 수신기를 말한다. 이 경우 전기적 검출 없이 단순히 작동시간만을 지연시키는 것은 제외한다.

바) "( )"(이)란 아날로그식 감지기로부터 발하여지는 고유신호를 직접 또는 중계기를 통하여 화재신호를 수신하는 수신기를 말한다.

사) "( )"(이)란 주소형 감지기로부터 발하여지는 고유신호를 직접 또는 중계기를 통하여 화재신호를 수신하고 작동한 감지기를 확인할 수 있는 수신기를 말한다.

아) "( )"(이)란 수신기에 직접 또는 중계기를 통해 감지기(아날로그식 감지기는 제외한다) 접속 배선의 단선, 지구음향장치 접속 배선의 단선 및 단락을 자동적으로 검출하는 기능이 있는 것을 말한다.

자) "( )"(이)란 외부 출력부하에 직접 전력을 공급하는 수신기가 상용전원에서 외부 출력부하에 이상 없이 직류전원을 공급할 수 있고 상용전원이 차단된 경우에는 외부 출력부하에 직류전원을 제조사의 설계시간(이하 "예비전원 최대부하공급시간"이라 한다) 이상 공급할 수 있는 부하를 말한다.

차) "( )"(이)란 화재알림형 감지기나 발신기에서 발하는 화재정보신호 또는 화재신호 등을 직접 수신하거나 화재알림형 중계기를 통해 수신하여 화재의 발생을 표시 및 경보하고, 화재정보신호 및 화재신호 등을 자동으로 저장하며, 자체 내장된 속보기능에 의해 화재발생 등을 자동적으로 통신망을 통하여 음성 등으로 소방관서에 통보하고 문자로 관계인에게 통보하는 장치를 말한다.

카) "( )"(이)란 화재발생 및 해당 소방대상물의 위치 등을 통신망을 통해 음성 등으로 소방관서에 통보하고 문자로 관계인에 통보하는 것을 말한다.

타) "( )"(이)란 접속된 화재알림형 감지기의 화재정보신호를 수신하여 일정농도 이상의 연기가 일정시간 이상 연속하는 것을 전기적으로 검출하여 작동 감도를 자동적으로 보정하는 방식의 수신기를 말한다.

정답

가) P형 수신기 나) R형 수신기 다) 기록장치 라) 무선식
마) 축적형 바) 아날로그식 사) 주소형 아) 단선단락 자동감시형
자) 최대공급부하 차) 화재알림형 수신기 카) 속보기능 타) 보정식

015
자동화재탐지설비의 감시체제를 통신망을 구축하여 통합 감시하고자 한다. 근거리통신망(LAN) 중 토폴로지(위상)의 형상을 3가지로 구분하여 개략적으로 그리시오.

- Ring형 구조
- Star형 구조
- Bus형 구조

---

① Ring형 구조 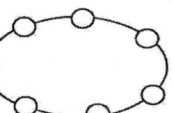　② Star형 구조 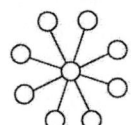　③ Bus형 구조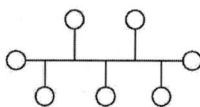

1) 근거리통신망(LAN ; Local Area Network) : 여러 컴퓨터들을 연결하여 이들 상호 간에 통신이 가능 하도록 한 데이터(data) 통신 시스템
2) 전송로에 따른 근거리통신망(LAN)의 종류

토폴로지		장점	단점
종류	형상		
환형 (Ring)		• Loop 내의 각 장치마다 통신제어 기능이 분산 부여(신호 흐름은 시계방향) • 선로의 길이를 짧게 구성 가능 • 통신거리, 통신속도가 무제한	Loop 내의 하나 이상의 장치가 고장 시 전 시스템 마비
성형 (Star)		• 중앙의 컴퓨터가 전체 컴퓨터를 집중 제어 • 소규모 네트워크 구성 • 시스템 시설비용이 저가	중앙장치(컴퓨터)의 이상 시 전체 시스템 장애
버스형 (Bus)		• 덕트형 선상에 cable을 연장하고 node를 사용하여 상호 교신 • Node의 증설이나 제거가 용이-소규모, 경제성이 있음	• 우선 통신의 문제로 충돌문제 발생 • 다량의 통신 집중 시 Traffic(병목현상) 발생

※ 통신용어 설명
① 토폴로지(Topology) : 노드(node)들과 이에 연결된 회선들을 포함한 네트워크의 구성도를 말한다.
② 노드(node) : 데이터 통신망에서, 데이터를 전송하는 통로에 접속되는 하나 이상의 기능 단위를 말한다. (통신망의 분기점이나 단말기의 접속점 부분이 노드인 경우가 많다.)
③ 버스(Bus) : 네트워크상에서 회선에 연결된 모든 장치들에 신호가 분배되거나 집합되는 전송통로를 말한다.

016 P형 수신기와 비교할 때 R형 수신기의 장점 4가지만 쓰시오.

① 선로수가 적게 들어 경제적이다.
② 선로의 길이를 길게 할 수 있다.
③ 증설 또는 이설이 비교적 용이하다.
④ 신호의 전달이 정확하다.
⑤ 화재발생 지구표시등을 선명하게 숫자로 표시할 수 있다.

R형 수신기는 다중전송방식을 이용하여 1쌍(pair)의 신호선으로 모든 화재신호를 교신할 수 있기 때문에 P형 수신기에 비해 전선수가 매우 적게 들고, 건물의 증축이나 개축 등으로 인한 회로수의 증가 시 중계기만 증설하여 연결하는 등 매우 간단하게 회로를 추가할 수 있는 장점이 있다. 또한 수신반이 정지 된 경우에도 독립제어기능이 있어 화재발생 지구표시등을 선명하게 숫자로 표시할 수 있어 신뢰도가 높다.
<R형 수신기의 특징>
① 선로수가 적게 들어 경제적이다.
② 선로의 길이를 길게 할 수 있다.
③ 증설 또는 이설이 비교적 용이하다.
④ 신호의 전달이 정확하다.
⑤ 화재발생 지구표시등을 선명하게 숫자로 표시할 수 있다.
⑥ 고유의 신호를 전달하고 중계하는 중계기가 필요하다.
⑦ 단락이나 단선, 자체고장의 진단 등의 기능이 있다.
⑧ 수신반이 정지된 경우에도 독립제어기능이 있어 중계기가 담당구역의 화재를 감시, 제어할 수 있다.

017 감지기회로에 대한 다음 각 물음에 답하시오.

가) P형 수신기에서 감지기회로의 전로저항은 몇 [Ω] 이하가 되도록 하여야 하는가?

나) P형 수신기의 감지기회로 배선에 있어서 하나의 공통선에 접속할 수 있는 경계구역은 몇 개 이하로 하여야 하는가?

다) 수신기에서 0.5[km] 떨어진 장소의 감지기가 작동하였다. 이때 감지기회로(전선, 벨, 수신기 램프 등)에 소비된 전류가 600[mA]이다. 이 경우의 전압강하는 약 몇 [V]인가?(단, 전선의 굵기는 1.5[mm²]이고, 전류감소계수는 무시한다.)

가) 50[Ω] 이하
나) 7개 이하
다) 전압강하 $e = \dfrac{35.6LI}{1,000A} = \dfrac{35.6 \times 500 \times 0.6}{1,000 \times 1.5} = 7.12 [V]$

가) 자동화재탐지설비의 감지기회로의 전로저항은 50[Ω] 이하가 되도록 하여야 하며, 수신기의 각 회로별 종단에 설치되는 감지기에 접속되는 배선의 전압은 감지기 정격전압의 80[%] 이상일 것

나) 피(P)형 수신기 및 지피(G.P)형 수신기의 감지기 회로의 배선에 있어서 하나의 공통선에 접속할 수 있는 경계구역은 7개 이하로 할 것

다) 전압강하

전기배전방식	전압강하	전선단면적
단상 2선식, 직류 2선식	$e = \dfrac{35.6LI}{1,000A}$	$A = \dfrac{35.6LI}{1,000e}$
3상 3선식	$e = \dfrac{30.8LI}{1,000A}$	$A = \dfrac{30.8LI}{1,000e}$
단상 3선식, 3상 4선식	$e = \dfrac{17.8LI}{1,000A}$	$A = \dfrac{17.8LI}{1,000e'}$

e : 각 선 간의 전압강하[V]
e' : 각 선 간의 1선과 중성선 사이의 전압강하[V]
L : 전선 1본의 길이[m], A : 전선의 단면적[mm²], I : 전류[A]

⇒ 전압강하(직류 2선식)

$e = \dfrac{35.6LI}{1,000A} = \dfrac{35.6 \times 500 \times 0.6}{1,000 \times 1.5} = 7.12 [A]$

018 자동화재탐지설비의 수신기 설치기준 5가지만 쓰시오.(단, 수신기의 성능별 설치기준은 제외하고, 설치장소, 음향기구, 경계구역, 종합방재반, 표시등, 조작스위치의 위치, 2 이상의 수신기 등에 관하여 5가지만 쓰도록 한다.)

① 수위실 등 상시 사람이 근무하고 있는 장소에 설치하고, 그 장소에는 경계구역일람도를 비치할 것
② 수신기의 음향기구는 그 음량 및 음색이 다른 기기의 소음 등과 명확히 구별할 수 있는 것으로 할 것
③ 수신기는 감지기·중계기·발신기가 작동하는 경계구역을 표시할 수 있는 것으로 할 것
④ 화재·가스 전기 등에 대한 종합방재반을 설치한 경우에는 당해 조작반에 수신기의 작동과 연동하여 감지기·중계기 또는 발신기가 작동하는 경계구역을 표시할 수 있는 것으로 할 것
⑤ 하나의 경계구역은 하나의 표시등 또는 하나의 문자로 표시되도록 할 것

• 수신기의 설치기준(화재안전기준)
① 수위실 등 상시 사람이 근무하는 장소에 설치할 것. 다만, 사람이 상시 근무하는 장소가 없는 경우에는 관계인이 쉽게 접근할 수 있고 관리가 용이한 장소에 설치할 수 있다.
② 수신기가 설치된 장소에는 경계구역 일람도를 비치할 것. 다만, 모든 수신기와 연결되어 각 수신기의 상황을 감시하고 제어할 수 있는 수신기(주수신기)를 설치하는 경우에는 주수신기를 제외한 기타 수신기는 그렇지 않다.
③ 수신기의 음향기구는 그 음량 및 음색이 다른 기기의 소음 등과 명확히 구별될 수 있는 것으로 할 것
④ 수신기는 감지기·중계기 또는 발신기가 작동하는 경계구역을 표시할 수 있는 것으로 할 것
⑤ 화재·가스 전기 등에 대한 종합방재반을 설치한 경우에는 당해 조작반에 수신기의 작동과 연동하여 감지기·중계기 또는 발신기가 작동하는 경계구역을 표시할 수 있는 것으로 할 것
⑥ 하나의 경계구역은 하나의 표시등 또는 하나의 문자로 표시되도록 할 것
⑦ 수신기의 조작 스위치는 바닥으로부터의 높이가 0.8[m] 이상 1.5[m] 이하인 장소에 설치할 것
⑧ 하나의 특정소방대상물에 2 이상의 수신기를 설치하는 경우에는 수신기를 상호 간 연동하여 화재발생 상황을 각 수신기마다 확인할 수 있도록 할 것
⑨ 화재로 인하여 하나의 층의 지구음향장치 배선이 단락되어도 다른 층의 화재통보에 지장이 없도록 각 층 배선상에 유효한 조치를 할 것

019
초고층빌딩이나 대단지 아파트 등에 사용되는 R형 수신기용 신호선으로 쉴드선(Shield Wire)을 사용하는 경우 쉴드선을 서로 꼬아서 사용한다. 이에 따른 다음 각 물음에 답하시오.

가) 신호선으로 쉴드선을 사용하는 이유를 쓰시오.
나) 신호선으로 사용하는 쉴드선을 서로 꼬아서 사용하는 이유를 쓰시오.
다) R형 수신기용으로 사용하는 쉴드선의 종류 2가지를 문자기호와 함께 쓰시오.
라) R형 수신기에서 사용하는 통신방식 중 PCM 변조방식에 대해서 쓰시오.

정답
가) 전자파 방해 방지
나) 전자파 유도 자속을 상호 상쇄시키기 위함
다) ① 비닐절연비닐시스 내열성 제어케이블(H-CVV-SB)
　　② 비닐절연비닐시스 난연성 제어케이블(FR-SVV-SB)
라) 화재신호를 1과 0의 디지털신호로 변환(7~8bit의 Pulse로 변조)시키고 신호선을 통해 송수신하는 통신 방식

해설
가) 경보설비의 전송신호는 매우 약하므로 주위의 전자파나 전자유도에 의한 오동작을 일으킬 우려가 높다. 따라서 심선을 동테이프나 알루미늄테이프로 감싼 형태의 쉴드선(shield wire)을 사용하는데 일명 차폐선이라고도 하며, 이 선을 사용하는 목적은 전자파 방해를 방지하기 위함이다.
나) 2개의 신호선을 꼬음형태로 배선하는 이유는 각 선에서 발생하는 유도 자속을 서로 상쇄시키기 위한 것이다. 2선을 꼬았다고 해서 트위스트 페어 케이블(twist pair cable)이라고 한다.

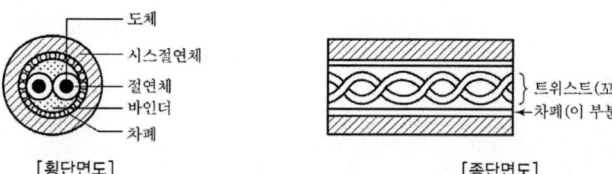

[횡단면도]　　　　[종단면도]

다) 신호선은 전력선이 아닌 제어용 케이블로 분류되며, 내열성과 난연성 케이블이 있다.(아날로그식 감지기, 다신호식 감지기 또는 R형 수신기의 배선에 사용)
　① 내열성 케이블 : 비닐절연비닐시스 내열성 제어케이블(H-CVV-SB)
　② 난연성 케이블 : 비닐절연비닐시스 난연성 제어케이블(FR-CVV-SB)
라) R형 수신기의 다중통신
　1) 다중통신
　　① P형 수신기의 신호방식은 발신기나 감지기의 접점신호가 직접 1:1로 실선(구리선)을 거쳐 수신기로 전달되므로 경계구역수가 많은 경우 다량의 배선수가 요구된다.
　　② 반면 R형 수신기는 중계기와 수신기 간에 단 2개의 신호선만으로 수많은 신호를 주고받을 수 있는 양방향 통신방식으로, 간선수가 적게 든다. 또한 수많은 입출력신호를 고유의 신호로 변환시켜 전송하는 다중통신(Multiplexing) 방식이 채용된다.
　2) 시분할과 PCM변조 방식
　　① 시분할(Time division) 방식각 중계기에서 수신기로 신호가 전송될 때 세분된 시차간격으로 시분할하여 전송되므로 수신기는 각 신호를 구분할 수 있다.
　　② PCM변조 방식화재신호를 1과 0의 디지털신호로 변환(7~8bit의 Pulse로 변조)시키고 신호선을 통해 송수신하는 통신방식으로 노이즈(noises)를 감소시키고, 경제성이 높다.

020 P형 수신기의 각 수신회로의 성능을 검사하는 방법 8가지를 쓰시오.

① 화재표시작동시험　② 회로도통시험
③ 공통선시험　　　　④ 예비전원시험
⑤ 동시작동시험　　　⑥ 저전압시험
⑦ 회로저항시험　　　⑧ 비상전원시험

• P형 수신기의 성능시험
① 화재표시작동시험　　② 회로도통시험
③ 공통선시험　　　　　④ 예비전원시험
⑤ 동시작동시험　　　　⑥ 저전압시험
⑦ 회로저항시험　　　　⑧ 비상전원시험
⑨ 지구음향장치의 작동시험　⑩ 절연저항시험

021 공통선을 시험하는 목적과 그 방법을 쓰시오.

• 목적 :
• 방법 :

• 목적 : 하나의 공통선이 부담하고 있는 경계구역수가 7개 이하인지 확인하기 위하여 실시
• 방법 : ① 수신기 내 접속단자의 공통선 1선을 제거(단자에서 분리)한다.
　　　　② 회로도통시험의 예에 따라 회로선택(selector) 스위치를 차례로 회전시킨다.
　　　　③ 시험용 계기의 지시등이 「단선」을 지시한 경계구역의 회선수를 조사한다.

• 공통선시험의 방법 및 판정
1) 시험방법
　① 수신기 내 접속단자의 공통선 1선을 계거(단자에서 분리)한다.
　② 회로도통시험의 예에 따라 회로선택(selector) 스위치를 차례로 회전시킨다.
　③ 시험용 계기의 지시등이 「단선」을 지시한 경계구역의 회선수를 조사한다.
2) 판정
　「단선」을 지시한 경계구역의 회선수가 7개 이하이면 정상

022 P형 수신기의 예비전원을 시험하는 방법과 양부판단의 기준에 대하여 설명하시오.

1) 시험방법
   ① 예비전원 시험 스위치를 누른다.
   ② 전압계의 지시치가 지정치 이내로 될 것
2) 양부판단의 기준
   예비전원의 전압, 용량이 정상일 것

• 수신기의 비상전원시험
1) 비상전원의 종류
   축전지설비 또는 전기저장장치
2) 비상전원시험의 목적
   상용전원 및 비상전원이 사고 등에 의해 정전한 경우, 자동적으로 비상전원으로 절환되고, 또한 정전복구시에 자동적으로 상용전원으로 복구되는 것을 확인하기 위함이다.

023 부착높이 및 특정소방대상물의 구분에 따른 차동식·보상식·정온식 스포트형 감지기의 종류에 관한 아래 표의 ( )에 들어갈 바닥면적 수치를 쓰시오.

부착높이 및 특정소방대상물의 구분		감지기의 종류(단위 : m²)						
		차동식스포트형		보상식스포트형		정온식스포트형		
		1종	2종	1종	2종	특종	1종	2종
4[m] 미만	주요구조부가 내화구조로 된 특정소방대상물 또는 그 부분	90	70	(가)	(나)	(다)	60	20
	기타 구조의 특정소방대상물 또는 그 부분	50	40	(라)	(마)	(바)	30	15
4[m] 이상 8[m] 미만	주요구조부가 내화구조로 된 특정소방대상물 또는 그 부분	45	35	(사)	(아)	(자)	30	-
	기타 구조의 특정소방대상물 또는 그 부분	30	25	(차)	(카)	(타)	15	-

(가) 90　(나) 70　(다) 70　(라) 50
(마) 40　(바) 40　(사) 45　(아) 35
(자) 35　(차) 30　(카) 25　(타) 25

024 다신호식 감지기와 아날로그식 감지기의 형식별 특성(화재신호 출력방식)에 대하여 쓰시오.

① 다신호식 감지기 : 1개의 감지기 내에 서로 다른 종별 또는 감도 등의 기능을 갖춘 것으로서 일정시간 간격을 두고 각각 다른 2개 이상의 화재신호를 발하거나, 동일 종별 또는 감도를 갖는 2개 이상의 센서를 통해 감지하여 화재신호를 각각 발신한다.
② 아날로그식 감지기 : 주위의 온도 또는 연기의 양의 변화에 따른 화재정보신호값을 출력한다.

• 형식별 감지기의 특성

형 식	특성(출력방식)
다신호식	하나의 감지기 내에서 서로 다른 종별 또는 감도 등의 기능을 갖춘 것으로서 일정시간 간격을 두고 각각 다른 2개 이상의 화재신호를 발하거나, 동일 종별 또는 감도를 갖는 2개 이상의 센서를 통해 감지하여 화재신호를 각각 발신하는 감지기
아날로그식	주위의 온도 또는 연기의 양의 변화에 따른 화재정보신호값을 출력하는 방식의 감지기
축적형	일정농도·온도 이상의 연기 또는 온도가 일정시간(공칭축적시간) 연속하는 것을 전기적으로 검출함으로써 작동하는 감지기(단순히 작동시간만 지연시키는 것은 제외)
방수형	감지기의 구조가 방수구조로 되어 있는 감지기
재용형	다시 사용할 수 있는 성능을 가진 감지기
방폭형	폭발성 가스가 용기내부에서 폭발하였을 때 용기가 그 압력에 견디거나 또는 외부의 폭발성 가스에 인화될 우려가 없도록 만들어진 형태의 감지기

025 그림은 차동식, 정온식 및 보상식 감지기의 작동특성을 나타낸 것이다. ①, ②, ③ 곡선에 해당되는 감지기의 명칭을 쓰시오. (단, OA : 급격한 온도상승, OB : 기준온도 상승, OC : 완만한 온도상승을 나타낸다.)

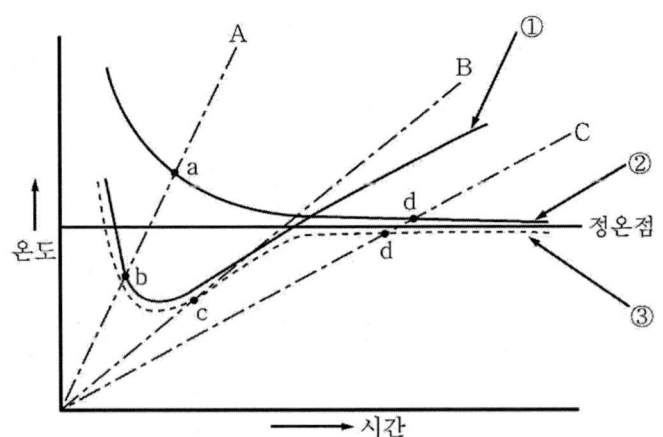

① 차동식 감지기
② 정온식 감지기
③ 보상식 감지기

1) 감지기의 작동 특성
   ① 차동식 감지기 : 주위온도가 일정 상승율 이상이 되는 경우에 작동하므로 그림의 B(기준온도상승) 기울기 이상에서 작동
   ② 정온식 감지기 : 일국소의 주위온도가 일정한 온도 이상이 되는 경우에 작동하므로 그림의 정온점 이상에서 작동
   ③ 보상식 감지기 : 차동식과 정온식 감지기의 성능을 겸한 것으로서 두 성능 중 어느 한 기능이 작동되면 작동신호를 발한다.
2) 동작 민감도 순서 : 보상식>차동식>정온식

026 공기의 팽창을 이용한 차동식 스포트형 감지기의 구조에 대한 그림이다. 주어진 번호의 명칭을 쓰고, 작동원리를 간단히 설명하시오.

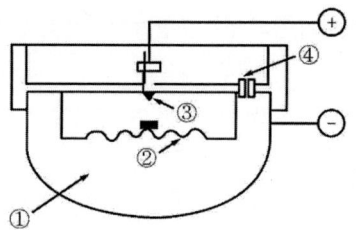

1) 명칭
   ① 감열실
   ② 다이어프램
   ③ 접점
   ④ 리크홀
2) 작동원리
   화재열로 감열실(공기실) 내의 공기가 팽창하면 다이어프램이 밀어 올려져 접점이 닿게 됨으로써 수신기에 화재신호를 보낸다. 그러나 난방, 취사 등에 의한 완만한 온도 상승 시에는 감열실 내의 팽창된 공기가 리크홀로 누설되어 접점을 붙이지 않는다.

027 지하구에 설치할 수 있는 감지기의 종류를 3가지만 쓰시오.

정답
① 불꽃감지기
② 정온식감지선형감지기
③ 광전식분리형감지기

해설
- 지하구에 적응성이 있는 감지기
1) 종류
   ① 불꽃감지기
   ② 정온식감지선형감지기
   ③ 분포형감지기
   ④ 복합형감지기
   ⑤ 광전식분리형감지기
   ⑥ 아날로그방식의 감지기
   ⑦ 다신호방식의 감지기
   ⑧ 축적방식의 감지기
2) 구비조건
   먼지·습기 등의 영향을 받지 않고 발화지점을 확인할 수 있는 감지기일 것

028 지하 4층, 지상 6층인 소방대상물에 연기감지기(2종)를 설치할 경우 다음 물음에 답하시오. (단, 층고는 3[m]이다.)

가) 각 층의 바닥면적이 310[m²]일 때 각 층에 설치되는 감지기의 최소 설치 수를 구하시오.
나) 복도의 보행거리가 53[m]일 때 전 층에 설치되는 감지기의 최소 설치 수를 구하시오.
다) 계단에 연기감지기(2종)을 설치할 경우 총 설치 수를 구하고 단면도를 그려 감지기를 배치하시오.

정답

가) 감지기 설치 수 = $\dfrac{바닥면적}{기준면적}$ = $\dfrac{310[m^2]}{150[m^2]}$ ≒ 2.07   ∴ 3개
   ∴ 최소 3개

나) 감지기 설치 수 = $\dfrac{복도의 길이}{기준 보행거리}$ = $\dfrac{53[m]}{30[m]}$ ≒ 1.77   ∴ 2개
   전체 감지기 설치 수 = 2개 × 10개층 = 20개   ∴ 20개

다) ㉠ 지상층의 감지기 설치 수 = $\dfrac{3[m] \times 6}{15[m]}$ = 1.2 ≒ 2개
   ㉡ 지하층의 감지기 설치 수 = $\dfrac{3[m] \times 4}{15[m]}$ = 0.8 ≒ 1개
   ∴ 총 설치 수 : 3개

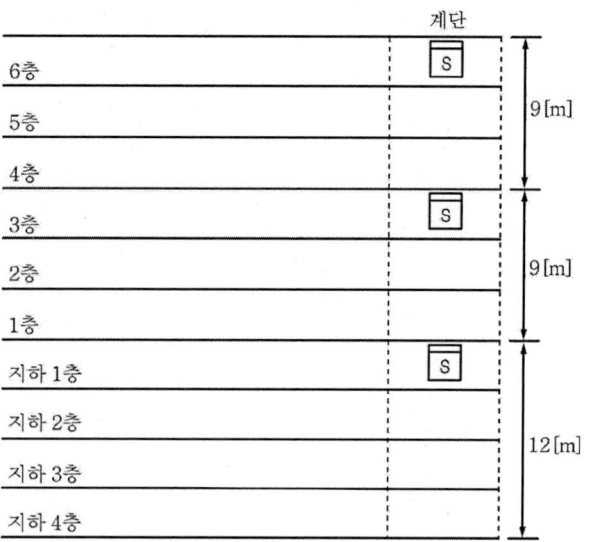

가) 부착높이에 따른 연기감지기의 설치기준

부착높이	감지기의 종류 (단위 : ㎡)	
	1종 및 2종	3종
4[m] 미만	150	50
4[m] 이상 20[m] 미만	75	-

부착높이 4[m] 미만인 장소에 대한 2종 연기감지기의 기준 감지면적은 150[㎡]

∴ 감지기 설치 수 = $\dfrac{바닥면적}{기준면적}$ = $\dfrac{310[m^2]}{150[m^2]}$ = 2.06 ≒ 3 ∴ 3개

> **주의 > 감지기 설치개수의 계산**
>
> 각 층의 감지기 설치수는 1개 층의 것만으로 답하되, 단순히 감지기 설치수는 묻는 경우는 (각 층의 설치개수×전체 층수)로 답해야 한다.

나) 거리에 따른 연기감지기의 설치기준

설치 장소	복도 및 통로		계단 및 경사로	
	1종 및 2종	3종	1종 및 2종	3종
설치 거리	보행거리 30[m] 이내마다	보행거리 20[m] 이내마다	수직거리 15[m] 이내마다	수직거리 10[m] 이내마다

복도의 경우 2종 연기감지기는 보행거리 30[m] 이내마다 1개 이상 설치하므로

$$\therefore \text{감지기 설치 수} = \frac{\text{복도의 길이}}{\text{기준 보행거리}} = \frac{53[m]}{30[m]} = 1.776 ≒ 2개$$

따라서, 전체 감지기 설치 수 = 2개 × 10개층 = 20개

다) 계단
① 지상층과 지하층은 별도의 경계구역으로 설정
② 계단의 경우 2종 연기감지기는 수직거리 15[m] 이내마다 1개 이상 설치하므로
  ㉠ 지상층의 감지기 설치 수

$$\text{감지기 설치 수} = \frac{\text{계단의 높이}}{\text{기준 수직거리}} = \frac{3[m] \times 6}{15[m]} ≒ 1.2 \quad \therefore 2개$$

  (→ 최상층 및 3층 계단에 각 1개)
  ㉡ 지하층의 감지기 설치 수

$$\text{감지기 설치 수} = \frac{\text{계단의 높이}}{\text{기준 수직거리}} = \frac{3[m] \times 4}{15[m]} ≒ 0.8 \quad \therefore 1개$$

  (→ 지하 1층 계단에 1개)
∴ 전체 3개 이상(실제 설계에서는 최소 3개를 적용)

029 자동화재탐지설비 및 시각경보장치의 화재안전기술기준(NFTC 203)에 따른 축적기능이 없는 감지기를 설치해야 하는 경우 3가지를 쓰시오.

---

① 축적기능이 있는 수신기에 연결하여 사용하는 감지기
② 교차회로방식에 사용되는 감지기
③ 급속한 연소 확대의 우려가 있는 장소에 사용되는 감지기

030 감지기에 대한 다음 각 물음에 답하시오.

가) 차동식감지기 중 일국소의 열효과에 의하여 작동되는 감지기는 무엇인가?
나) 정온식감지기 중 일국소의 주위온도가 일정한 온도 이상이 되는 경우에 작동하는 것으로서 외관이 전선과 같이 선형으로 되어 있지 않은 감지기는 무엇인가?
다) 연기감지기 중 이온전류가 변화하여 작동하는 감지기는 무엇인가?
라) 차동식분포형감지기 중 공기관식의 주요 구성요소 4가지를 쓰시오.
마) 공기관식감지기의 검출부 내부의 다이아프램이 부식되어 구멍이 생겼을 때 어떤 현상이 발생되는가?

가) 차동식스포트형 감지기
나) 정온식스포트형 감지기
다) 이온화식스포트형 감지기
라) 공기관, 다이아프램, 접점, 리크홀
마) 감지기의 동작이 늦어진다.

가) ~ 다)
① 차동식스포트형 감지기 : 주위온도가 일정 상승률 이상이 되는 경우에 작동하는 것으로서 일국소에서의 열효과에 의하여 작동되는 감지기
② 차동식분포형 감지기 : 주위온도가 일정 상승률 이상이 되는 경우에 작동하는 것으로서 넓은 범위 내에서의 열효과의 누적에 의하여 작동되는 감지기
③ 정온식스포트형 감지기 : 일국소의 주위온도가 일정한 온도 이상이 되는 경우에 작동하는 것으로서 외관이 전선으로 되어 있지 아니한 감지기
④ 이온화식스포트형 감지기 : 주위의 공기가 일정한 농도의 연기를 포함하게 되는 경우에 작동하는 것으로서 일국소의 연기에 의하여 이온전류가 변화하여 작동하는 감지기
라) 공기관식 감지기의 구성요소
　공기관, 다이아프램, 접점, 리크홀, 시험공, 시험레버 등으로 구성
마) 검출기 내부의 다이아프램이 부식되어 구멍이 생기면 팽창되는 공기관 내부의 공기가 이 구멍을 통해 누설되어 감지기의 동작이 늦어진다. (구멍이 지나치게 크면 작동하지 않을 수 있다.)

031 공기관식 차동식분포형감지기의 수열부와 검출부의 구성요소를 모두 쓰시오.

가) 수열부 :

나) 검출부 :

 가) 공기관
나) 접점, 다이아프램, 리크홀, 시험구멍, 시험레버

- 공기관식 감지기

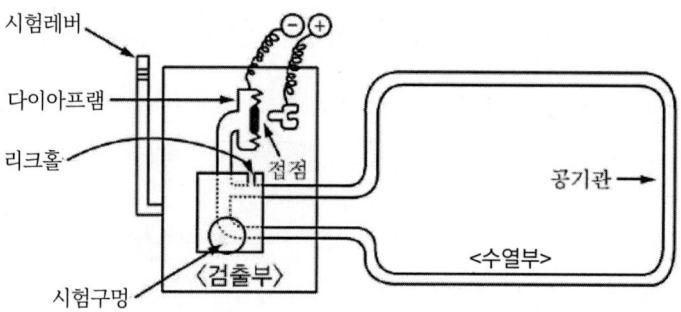

※ 차동식 분포형 감지기의 구성

종류	수열부(감열부)	검출부
공기관식	공기관	접점, 다이아프램, 리크홀, 시험구멍, 시험레버
열전대식	열전대, 접속전선	접점, 미터릴레이, 접속단자
열반도체식	열반도체, 접속전선	접점, 미터릴레이. 접속단자

032 공기관식 차동식분포형감지기에 관한 다음 물음에 답하시오.

가) 공기관의 노출부분은 각 감지구역마다 몇 [m] 이상이 되도록 해야 하는가?
나) 공기관과 감지구역의 각 변과의 수평거리는 1.5[m] 이내가 되도록 하며 공기관 상호 간의 거리는 얼마로 해야 하는지 답하시오.
다) 하나의 검출부분에 접속하는 공기관의 길이는 몇 [m] 이하로 해야 하는가?
라) 검출부는 바닥으로부터 몇 [m]의 위치에 설치해야 하는가?

가) 20[m] 이상
나) 6[m] 이하(내화구조인 경우 9[m] 이하)
다) 100[m] 이하
라) 0.8[m] 이상 1.5[m] 이하

033 공기관식 차동식분포형감지기를 설치하려고 한다. 공기관의 설치 길이가 270[m]인 경우 검출부의 설치 수를 구하시오.(단, 하나의 검출부에 접속하는 공기관은 최대 길이를 적용한다.)

검출부 설치 수 : $N = \dfrac{270[m]}{100[m]} ≒ 3개$

• 공기관식 차동식분포형 감지기의 설치기준
① 공기관의 노출부분은 1개 감지구역마다 20[m] 이상으로 할 것
② 하나의 검출부에 접속하는 공기관 길이는 100[m] 이하로 할 것
③ 공기관의 부착위치 : 공기관은 부착면 아래 0.3[m] 이내의 위치에 설치하고 감지구역의 부착면의 각 변으로부터 1.5[m] 이내의 위치에 설치할 것

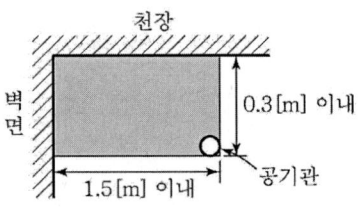
[공기관의 부착위치]

034 다음은 공기관식 차동식분포형 감지기의 설치도면이다. 다음 각 물음에 답하시오. (단, 주요 구조부를 내화구조로 한 소방대상물인 경우이다.)

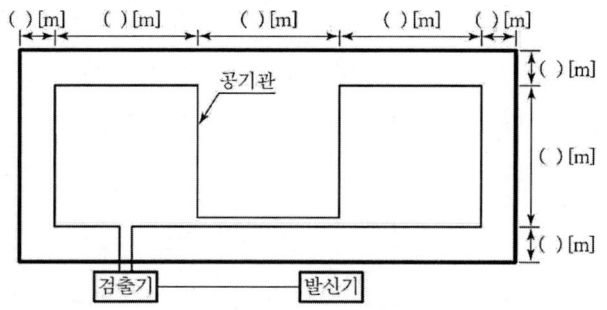

가) 내화구조일 경우의 공기관 상호 간의 거리와 감지구역의 각 변과의 거리는 몇 [m] 이하가 되도록 해야 하는지 도면의 ( ) 안에 수치를 기입하시오.
나) 공기관의 노출부분의 길이는 몇 [m] 이상이 되어야 하는가?
다) 종단저항을 발신기에 설치할 경우 차동식 분포형 감지기의 검출기와 발신기 간에 연결해야 하는 전선의 가닥수를 도면에 표기하시오.
라) 검출부의 설치높이를 쓰시오.
마) 검출부분에 접속하는 공기관의 길이는 몇 [m] 이하로 해야 하는가?
바) 공기관의 재질을 쓰시오.
사) 검출부의 경사도는 몇 도 이하이어야 하는가?

가)

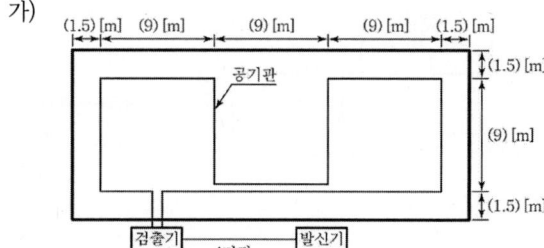

나) 20[m] 이상
다) 도면 가) 참조, 4가닥
라) 바닥으로부터 0.8[m] 이상 1.5[m] 이하
마) 100[m] 이하
바) 구리(동관 또는 중공동관)
사) 5도 이하

• 공기관식 차동식분포형 감지기
1) 설치기준(화재안전기술기준)
  ① 공기관의 노출부분은 감지구역마다 20[m] 이상이 되도록 할 것
  ② 공기관과 감지구역의 각 변과의 수평거리는 1.5[m] 이하가 되도록 하고, 공기관 상호 간의 거리는 6[m](주요구조부가 내화구조로 된 특정소방대상물 또는 그 부분에 있어

서는 9[m]) 이하가 되도록 할 것
③ 공기관은 도중에서 분기하지 않도록 할 것
④ 하나의 검출 부분에 접속하는 공기관의 길이는 100[m] 이하로 할 것
⑤ 검출부는 5° 이상 경사되지 않도록 부착할 것
⑥ 검출부는 바닥으로부터 0.8[m] 이상 1.5[m] 이하의 위치에 설치할 것

2) 공기관의 시공방법(내화구조부에 시공하는 경우)

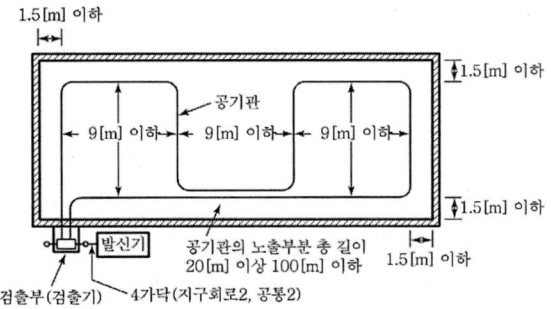

035
다음은 열전대식 차동식분포형감지기의 구성도이다. 구성도를 참조하여 다음 각 물음에 답하시오.

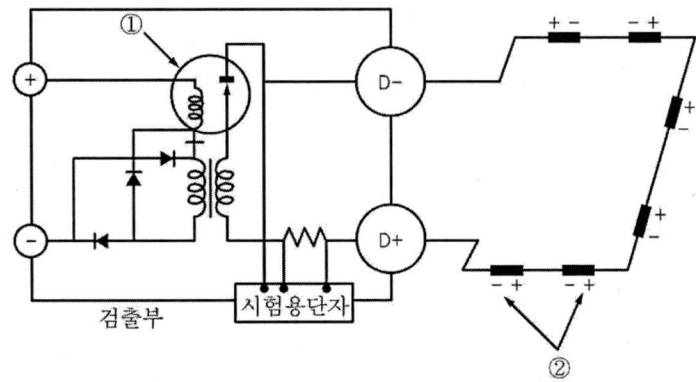

가) 위 구성도에서 잘못된 부분을 찾아 그 이유를 쓰고 해당 부분을 올바르게 수정하시오.
나) ①과 ②의 명칭을 쓰시오.
다) ②의 부분을 ▬▬▬▬ 로 표시하였다면 이것은 무엇을 뜻하는지 쓰시오.
라) ②를 1개 검출부에 최대로 접속할 수 있는 수량은 몇 개이며, 최소 접속개수는 1개의 감지구역마다 몇 개로 해야 하는가?

가) 1) 잘못된 부분
① 미터릴레이 : 코일과 접점의 위치가 서로 바뀜
② 열전대부 : 1개소의 열전대 극성(+, −)이 반대로 연결됨

2) 올바른 도면

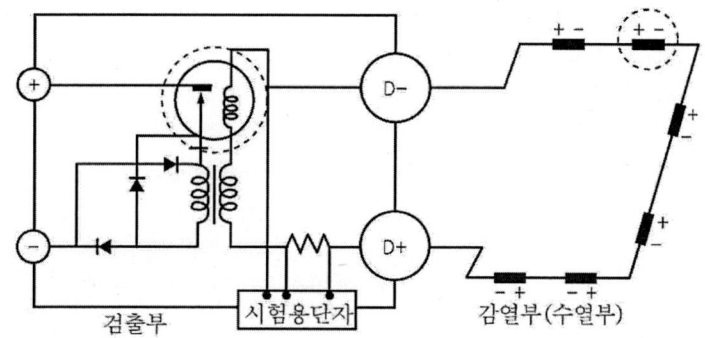

나) ① 미터릴레이(코일 및 접점)
　　② 열전대부
다) 가건물 또는 천장 안에 시설한 경우
라) 열전대부의 접속 개수
　　① 최대 : 20개　② 최소 : 4개

가) 잘못된 부분
　① 미터릴레이 : 코일과 접점의 위치가 서로 바뀜
　② 열전대부 : 1개소의 열전대가 극성(+, -)이 반대로 연결됨
나)① 미터릴레이(Meter Relay) : 화재 시 동작하여 수신기에 신호를 보내는 계전기
　② 열전대부 : 화재열로 두 금속쌍(열전대쌍)의 온도차로 열기전력을 발생시키는 부분
다) 옥내배선 기호(차동식분포형 감지기)

명 칭	그림기호	적 요
공기관	────	(1) 배선용 그림기호보다 굵게 한다. (2) 가건물 및 천장 안에 시설한 경우는 ▬▬▬▬ 로 한다. (3) 관통장소는 ─◦─ 로 한다.
열반도체	⊙⊙	
열전대	─■─	가건물 또는 천장 안에 시설한 경우 ─□─ 로 한다.

라) 열전대의 접속 수량
　1개 감지구역당 4개 이상, 1개 검출부에 대해 20개 이하

036 다음의 광전식분리형 감지기에 대한 각 물음에 답하시오.

가) 감지기의 송광부는 설치된 뒷벽으로부터 (   ) 이내 위치에 설치할 것
나) 감지기의 광축길이는 (   ) 범위 이내일 것
다) 감지기의 수광부는 설치된 뒷벽으로부터 (   ) 이내 위치에 설치할 것
라) 광축의 높이는 천장 등 높이의 (   ) 이상일 것
마) 광축은 나란한 벽으로부터 (   ) 이상 이격하여 설치할 것

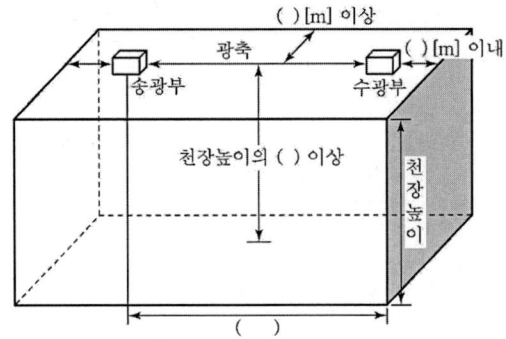

가) 1[m]
나) 공칭감시거리
다) 1[m]
라) 80%
마) 0.6[m]

• 광전식분리형 감지기
1) 설치장소
   ① 부착높이가 20[m] 이상인 장소(단, 아날로그식에 한함)
   ② 터널
   ③ 화학공장, 격납고, 제련소 등

   ┌───┐
   │ 특수장소의 적응 감지기   │
   │ • 화학공장, 격납고, 제련소 : 광전식 분리형 감지기, 불꽃 감지기 │
   │ • 전산실 또는 반도체 공장 : 광전식 공기흡입형 감지기   │
   └───┘

2) 설치기준(화재안전기준)
   ① 감지기의 수광면은 햇빛을 직접 받지 않도록 설치할 것
   ② 광축(송광면과 수광면의 중심을 연결한 선)은 나란히 벽으로부터 0.6[m] 이상 이격하여 설치할 것
   ③ 감지기의 송광부와 수광부는 설치된 뒷벽으로부터 1[m] 이내 위치에 설치할 것
   ④ 광축의 높이는 천장 등(천장의 실내에 면한 부분 또는 상층의 바닥 하부면을 말한다) 높이의 80[%] 이상일 것
   ⑤ 감지기의 광축의 길이는 공칭감시거리 범위 이내일 것

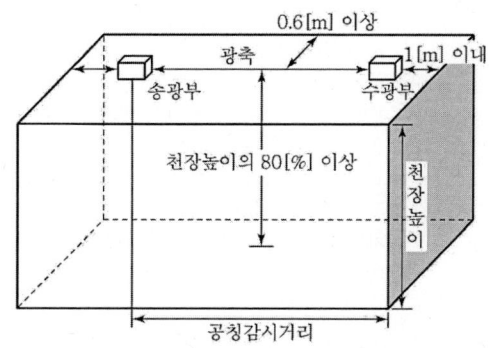

〈광전식 분리형 감지기의 설치방법〉

• 공칭감시거리
5[m] 이상 100[m] 이하로 하되 5[m] 간격으로 설정한다.

037 자동화재탐지설비의 구성요소인 감지기의 설치 개략도이다. 그림을 참고하여 다음 각 물음에 답하시오.

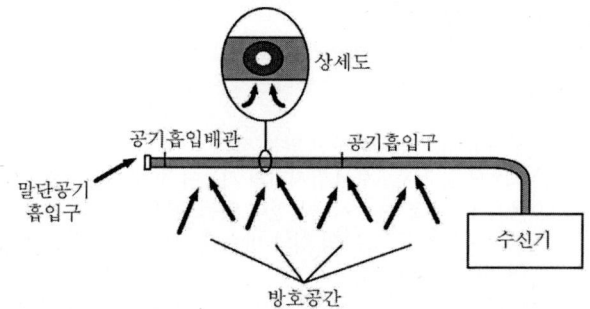

가) 감지기의 명칭은 무엇인가?
나) 이 감지기는 연소생성물 중 무엇을 감지하는가?
다) 이 감지기의 주요 설치장소는 어떤 곳인가?
라) 이 감지기에서 공기흡입 배관망에 설치된 가장 먼 공기흡입지점(말단 공기흡입구)에서 감지 부분(수신기)까지 몇 초 이내에 연기를 이송할 수 있는 성능이 있어야 하는가?

정답
가) 광전식 공기흡입형 감지기
나) 연기
다) 전산실, 반도체공장 등
라) 120초 이내

해설
가), 나) 공기흡입형 감지기
① 작동원리 : 화재 시 발생한 초미립자(미세 연기입자)를 적극적으로 흡입하여 초미립자가 가습장치에 유입되면 가습장치 내 습기는 초미립자를 응축핵으로 하여 커다란 구

름(Cloud)입자를 형성시킨다. 이때 광전식 스포트형 감지기의 원리에 의하여 구름입자 표면에서 산란된 빛이 수광소자로 입사되면 화재를 감지한다.
② 종류
 ㉠ Cloud Chamber 방식 연기감지기
 ㉡ 초미립자 검출방식 연기감지기
다) 주요 설치장소 : 전산실 또는 반도체공장 등 중요 제품이나 고가 장비 보관소에 설치
라) 연기입자 이송시간 : 광전식 공기흡입형 연기감지기의 공기흡입장치는 공기 배관망에 설치된 가장 먼 샘플링 지점에서 감지부분까지 120초 이내에 연기를 이송할 수 있어야 한다.

038 자동화재탐지설비 및 시각경보장치의 화재안전기술기준(NFTC 203)에 따른 감지기 설치제외 장소를 4가지만 쓰시오.

① 천장 또는 반자의 높이가 20[m] 이상인 장소
② 부식성 가스가 체류하고 있는 장소
③ 목욕실, 욕조 또는 샤워시설이 있는 화장실, 기타 이와 유사한 장소
④ 헛간 등 외부와 기류가 통하는 장소로서 감지기에 의하여 화재발생을 유효하게 감지할 수 없는 장소

• 감지기 설치제외 장소
① 천장 또는 반자의 높이가 20[m] 이상인 장소
② 헛간 등 외부와 기류가 통하는 장소로서 감지기에 의하여 화재발생을 유효하게 감지할 수 없는 장소
③ 부식성 가스가 체류하고 있는 장소
④ 고온도 및 저온도로서 감지기의 기능이 정지되기 쉽거나 감지기의 유지관리가 어려운 장소
⑤ 목욕실·욕조 또는 샤워시설이 있는 화장실·기타 이와 유사한 장소
⑥ 파이프덕트 등 그 밖의 이와 비슷한 것으로서 2개 층마다 방화구획된 것이나 수평단면적이 5[m²] 이하인 것
⑦ 먼지·가루 또는 수증기가 다량으로 체류하는 장소 또는 주방 등 평시에 연기가 발생하는 장소(연기감지기에 한한다)
⑧ 프레스공장·주조공장 등 화재 발생의 위험이 적은 장소로서 감지기의 유지관리가 어려운 장소

039 P형 수신기와 감지기가 연결된 선로에서 선로저항이 110[Ω]이고, 릴레이저항이 790[Ω], 회로의 전압이 DC24[V]이고 감시전류가 5[mA]인 경우 종단저항[Ω]값과 감지기가 작동할 때 흐르는 전류는 몇 [mA]인가?

① 종단저항 값

$$감시전류 = \frac{회로전압}{릴레이저항 + 선로저항 + 종단저항} \text{ 에서}$$

$$5 \times 10^{-3} = \frac{24}{790 + 110 + 종단저항} [A]$$

$$790 + 110 + 종단저항 = \frac{24}{5 \times 10^{-3}}$$

$$790 + 110 + 종단저항 = 4,800$$

∴ 종단저항 $= 4,800 - 790 - 110 = 3,900[\Omega]$

② 감지기 작동 시 흐르는 전류

$$동작전류 = \frac{회로전압}{릴레이저항 + 배선저항} = \frac{24}{110 + 790} = 0.02667[A] = 26.67[mA]$$

∴ 26.67[mA]

① 정상일 때 감지기에 흐르는 전류(상시 감시전류)

$$감시전류 = \frac{회로전압}{릴레이저항 + 선로저항 + 종단저항} [A]$$

② 감지기 작동 시 흐르는 전류(동작전류)

$$동작전류 = \frac{회로전압}{릴레이저항 + 배선저항} [A]$$

040 P형 수신기와 감지기가 연결된 선로의 종단저항이 10[kΩ], 릴레이저항이 800[Ω], 회로의 전압이 DC 24[V]이며, 상시감시전류가 2.2[mA]일 경우 감지기가 동작할 때 흐르는 전류는 몇 [mA]인가?

① 상시감시전류합성저항 [Ω]

$$I = \frac{V}{R} = \frac{회로전압}{릴레이저항 + 배선회로저항 + 종단저항}$$

$$합성저항\ R = \frac{V}{I} = \frac{24}{2.2 \times 10^{-3}} ≒ 10.909[\Omega]$$

∴ 배선회로저항 $R' =$ 합성저항$-$릴레이저항$-$종단저항
$= 10,909 - 800 - 10,000 = 109[\Omega]$

② 감지기 동작 전류

$$I = \frac{회로전압}{릴레이저항 + 배선회로저항} = \frac{24}{800+109} = 0.0264[A] ≒ 26.4[mA]$$

041 **감지기 선로의 말단에 종단저항을 접속하는 이유와 감지기배선을 송배전방식으로 시공하는 이유를 각각 쓰시오.**
- 종단저항 :
- 송배전방식 :

> 정답
> • 종단저항 : 회로 도통시험을 용이하게 하기 위함이다.
> • 송배전방식 : 미경계부분 없이 모든 감지기회로 도통시험을 용이하게 하기 위함이다.

042 **다음 각 물음에 답하시오.**
가) 공기관식 차동식분포형 감지기의 공기관의 재질은 무엇인가?
나) 그림과 같이 차동식스포트형 감지기 A, B, C, D가 있다. 배선을 전부 보내기 방식으로 배선할 경우 박스와 감지기 "C" 사이의 배선은 몇 가닥인가?

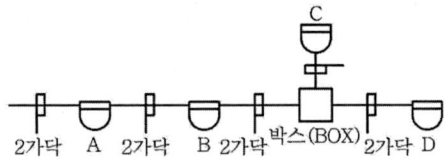

> 정답
> 가) 동관(중공동관)
> 나) 4가닥

> 해설
> 가) 공기관식 감지기 : 실내 천장에 길게 시공된 공기관(중공동관 : 中空銅管)에 화재열이 그 일부를 가열하면 공기관 내부의 공기가 팽창하여 검출부 내의 다이아프램을 부풀린다. 이로써, 전기접점이 폐로되면 수신기에 화재신호를 발하는 구조로 되어 있으며 감열부(공기관)과 검출부(다이아프램, 리크구멍, 접점기구, 시험공)로 구성되어 있다. 공기관의 두께는 0.3[mm] 이상, 외경은 1.9[mm] 이상으로 한다.
> 나) 보내기배선 방식(송배선 방식 또는 상시 개로 배선방식) : 수신기에서 감지기까지의 배선에 대해 미경계부분 없이 도통시험을 용이하게 하기 위한 배선, 분기배선의 반대 개념

043 **자동화재탐지설비의 중계기에는 어떤 시험을 할 수 있는 장치를 반드시 설치해야 하는가?**

> 정답
> ① 상용전원시험
> ② 예비전원시험

> 해설
> • 중계기의 설치기준(화재안전기준)
> ① 수신기에서 직접 감지기회로의 도통시험을 하지 않는 것에 있어서는 수신기와 감지기 사이에 설치할 것
> ② 조작 및 점검에 편리하고 화재 및 침수 등의 재해로 인한 피해를 받을 우려가 없는 장소에 설치할 것

③ 수신기에 따라 감시되지 않는 배선을 통하여 전력을 공급받는 것에 있어서는 전원입력측의 배선에 과전류차단기를 설치하고 해당 전원의 정전이 즉시 수신기에 표시되는 것으로 하며, 상용전원 및 예비전원의 시험을 할 수 있도록 할 것

044 분산형 중계기의 설치장소 4가지만 쓰시오.

① 소화전함 및 단독 발신기함 내부
② 스프링클러 슈퍼비조리 판넬 내부
③ 하론 패키지 수동조작함 내부
④ 제연설비 댐퍼의 수동조작함 내부

• 중계기의 종류
① 집합형 중계기
  ㉠ 중계기 전원을 직근에서 공급받을 수 있으므로 전압강하가 발생하지 않는다.
  ㉡ 설치장소 : 전용의 피트실, 전기피트(EPS)실 등
② 분산형 중계기
  ㉠ Local에 설치된 기기의 전원을 수신기로부터 공급받으므로 전압강하의 문제가 발생한다. 따라서 수신기까지의 거리를 짧게 하거나 전선의 굵기를 굵게 배선하여야 한다.
  ㉡ 설치장소
    • 소화전함 및 단독 발신기함 내부
    • 스프링클러 슈퍼비조리 판넬 내부
    • 하론 패키지 또는 판넬 내부, 수동조작함 내부
    • 제연설비 댐퍼의 수동조작함 내부
    • 아날로그 감지기를 객실별로 설치하는 호텔

[집합형과 분산형 중계기의 특징 비교]

구 분	집합형	분산형
입력전원	AC 220V	DC 24V
전원공급	• 외부 전원을 이용 • 정류기 및 비상전원 내장	• 수신기의 비상전원을 이용 • 중계기에 전원 장치 없음
회로수용 능력	대용량(30~40회로)	소용량(5회로 미만)
외형크기	대형	소형
설치방식	• 전기Pit실 등에 설치 • 2~3개층 당 1대씩	• 전기피트가 좁은 건축물(발신기함에 내장하거나 별도의 격납함에 설치) • 각 Local 기기마다 설치
전원공급 사고	내장된 예비전원에 의해 정상적인 동작을 수행	중계기 전원선로의 사고시 해당 계통 전체 시스템 마비
설치적용	• 전압 강하가 우려되는 장소 • 수신기와 거리가 먼 초고층 빌딩	• 전기피트가 좁은 건축물 • 아날로그 감지기를 객실별로 설치하는 호텔

045

화재에 의한 열, 연기 또는 불꽃(화염) 이외의 요인에 의해 자동화재탐지설비가 작동하여 화재경보를 발하는 것을 "비화재보(Unwanted Alarm)"라 한다. 즉, 자동화재탐지설비가 정상적으로 작동하였다고 하더라도 화재가 아닌 경우의 경보를 "비화재보"라 한다. 비화재보의 종류에 관한 다음 각 물음에 답하시오.

가) 설비 자체의 결함이나 오조작 등에 의한 경우(False Alarm) 3가지를 쓰시오.
나) 주위 상황이 대부분 순간적으로 화재와 같은 상태(실제 화재와 유사한 환경이나 상황)로 되었다가 정상상태로 복귀하는 경우(일과성 비화재보 : Nuisance Alarm)에 대한 방지대책을 5가지만 쓰시오.

가) ① 설비 자체의 기능상 결함
　　② 설비의 유지관리 불량
　　③ 실수나 고의적인 행위가 있을 때
나) ① 다음과 같은 일과성 비화재보의 방지기능을 갖는 감지기를 설치한다. 불꽃감지기, 분포형감지기, 정온식 감지선형 감지기, 광전식 분리형 감지기, 축적형 감지기, 복합형 감지기, 다신호식 감지기, 아날로그식 감지기
　　② 환경적응성이 있는 감지기를 설치한다.
　　③ 감지기 설치수를 최소로 한다.
　　④ 연기감지기 설치를 지양한다.
　　⑤ 경년변화에 따른 유지보수를 한다.

• 일과성 비화재보의 방지대책
① 일과성 비화재보의 방지기능을 갖는 감지기 설치
　불꽃감지기, 분포형감지기, 정온식 감지선형 감지기, 광전식 분리형 감지기, 축적형 감지기, 복합형 감지기, 다신호식 감지기, 아날로그식 감지기 등은 쉽게 오동작하지 않으며, 이들 감지기는 일반 감지기에 비해 정확한 화재를 감지하며 신뢰도가 매우 높은 감지기들이다.
② 환경적응성이 있는 감지기의 설치
　건물 준공 시의 용도가 차후에 바뀌는 등 감지기 주위의 환경이나 조건이 바뀐 경우 이에 적응성있는 감지기로 교체하여 설치하여야 한다.
③ 감지기 설치수의 제한
　감지기의 설치 밀도가 지나치게 크면 비화재보를 발하는 확률도 커진다. 그러므로 가능한 한 감지기의 수를 최소로 줄여 설치한다.
④ 연기감지기의 설치의 억제
　연기감지기가 열감지기에 비하여 오동작의 우려가 높다. 왜냐하면, 일시적 연기나 먼지 등이 일과성 비화재보를 일으키는 원인이 되기 때문이다. 따라서, 반드시 연기감지기를 설치하여야 할 장소 이외에는 가급적 열감지기로 설치하여야 한다. (열이나 연기감지기가 모두 적응성이 있는 장소에 경우에 한함)
⑤ 경년변화에 따른 유지보수
　설치 연수가 오래된 감지기일수록 신설한 감지기에 비하여 불량률이 높아지므로 주기적인 점검·시험, 청소, 교체 등의 유지보수를 확실히 해주어야 한다.

046 자동화재탐지설비의 설계, 도면확인, 구조, 기능, 관련법령에 따른 확인사항 5가지를 쓰시오.

① 엘리베이터 승강로의 연기감지기 설치 관련
② 경보설비에서 발전기의 비상전원 적용 문제
③ 직상층, 발화층 우선경보 관련
④ 1종 연기감지기의 설치 관련(높이에 관련됨)
⑤ 비상전원과 예비전원의 적응 관련

047 가스누설경보기의 형식승인 및 제품검사의 기술기준에 관한 다음 각 물음에 답하시오.

가) 가스누설경보기는 가스누설신호를 수신한 경우에는 누설등이 점등되어 가스의 발생을 자동적으로 표시하고 있다. 이 경우 점등되는 누설등의 색상을 쓰시오.

나) 다음은 가스누설경보기의 분류에 관한 내용이다. ( )에 들어갈 내용을 쓰시오.

> 가스누설경보기는 구조에 따라 (㉠)형가스누설경보기와 (㉡)형가스누설경보기로 구분하며, (㉡)형가스누설경보기는 (㉢)용과 (㉣)용으로 구분한다. 이 경우 (㉢)용은 1회로용으로 하며 (㉣)용은 1회로 이상의 용도로 한다.

정답
가) 황색
나) ㉠ 단독 ㉡ 분리 ㉢ 영업 ㉣ 공업

해설
가) 가스의 누설을 표시하는 표시등(이하 이 기준에서 "누설등"이라 한다) 및 가스가 누설된 경계구역의 위치를 표시하는 표시등(이하 이 기준에서 "지구등"이라 한다)은 등이 켜질 때 황색으로 표시되어야 한다. 다만, 누설등을 설치한 수신부의 지구등 및 수신기와 병용하지 아니하는 지구등은 그러하지 아니하다.

나) 가스누설경보기의 형식승인 및 제품검사의 기술기준 제3조 (가스누설경보기의 분류)
가스누설경보기는 구조에 따라 단독형가스누설경보기와 분리형가스누설경보기로 구분하며, 분리형가스누설경보기는 영업용과 공업용으로 구분한다. 이 경우 영업용은 1회로용으로 하며 공업용은 1회로 이상의 용도로 한다.

048

다음은 가스누설경보기의 형식승인 및 제품검사의 기술기준에 따른 가스누설경보기의 표시등 및 음향장치에 관한 내용이다. (   )에 들어갈 내용을 쓰시오.

가) 방전등 또는 발광다이오드를 제외한 전구는 2개 이상을 (①)로 접속하여야 한다.
나) 지구등을 포함한 가스누설 표시등은 (②)색으로 점등되어야 한다.
다) 사용전압에서의 음압은 무향실 내에서 정위치에 부착된 음향장치의 중심으로부터 (③)[m] 떨어진 지점에서 주음향장치용의 것은 (④)[dB] 이상이어야 한다.(공업용)

정답
① 병렬 ② 황
③ 1   ④ 90

해설
- 표시등
  ① 전구는 2개 이상을 병렬로 접속하여야 한다. 다만, 방전등 또는 발광다이오드의 경우에는 그러하지 아니하다.
  ② 전구에는 적당한 보호 덮개를 설치하여야 한다. 다만, 발광다이오드의 경우에는 그러하지 아니하다.
  ③ 가스의 누설을 표시하는 표시등(이하 이 기준에서 "누설등"이라 한다) 및 가스가 누설된 경계구역의 위치를 표시하는 표시등(이하 이 기준에서 "지구등"이라 한다)은 등이 켜질 때 황색으로 표시되어야 한다. 다만, 누설등을 설치한 수신부의 지구등 및 수신기와 병용하지 아니하는 지구등은 그러하지 아니하다.
  ④ 주위의 밝기가 300[lx]인 장소에서 측정하여 앞면으로부터 3[m] 떨어진 곳에서 켜진 등이 확실히 식별되어야 한다.

- 음향장치(가스누설경보기에 지구경보부를 설치하는 것은 이를 포함한다)
  ① 사용전압의 80%인 전압에서 음향을 발하여야 한다.
  ② 사용전압에서의 음압은 무향실내에서 정위치에 부착된 음향장치의 중심으로부터 1[m] 떨어진 지점에서 주음향장치용의 것은 90[dB](단, 단독형가스누설경보기 및 분리형가스누설 경보기 중 영업용인 경우에는 70[dB]) 이상이어야 한다. 다만, 고장표시용 등의 음압은 60[dB] 이상이어야 한다.
  ③ 사용전압으로 8시간 연속하여 울리게 하는 시험 또는 정격전압에서 3분20초 동안 울리고 6분40초 동안 정지하는 작동을 반복하여 통산한 울림 시간이 20시간이 되도록 시험하는 경우 그 구조 또는 기능에 이상이 생기지 아니하여야 한다.

049 가스누설경보기의 화재안전기술기준(NFTC 206)에 관한 다음 각 물음에 답하시오.

가) 가연성가스 경보기의 분리형 경보기의 수신부 설치기준을 쓰시오.
나) 가연성가스 경보기의 분리형 경보기의 탐지부 설치기준을 쓰시오.
다) 분리형 경보기의 탐지부 및 단독형 경보기의 설치제외 장소를 쓰시오.

정답
가) ① 가스연소기 주위의 경보기의 상태 확인 및 유지 관리에 용이한 위치에 설치할 것
② 가스누설 경보음향의 음량과 음색이 다른 기기의 소음 등과 명확히 구별될 것
③ 가스누설 경보음향의 크기는 수신부로부터 1m 떨어진 위치에서 음압이 70dB 이상일 것
④ 수신부의 조작 스위치는 바닥으로부터의 높이가 0.8m 이상 1.5m 이하인 장소에 설치할 것
⑤ 수신부가 설치된 장소에는 관계자 등에게 신속히 연락할 수 있도록 비상연락 번호를 기재한 표를 비치할 것
나) ① 탐지부는 가스연소기의 중심으로부터 직선거리 8m(공기보다 무거운 가스를 사용하는 경우에는 4m) 이내에 1개 이상 설치해야 한다.
② 탐지부는 천정으로부터 탐지부 하단까지의 거리가 0.3m 이하가 되도록 설치한다. 다만, 공기보다 무거운 가스를 사용하는 경우에는 바닥면으로부터 탐지부 상단까지의 거리는 0.3m 이하로 한다.
다) ① 출입구 부근 등으로서 외부의 기류가 통하는 곳
② 환기구 등 공기가 들어오는 곳으로부터 1.5m 이내인 곳
③ 연소기의 폐가스에 접촉하기 쉬운 곳
④ 가구·보·설비 등에 가려져 누설가스의 유통이 원활하지 못한 곳
⑤ 수증기 또는 기름 섞인 연기 등이 직접 접촉될 우려가 있는 곳

050 유도등 및 유도표지의 화재안전기술기준에 따른 다음 용어의 정의를 쓰시오.

가) 피난구유도등 :
나) 복도통로유도등 :
다) 객석유도등 :

정답
가) 피난구 또는 피난경로로 사용되는 출입구를 표시하여 피난을 유도하는 등
나) 피난통로가 되는 복도에 설치하는 통로유도등으로서 피난구의 방향을 명시하는 것
다) 객석의 통로, 바닥, 벽에 설치하는 유도등

해설
• 유도등 및 유도표지의 용어 정의
① 유도등 : 화재 시에 피난을 유도하기 위한 등으로서 정상상태에서는 상용전원에 따라 켜지고 상용전원이 정전되는 경우에는 비상전원으로 자동전환되어 켜지는 등
② 피난구유도등 : 피난구 또는 피난경로로 사용되는 출입구를 표시하여 피난을 유도하는 등(녹색바탕에 백색 글자로 된 등화)
③ 통로유도등 : 피난통로를 안내하기 위한 유도등으로 복도통로유도등, 거실통로유도등, 계단통로유도등(백색바탕에 녹색 글자로 된 등화)
④ 복도통로유도등 : 피난통로가 되는 복도에 설치하는 통로유도등으로서 피난구의 방향을 명시하는 것
⑤ 거실통로유도등 : 거주, 집무, 작업, 집회, 오락 그 밖에 이와 유사한 목적을 위하여 계속적으로 사용하는 거실, 주차장 등 개방된 통로에 설치하는 유도등으로 피난의 방향을 명시하는 것

⑥ 계단통로유도등 : 피난통로가 되는 계단이나 경사로에 설치하는 통로유도등으로 바닥면 및 디딤 바닥면을 비추는 것
⑦ 객석유도등 : 객석의 통로, 바닥 또는 벽에 설치하는 유도등
⑧ 피난구유도표지 : 피난구 또는 피난경로로 사용되는 출입구를 표시하여 피난을 유도하는 표지
⑨ 통로유도표지 : 피난통로가 되는 복도, 계단 등에 설치하는 것으로서 피난구의 방향을 표시하는 유도표지

051
유도등 및 유도표지의 화재안전기술기준(NFTC 303)3선식 배선에 의하여 상시 충전되는 유도등의 전기회로에 점멸기 설치 시 유도등이 반드시 점등되어야 하는 경우 4가지만 쓰시오.

① 자동화재탐지설비의 감지기, 발신기가 작동되는 때
② 비상경보설비의 발신기가 작동되는 때
③ 상용전원이 정전되거나 전원선이 단선되는 때
④ 방재업무를 통제하는 곳 또는 전기실의 배전반에서 수동으로 점등하는 때

3선식 배선으로 상시 충전되는 유도등의 전기회로에 점멸기를 설치하는 경우에는 다음의 어느 하나에 해당되는 경우에 자동으로 점등되도록 해야 한다.
① 자동화재탐지설비의 감지기, 발신기가 작동되는 때
② 비상경보설비의 발신기가 작동되는 때
③ 상용전원이 정전되거나 전원선이 단선되는 때
④ 방재업무를 통제하는 곳 또는 전기실의 배전반에서 수동으로 점등하는 때
⑤ 자동소화설비가 작동되는 때

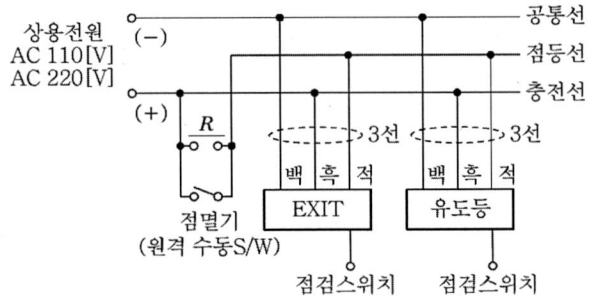

052 유도등 및 유도표지의 화재안전기술기준(NFTC 303)에 따른 유도등의 전원에 관한 다음 각 물음에 답하시오.

가) 유도등의 상용전원의 종류 3가지를 쓰시오.
나) 유도등의 비상전원을 쓰시오.
다) 지하층을 제외한 층수가 11층 이상일 경우의 비상전원 용량은 해당 유도등을 유효하게 몇 분 이상 작동시킬 수 있어야 하는지 쓰시오.

가) 축전지설비, 교류전압의 옥내간선, 전기저장장치
나) 축전지
다) 60분 이상

• 유도등의 전원
① 유도등의 상용전원은 전기가 정상적으로 공급되는 축전지설비, 전기저장장치(외부 전기 에너지를 저장해 두었다가 필요한 때 전기를 공급하는 장치) 또는 교류전압의 옥내 간선으로 하고, 전원까지의 배선은 전용으로 해야 한다.
② 비상전원은 다음의 기준에 적합하게 설치해야 한다.
　㉠ 축전지로 할 것
　㉡ 유도등을 20분 이상 유효하게 작동시킬 수 있는 용량으로 할 것. 다만, 다음의 특정소방대상물의 경우에는 그 부분에서 피난층에 이르는 부분의 유도등을 60분 이상 유효하게 작동시킬 수 있는 용량으로 해야 한다.
　　ⓐ 지하층을 제외한 층수가 11층 이상의 층
　　ⓑ 지하층 또는 무창층으로서 용도가 도매시장·소매시장·여객자동차터미널·지하역사 또는 지하상가

053 피난구유도등에 대한 다음 각 물음에 답하시오.

가) 유도등 및 유도표지의 화재안전기술기준(NFTC 303)에 따른 피난구유도등은 피난구의 바닥으로부터 몇 [m] 이상의 높이에 설치해야 하는가?
나) 유도등 및 유도표지의 화재안전기술기준(NFTC 303)에 따른 피난구유도등의 설치장소를 쓰시오.
다) 유도등의 형식승인 및 제품검사의 기술기준에 따른 피난구유도등의 표시면의 색상을 쓰시오.

가) 1.5[m] 이상
나) ① 옥내로부터 직접 지상으로 통하는 출입구 및 그 부속실의 출입구
　② 직통계단·직통계단의 계단실 및 그 부속실의 출입구
　③ ①, ②의 규정에 의한 출입구에 이르는 복도 또는 통로로 통하는 출입구
　④ 안전구획된 거실로 통하는 출입구
다) 녹색바탕에 백색문자

• 유도등 및 유도표지의 화재안전기술기준(NFTC 303)
가) 설치높이 : 피난구유도등은 피난구의 바닥으로부터 높이 1.5[m] 이상으로서 출입구에 인접하도록 설치해야 한다.

나) 설치장소
　　2.2.1 피난구유도등은 다음의 장소에 설치해야 한다.
　　　　2.2.1.1 옥내로부터 직접 지상으로 통하는 출입구 및 그 부속실의 출입구
　　　　2.2.1.2 직통계단·직통계단의 계단실 및 그 부속실의 출입구
　　　　2.2.1.3 2.2.1.1과 2.2.1.2에 따른 출입구에 이르는 복도 또는 통로로 통하는 출입구
　　　　2.2.1.4 안전구획된 거실로 통하는 출입구
다) 표시면의 색상(유도등의 형식승인 및 제품검사의 기술기준)
　　유도등의 표시면 색상은 피난구유도등인 경우 녹색바탕에 백색문자로, 통로유도등인 경우는 백색바탕에 녹색문자를 사용하여야 한다.

054 통로유도등에 대한 다음 각 물음에 답하시오.

가) 유도등 및 유도표지의 화재안전기술기준(NFTC 303)에 따른 통로유도등의 종류 3가지를 쓰시오.
나) 유도등의 형식승인 및 제품검사의 기술기준에 따른 통로유도등의 조도 기준을 상세히 설명하시오.
다) 유도등 및 유도표지의 화재안전기술기준(NFTC 303)에 따른 통로유도등의 종류별 설치기준과 모든 통로유도등에 적용되는 공통기준을 쓰시오.

가) ① 거실통로유도등　② 복도통로유도등　③ 계단통로유도등
나) 통로유도등 및 객석유도등은 그 유도등은 비상전원의 성능에 따라 유효점등시간 동안 등을 켠 후 주위조가 0[lx]인 상태에서 다음과 같은 방법으로 측정하는 경우, 그 조도는 각각 다음 기준에 적합하여야 한다.
　　ⓐ 계단통로유도등은 바닥면 또는 디딤바닥 면으로부터 높이 2.5[m]의 위치에 그 유도등을 설치하고 그 유도등의 바로 밑으로부터 수평거리로 10[m] 떨어진 위치에서의 법선조도가 0.5[lx] 이상이어야 한다.
　　ⓑ 복도통로유도등은 바닥면으로부터 1[m] 높이에, 거실통로유도등은 바닥면으로부터 2[m] 높이에 설치하고 그 유도등의 중앙으로부터 0.5[m] 떨어진 위치의 바닥면 조도와 유도등의 전면 중앙으로부터 0.5[m] 떨어진 위치의 조도가 1[lx] 이상이어야 한다. 다만, 바닥면에 설치하는 통로유도등은 그 유도등의 바로 윗부분 1[m]의 높이에서 법선조도가 1[lx] 이상이어야 한다.
　　ⓒ 객석유도등은 바닥면 또는 디딤 바닥면에서 높이 0.5[m]의 위치에 설치하고 그 유도등의 바로 밑에서 0.3[m] 떨어진 위치에서의 수평조도가 0.2[lx] 이상이어야 한다.
다) 통로유도등의 설치기준
　　① 복도통로유도등 설치기준
　　　　㉠ 복도에 설치하되 피난구유도등이 설치된 출입구의 맞은편 복도에는 입체형으로 설치하거나, 바닥에 설치할 것
　　　　㉡ 구부러진 모퉁이 및 ㉠에 따라 설치된 통로유도등을 기점으로 보행거리 20m마다 설치할 것
　　　　㉢ 바닥으로부터 높이 1m 이하의 위치에 설치할 것. 다만, 지하층 또는 무창층의 용도가 도매시장·소매시장·여객자동차터미널·지하역사 또는 지하상가인 경우에는 복도·통로 중앙부분의 바닥에 설치해야 한다.
　　　　㉣ 바닥에 설치하는 통로유도등은 하중에 따라 파괴되지 않는 강도의 것으로 할 것
　　② 거실통로유도등 설치기준
　　　　㉠ 거실의 통로에 설치할 것. 다만, 거실의 통로가 벽체 등으로 구획된 경우에는 복도통로유도등을 설치할 것

ⓒ 구부러진 모퉁이 및 보행거리 20 m마다 설치할 것
　　　ⓒ 바닥으로부터 높이 1.5m 이상의 위치에 설치할 것. 다만, 거실통로에 기둥이 설치된 경우에는 기둥 부분의 바닥으로부터 높이 1.5m 이하의 위치에 설치할 수 있다.
　③ 계단통로유도등 설치기준
　　　㉠ 각층의 경사로 참 또는 계단참마다(1개 층에 경사로 참 또는 계단참이 2 이상 있는 경우에는 2개의 계단참마다)설치할 것
　　　ⓒ 바닥으로부터 높이 1 m 이하의 위치에 설치할 것
　④ 통로유도등 공통 설치기준
　　　㉠ 통행에 지장이 없도록 할 것
　　　ⓒ 주위에 이와 유사한 등화광고물·게시물 등을 설치하지 않을 것

055 비상콘센트설비의 화재안전기술기준(NFTC 504)에 관한 다음 각 물음에 답하시오.

가) 비상콘센트설비의 전원회로의 종류, 전압 및 그 공급용량을 쓰시오.
나) 비상콘센트설비의 전원부와 외함 사이의 절연저항 값과 절연내력시험의 방법 및 판정기준을 쓰시오.
다) 비상콘센트의 도시기호를 그리시오.

가)

전원회로의 종류	전 압	공급용량
단상 교류	220[V]	1.5[kVA] 이상

나) ① 절연저항 값 : 직류 500[V] 절연저항계로 측정하여 20[MΩ] 이상일 것
　② 절연내력시험
　　㉠ 시험방법 : 다음의 실효전압을 인가한다.
　　　• 정격전압이 150[V] 이하인 경우 : 1,000[V]의 실효전압
　　　• 정격전압이 150[V] 초과인 경우 : (정격전압×2)+1,000[V]의 실효전압
　　ⓒ 판정기준 : ㉠의 시험에서 1분 이상 견딜 것

다)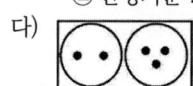

2.1.6 비상콘센트설비의 전원부와 외함 사이의 절연저항 및 절연내력은 다음의 기준에 적합해야 한다.
　2.1.6.1 절연저항은 전원부와 외함 사이를 500[V] 절연저항계로 측정할 때 20[MΩ] 이상일 것
　2.1.6.2 절연내력은 전원부와 외함 사이에 정격전압이 150[V] 이하인 경우에는 1,000[V]의 실효전압을, 정격전압이 150[V] 초과인 경우에는 그 정격전압에 2를 곱하여 1,000을 더한 실효전압을 가하는 시험에서 1분 이상 견디는 것으로 할 것

056
다음은 비상콘센트설비의 화재안전기술기준(NFTC 504)에 따른 비상콘센트보호함의 설치기준이다. ( )에 들어갈 내용을 쓰시오.

> • 보호함에는 쉽게 개폐할 수 있는 (①)을 설치할 것
> • 보호함 (②)에 "비상콘센트"라고 표시한 표지를 할 것
> • 보호함 상부에 (③)색의 (④)을 설치할 것. 다만, 비상콘센트의 보호함을 옥내소화전함 등과 접속하여 설치하는 경우에는 (⑤) 등의 표시등과 겸용할 수 있다.

정답
① 문　　② 표면　　③ 적
④ 표시등　　⑤ 옥내소화전함

057
비상콘센트설비에 관한 다음 각 물음에 답하시오.

가) 비상콘센트설비의 화재안전기술기준 상 비상콘센트설비의 절연저항은 (①)와 (②) 사이를 500[V] 절연저항계로 측정할 때 (③) 이상일 것
나) 비상콘센트는 지하층을 제외한 층수가 몇 층 이상인 층에 설치해야 하는가?

정답
가) ① 전원부　② 외함　③ 20[MΩ]
나) 11층 이상

058
비상콘센트가 11층에 2개, 12층에 2개, 13층에 1개로 전부 5개소가 설치되어 있다. 비상콘센트설비의 전압, 회로 수, 공급용량을 각각 답하시오.

정답
단상교류 220[V] 회로 : 2회로, 4.5[kVA] 이상

해설
1) 비상콘센트설비의 전원회로는 단상교류 220[V]인 것으로서, 그 공급용량은 1.5[kVA] 이상인 것으로 할 것

구 분	전 압	공급용량	플러그접속기
단상 교류	220[V]	1.5[kVA] 이상	접지형 2극

2) 하나의 전용회로에 설치하는 비상콘센트는 10개 이하로 할 것. 이 경우 전선의 용량은 각 비상콘센트(비상콘센트가 3개 이상인 경우에는 3개)의 공급용량을 합한 용량 이상의 것으로 하여야 한다.

3) 적용

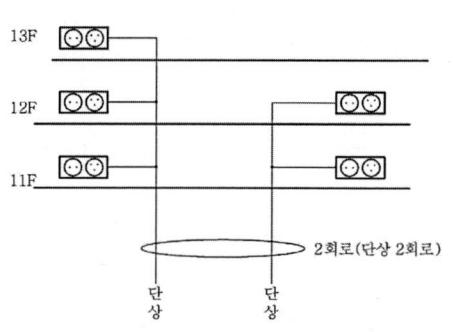

① 좌측 회로
    단상 : 1.5[kVA]×3개=4.5[kVA] 이상
② 우측 회로
    단상 : 1.5[kVA]×2개=3.0[kVA] 이상
※ 공급용량의 표현 : 큰 것으로 답할 것

059 비상콘센트설비를 설치하려고 한다. 다음 각 물음에 답하시오.

가) 비상콘센트의 플러그접속기는 (　　) 플러그접속기(KS C 8305)를 사용해야 한다.
나) 하나의 전용회로에 설치하는 비상콘센트가 7개이다. 이 경우에 전선의 용량은 비상콘센트 몇 개의 공급용량을 합한 용량 이상의 것으로 해야 하는가?
다) 비상콘센트설비의 전원부와 외함 사이의 절연저항의 측정방법 및 절연내력의 시험방법에 대하여 설명하고 그 적합한 기준은 무엇인지를 설명하시오.

가) 접지형 2극
나) 3개
다) ① 절연저항의 측정방법
        전원부와 외함 사이를 DC 500[V] 절연저항계로 측정할 때 20[MΩ] 이상일 것
    ② 절연내력의 시험방법
        전원부와 외함 사이에 다음과 같이 실효전압을 가하는 시험에서 1분 이상 견딜 수 있을 것
        ㉠ 정격전압이 150[V] 이하 : 1,000[V]의 실효전압
        ㉡ 정격전압이 150[V] 초과 : 1,000+(그 정격전압×2)[V]의 실효전압

가) 비상콘센트의 전원회로

구 분	플러그접속기	전 압	공급용량
단상 교류	접지형 2극	220[V]	1.5[kVA] 이상

나) 비상콘센트의 전선용량

전선의 용량[kVA]	1개 설치	2개 설치	3~10개 설치
단상	1.5	3	4.5

※ 3개 이상이면 3개의 용량으로 한다.

다) 절연저항 및 절연내력의 기준
① 절연저항은 전원부와 외함 사이를 D.C 500[V] 절연저항계로 측정할 때 20[MΩ] 이상일 것
② 절연내력은 전원부와 외함 사이에 다음과 같이 실효전압을 가하는 시험에서 1분 이상 견디는 것으로 할 것
㉠ 정격전압이 150[V] 이하 : 1,000[V]의 실효전압
㉡ 정격전압이 150[V] 초과 : (그 정격전압×2)+1,000[V]의 실효전압

060 비상콘센트설비의 화재안전기술기준(NFTC 504)에 따른 전원 및 콘센트 등에 관한 다음 각 물음에 답하시오.

가) 상용전원회로의 배선은 저압수전인 경우에는 (㉠)에서, 고압수전 또는 특고압 수전인 경우에는 (㉡)에서 분기하여 전용배선으로 할 것
나) 비상콘센트설비의 절연저항은 전원부와 외함 사이를 (㉠)[V] 절연저항계로 측정할 때 (㉡)[MΩ] 이상일 것
다) 하나의 전용회로에 설치하는 비상콘센트는 (㉠)개 이하로 할 것. 이 경우 전선의 용량은 각 비상콘센트[비상콘센트가 (㉡)개 이상인 경우에는 (㉡)개]의 공급용량을 합한 용량 이상의 것으로 해야 한다.
라) 비상콘센트의 도시기호를 그리시오.

정답
가) ㉠ 인입개폐기의 직후 ㉡ 전력용 변압기 2차측의 주차단기 1차측 또는 2차측
나) ㉠ 500 ㉡ 20
다) ㉠ 10 ㉡ 3
라)

061 무선통신 보조설비에 대한 다음 물음에 답하시오.

가) 누설동축 케이블의 그림기호를 그리시오.

나) 무선기 접속단자의 그림기호는 로 표시한다. 소방용인 경우에는 어떤 문자를 방기하는가?

다) △H는 어떤 종류의 안테나인가?

정답
가) ▬▬▬▬▬
나) F
다) 내열형

해설

- 무선통신보조설비의 옥내배선 기호

명칭	그림기호	비고
누설동축 케이블	▬▬▬▬	(1) 일반 배선용 그림기호보다 굵게 한다. (2) 천장에 은폐하는 경우는 ▬·▬·▬ 를 사용하여도 좋다. (3) 필요에 따라 종별, 형식, 사용 길이 등을 기입한다. [보기] ▬▬▬ LC×500 100m (4) 내열형인 것은 필요에 따라 H를 기입한다. [보기] H LC×200 50m
안테나	△	(1) 필요에 따라 종별, 형식 등을 기입한다. (2) 내열형인 것은 필요에 따라 H를 방기한다. △H
무선기 접속단자	◎	필요에 따라 소방용 F, 자위용 G를 방기한다. 예) ◎F
분배기	⊣□⊢	(1) 분배수에 따른 그림기호로 한다. 예) 4분배기 ⊣□⊢ (2) 필요에 따라 종별을 같이 적는다.
혼합기	⩔	주파수가 다른 경우는 다음과 같다. U/V U/U V/V

062 무선통신보조설비의 화재안전기술기준(NFTC 505)에 따른 분배기, 분파기 및 혼합기 등의 설치기준을 쓰시오.

분배기, 분파기 및 혼합기 등의 설치기준(화재안전기술기준)
① 먼지, 습기 및 부식 등에 따라 기능에 이상을 가져오지 않도록 할 것
② 임피던스는 50[Ω]의 것으로 할 것
③ 점검에 편리하고 화재 등의 재해로 인한 피해의 우려가 없는 장소에 설치할 것

• 무선통신보조설비의 분배기, 분파기 및 혼합기 등
1) 용어의 정의
   ① "누설동축케이블" : 동축케이블의 외부도체에 가느다란 홈을 만들어서 전파가 외부로 새어나갈 수 있도록 한 케이블
   ② "분배기" : 신호의 전송로가 분기되는 장소에 설치하는 것으로 임피던스 매칭(Matching)과 신호 균등분배를 위해 사용하는 장치
   ③ "분파기" : 서로 다른 주파수의 합성된 신호를 분리하기 위해서 사용하는 장치
   ④ "혼합기" : 2 이상의 입력신호를 원하는 비율로 조합한 출력이 발생하도록 하는 장치
   ⑤ "증폭기" : 전압·전류의 진폭을 늘려 감도 등을 개선하는 장치
2) 설치기준(화재안전기술기준)
   ① 먼지, 습기 및 부식 등에 따라 기능에 이상을 가져오지 않도록 할 것
   ② 임피던스는 50[Ω]의 것으로 할 것
   ③ 점검에 편리하고 화재 등의 재해로 인한 피해의 우려가 없는 장소에 설치할 것

063 다음은 무선통신보조설비의 화재안전기술기준(NFTC 505)에 따른 누설동축케이블 등의 설치기준이다. ( )에 들어갈 내용을 쓰시오.

가) 소방전용주파수대에서 전파의 전송 또는 복사에 적합한 것으로서 소방전용의 것으로 할 것. 누설동축케이블은 ( )의 것으로서 습기 등의 환경조건에 따라 전기의 특성이 변질되지 않는 것으로 하고, 노출하여 설치한 경우에는 피난 및 통행에 장애가 없도록 할 것
나) 누설동축케이블 및 동축케이블은 화재에 따라 해당 케이블의 피복이 소실된 경우에 케이블 본체가 떨어지지 않도록 ( ) 이내마다 금속제 또는 자기제 등의 지지금구로 벽·천장·기둥 등에 견고하게 고정할 것. 다만, 불연재료로 구획된 반자 안에 설치하는 경우에는 그렇지 않다.
다) 누설동축케이블 및 안테나는 고압의 전로로부터 ( ) 이상 떨어진 위치에 설치할 것. 다만, 해당 전로에 ( )를 유효하게 설치한 경우에는 그렇지 않다.
라) 누설동축케이블의 끝부분에는 ( )을 견고하게 설치할 것
마) 누설동축케이블 또는 동축케이블의 임피던스는 ( )으로 하고, 이에 접속하는 안테나·분배기 기타의 장치는 당해 임피던스에 적합한 것으로 해야 한다.

가) 불연 또는 난연성
나) 4[m]
다) 1.5[m], 정전기 차폐장치
라) 무반사 종단저항
마) 50[Ω]

- 무선통신보조설비의 화재안전기술기준(NFTC 505) 중 누설동축케이블 등의 설치기준
1) 소방전용주파수대에서 전파의 전송 또는 복사에 적합한 것으로서 소방전용의 것으로 할 것. 다만, 소방대 상호 간의 무선연락에 지장이 없는 경우에는 다른 용도와 겸용할 수 있다.
2) 누설동축케이블과 이에 접속하는 안테나 또는 동축케이블과 이에 접속하는 안테나에 따른 것으로 할 것
3) 누설동축케이블 및 동축케이블은 불연 또는 난연성의 것으로서 습기 등의 환경조건에 따라 전기의 특성이 변질되지 않는 것으로 하고, 노출하여 설치한 경우에는 피난 및 통행에 장애가 없도록 할 것
4) 누설동축케이블 및 동축케이블은 화재에 따라 해당 케이블의 피복이 소실된 경우에 케이블 본체가 떨어지지 않도록 4[m] 이내마다 금속제 또는 자기제 등의 지지금구로 벽·천장·기둥 등에 견고하게 고정시킬 것. 다만, 불연재료로 구획된 반자 안에 설치하는 경우에는 그렇지 않다.
5) 누설동축케이블 및 안테나는 금속판 등에 따라 전파의 복사 또는 특성이 현저하게 저하되지 아니하는 위치에 설치할 것
6) 누설동축케이블 및 안테나는 고압의 전로로부터 1.5[m] 이상 떨어진 위치에 설치할 것. 다만, 해당 전로에 정전기 차폐장치를 유효하게 설치한 경우에는 그렇지 않다.
7) 누설동축케이블의 끝부분에는 무반사 종단저항을 견고하게 설치할 것

064 무선통신보조설비에 사용되는 무반사 종단저항을 설치하는 위치와 목적을 쓰시오.

1) 설치 위치 : 누설동축케이블의 끝부분
2) 설치 목적 : 전송로의 종단에서 전자파의 반사에 의한 통신장애를 방지하기 위하여

- 무반사(dummy) 종단저항
전자파가 전송로를 따라 전송되다가 말단에서는 반송파로 되돌아와 전송파와 간섭현상을 일으켜 파의 변화를 초래한다. 이로써 전송(통신)에 지장을 주는데, 이러한 통신장애를 방지하기 위하여 전송로 말단에 무반사 종단저항(반송파를 흡수하는 기능)을 설치한다.

065 무선통신보조설비의 증폭기 및 무선중계기의 설치기준 5가지를 쓰시오.

① 상용전원은 전기가 정상적으로 공급되는 축전지설비, 전기저장장치 또는 교류전압 옥내간선으로 하고, 전원까지의 배선은 전용으로 할 것
② 증폭기의 전면에는 주 회로 전원의 정상 여부를 표시할 수 있는 표시등 및 전압계를 설치할 것
③ 증폭기에는 비상전원이 부착된 것으로 하고 해당 비상전원용량은 무선통신보조설비를 유효하게 30분 이상 작동시킬 수 있는 것으로 할 것
④ 증폭기 및 무선중계기를 설치하는 경우에는 전파법 제58조의2에 따른 적합성평가를 받은 제품으로 설치하고 임의로 변경하지 않도록 할 것
⑤ 디지털 방식의 무전기를 사용하는데 지장이 없도록 설치할 것

066 무선통신보조설비의 누설동축케이블에 표기되어 있는 기호의 의미를 보기에서 찾아 「예」를 참조하여 쓰시오.

$$\underset{①}{LCX} - \underset{②}{FR} - \underset{③}{SS} - \underset{④⑤}{20D} - \underset{⑥⑦}{146}$$

「예」 ⑦ : 결합손실표시

보기
절연체 외경(mm), 자기 지지, 누설동축케이블, 특성임피던스, 사용주파수, 난연성(내열성)

① 누설동축케이블   ② 난연성(내열성)   ③ 자기 지지
④ 절연체 외경(mm)   ⑤ 특성임피던스   ⑥ 사용주파수

• 누설동축케이블의 기호 설명

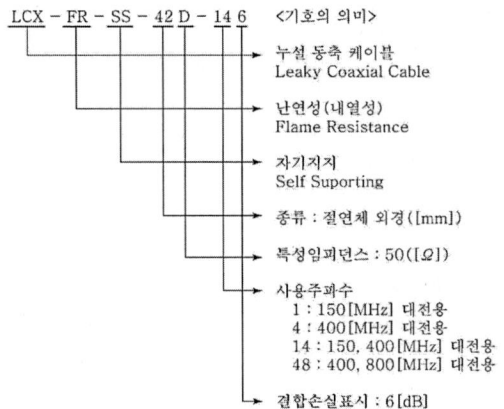

067 지하층을 제외한 층수가 7층 이상으로서 연면적이 2,000[m²] 이상인 소방대상물의 옥내소화전설비에 설치하는 비상전원의 종류 3가지와 설치기준 5가지를 쓰시오.

가) 비상전원의 종류
나) 설치기준

가) ① 자가발전설비
② 축전지설비
③ 전기저장장치
나) ① 점검에 편리하고 화재 및 침수 등의 재해로 인한 피해를 받을 우려가 없는 곳에 설치할 것
② 옥내소화전설비를 유효하게 20분 이상 작동할 수 있어야 할 것
③ 상용전원으로부터 전력의 공급이 중단된 때에는 자동으로 비상전원으로부터 전력을 공급받을 수 있도록 할 것
④ 비상전원의 설치장소는 다른 장소와 방화구획할 것. 이 경우 그 장소에는 비상전원의 공급에 필요한 기구나 설비 외의 것(열병합발전설비에 필요한 기구나 설비는 제외한다)을 두어서는 안된다.
⑤ 비상전원을 실내에 설치하는 때에는 그 실내에 비상조명등을 설치할 것

068 그림은 습식스프링클러설비의 작동과 관련된 부대 전기설비의 배선을 나타낸 그림이다. 각 기기들의 연계 작동순서를 설명하시오.

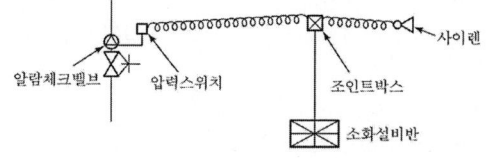

화재발생 → 헤드개방 → 알람체크밸브의 개방 → 압력스위치 작동 → 소화설비반에 화재신호(화재표시 및 밸브개방 표시) → 사이렌경보 및 펌프기동

069 일제개방밸브에 폐쇄형 스프링클러헤드를 사용하는 설비에 있어서 화재감지회로를 교차회로방식으로 구성하려면 어떤 감지기를 적용해야 하는지 감지기의 종류를 5가지만 쓰시오.

① 차동식 스포트형
② 정온식 스포트형
③ 보상식 스포트형
④ 이온화식 스포트형
⑤ 광전식 스포트형

070

준비작동식 스프링클러소화설비, 이산화탄소소화설비 등에 채택되는 교차회로방식에 의하여 감지기를 시공하는 목적과 그 원리를 간단하게 설명하시오.

① 목적 : 감지기 오동작에 의한 소화설비의 오작동을 방지하기 위함이다.
② 원리 : 하나의 방호구역에 2개 이상의 감지기회로를 설치하여 1개의 감지기회로가 동작되었을 때에는 소화설비가 작동하지 않고 2개 이상의 감지기회로가 동작되었을 때에만 당해 소화설비가 작동한다.

• 감지기의 교차회로방식
하나의 방호구역에 2개 이상의 감지기회로를 설치하여 1개의 감지기회로가 동작되었을 때에는 소화설비가 작동하지 않고 2개 이상의 감지기회로가 동작되었을 때에만 당해 소화설비가 작동한다. 1개의 감지기회로가 동작되었을 때에는 경보음만 울려 재실자의 피난을 유도한다.

071

이산화탄소소화설비의 제어반에서 수동으로 기동스위치를 조작하였으나 기동용기가 개방되지 않았다. 기동용기가 개방되지 않은 이유에 대하여 전기적 원인 4가지만 쓰시오. (단, 제어반의 회로기판은 정상이다.)

① 제어반에 공급되는 전원의 차단
② 기동스위치 접점불량
③ 기동용 시한계전기(타이머) 불량
④ 제어반에서 기동용 솔레노이드에 연결된 배선의 단선

• 기동용기 미개방의 원인
① 제어반에 공급되는 전원의 차단
② 기동스위치 접점불량
③ 기동용 시한계전기(타이머) 불량
④ 제어반에서 기동용 솔레노이드에 연결된 배선의 단선
⑤ 제어반에서 기동용 솔레노이드에 연결된 배선의 오접선
⑥ 기동용 솔레노이드 코일의 단선
⑦ 기동용 솔레노이드 코일의 절연불량

072 소화설비에 사용하는 감지기를 설치하고자 한다. 다음 물음에 답하시오.

가) 교차회로방식으로 감지기를 설치해야 하는 소화설비의 종류 3가지를 쓰시오.
나) 감지기 회로를 교차회로방식으로 설치하는 이유를 쓰고, 간단하게 그림을 그려 설명하시오.

가) ① 스프링클러소화설비(준비작동식)
② 이산화탄소소화설비
③ 할론소화설비
나) ① 설치이유 : 감지기의 오동작에 의한 소화설비의 작동을 방지하기 위함이다.
② 개념도

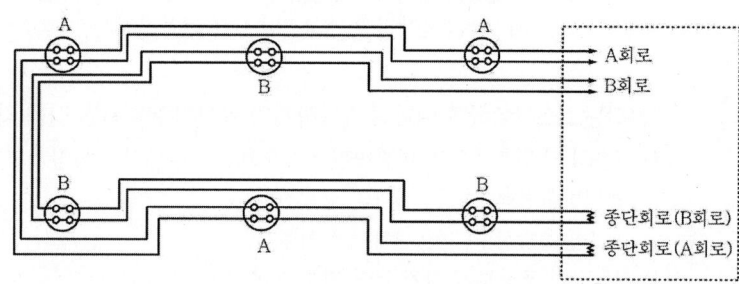

가) 교차회로방식으로 감지기를 배선하여야 하는 소화설비의 종류
① 스프링클러소화설비(준비작동식)
② 스프링클러소화설비(일제살수식)
③ 분말소화설비
④ 할론소화설비
⑤ 이산화탄소소화설비
⑥ 할로겐화합물 및 불활성기체 소화설비

※ CO_2(또는 할론) 자동식 소화기인 CO_2 패키지(또는 할론 패키지)의 감지기도 교차회로 방식으로 배선한다.

나) 교차회로방식
① 정의 : 하나의 방호구역 내에 2 이상의 화재감지기 회로를 설치하고 인접한 2 이상의 화재감지기가 동시에 감지(동작)되는 때에 소화설비가 작동하여 소화약제가 방출되는 방식이다.
② 감지기 중 다음의 것은 보내기배선으로 하며, 교차회로방식으로 하지 않는다.
㉠ 불꽃감지기   ㉡ 분포형감지기
㉢ 정온식감지선형 감지기   ㉣ 광전식분리형 감지기
㉤ 다신호방식의 감지기   ㉥ 축적방식의 감지기
㉦ 아날로그방식의 감지기   ㉧ 복합형 감지기

※ 이유 : 감지기 자체가 오동작 방지기능이 있어 이를 2개 회로의 교차회로로 구성하면 2 중으로 비화재보 기능이 부여돼 설비의 작동이 지연될 수 있기 때문이다.

073 이산화탄소소화설비에 음향경보장치를 설치하려고 할 때 방호구역 또는 방호대상물이 있는 구획의 각 부분으로부터 하나의 확성기까지의 수평거리는 몇 [m] 이하로 해야 하며, 소화약제의 방출 개시 후 음향경보장치는 몇 분 이상 경보를 계속할 수 있는 것으로 해야 하는가?

① 수평거리 : 25[m] 이하
② 경보시간 : 1분 이상

- 이산화탄소소화설비 등 각종 소화설비의 음향경보장치(사이렌, 확성기 등)
① 유효반경(수평거리) : 25[m] 이하
② 소화약제 방출개시 후 경보 지속시간 : 1분 이상

074 이산화탄소소화설비의 수동식 기동장치의 설치기준에 관한 다음 각 물음에 답하시오.

가) 다음의 각 방출방식별 이산화탄소소화설비의 수동식 기동장치의 설치개소를 쓰시오.
- 전역방출방식 : (㉠)마다 설치한다.
- 국소방출방식 : (㉡)마다 설치한다.

나) 기동장치 조작부의 설치 높이 기준을 쓰시오.

다) 수동식 기동장치 부근에 자동복귀형 스위치로서 수동식 기동장치의 타이머를 순간 정지시키는 기능의 스위치(비상스위치)를 설치하는 목적에 대하여 쓰시오.

가) ㉠ 방호구역   ㉡ 방호대상물
나) 바닥으로부터 높이 0.8[m] 이상 1.5[m] 이하
다) 오동작 시 또는 방호구역 내 잔류 재실자가 있는 때에 소화약제의 방출을 지연시키기 위함이다.

- 이산화탄소소화설비의 수동식 기동장치의 설치기준
1) 수동식 기동장치의 부근에는 소화약제의 방출을 지연시킬 수 있는 비상스위치(자동복귀형 스위치로서 수동식 기동장치의 타이머를 순간 정지시키는 기능의 스위치를 말한다)를 설치할 것
2) 전역방출방식에 있어서는 방호구역마다, 국소방출방식에 있어서는 방호대상물마다 설치할 것
3) 해당 방호구역의 출입구부분 등 조작을 하는 자가 쉽게 피난할 수 있는 장소에 설치할 것
4) 기동장치의 조작부는 바닥으로부터 0.8[m] 이상 1.5[m] 이하의 위치에 설치하고, 보호판 등에 따른 보호장치를 설치할 것
5) 기동장치 인근의 보기 쉬운 곳에 "이산화탄소소화설비 수동식 기동장치"라는 표지를 할 것
6) 전기를 사용하는 기동장치에는 전원표시등을 설치할 것
7) 기동장치의 방출용 스위치는 음향경보장치와 연동하여 조작될 수 있는 것으로 할 것
8) 기동장치에는 보호장치를 설치해야 하며, 보호장치를 개방하는 경우 기동장치에 설치된 부저 또는 벨 등에 의하여 경고음을 발할 것
9) 기동장치를 옥외에 설치하는 경우 빗물 또는 외부 충격의 영향을 받지 아니하도록 설치할 것

075 P형 발신기를 눌렀더니 음향장치가 작동하여 경보를 발하였다. 수신기에서 음향장치의 경보를 정지시키기 위하여 복구 스위치를 작동시켰으나 경보가 정지되지 않고 있을 때는 무엇을 먼저 확인해야 하는가?

정답: 발신기 누름스위치가 복구되었는지를 확인한다.

076 다음에서 설명하는 감지기의 명칭을 답하시오. (감지기의 종별은 쓰지 않도록 한다)
- 공칭작동온도 : 75℃
- 작동방법 : 반전 바이메탈식, 60V, 0.1A
- 부착높이 : 8m 미만

정답: 정온식스포트형 감지기

077 작동표시장치를 설치하지 않아도 되는 감지기 4가지를 답하시오.

정답:
① 방폭구조의 감지기
② 감지기가 작동한 내용이 수신기에 표시되는 감지기
③ 차동식분포형감지기
④ 정온식감지선형감지기

078 P형 수신기에서 회로도통시험을 한 결과 정상신호가 나타나지 않았다. 그 이유를 2가지만 쓰시오. (수신기고장은 없는 경우)

정답:
① 배선의 단선
② 종단저항 미설치

079 휴대용 비상조명등을 설치해야 하는 특정소방대상물의 종류를 답하시오.

정답:
① 숙박시설
② 수용인원 100명 이상의 영화상영관, 판매시설 중 대규모점포, 철도 및 도시철도시설 중 지하역사, 지하상가

080
아래의 예시를 참조하여 감지기의 형식승인 및 제품검사의 기술기준에 따른 다음 감지기의 형식별 특성을 쓰시오.

> 예) 방폭형 : 폭발성가스가 용기내부에서 폭발하였을 때 그 압력에 견디거나 또는 외부의 폭발성가스에 인화될 우려가 없도록 만들어진 형태의 감지기를 말한다.

1) 다신호식
2) 아날로그식

1) 다신호식 : 1개의 감지기 내에서 서로 다른 종별 또는 감도 등의 기능을 갖춘 것으로서, 일정시간 간격을 두고 다른 2개 이상의 화재신호를 발하는 감지기 또는 동일 종별 또는 감도를 갖는 2개 이상의 센서를 통해 감지하여 화재신호를 각각 발신하는 감지기를 말한다.
2) 아날로그식 : 주위의 온도 또는 연기의 양의 변화에 따른 화재정보신호값을 출력하는 방식의 감지기를 말한다.

081
자동화재탐지설비 및 시각경보장치의 화재안전기술기준(NFTC 203)에 따른 1종 및 2종 연기감지기의 설치기준에 관한 내용이다. ( )에 들어갈 내용을 쓰시오.

가) 계단 및 경사로에 있어서는 수직거리 (①)m마다 1개 이상으로 설치할 것
나) 복도 및 통로에 있어서는 보행거리 (②)m마다 1개 이상으로 설치할 것
다) 감지기는 벽 또는 보로부터 (③)m 이상 떨어진 곳에 설치할 것
라) 천장 또는 반자부근에 (④)가 있는 경우에는 그 부근에 설치할 것

① 15 ② 30 ③ 0.6 ④ 배기구

082
자동화재탐지설비 및 시각경보장치의 화재안전기술기준에 따라 축적형감지기를 설치해야 하는 장소와 축적형감지기를 설치할 수 없는 장소(경우)를 각각 3가지 쓰시오.
가) 축적형감지기를 설치해야 하는 장소
나) 축적형감지기를 설치할 수 없는 장소(경우)

가) ① 지하층, 무창층 등으로서 환기가 잘 되지 않는 장소
② 실내면적이 40m² 미만인 장소
③ 감지기의 부착면과 실내바닥과의 거리가 2.3m 이하인 장소
나) ① 교차회로방식에 사용되는 경우
② 급속한 연소확대가 우려되는 장소에 설치되는 경우
③ 축적기능이 있는 수신기에 연결하여 설치되는 경우

083 준비작동식 스프링클러설비에 관한 다음 각 물음에 답하시오.

가) 교차회로방식에 대해 설명하시오.

나) 감시제어반에서 도통시험 및 작동시험을 할 수 있어야 하는 회로 4가지를 답하시오.

정답

가) 하나의 방호구역 내에 2 이상의 화재감지기 회로를 설치하고 인접한 2 이상의 감지기 동작 시 준비작동식유수검지장치가 개방, 작동되는 방식

나) ① 기동용수압개폐장치의 압력스위치회로
② 수조 또는 물올림수조의 저수위감시회로
③ 유수검지장치 또는 일제개방밸브의 압력스위치회로
④ 개폐밸브의 폐쇄상태 확인회로

084 아래 그림과 같은 회로를 참조하여 무선통신보조설비에 관한 다음 각 물음에 답하시오. (단, Z_S는 전원임피던스, Z_L은 부하임피던스이다)

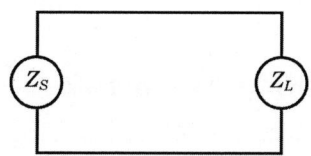

가) 전력이 부하에 최대로 전달될 수 있는 조건은?

나) 전력을 부하에 전달할 수 있는 상태로 조정하는 것을 무엇이라 하는가?

다) 분파기 및 혼합기의 임피던스는 얼마인가?

라) 옥외안테나 설치기준 4가지를 쓰시오.

정답

가) $Z_S = Z_L$

나) 임피던스 정합

다) 50Ω

라) ① 건축물, 지하가, 터널 또는 공동구의 출입구(「건축법 시행령」 제39조에 따른 출구 또는 이와 유사한 출입구를 말한다) 및 출입구 인근에서 통신이 가능한 장소에 설치할 것
② 다른 용도로 사용되는 안테나로 인한 통신장애가 발생하지 않도록 설치할 것
③ 옥외안테나는 견고하게 설치하며 파손의 우려가 없는 곳에 설치하고 그 가까운 곳의 보기 쉬운 곳에 "무선통신보조설비 안테나"라는 표시와 함께 통신 가능거리를 표시한 표지를 설치할 것
④ 수신기가 설치된 장소 등 사람이 상시 근무하는 장소에는 옥외 안테나의 위치가 모두 표시된 옥외안테나 위치표시도를 비치할 것

085

다음은 하나의 배선용 덕트에 소방용배선과 다른 설비용 배선을 같이 수납한 경우이다. "가"와 "나"는 어느 정도의 크기 이상으로 하여야 하는지 쓰시오.

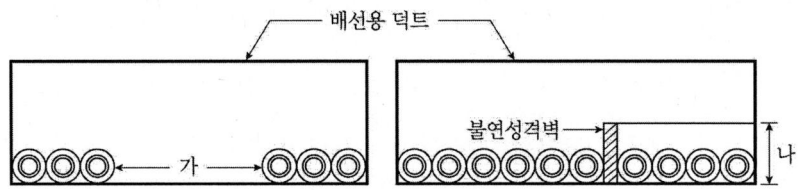

- 소방용 배선과 다른 설비용 배선의 이격거리는 (가)[cm] 이상
- 불연성 격벽의 높이는 가장 굵은 전선의 (나) 이상

정답: (가) 15 (나) 1.5배

086

분산형 중계기의 설치장소 4가지를 답하시오.

정답:
① 발신기함
② 옥내소화전함
③ 슈퍼비죠리판넬함
④ 가스계소화설비의 수동조작함

087

배선용 차단기의 심벌이다. ① ~ ③이 의미하는 바를 쓰시오.

정답:
① 극수(3극)
② 프레임의 크기(225A)
③ 정격전류(150A)

088 지하 3층 ~ 지상 15층 규모의 업무시설로 사용되는 특정소방대상물의 다음 각 층에서 화재가 발생한 경우 경보해야 하는 층을 답하시오.

1) 지상 8층 화재 시 :
2) 지상 1층 화재 시 :
3) 지하 1층 화재 시 :
4) 지하 3층 화재 시 :

정답
1) 지상 8층 화재 시 : 지상 8층 ~ 지상 12층
2) 지상 1층 화재 시 : 지하전층, 지상 1층 ~ 지상 5층
3) 지하 1층 화재 시 : 지하전층, 지상 1층
4) 지하 3층 화재 시 : 지하전층

089 다음 표는 설비별로 사용할 수 있는 비상전원의 종류를 나타낸 것이다. 각 설비별로 설치하여야 하는 비상전원을 찾아 빈칸에 ●표 하시오. (전기저장장치 제외)

설비명	자가발전설비	축전지설비	비상전원수전설비	전기저장장치
옥내소화전설비, 물분무소화설비, 이산화탄소소화설비, 할론소화설비, 비상조명등, 제연설비, 연결송수관설비				
스프링클러설비, 포소화설비				
자동화재탐지설비, 비상경보설비, 비상방송설비				
비상콘센트설비				-

정답

설비명	자가발전설비	축전지설비	비상전원수전설비	전기저장장치
옥내소화전설비, 물분무소화설비, 이산화탄소소화설비, 할론소화설비, 비상조명등, 제연설비, 연결송수관설비	●	●		●
스프링클러설비, 포소화설비	●	●	●	●
자동화재탐지설비, 비상경보설비, 비상방송설비		●		●
비상콘센트설비	●	●	●	●

090
감지기의 부착높이가 8m 이상 15m 미만인 경우 적응성 있는 감지기의 종류를 모두 답하시오.

① 차동식 분포형
② 이온화식 1종 또는 2종
③ 광전식(스포트형, 분리형, 공기흡입형) 1종 또는 2종
④ 연기복합형
⑤ 불꽃감지기

091
자동화재탐지설비 및 시각경보장치의 화재안전기술기준(NFTC 203)에 따른 감지기 설치기준에 관한 내용 중 일부이다. ( )에 들어갈 내용을 쓰시오.
1) 감지기[(①)의 것은 제외]는 실내로의 공기유입구로부터 (②)m 이상 떨어진 위치에 설치할 것
2) 감지기는 (③) 또는 (④)의 옥내에 면하는 부분에 설치할 것
3) (⑤)감지기는 정온점이 감지기 주의의 평상시 최고온도보다 (⑥)℃ 이상 높은 것으로 설치할 것
4) 정온식 감지기는 주방·보일러실 등으로서 다량의 화기를 취급하는 장소에 설치하되, 공칭작동온도가 최고주위온도보다 (⑦)℃ 이상 높은 것으로 설치할 것
5) 차동식스포트형·보상식스포트형·정온식스포트형 감지기는 다음 표에 따른 부착높이 및 바닥면적에 따라 1개 이상을 설치할 것 [⑧부착높이 및 특정소방대상물의 구분에 따른 차동식·보상식·정온식스포트형감지기의 종류 표그리기]
6) 스포트형감지기는 (⑨) 이상 경사되지 않도록 부착할 것

① 차동식분포형 ② 1.5 ③ 천장 ④ 반자 ⑤ 보상식스포트형
⑥ 20 ⑦ 20
⑧ 부착높이 및 특정소방대상물의 구분에 따른 차동식·보상식·정온식스포트형감지기의 종류

부착높이 및 특정소방대상물의 구분		감지기의 종류 (단위 : m²)						
		차동식 스포트형		보상식 스포트형		정온식 스포트형		
		1종	2종	1종	2종	특종	1종	2종
4m 미만	주요구조부가 내화구조로 된 특정소방대상물 또는 그 부분	90	70	90	70	70	60	20
	기타 구조의 특정소방대상물 또는 그 부분	50	40	50	40	40	30	15
4m 이상 8m 미만	주요구조부가 내화구조로 된 특정소방대상물 또는 그 부분	45	35	45	35	35	30	-
	기타 구조의 특정소방대상물 또는 그 부분	30	25	30	25	25	15	-

⑨ 45°

092 열전대식 차동식분포형감지기의 설치기준이다. ( )에 들어갈 내용을 쓰시오.

가) 열전대부는 감지구역의 바닥면적 (①)m²[주요구조부가 내화구조로 된 특정소방대상물에 있어서는 (②)m²]마다 1개 이상으로 할 것. 다만, 바닥면적이 (③)m²[주요구조부가 내화구조로 된 특정소방대상물에 있어서는 (④)m²] 이하인 특정소방대상물에 있어서는 (⑤)개 이상으로 해야 한다.

나) 하나의 검출부에 접속하는 열전대부는 (⑥)개 이하로 할 것. 다만, 각각의 열전대부에 대한 작동여부를 검출부에서 표시할 수 있는 것(주소형)은 형식승인 받은 성능인정범위내의 수량으로 설치할 수 있다.

① 18　② 22　③ 72　④ 88　⑤ 4　⑥ 20

093 열반도체식 차동식분포형감지기의 설치기준이다. ( )에 들어갈 내용을 쓰시오.

가) 감지부는 그 부착높이 및 특정소방대상물에 따라 다음 표에 따른 바닥면적마다 1개 이상으로 할 것. 다만, 바닥면적이 다음 표에 따른 면적의 2배 이하인 경우에는 2개(부착높이가 8m 미만이고, 바닥면적이 다음 표에 따른 면적 이하인 경우에는 1개) 이상으로 해야 한다.

[부착높이 및 특정소방대상물의 구분에 따른 열반도체식 차동식분포형감지기의 종류]

부착높이 및 특정소방대상물의 구분		감지기의 종류 (단위 : m²)	
		1종	2종
8m 미만	내화구조	①	⑤
	기타구조	②	⑥
8m 이상 15m 미만	내화구조	③	⑦
	기타구조	④	⑧

나) 하나의 검출부에 접속하는 감지부는 (⑨)개 이상 (⑩)개 이하가 되도록 할 것. 다만, 각각의 감지부에 대한 작동여부를 검출기에서 표시할 수 있는 것(주소형)은 형식승인 받은 성능인정범위 내의 수량으로 설치할 수 있다.

① 65　② 40　③ 50　④ 30　⑤ 36
⑥ 23　⑦ 36　⑧ 23　⑨ 2　⑩ 15

094 연기감지기의 설치기준이다. ( )에 들어갈 내용을 쓰시오.

가) 연기감지기의 부착 높이에 따라 다음 표에 따른 바닥면적마다 1개 이상으로 할 것

부착높이	감지기의 종류 (단위 : m²)	
	1종 및 2종	3종
4m 미만	(①)	(③)
4m 이상 20m 미만	(②)	-

나) 감지기는 복도 및 통로에 있어서는 보행거리 (④)m[3종에 있어서는 (⑤)m]마다, 계단 및 경사로에 있어서는 수직거리 (⑥)m[3종에 있어서는 (⑦)m]마다 1개 이상으로 할 것
다) (⑧) 또는 (⑨)가 낮은 실내 또는 좁은 실내에 있어서는 출입구의 가까운 부분에 설치할 것
라) 천장 및 반자부근에 (⑩)가 있는 경우에는 그 부근에 설치할 것
마) 감지기는 벽 또는 보로부터 (⑪)m 이상 떨어진 곳에 설치할 것

정답
① 150 ② 75 ③ 50 ④ 30 ⑤ 20 ⑥ 15
⑦ 10 ⑧ 천장 ⑨ 반자 ⑩ 배기구 ⑪ 0.6

095 정온식감지선형 감지기의 설치기준이다. 에 대한 다음 ( ) 안을 채우시오.

가) (①)이나 고정금구를 사용하여 감지선이 늘어지지 않도록 설치할 것
나) 단자부와 마감 고정금구와의 설치간격은 (②)cm 이내로 설치할 것
다) 감지선형 감지기의 굴곡반경은 (③)cm 이상으로 할 것
라) 감지기와 감지구역의 각 부분과의 수평거리가 내화구조의 경우 1종 (④)m 이하, 2종 (⑤)m 이하로 할 것. 기타 구조의 경우 1종 (⑥)m 이하, 2종 (⑦)m 이하로 할 것
마) 케이블트레이에 감지기를 설치하는 경우에는 케이블트레이 받침대에 마감금구를 사용하여 설치할 것
바) 지하구나 창고의 천장 등에 지지물이 적당하지 않은 장소에서는 보조선을 설치하고 그 보조선에 설치할 것
사) 분전반 내부에 설치하는 경우 접착제를 이용하여 돌기를 바닥에 고정시키고 그 곳에 감지기를 설치할 것
아) 그 밖의 설치방법은 형식승인 내용에 따르며 형식승인 사항이 아닌 것은 제조사의 시방서에 따라 설치할 것

정답
① 보조선 ② 10 ③ 5 ④ 4.5 ⑤ 3 ⑥ 3 ⑦ 1

096 불꽃감지기의 설치기준이다. ( )에 들어갈 내용을 쓰시오.

가) (①) 및 (②)은 형식승인 내용에 따를 것
나) 감지기는 공칭감시거리와 공칭시야각을 기준으로 감시구역이 모두 포용될 수 있도록 설치할 것
다) 감지기는 화재감지를 유효하게 감지할 수 있는 (③) 또는 (④) 등에 설치할 것
라) 감지기를 천장에 설치하는 경우에는 감지기는 (⑤)을 향하여 설치할 것
마) 수분이 많이 발생할 우려가 있는 장소에는 (⑥)으로 설치할 것
바) 그 밖의 설치기준은 형식승인 내용에 따르며 형식승인 사항이 아닌 것은 제조사의 시방서에 따라 설치할 것

---

① 공칭감시거리 ② 공칭시야각
③ 모서리 ④ 벽
⑤ 바닥 ⑥ 방수형

MEMO

이론 PART 02

소방전기시설의 설계 및 시공실무

소방전기시설의 설계 및 시공실무

CHAPTER 01 경보설비

1 비상방송설비

(1) 비상방송설비의 구성도

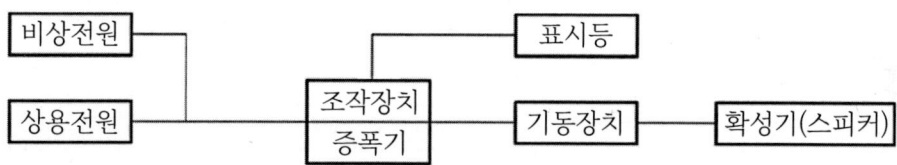

(2) 음량조절기(Attenuator) 사용 시 배선

3선식으로 배선하고, 다른 방송설비와 공용하는 것에 있어서는 화재시 비상방송 외의 방송을 차단할 수 있는 구조일 것

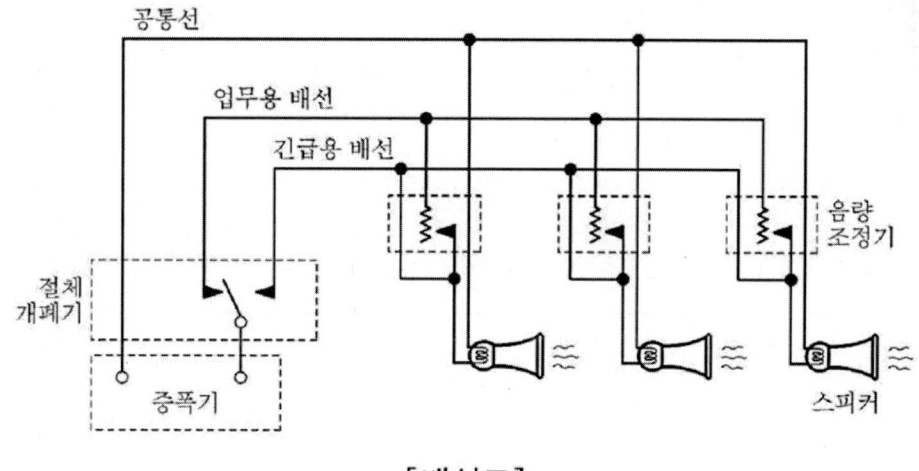

[배선도]

(3) 계통도

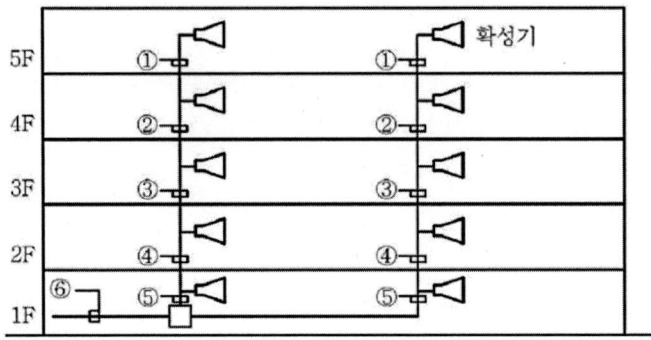

※ 1) 일제경보방식
2) 공통선 1선, 비상방송선 1선 사용

구 간	선 수	전선의 굵기	용 도
①	2	2.5[mm²]	사이렌, 공통
②	2	2.5[mm²]	사이렌, 공통
③	2	2.5[mm²]	사이렌, 공통
④	2	2.5[mm²]	사이렌, 공통
⑤	2	2.5[mm²]	사이렌, 공통
⑥	2	2.5[mm²]	사이렌, 공통

> **Reference**
>
> | | 일제 경보 | 우선 경보 |
> |---|---|---|
> | 비상방송전용 | 2선(공통, 비상) | 공통1, 비상×층수 |
> | 일반비상겸용 | 3선(공통, 일반, 비상)
cf) AMP에 음량조절기
설치시 2선(공통, 방송) | 공통1, 일반1, 비상×층수
cf) AMP에 음량조절기 설치시
공통1, 방송×층수 |

2 누전경보기

(1) 설치방법

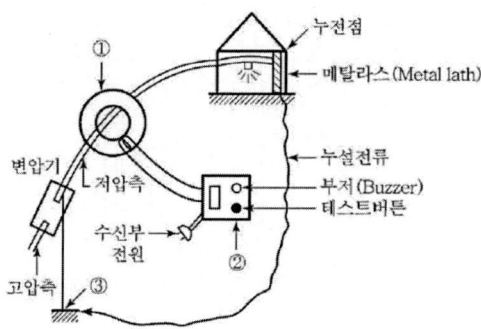

① 영상변류기(ZCT) : 누설전류를 검출하여 수신기로 누전신호를 발신
② 수신부 : 영상변류기로부터 받은 누전신호를 계전기로 증폭시켜 누전표시, 경보 및 차단장치를 동작시킴
③ 제2종 접지공사

(2) 수신기 내부의 구성 및 회로도

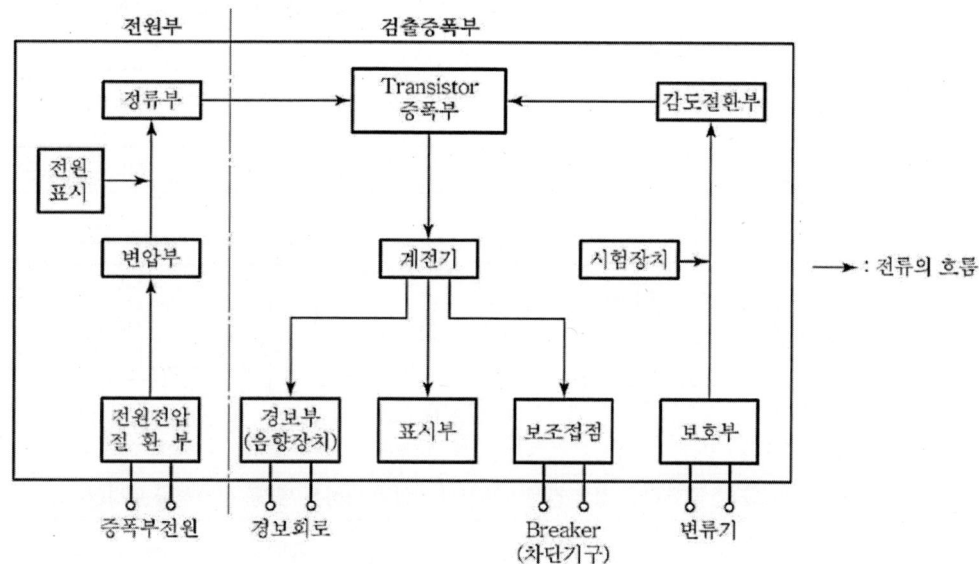

(3) 누전경보기의 오결선 바로잡기

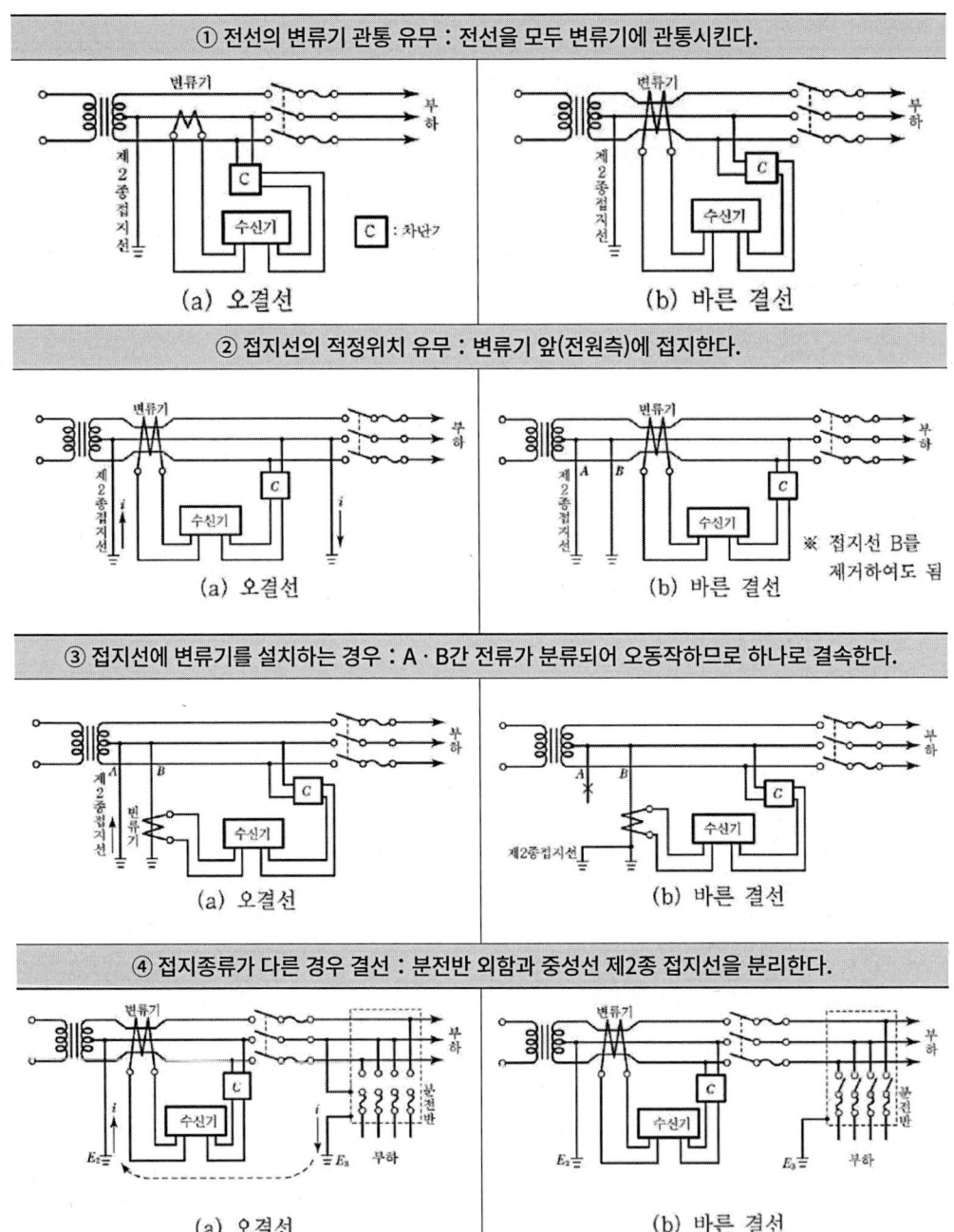

3 자동화재탐지설비

(1) 배선도

① 수동발신기함 배선도

㉠ 발신기 내부 배선도

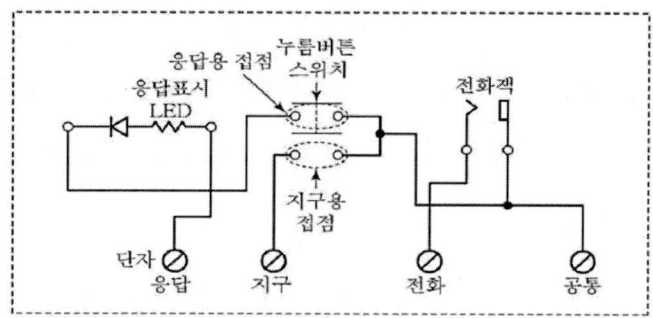

<기능설명>
① LED : 조작자가 발신한 신호를 수신기가 수신한 것을 확인할 수 있는 응답확인램프
② 누름버튼 스위치 : 화재를 발견한 자가 수동 조작으로 화재신호를 발신하는 스위치
③ 전화잭 : 수신기와 발신기 간 상호연락을 하고자 할 때 전화기를 꽂는 잭(22. 5. 9. 이후 삭제)

ⓒ 외부 배선도 : 수신기 및 감지기와 연결

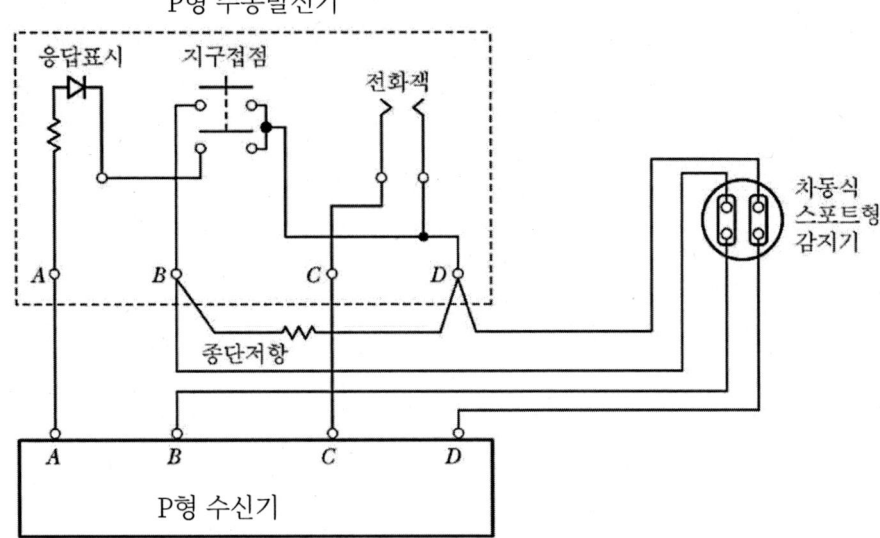

A : 응답단자, B : 지구(회로)단자, C : 전화단자(22. 5. 9. 이후 삭제), D : 공통단자

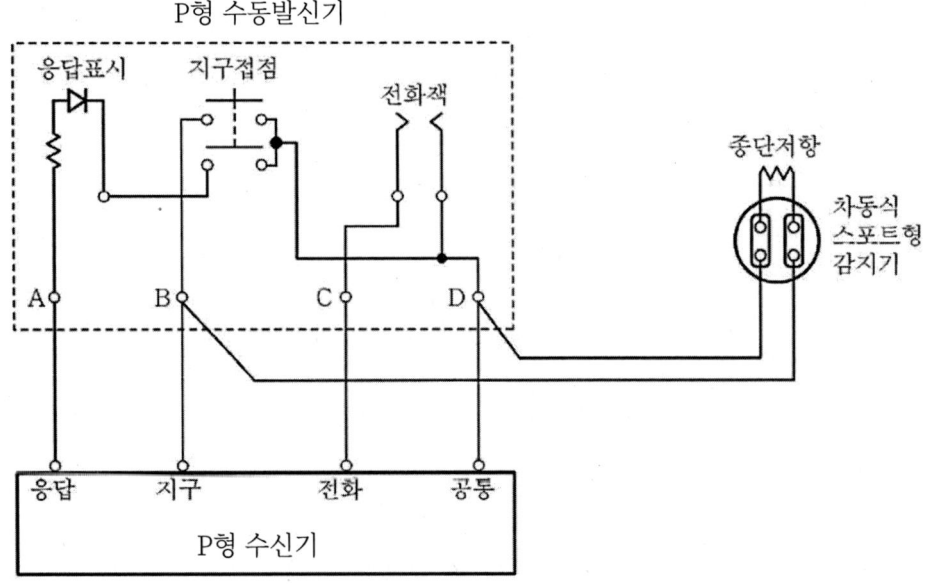

A : 응답단자, B : 지구단자, C : 전화단자, D : 공통단자
A : 응답단자, B : 지구단자, C : 전화단자(22. 5. 9. 이후 삭제), D : 공통단자

경보설비 Chapter 01.

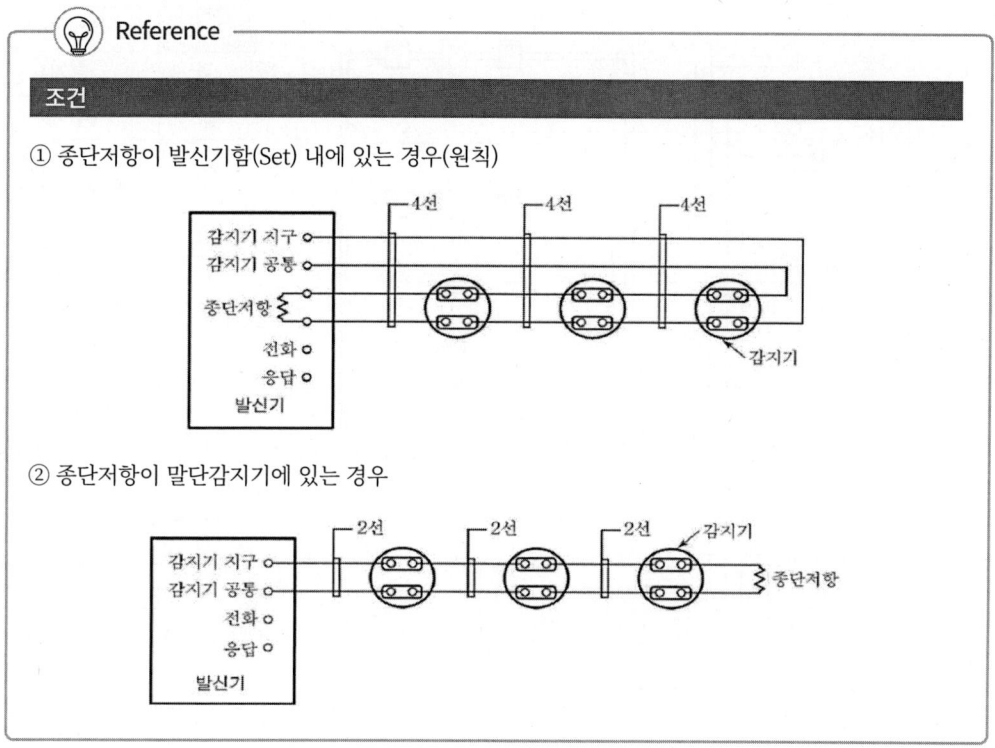

② 음향장치(경종) 배선도(10층 이하, APT의 경우 15층 이하)
　㉠ 전층 경보방식
　　ⓐ 소규모 대상물에 적용하며, 화재층과 관계없이 전체 층을 일제히 동시 경보
　　ⓑ 배선수
　　　㉮ 경종선(B) : 층에 관계없이 언제나 1선
　　　㉯ 경종공통선(Bc) : 언제나 1선
　　ⓒ 계통도

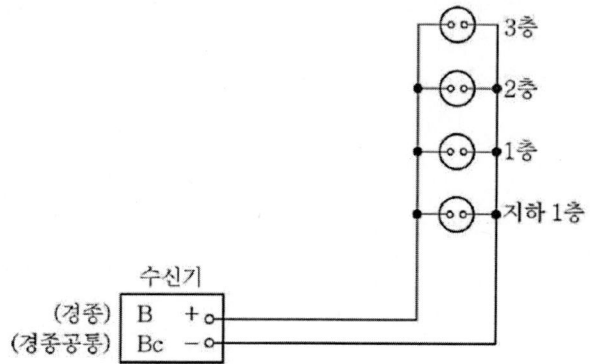

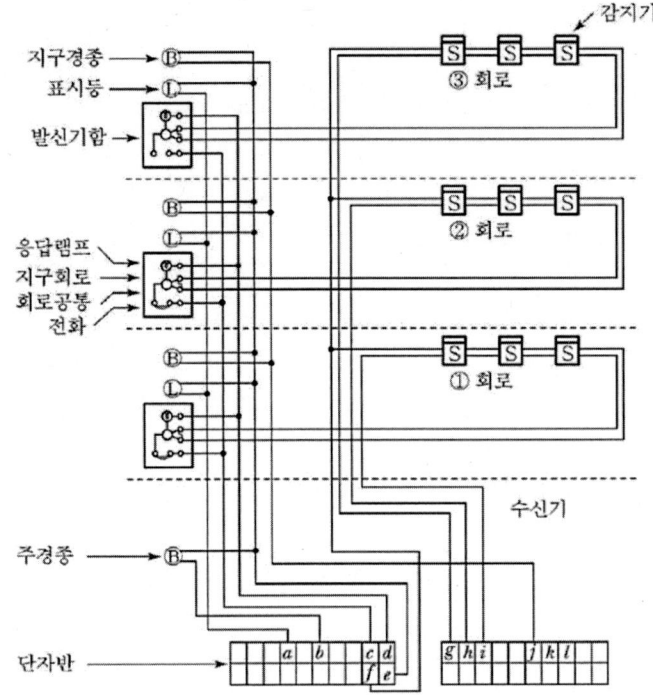

기호	전선의 명칭
ⓐ	표시등선
ⓑ	주 경종선
ⓒ	전화선 (22. 5. 9. 이후 삭제)
ⓓ	응답선
ⓔ	경종표시등공통선
ⓕ	회로공통선
ⓖ	③ 지구회로선
ⓗ	② 지구회로선
ⓘ	① 지구회로선
ⓙ	경종선
ⓚ	
ⓛ	

ⓛ 발화층 · 직상층 우선 경보방식

ⓐ 대규모, 고층 소방대상물[11층 이상 (아파트의 경우 16층)]에 적용하며, 우선 경보할 층은 다음과 같다.

화재층	우선 경보할 층
2층 이상	발화층, 그 직상 4개층
1층	발화층, 그 직상 4개층 및 지하층
지하층	발화층, 그 직상층 및 기타 지하층

ⓑ 배선수(R형 수신기사용, 경종선 설치하지 않음)

ⓒ 계통도(22.5.9. 이전 규정, 11층 이상(APT 16층 이상)의 경우 R형 사용)

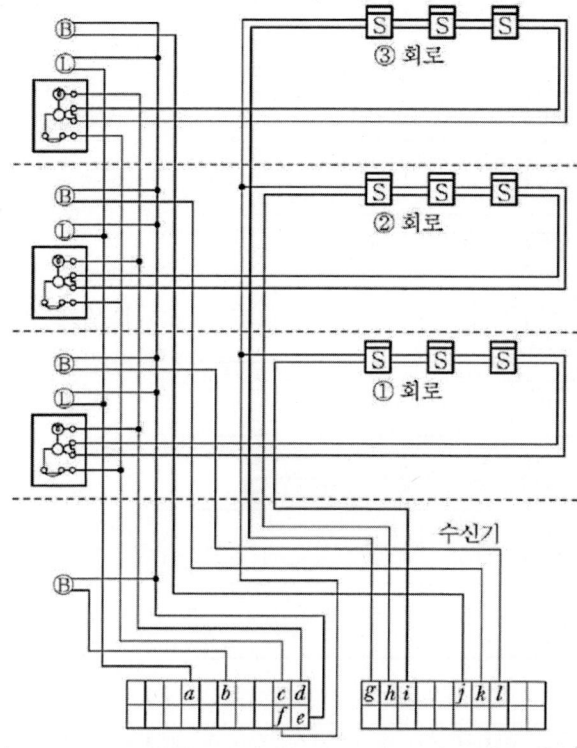

기호	전선의 명칭
ⓐ	표시등선
ⓑ	주 경종선
ⓒ	전화선
ⓓ	응답선
ⓔ	경종표시등공통선
ⓕ	회로공통선
ⓖ	③ 지구회로선
ⓗ	② 지구회로선
ⓘ	① 지구회로선
ⓙ	③ 경종선
ⓚ	② 경종선
ⓛ	① 경종선

발화층 및 직상층 우선경보방식의 경종 계통도

(22. 5. 9. 이후 삭제)

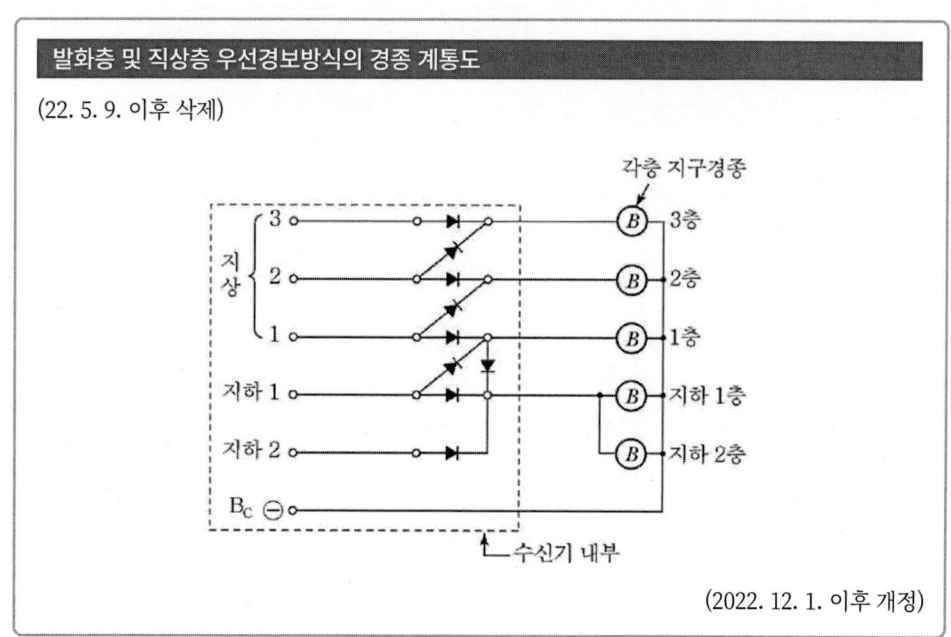

(2022. 12. 1. 이후 개정)

(2) 계통도

① 계통도 1

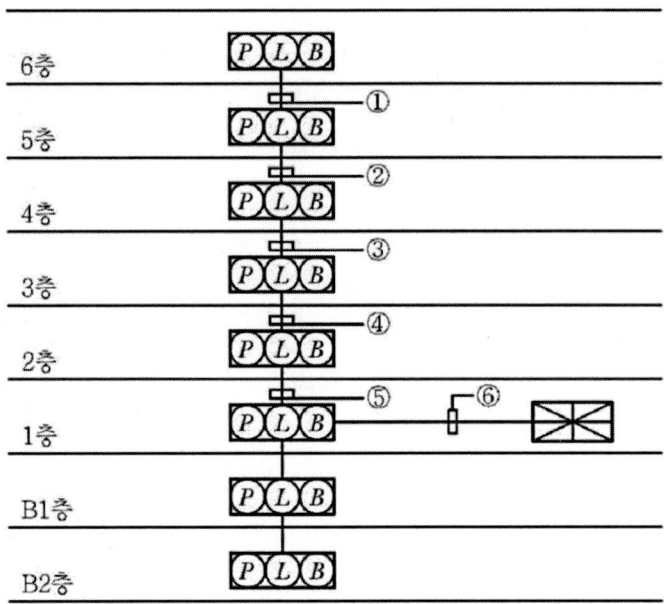

[조건]
1) 일제 경보방식
2) 감지기 및 감지기 배선은 생략

기호	구 분	배선수	전선 굵기	용 도
①	6층 ↔ 5층	6	2.5[mm²]	회로, 공통, 응답, 경종, 표시등, 경종 및 표시등 공통
②	5층 ↔ 4층	7	2.5[mm²]	회로2, 공통, 응답, 경종, 표시등, 경종 및 표시등 공통
③	4층 ↔ 3층	8	2.5[mm²]	회로3, 공통, 응답, 경종, 표시등, 경종 및 표시등 공통
④	3층 ↔ 2층	9	2.5[mm²]	회로4, 공통, 응답, 경종, 표시등, 경종 및 표시등 공통
⑤	2층 ↔ 1층	10	2.5[mm²]	회로5, 공통, 응답, 경종, 표시등, 경종 및 표시등 공통
⑥	1층 ↔ 수신기	14	2.5[mm²]	회로8, 공통2, 응답, 경종, 표시등, 경종 및 표시등 공통

② 계통도 2

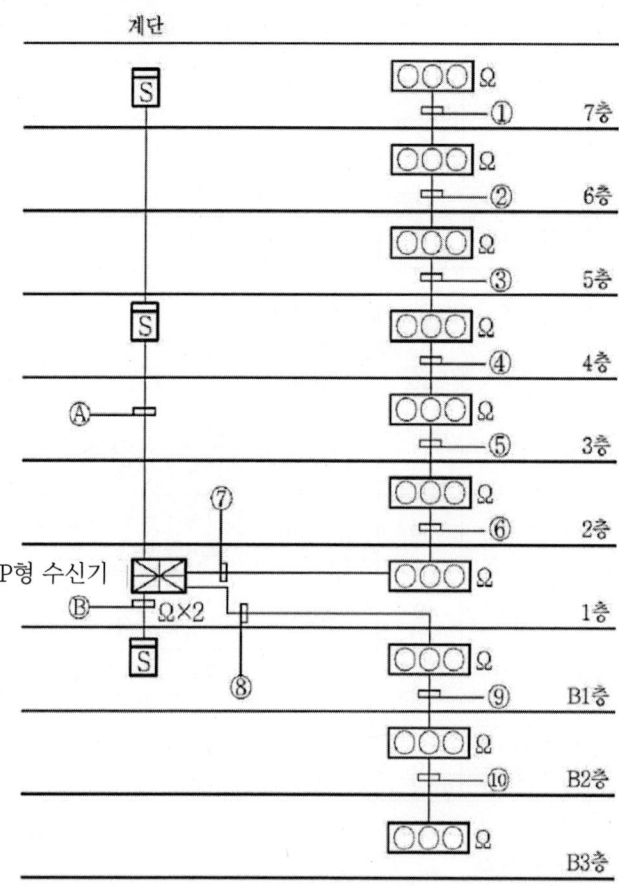

[조건]
1) 일제 경보방식
2) 계단은 1개소에 설치하며 수신기에서 계단감지기까지의 배선은 직접 배선한다.
3) 지상, 지하층의 간선을 별도로 배선
4) ◯◯◯ 는 발신기 세트

㉠ 간선

기호	구분	배선수	전선 굵기	용도
①	7층 ↔ 6층	6	2.5[mm²]	회로, 공통, 응답, 경종, 표시등, 경종 및 표시등 공통
②	6층 ↔ 5층	7	2.5[mm²]	회로2, 공통, 응답, 경종, 표시등, 경종 및 표시등 공통
③	5층 ↔ 4층	8	2.5[mm²]	회로3, 공통, 응답, 경종, 표시등, 경종 및 표시등 공통
④	4층 ↔ 3층	9	2.5[mm²]	회로4, 공통, 응답, 경종, 표시등, 경종 및 표시등 공통
⑤	3층 ↔ 2층	10	2.5[mm²]	회로5, 공통, 응답, 경종, 표시등, 경종 및 표시등 공통
⑥	2층 ↔ 1층	11	2.5[mm²]	회로6, 공통, 응답, 경종, 표시등, 경종 및 표시등 공통
⑦	1층 ↔ 수신기	12	2.5[mm²]	회로7, 공통, 응답, 경종, 표시등, 경종 및 표시등 공통
⑧	수신기 ↔ 지하1층	8	2.5[mm²]	회로3, 공통, 응답, 경종, 표시등, 경종 및 표시등 공통
⑨	지하1층 ↔ 지하2층	7	2.5[mm²]	회로2, 공통, 응답, 경종, 표시등, 경종 및 표시등 공통
⑩	지하2층 ↔ 지하3층	6	2.5[mm²]	회로, 공통, 응답, 경종, 표시등, 경종 및 표시등 공통

㉡ 계단의 감지기 배선
  ⓐ 계단 경계구역은 지상 1개, 지하 1개로 2개 경계구역 → 종단저항이 2개 필요
  ⓑ 감지기 배선

기호	배선수	전선 굵기	용도
Ⓐ	4	1.5[mm²]	감지기회로2, 공통2
Ⓑ	4	1.5[mm²]	감지기회로2, 공통2

③ 계통도3

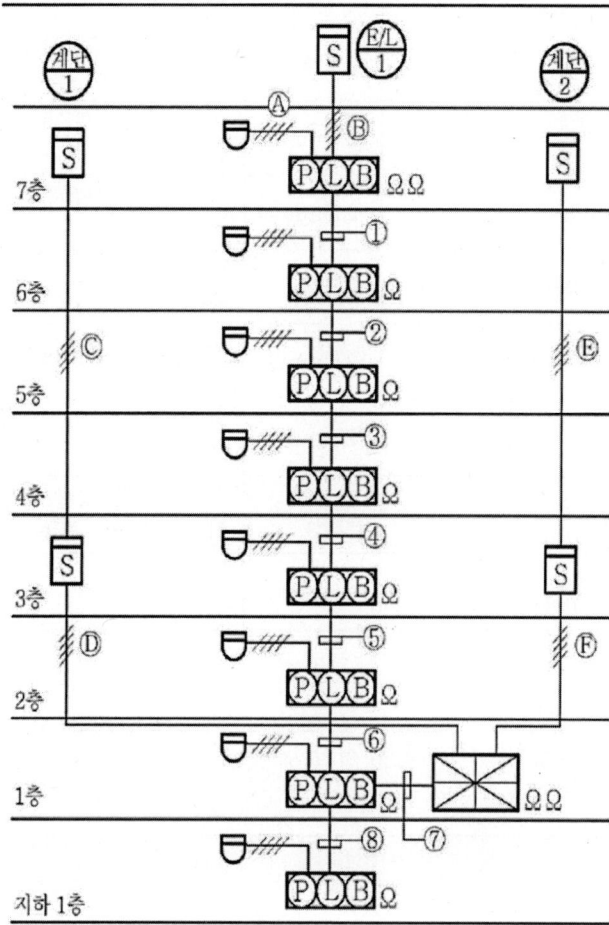

[조건]
1) 일제 경보방식
2) 계단은 건축 양측에 2개소, 엘리베이터(E/L)는 중앙에 1개소
3) 각 실에는 차동식스포트형 감지기 설치
4) 각 층의 층고는 3[m]

㉠ 간선

기호	구 분	배선수	전선 굵기	용도
①	7층 ↔ 6층	7	2.5[mm²]	회로2, 공통, 응답, 경종, 표시등, 경종 및 표시등 공통
②	6층 ↔ 5층	8	2.5[mm²]	회로3, 공통, 응답, 경종, 표시등, 경종 및 표시등 공통
③	5층 ↔ 4층	9	2.5[mm²]	회로4, 공통, 응답, 경종, 표시등, 경종 및 표시등 공통
④	4층 ↔ 3층	10	2.5[mm²]	회로5, 공통, 응답, 경종, 표시등, 경종 및 표시등 공통
⑤	3층 ↔ 2층	11	2.5[mm²]	회로6, 공통, 응답, 경종, 표시등, 경종 및 표시등 공통
⑥	2층 ↔ 1층	12	2.5[mm²]	회로7, 공통, 응답, 경종, 표시등, 경종 및 표시등 공통
⑦	1층 ↔ 수신기	15	2.5[mm²]	회로9, 공통2, 응답, 경종, 표시등, 경종 및 표시등 공통
⑧	수신기 ↔ 지하1층	6	2.5[mm²]	회로, 공통, 응답, 경종, 표시등, 경종 및 표시등 공통

㉡ 계단의 감지기 배선
  ⓐ 계단 경계구역은 지상 1개, 지하 1개로 2개 경계구역 → 종단저항이 2개 필요
  ⓑ 감지기 배선

기호	배선수	전선 굵기	용도
Ⓐ	4	1.5[mm²]	감지기회로2, 공통2
Ⓑ	4	1.5[mm²]	감지기회로2, 공통2
Ⓒ	4	1.5[mm²]	감지기회로2, 공통2
Ⓓ	4	1.5[mm²]	감지기회로2, 공통2
Ⓔ	4	1.5[mm²]	감지기회로2, 공통2
Ⓕ	4	1.5[mm²]	감지기회로2, 공통2

(3) 평면도

① 평면도 1

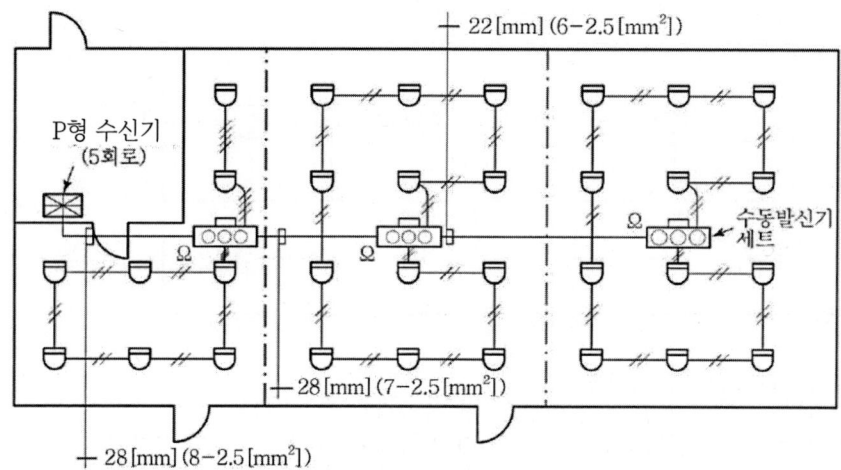

〈그림 설명〉
① 3개의 경계구역이므로 수신기 연결 회로수는 3개이고, 여유를 주어 5회로 수신기 사용
② 발신기와 수신기 간 간선수가 6, 7, 8선으로 증가되는 것은 회로(경계구역)수 증가에 따른 것이며, 경종은 증가 않음

② 평면도 2

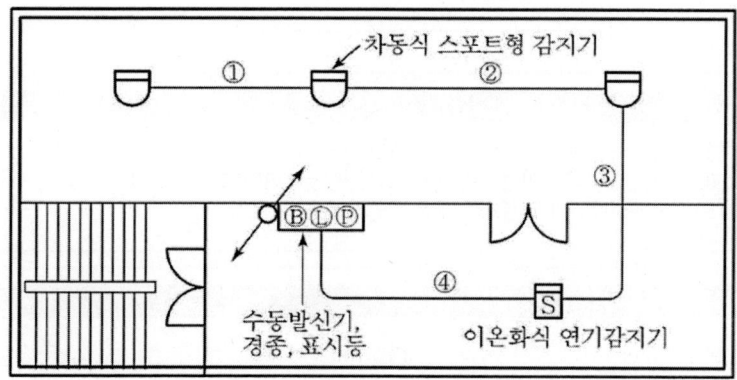

〈그림 설명〉 감지기 배선수
① 4선 ② 4선 ③ 4선 ④ 4선
(※ 종단저항은 발신기세트 내에 내장되어 있으며, 보내기 배선임)

③ 평면도 3

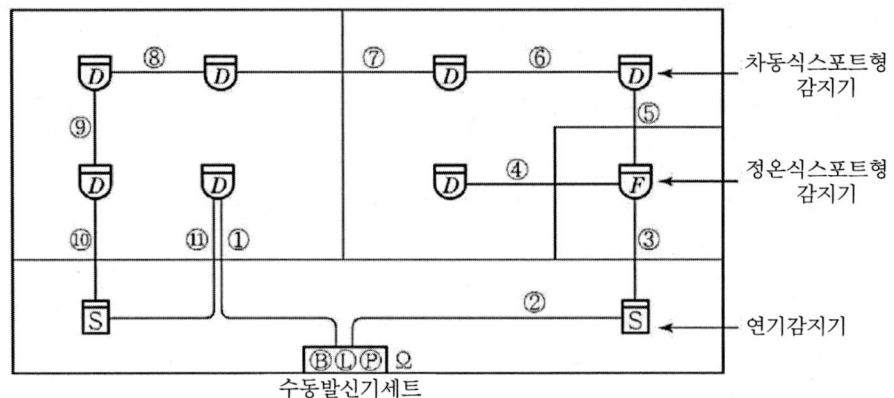

<그림설명> 감지기 배선수
① 2가닥   ② 2가닥   ③ 2가닥   ④ 4가닥   ⑤ 2가닥
⑥ 2가닥   ⑦ 2가닥   ⑧ 2가닥   ⑨ 2가닥   ⑩ 2가닥   ⑪ 2가닥

(4) 배선내역

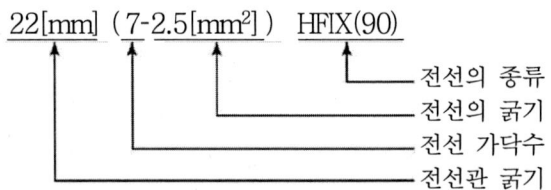

전선의 약호
① 300/500V 기기배선용 단심 비닐절연전선(90°) ⇒ NRI(90)
② 300/500V 기기배선용 유연성 비닐절연전선(90°) ⇒ NFI(90)
③ 450/750V 저독성난연가교 폴리올레핀 절연전선 ⇒ HFIX

배관 관통부의 표시
① ⚬↗ : 입상   ② ↙⚬ : 입하   ③ ↙⚬↗ : 통과

소화설비

1 옥내소화전설비

(1) 소화전 기동방식

① 기동용 수압 개폐방식(자동식)펌프와 방수구 간의 배관에 가압수를 채워 놓고 방수구 개방으로 배관 내의 압력이 감소할 때 이를 압력챔버의 압력스위치(P.S)가 감지하여 소방펌프를 기동시키는 방식

② ON-OFF식(수동식)기동 시에는 ON 스위치를, 정지 시에는 OFF 스위치를 눌러 기동하는 방식(학교, 공장, 창고, 군사시설 등에 적용)

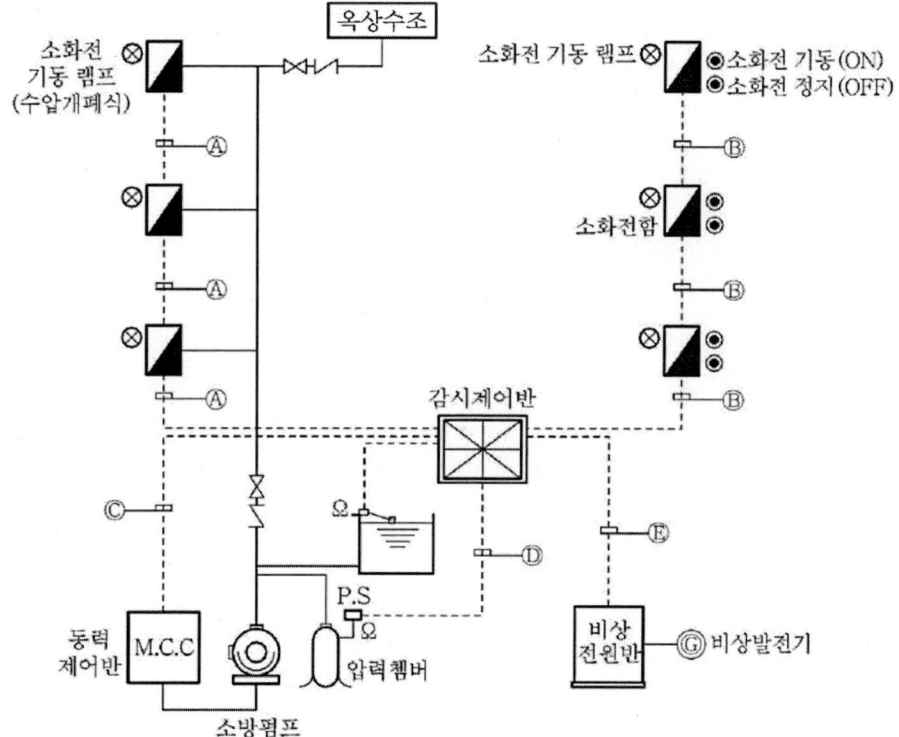

기호	구분	배선수	배선 내역	용도
Ⓐ	소화전함 ↔ 제어반	2	2.5[mm²](16호)	기동확인표시등2
Ⓑ	소화전함 ↔ 제어반	5	2.5[mm²](22호)	기동, 정지, 공통, 기동확인표시등2
Ⓒ	MCC ↔ 제어반	5	2.5[mm²](22호)	기동, 정지, 공통, 기동확인, 정지확인
Ⓓ	압력탱크 ↔ 제어반	2	2.5[mm²](16호)	공통1, 압력스위치1
Ⓔ	비상전원 ↔ 제어반	6	2.5[mm²](22호)	비상전원감시표시등2, 상용전원감시표시등2, 비상발전기 원격기동2

※ 16호의 의미 : 구경이 16[mm]인 전선관(Conduit)

2 스프링클러설비

(1) 습식(Set Pipe Type)

① 작동 연계성

배관 내에 물을 채워놓았다가 화재열로 헤드가 개방되면 1차측(펌프 측) 소화수가 2차측(헤드 측)으로 이동하며, 이때 유수검지장치(Alarm Valve)가 유수를 검출하여 사이렌을 경보하게 하고 감시제어반(수신반)에 밸브개방 신호를 보내어 밸브개방 상태를 표시한다.

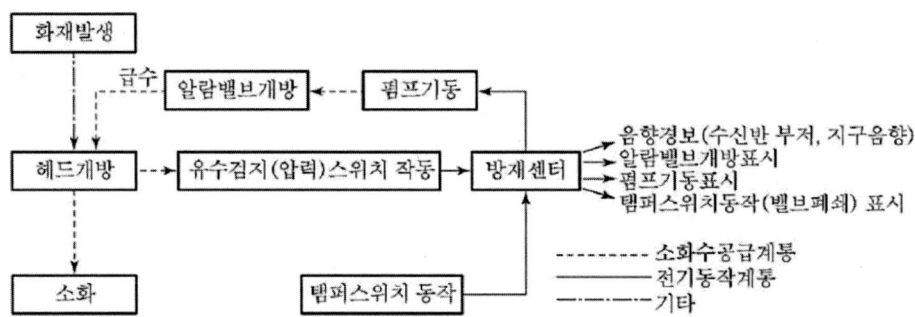

② 계통도(층별 구분경보)

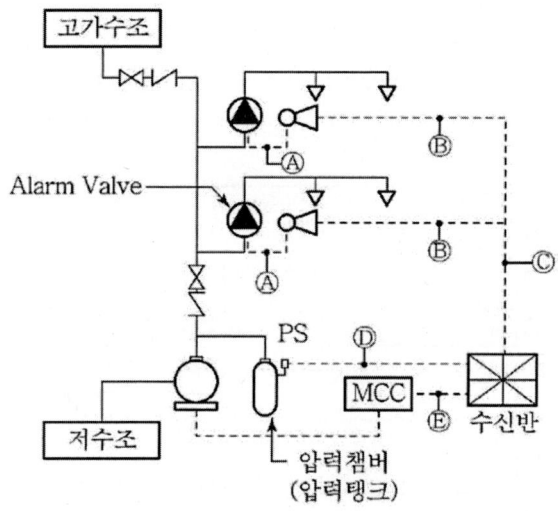

㉠ 탬퍼(TAMPER) 스위치가 있는 경우(원칙)

기호	구분	배선수	배선 내역	용도
Ⓐ	알람밸브 ↔ 싸이렌	3	2.5[mm^2] 이상	압력스위치, 탬퍼스위치, 공통
Ⓑ	사이렌 ↔ 수신반	4	2.5[mm^2] 이상	압력스위치, 탬퍼스위치, 사이렌, 공통
Ⓒ	2개 구역일 경우	7	2.5[mm^2] 이상	압력스위치2, 탬퍼스위치2, 사이렌2, 공통1
Ⓓ	압력탱크 ↔ 수신반	2	2.5[mm^2] 이상	압력스위치1, 공통1
Ⓔ	MCC ↔ 수신반	5	2.5[mm^2] 이상	공통, 기동, 정지, 기동확인, 정지확인

㉡ 탬퍼스위치가 없는 경우

기호	구분	배선수	배선 내역	용도
Ⓐ	알람밸브 ↔ 싸이렌	2	2.5[mm^2] 이상	유수검지스위치2
Ⓑ	사이렌 ↔ 수신반	3	2.5[mm^2] 이상	유수검지스위치, 사이렌, 공통
Ⓒ	2개 구역일 경우	7	2.5[mm^2] 이상	유수검지스위치2, 사이렌2, 공통
Ⓓ	압력탱크 ↔ 수신반	2	2.5[mm^2] 이상	압력스위치2
Ⓔ	MCC ↔ 수신반	5	2.5[mm^2] 이상	공통, ON, OFF, 운전표시, 정지표시

(2) 준비작동식(Preaction Type)

① 작동 연계성

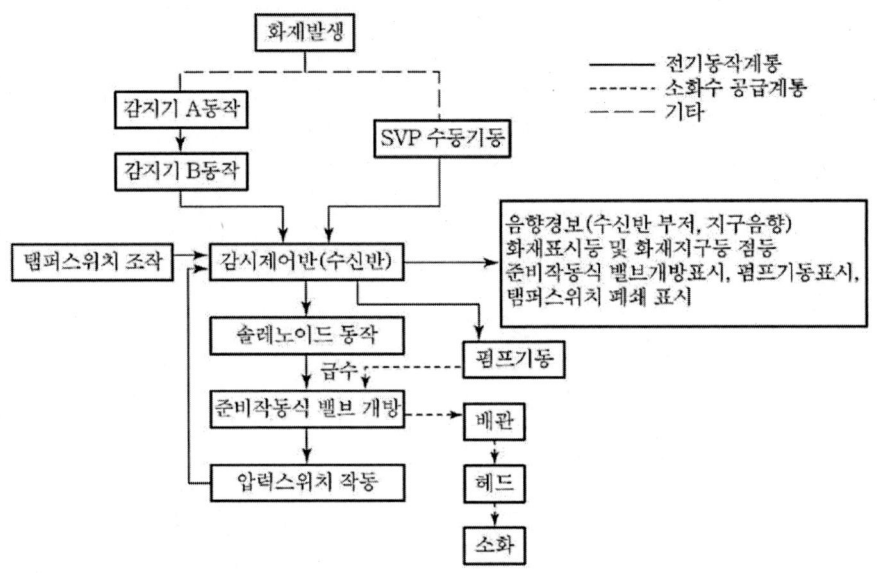

작동연계성(Operation Sequence) 요약

화재감지기, 소화설비반의 표시부, Solenoid 밸브, 준비작동식 밸브 및 압력 스위치들 간의 작동순서는 다음과 같다.

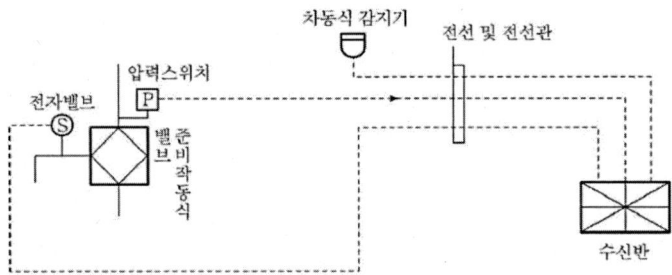

① 감지기 A 및 감지기 B 작동
② 수신반에 화재발생신호 전송(화재표시등 및 지구표시등 점등)
③ 사이렌 경보
④ 전자밸브(Solenoid) 동작
⑤ 준비작동식 밸브 개방
⑥ 압력스위치 작동
⑦ 펌프 작동
⑧ 수신반에 펌프기동, 전자밸브기동 및 준비작동식 밸브개방 표시

② 계통도(층별 구분경보)

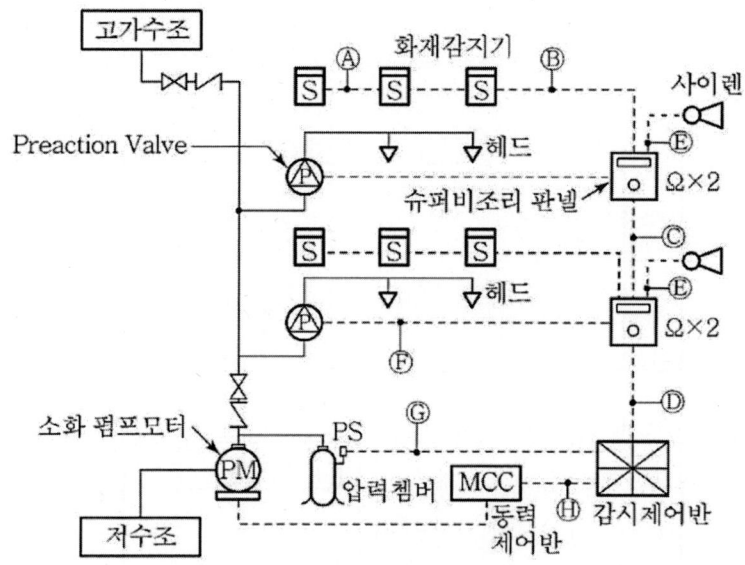

기호	구분	배선수	배선 내역	용도
Ⓐ	감지기 ↔ 감지기	4	1.5[mm^2]	지구회로, 공통 각2
Ⓑ	감지기 ↔ SVP	8	1.5[mm^2]	지구회로, 공통 각4
Ⓒ	SVP ↔ SVP	8	2.5[mm^2]	전원⊕·⊖, 감지기A·B, 밸브기동, 밸브개방확인, 밸브주의, 사이렌
Ⓓ	2 ZONE일 경우	14	2.5[mm^2]	전원⊕·⊖, (감지기A·B, 밸브기동, 밸브개방확인, 밸브주의, 사이렌)×2
Ⓔ	사이렌 ↔ SVP	2	2.5[mm^2]	사이렌1, 공통1
Ⓕ	PREACTION ↔ SVP	4	2.5[mm^2]	밸브기동1, 밸브개방확인1, 밸브주의1, 공통1
Ⓖ	PS ↔ 감시제어반	2	2.5[mm^2]	압력스위치(PS)1, 공통1
Ⓗ	MCC ↔ 수신반	5	2.5[mm^2]	기동, 정지, 공통, 정지확인, 기동확인

③ 슈퍼비조리판넬[기존내부도 전화선 있는 제품]

㉠ 내부회로도 및 외부결선도 1

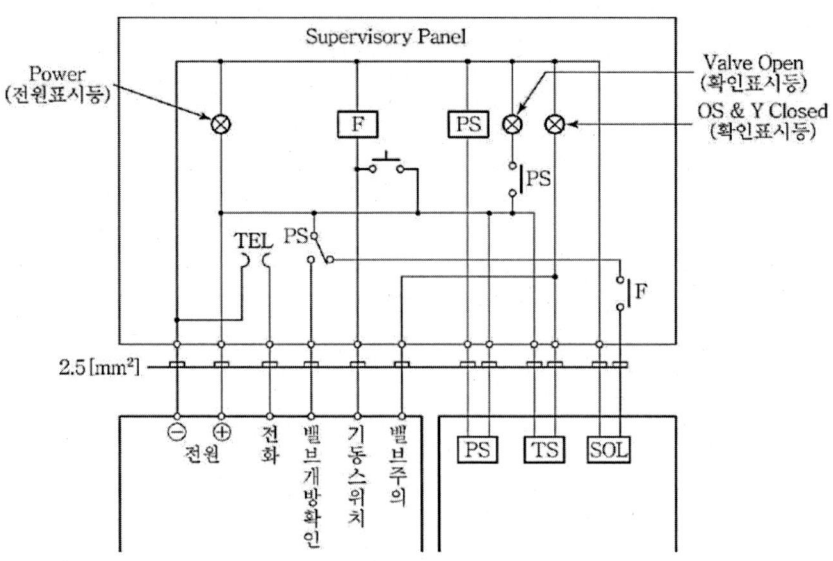

㉡ 내부회로도 및 외부결선도 2(감지기, 사이렌을 포함한 결선)

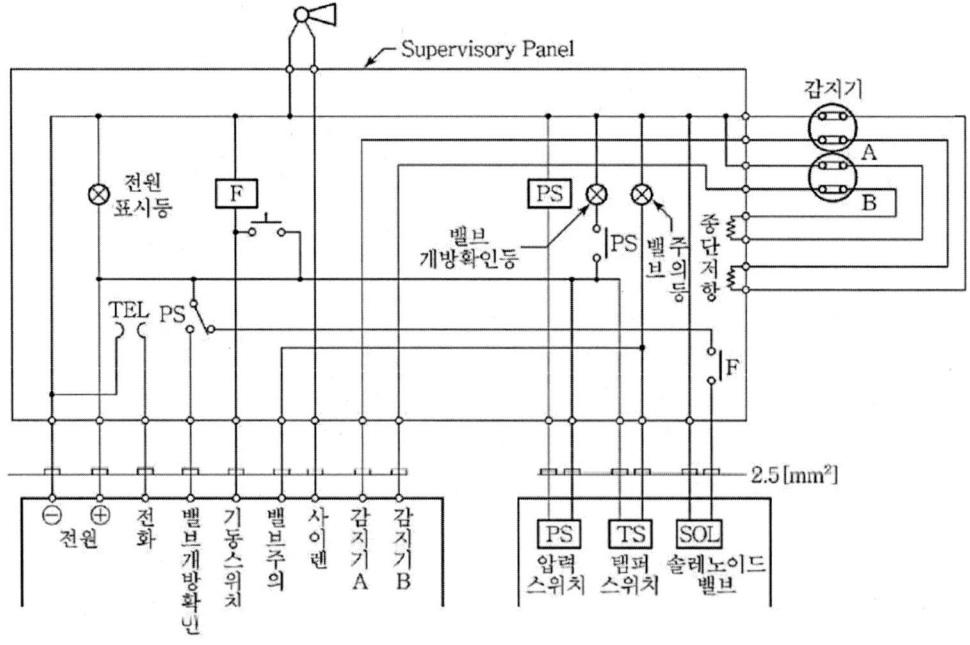

3 할론 및 이산화탄소 소화설비

(1) 작동 연계성(Operation Sequence)
① 화재발생
② 감지기 작동 또는 수동조작함의 기동 S/W 조작
③ 제어반에 화재신호(화재등, 지구등 점등)
④ 사이렌 경보
⑤ 타이머 작동
⑥ SV(기동용 솔레노이드 밸브) 작동
⑦ 기동용기 개방
⑧ 저장용기 개방 및 선택밸브 개방
⑨ 소화약제 방출
⑩ PS(압력스위치) 작동
⑪ 방출등 점등(수신반 및 해당 방호구역)
⑫ 헤드에서 약제 방출 및 소화

(2) 계통도 및 평면도
① 고정식 시스템
  ㉠ 계통도

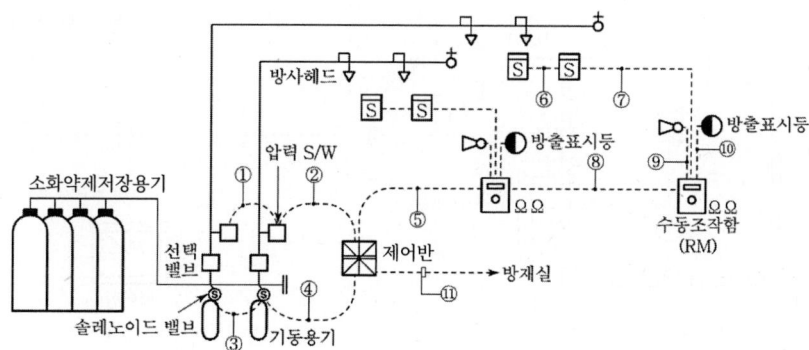

기호	배선의 굵기 및 가닥수	배선의 용도
①	2.5[mm²]—2	압력스위치1, 공통1
②	2.5[mm²]—3	압력스위치2, 공통1
③	2.5[mm²]—2	솔레노이드 밸브1, 공통1
④	2.5[mm²]—3	솔레노이드 밸브2, 공통1
⑤	2.5[mm²]—13	전원⊕·⊖, (감지기 A·B, 기동스위치, 방출표시등, 사이렌)×2, 비상스위치
⑥	1.5[mm²]—4	감지기 회로2, 공통2
⑦	1.5[mm²]—8	감지기 회로4, 공통4
⑧	2.5[mm²]—8	전원⊕·⊖, 감지기 A·B, 기동스위치, 방출표시등, 사이렌, 비상스위치
⑨	2.5[mm²]—2	사이렌1, 공통1
⑩	2.5[mm²]—2	방출표시등1, 공통1
⑪	2.5[mm²]—9	화재표시, 전원표시, 공통, (감지기 A·B, 방출표시등)×2

ⓒ 평면도

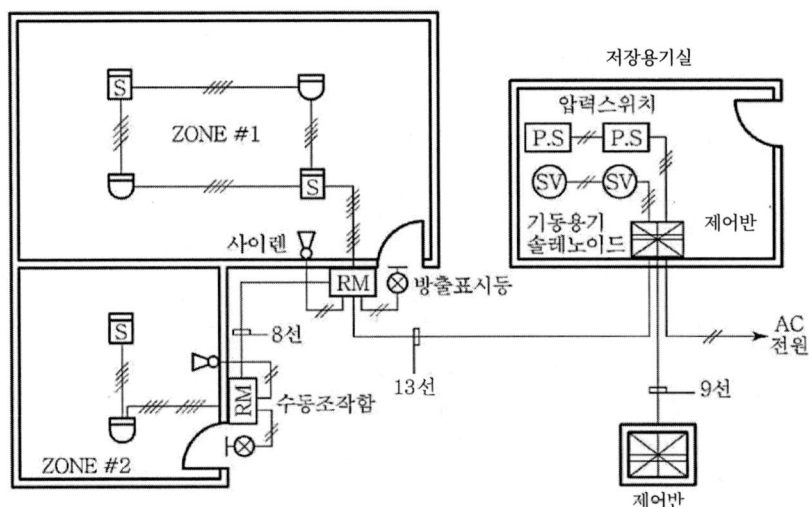

소화설비 Chapter 02.

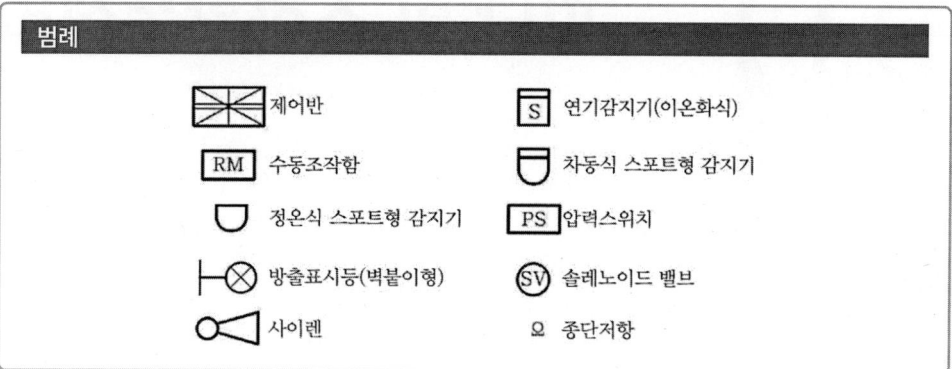

② 패키지(Package)시스템

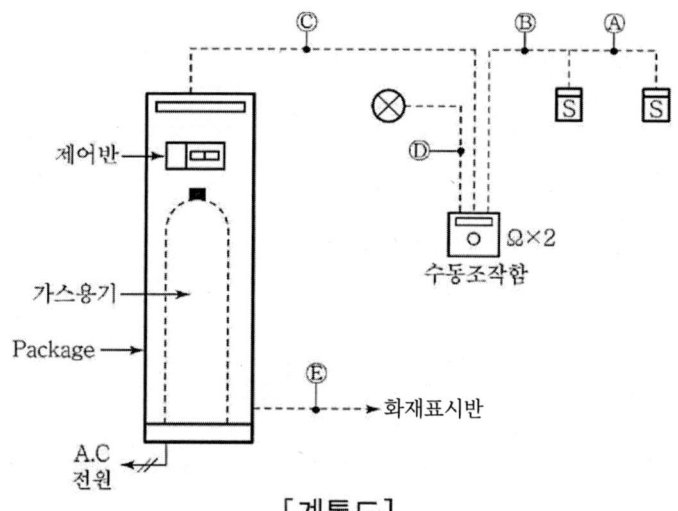

[계통도]

기호	구 분	배선수	배선 내역	용도
Ⓐ	감지기 ↔ 감지기	4	1.5[mm²](16호)	감지기지구, 공통 각 2가닥
Ⓑ	감지기 ↔ 수동조작함	8	1.5[mm²](22호)	감지기지구, 공통 각 4가닥
Ⓒ	PACKAGE ↔ 수동조작함	7	2.5[mm²](22호)	전원⊕·⊖, 감지기 A·B, 기동S/W, 방출표시등, 비상스위치
Ⓓ	수동조작함 ↔ 방출등	2	2.5[mm²](16호)	방출표시등, 공통
Ⓔ	PACKAGE ↔ 방재센터	6	2.5[mm²](22호)	감지기 A·B, 방출표시등, 공통, 화재표시, 전원표시 ※ PACKAGE PANEL용 AC 전원 공급선은 별도 배관, 배선

※ 비상스위치 : 수동조작함에 내장(도면상에 표시안됨)

피난 및 소화활동설비

1 유도등

(1) 유도등의 배선

① 2선식 유도등

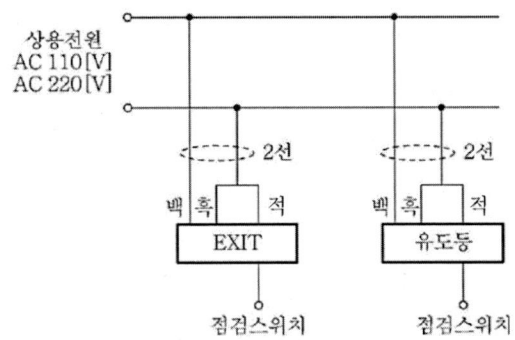

[2선식 유도등의 배선도]

② 3선식 유도등

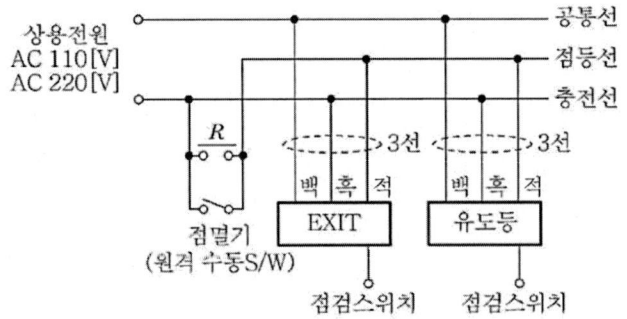

[3선식 유도등의 배선도]

2 제연설비

(1) 제연설비의 구분

① 거실/상가 제연설비
 ㉠ 복도가 없는 구조인 경우 : 거실 및 상가부분에서 배기 및 급기
 ㉡ 복도가 있는 구조인 경우 : 거실 및 상가부분 배기/인접 복도 급기

② 특별피난계단 계단실, 부속실, 비상용승강기 승강장 제연설비
 : 계단실, 부속실, 승강장부분 급기/인접 복도 배기

(2) 거실/상가 제연설비의 평면도

① 복도가 없는 구조인 경우

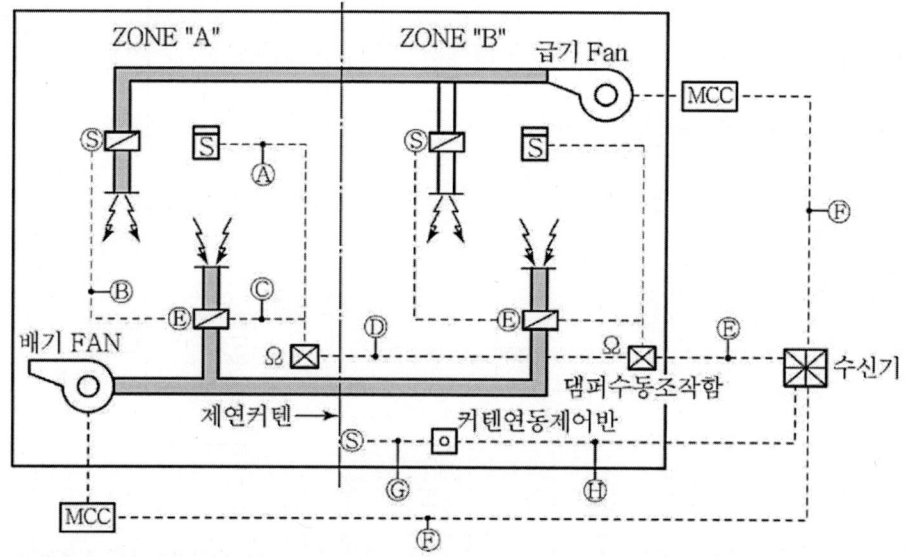

기호	구분	배선수	배선 내역	용도
Ⓐ	감지기 ↔ 수동조작함	4	1.5[mm²]	감지기지구2, 공통2
Ⓑ	급기댐퍼 ↔ 배기댐퍼	4	2.5[mm²]	전원⊕·⊖, 급기기동, 급기기동확인
Ⓒ	배기댐퍼 ↔ 수동조작함	6	2.5[mm²]	전원⊕·⊖, 급기기동, 배기기동, 급기기동확인, 배기기동확인
Ⓓ	수동조작함 ↔ 수동조작함	7	2.5[mm²]	전원⊕·⊖, 지구, 급기기동, 배기기동, 급기기동확인, 배기기동확인

기호	구분	배선수		용도
Ⓔ	2 ZONE	12	2.5[mm²]	전원⊕·⊖, (지구, 급기기동, 배기기동, 급기기동확인, 배기기동확인)×2
Ⓕ	MCC ↔ 수신기	5	2.5[mm²]	기동, 정지, 기동확인표시, 정지확인표시, 공통
Ⓖ	커텐SOL ↔ 연동제어반	3	2.5[mm²]	기동, 기동확인, 공통
Ⓗ	연동제어반 ↔ 수신기	4	2.5[mm²]	전원⊕, 전원⊖, 기동, 기동확인

※ 복구방식을 채택한 경우 : Ⓑ 5선   Ⓒ 7선   Ⓓ 8선   Ⓔ 13선

② 복도가 있는 구조인 경우

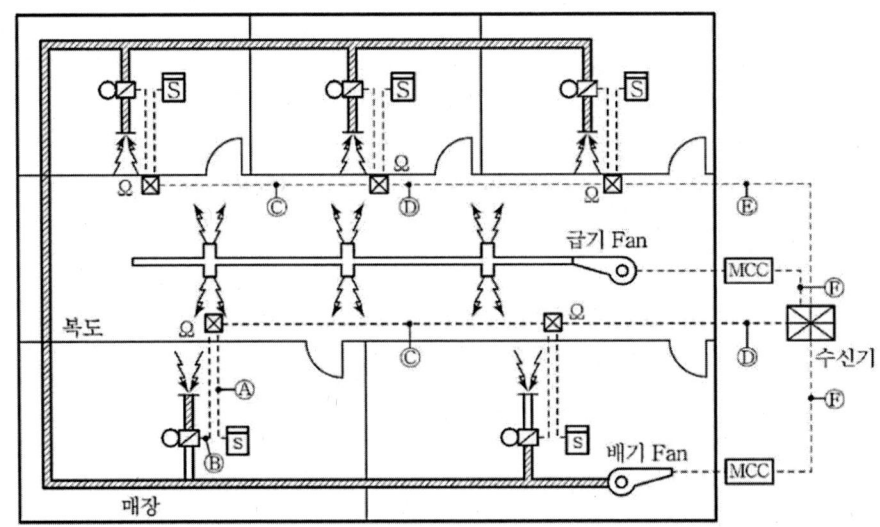

기호	구분	배선수		용도
Ⓐ	감지기 ↔ 수동조작함	4	1.5[mm²]	지구2, 공통2
Ⓑ	댐퍼 ↔ 수동조작함	4	2.5[mm²]	전원⊕·⊖, 배기기동, 배기기동확인
Ⓒ	수동조작함 ↔ 수동조작함	5	2.5[mm²]	전원⊕·⊖, 배기기동, 배기기동확인, 지구
Ⓓ	2 ZONE	8	2.5[mm²]	전원⊕·⊖, 배기기동2, 배기기동확인2, 지구2
Ⓔ	3 ZONE	11	2.5[mm²]	전원⊕·⊖, 배기기동3, 배기기동확인3, 지구3
Ⓕ	MCC ↔ 수신기	5	2.5[mm²]	기동, 정지, 공통, 기동확인표시, 정지확인표시

※ 복구방식을 채택한 경우 : Ⓑ 5선   Ⓒ 6선   Ⓓ 9선   Ⓔ 12선이 됨

(3) 특별피난계단 계단실, 부속실, 비상용승강기 승강장 제연설비

① 계통도 1

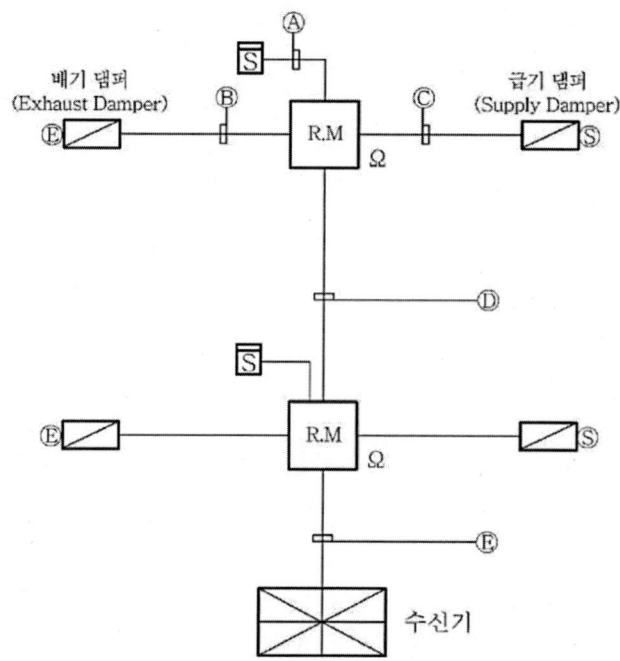

조건 1

1) 급기 및 배기 댐퍼 동시기동(기동 스위치를 1선 사용)
2) 자동 복구방식
3) 감지기 공통선을 전원 ⊖선과 공용 배선

기 호	구 분	배선수	배선 내역	용 도
Ⓐ	감지기 ↔ RM	4	1.5[mm²]	감지기 지구, 공통 각2
Ⓑ	배기댐퍼 ↔ RM	4	2.5[mm²]	전원 ⊕·⊖, 댐퍼기동, 배기댐퍼기동 확인
Ⓒ	급기댐퍼 ↔ RM	4	2.5[mm²]	전원 ⊕·⊖, 댐퍼기동, 급기댐퍼기동 확인
Ⓓ	RM ↔ 수신기	7	2.5[mm²]	전원 ⊕·⊖, 댐퍼기동, 급기·배기 댐퍼기동확인, 지구, 수동기동확인
Ⓔ	2 Zone	12	2.5[mm²]	전원 ⊕·⊖, (댐퍼기동, 급기·배기 댐퍼기동확인, 지구, 수동기동확인)×2

조건 2

1) 급기 및 배기 댐퍼 동시기동
2) 복구방식 채택
3) 감지기 공통선을 전원 ⊖선과 공용 배선

기호	구 분	배선수	배선 내역	용 도
Ⓐ	감지기 ↔ RM	4	1.5[mm²]	감지기 지구, 공통 각2
Ⓑ	배기댐퍼 ↔ RM	4	2.5[mm²]	전원 ⊕·⊖, 댐퍼기동, 배기댐퍼기동 확인
Ⓒ	급기댐퍼 ↔ RM	4	2.5[mm²]	전원 ⊕·⊖, 댐퍼기동, 급기댐퍼기동 확인
Ⓓ	RM ↔ 수신기	7	2.5[mm²]	전원 ⊕·⊖, 댐퍼기동, 급기·배기 댐퍼기동확인, 지구, 수동기동확인
Ⓔ	2 Zone	12	2.5[mm²]	전원 ⊕·⊖, (댐퍼기동, 급기·배기 댐퍼기동확인, 지구, 수동기동확인)×2

② 계통도 2

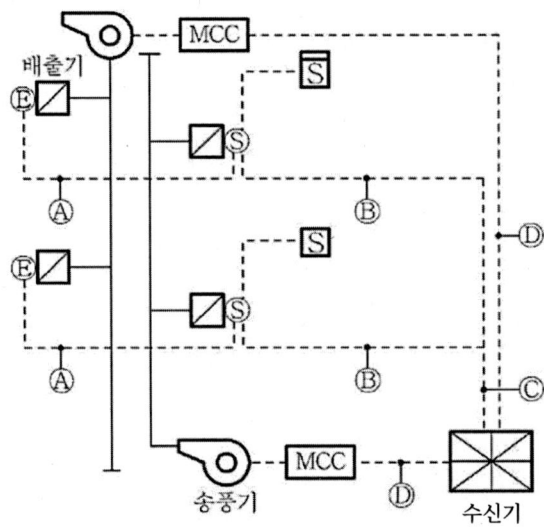

기호	구 분	배선수	배선 내역	용 도
Ⓐ	배기댐퍼 ↔ 급기댐퍼	4	2.5[mm²]	전원⊕·⊖, 댐퍼기동, 배기댐퍼기동 확인
Ⓑ	급기댐퍼 ↔ 수신반	7	2.5[mm²]	전원⊕·⊖, 댐퍼기동, 배기댐퍼기동 확인, 급기댐퍼 기동확인, 지구, 수동기동확인
Ⓒ	2 ZONE일 경우	12	2.5[mm²]	전원⊕·⊖, (댐퍼기동, 급기댐퍼기동확인, 배기댐퍼 기동확인, 지구, 수동기동확인) ×2
Ⓓ	MCC ↔ 수신반	5	2.5[mm²]	기동, 정지, 기동확인표시, 정지확인표시, 공통

※ 1. 복구방식이 경우 ; Ⓐ 5선   Ⓑ 8선   Ⓒ 13선
  2. 감지기공통을 전원 ⊖와 별도 배선하는 경우 : Ⓑ 8선   Ⓒ 13선

CHAPTER 04 건축방재설비

1 배연창(제연창) 설비

(1) Solenoid 방식(별도 기동)

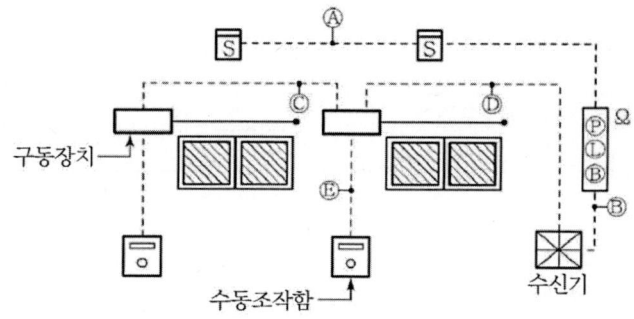

기호	구 분	배선수	배선 내역	용 도
Ⓐ	감지기 ↔ 감지기	4	1.5[mm²]	지구2, 공통2
Ⓑ	발신기 ↔ 수신기	6	2.5[mm²]	응답, 지구, 지구공통, 경종, 표시등, 경종표시등 공통
Ⓒ	구동장치 ↔ 구동장치	3	2.5[mm²]	기동, 기동확인, 공통
Ⓓ	구동장치 ↔ 수신기	5	2.5[mm²]	기동2, 기동확인2, 공통
Ⓔ	구동장치 ↔ 수동조작함	3	2.5[mm²]	기동, 기동확인, 공통

(2) Motor 방식(별도 복구, 별도 기동)

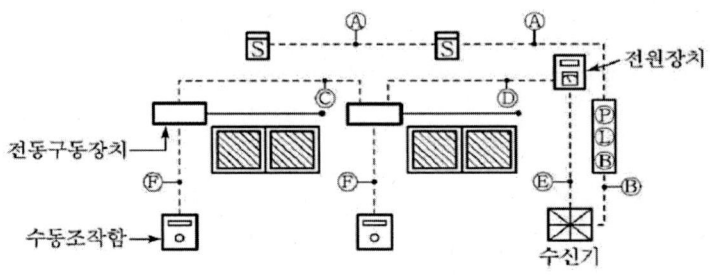

기호	구 분	배선수	배선 내역	용 도
Ⓐ	감지기 ↔ 감지기, 발신기	4	1.5[mm²]	지구2, 공통2
Ⓑ	발신기 ↔ 수신기	6	2.5[mm²]	응답, 지구, 지구공통, 경종, 표시등, 경종표시등 공통
Ⓒ	전동구동장치 ↔ 전동구동장치	5	2.5[mm²]	전원 ⊕·⊖, 기동, 복구, 기동확인
Ⓓ	전동구동장치 ↔ 전원장치	8	2.5[mm²]	전원 ⊕·⊖, 기동2, 복구2, 기동확인2
Ⓔ	전원장치 ↔ 수신기	7	2.5[mm²]	기동2, 복구2, 기동확인2, 공통(AC 전원은 별도 공급)
Ⓕ	전동구동장치 ↔ 수동조작함	4	2.5[mm²]	기동, 복구, 정지, 공통 ※전원표시등 설치시 5선(전원 ⊕, 전원 ⊖, 기동, 복구, 정지))

2 자동방화문 설비

(1) 자동방화문의 배선

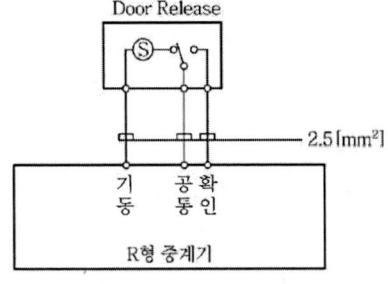

[1개소인 경우]

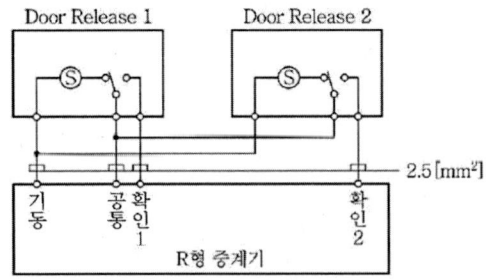

[2개소인 경우]

(2) 계통도

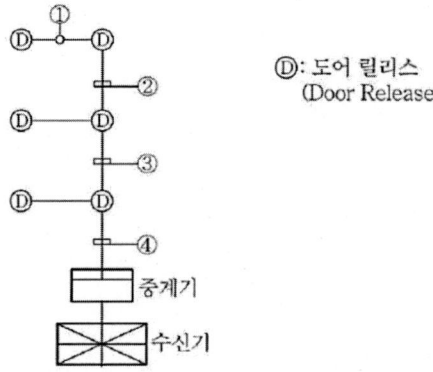

ⒹⒹ: 도어 릴리스 (Door Release)

기호	배선수	배선굵기	용도
①	3	2.5[mm²]	지구2, 공통2
②	4	2.5[mm²]	공통, 기동, 확인2
③	7	2.5[mm²]	공통, (기동, 확인2)×2
④	10	2.5[mm²]	공통, (기동, 확인2)×3

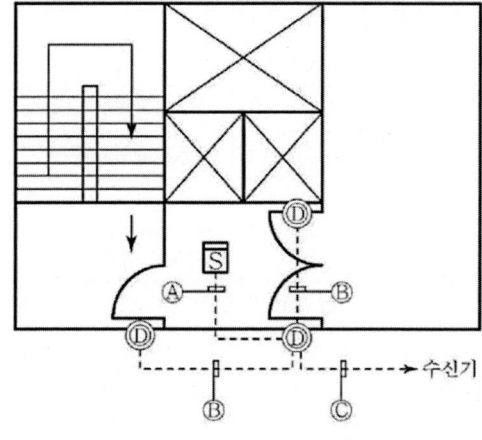

Ⓓ: 자동폐쇄기(도어 릴리스)

기호	구 분	배선수	배선굵기	용도
Ⓐ	감지기 ↔ 자동폐쇄기	4	1.5[mm²](16호)	지구2, 지구공통2
Ⓑ	자동폐쇄기 ↔ 자동폐쇄기	3	2.5[mm²](16호)	기동, 확인, 공통
Ⓒ	자동폐쇄기 ↔ 수신기	9	2.5[mm²](28호)×5 1.5[mm²]×4	지구2, 지구공통2, 기동, 확인3, 공통

3 자동방화셔터 설비

(1) 설비
① 연기감지기 작동 시 : 일부 폐쇄
② 열감지기 작동 시 : 완전 폐쇄

(2) 계통도

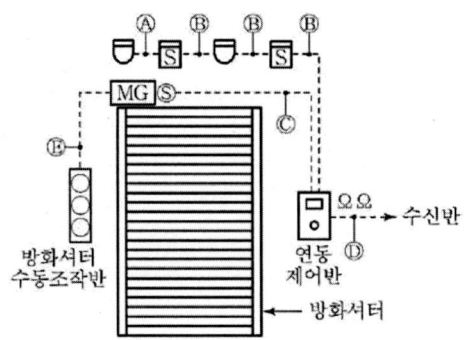

※ MG : 폐쇄기 구동 전동기
　S : 솔레노이드

기호	구 분	배선수	배선 내역	용도
Ⓐ	말단감지기 배선	4	1.5[mm²]	지구2, 공통2
Ⓑ	감지기 ↔ 연동제어반	8	1.5[mm²]	지구4, 공통4
Ⓒ	폐쇄장치 ↔ 연동제어반	5	2.5[mm²]	기동2, 확인2, 공통
Ⓓ	연동제어반 ↔ 수신반	7	2.5[mm²]	지구2, 공통, 기동2, 확인2 ※ 연동제어반용 AC 전원공급선은 별도 배선, 배관
Ⓔ	폐쇄장치 ↔ 수동조작반	4	2.5[mm²]	UP, DOWN, STOP, 공통

문제 PART 02

소방전기시설의 설계 및 시공실무 예상문제

소방전기시설의 설계 및 시공실무 예상문제

001
비상방송설비의 확성기(Speaker)회로에 음량조절기를 설치하고자 한다. 결선도를 그려 완성하시오.

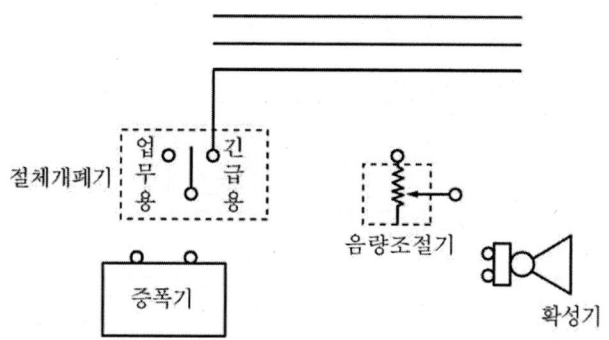

[정답]

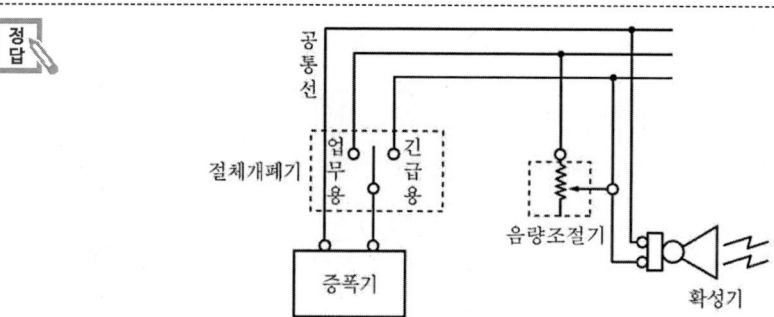

[해설] 비상방송설비의 음량조절기(Attenuator)
1) 음량조절기의 기능 : 평상시 구내 정보전달, 백그라운드 뮤직 등을 송출하는 경우 그 음량을 필요에 따라 가변저항으로 조절할 수 있도록 한 음량조절 장치
   ① 상용방송 송출 시 : 업무용 배선과 공통선에만 방송전류가 흐른다. (절체개폐기는 업무용 배선 측에 위치)
   ② 비상방송 송출 시 : 긴급용 배선과 공통선에만 방송전류가 흐른다. (절체개폐기는 긴급용 배선 측에 위치)
2) 음량조절기의 배선 : 3선식 배선
   ① 공통선
   ② 업무용 배선(상용방송배선)
   ③ 긴급용 배선(비상방송배선)

002 다음은 경계전로에 누설전류가 발생하면 자동적으로 경보를 발하는 누전경보기에 관한 사항이다. 다음 각 물음에 답하시오. [현행 삭제] ※ 기출문제 참고용으로 수록

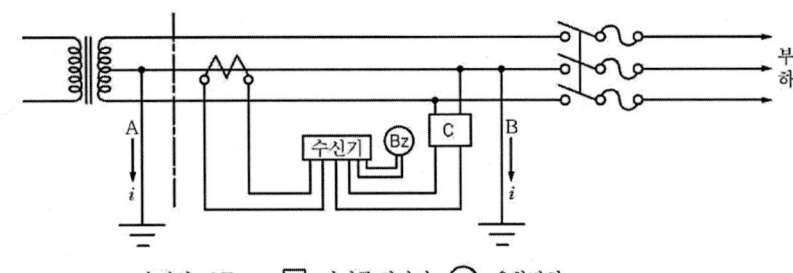

가) 그림에서 A부분의 접지공사 종류는 무엇이며, 그 접지저항값은 몇 [Ω] 이하이어야 하는가?
나) 그림에서 잘못 도해된 부분을 3가지만 지적하고 잘못된 사유를 설명하시오.
다) 단상 3선식의 중성선에 퓨즈를 설치하지 않고 동선으로 직결한다. 그 이유를 쓰시오.

가) ① 접지공사의 종류 : 제2종 접지공사
   ② 접지저항값 : $\dfrac{150}{1선\ 지락전류}$ [Ω] 이하

나)

잘못된 부분	사유
영상변류기	영상변류기에 3선이 모두 관통하도록 하여야 하나 1선만 관통하도록 설치됨
제2종접지선(B)	제2종 접지선은 영상변류기의 부하측에 설치하면 아니되나 설치됨
중성선의 퓨즈	중성선에는 동선이 연결되어야 하나 퓨즈가 설치됨

다) 중성선이 단선되면 부하가 작은 쪽에 이상 고전압이 발생하여 당해 부하기기가 소손될 위험이 있다.

가) 접지공사의 종류[계통, 보호, 피뢰 접지로 변경]

종 류	접지저항값	접지공사별 용도(적용 대상)
제1종 접지공사	10[Ω] 이하	① 특별고압 계기용 변압기의 2차측 전로 ② 고압전로에 시설하는 피뢰기 ③ 고압용 기계기구의 철대 및 금속제 외함
제2종 접지공사	$\dfrac{150}{1선\ 지락전류}$ [Ω] 이하	① 고압 및 특별고압 전로와 저압전로를 결합하는 변압기 저압측의 중성점 또는 1단자 ② 고압 및 특별고압 전로와 저압전로를 결합하는 변압기에서 고압 및 특별고압 권선과 저압 권선 사이에 설치하는 금속제 혼촉방지판
제3종 접지공사	100[Ω] 이하	① 고압 계기용 변압기의 2차측 전로 ② 400[V] 미만인 저압용 기계기구의 철대 및 금속제 외함
특별 제3종 접지공사	10[Ω] 이하	① 400[V] 이상인 저압용 기계기구의 철대 및 금속제 외함

※ 제2종 접지공사의 접지저항
① 1~2초 이내 고압 및 특별고압 전로(3,500[V] 이하)를 자동 차단하는 장치를 한 경우 $\dfrac{300}{1선\ 지락전류}$[Ω] 이하

② 1초 이내 고압 및 특별고압 전로(3,500[V] 이하)를 자동 차단하는 장치를 한 경우 $\dfrac{600}{1선\ 지락전류}$[Ω] 이하

나) 정정도면

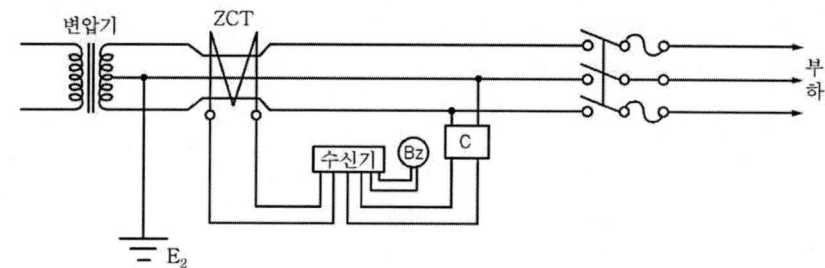

다) 단상 3선식 배전방식에서 중성선의 퓨즈가 단선되면 부하 중 작은 쪽에 이상 전압(과대 전압)이 걸려 그 기기가 소손될 위험이 있으므로 중성선에는 퓨즈를 사용하여서는 안 되며 동선으로 직결한다.

003 아래 도면을 참조하여 다음 각 물음에 답하시오.

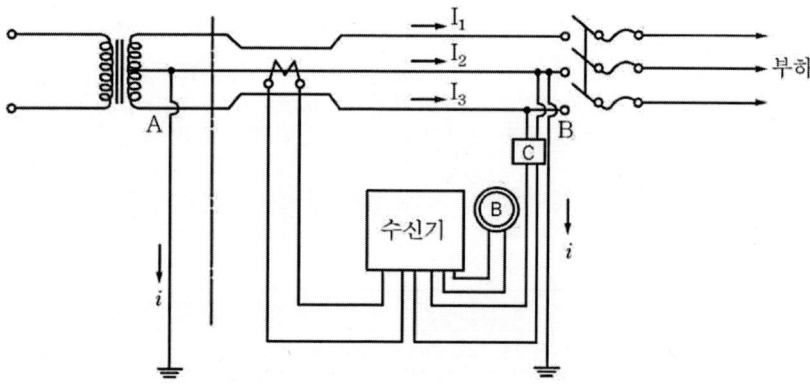

가) 회로도에서 잘못된 부분 3곳을 지적하고 바른 방법을 제시하시오.
나) A의 접지선에 해야 할 접지공사의 종류를 쓰시오.[현행 삭제]
다) 회로에서의 수신기는 경계전로의 전류가 몇 [A] 초과인 것이어야 하는가?
라) 회로의 음향장치에서 음량은 음향장치의 중심으로부터 1[m] 떨어진 위치에서 몇 [dB] 이상이 되어야 하는가?
마) 회로에서 C 에 사용되는 과전류차단기의 용량은 몇 [A] 이하이어야 하는가?
바) 회로의 음향장치는 정격전압의 최소 몇 [%] 전압에서 음향을 발할 수 있어야 하는가?
사) 회로에서 변류기의 절연저항을 측정하였을 경우 절연저항값은 몇 [MΩ] 이상이어야 하는가?
아) 누전경보기의 공칭작동 전류값은 몇 [mA] 이하이어야 하는가?

가) ① 잘못된 부분 : 영상변류기의 부하측에 제2종 접지선(B)이 설치되어 있다.
　　　바른 방법 : 영상변류기의 부하측에 설치된 제2종 접지선(B)을 제거
　　② 잘못된 부분 : 영상변류기에 전로의 1선만 관통되도록 설치되어 있다.
　　　바른 방법 : 영상변류기에 전로의 3선 모두가 관통되도록 설치
　　③ 잘못된 부분 : 중성선에 퓨즈가 설치되어 있다.
　　　바른 방법 : 중성선의 퓨즈를 제거하고 동선으로 직결
나) 제2종 접지공사[현행 삭제]
다) 60[A] 초과
라) 70[dB] 이상
마) 15[A] 이하
바) 80[%]
사) 5[MΩ] 이상
아) 200[mA] 이하

가) 바르게 수정한 도면

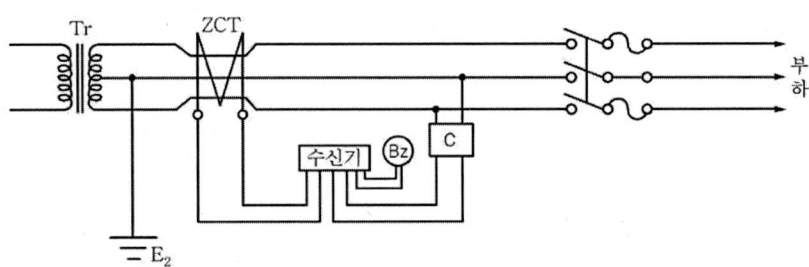

다)~아) 누전경보기의 설치기준
① 감지기에 내장하는 음향장치는 음향장치의 중심으로부터 1[m] 떨어진 지점에서 70[dB] 이상(단, 고정표시장치용의 음압은 60[dB] 이상)일 것 ← 정격전압의 80[%] 전압에서 측정
② 변류기는 특정소방대상물의 형태, 인입선의 시설방법 등에 따라 옥외 인입선의 제1지점의 부하측 또는 제2종의 접지선측의 점검이 쉬운 위치에 설치할 것. 다만, 인입선의 형태 또는 소방대상물의 구조상 부득이한 경우에 있어서는 인입구에 근접한 옥내에 설치할 수 있다.
③ 경계전로의 정격전류

정격전류	60[A] 초과	60[A] 이하
누전경보기의 종류	1급	1급, 2급

④ 누전경보기의 공칭작동전류치는 200[mA] 이하일 것
⑤ 감도조정장치를 갖는 누전경보기에 있어서 감도조정장치의 조정범위는 최대치가 1[A]일 것
⑥ 전원은 분전반으로부터 전용회로로 하고, 각 극에 개폐기 및 15[A] 이하의 과전류차단기(배선용 차단기에 있어서는 20[A] 이하의 것으로 각 극을 개폐할 수 있는 것)를 설치할 것
⑦ 변류기의 절연저항
　㉠ 측정개소 : 1차권선~2차권선 간, 1착권선~외함 간, 2차권선~외함 간
　㉡ 절연저항값 : DC 500[V] 메거로 측정 시 5[MΩ] 이상일 것

004 다음과 같이 주어진 도면은 P형 수동발신기의 미완성 도면이다. 다음 각 물음에 답하시오.

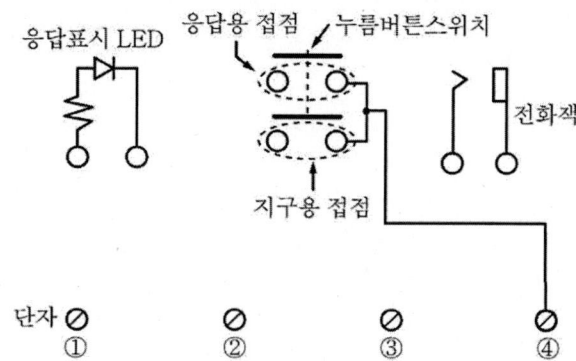

가) 응답표시 LED, 누름버튼 스위치, 전화잭의 기능에 대해 간략하게 설명하시오.
나) ①부터 ④에 해당되는 각 단자의 명칭은 무엇인가?
다) 내부결선의 미완성된 부분을 주어진 도면에 완성하시오.

가) ① 응답표시 LED : 누름버튼 스위치 조작 시 수동발신기의 화재신호가 수신기에 전달되었는지 확인시키는 램프
② 누름버튼 스위치 : 수동 조작에 의하여 화재신호를 수신기로 전달하기 위한 스위치
③ 전화잭 : 화재발생 시 전화기를 사용하여 수신기와 연락이 필요할 때 전화플러그를 꽂아 사용하는 잭(22. 5. 9. 이후 삭제)

나) ① 발신기응답선 단자
② 발신기지구선 단자
③ 발신기전화선 단자(현행 삭제)
④ 발신기공통선 단자

다)
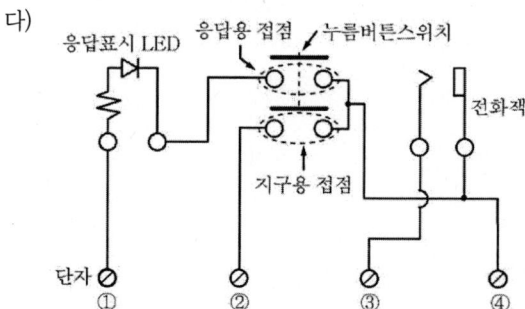

① 응답표시 LED : 누름버튼 스위치 조작시 수동발신기의 화재신호가 수신기에 전달되었는지 확인시키는 램프
② 누름버튼 스위치 : 수동 조작에 의하여 화재신호를 수신기로 전달하기 위한 스위치
③ 전화잭 : 화재발생 시 전화기를 사용하여 수신기와 연락이 필요할 때 사용하는 잭(1인은 수신기에서, 1인은 1발신기에서 송수화기를 이용하여 상호 통화) - (현행 삭제)

④ 종단저항 : 수신기와 감지기 사이의 배선에 대하여 도통시험이 용이하도록 감지기회로의 종단에 설치하는 저항(회로의 끝부분에 설치하며, 주로 발신기함에 설치)
⑤ 발신기응답선 단자 : 발신기의 화재신호가 수신기에 전달되었는지 확인하는 선의 단자
⑥ 발신기전화선 단자 : 화재발생 시 전화기를 사용하여 수신기와 전화연락이 필요할 때 사용하는 선의 단자(현행 삭제)
⑦ 발신기지구선 단자 : 화재신호를 수신기로 전달하기 위한 선의 단자
⑧ 발신기공통선 단자 : 발신기의 지구, 응답회로에서 공통으로 사용하는 선의 단자

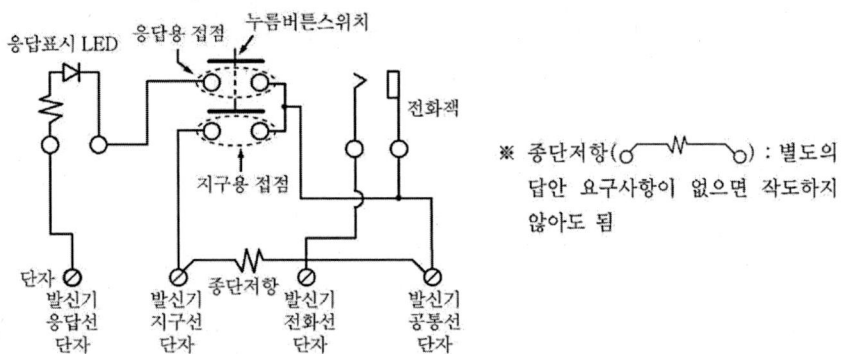

005

P형 수동발신기에서 주어진 단자의 명칭을 쓰고, 내부결선을 완성하여 각 단자와 연결하시오. 또한 LED, 누름버튼스위치, 전화 Jack의 기능을 간략하게 설명하시오.

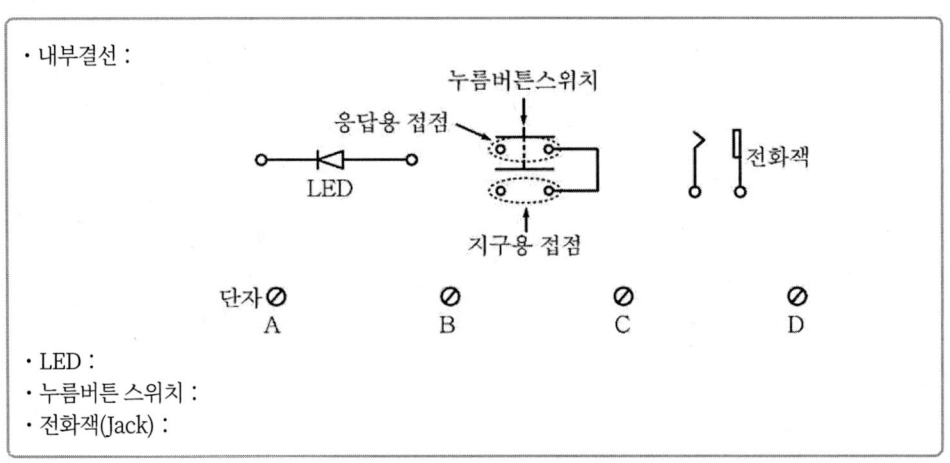

- 내부결선 :
- LED :
- 누름버튼 스위치 :
- 전화잭(Jack) :

정답

① 단자의 명칭
A : 응답단자   B : 지구단자
C : 전화단자(현행 삭제)   D : 공통단자

② 내부결선 완성도

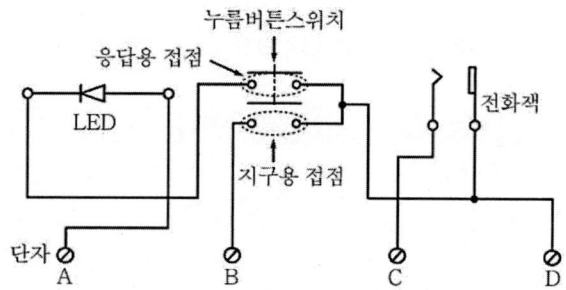

③ 기능설명
- LED : 발신기의 화재신호가 수신기에 전달되었는지 점등으로써 확인시켜 주는 램프
- 누름버튼 스위치 : 수동조작으로 화재신호를 수신기로 전달하기 위한 스위치
- 전화잭(Jack) : 화재 발생 시 수신기와 전화 연락이 필요할 때 송수화기의 플러그를 꽂는 잭[현행 삭제]

① LED(Light Emitting Diode) : 발신기의 화재신호가 수신기에 전달되었는지 점등으로써 확인시켜 주는 램프
② 누름버튼 스위치(Push Button Switch) : 수동 조작에 의하여 화재신호를 수신기로 전달하기 위한 스위치
③ 전화잭(Jack) : 화재 발생 시 전화 연락이 필요할 때 송수화기의 플러그를 꽂는 잭(Jack)
④ 종단저항 : 수신기와 감지기 사이의 배선에 대하여 도통시험이 용이하도록 감지기회로의 종단에 설치하는 저항(유지관리상 편리하게 하기 위해 발신기에 설치)
⑤ 지구단자 : 화재신호를 수신기로 전달하기 위한 선의 단자
⑥ 공통단자 : 발신기의 전화·지구·응답회로에서 공통으로 사용하는 선의 단자
⑦ 전화단자 : 전화통화를 할 때 필요한 선의 단자
⑧ 응답단자 : 발신기의 화재신호가 수신기에 전달되었는지 확인하는 선의 단자

006 아래의 도면은 어느 사무실 건물의 1층 자동화재탐지설비의 미완성 평면도를 나타낸 것이다. 이 건물은 지상 3층으로 각 층의 평면은 1층과 동일하다고 할 경우 평면도 및 주어진 조건을 이용하여 다음 각 물음에 답하시오.

조건

- 계통도 작성 시 각층 수동발신기는 1개씩 설치하는 것으로 한다.
- 계단실의 감지기는 설치를 제외한다.
- 간선의 사용전선은 450/750V 저독성난연가교폴리올레핀절연전선 2.5[mm²]이며, 공통선은 발신기 공통1선, 경종·표시등 공통 1선을 각각 사용한다.
- 계통도 작성 시 선수는 최소로 한다.
- 전선관 공사는 후강전선관으로 콘크리트 내 매입 시공한다.
- 각 실은 이중천장이 없는 구조이며, 실링에 감지기를 바로 취부한다.
- 후강전선관의 굵기 표는 다음과 같다.

도체 단면적 [mm²]	전선본수									
	1	2	3	4	5	6	7	8	9	10
	전선관의 최소굵기[mm]									
2.5	16	16	16	16	22	22	22	28	28	28
4	16	16	16	22	22	22	28	28	28	28
6	16	16	22	22	22	28	28	28	36	36
10	16	22	22	28	28	36	36	36	36	36

도면

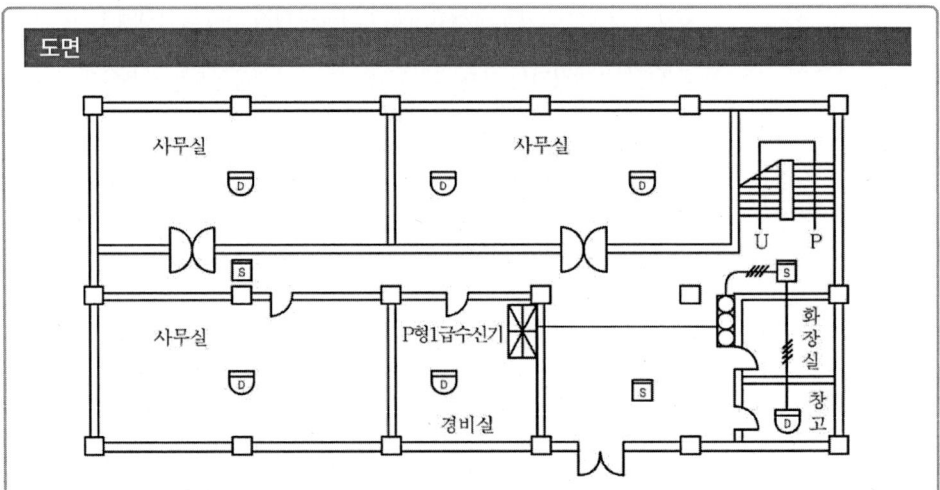

가) 도면의 P형 수신기는 최소 몇 회로용을 사용하여야 하는가?
나) 수신기에서 발신기세트까지의 배선가닥수는 몇 가닥이며, 여기에 사용되는 후강전선관은 몇 [mm]를 사용하는가?
다) 연기감지기를 매입인 것으로 사용한다고 하면 그림기호는 어떻게 표시하는가?
라) 배관 및 배선을 하여 자동화재 탐지설비의 도면을 완성하고 배선가닥수도 표기하도록 하시오.
마) 간선계통도를 그리시오.

가) 5회로(연결회로수는 3회로)
나) ① 전선 가닥수 : 8가닥 ② 배관 : 28[mm]

다)

라)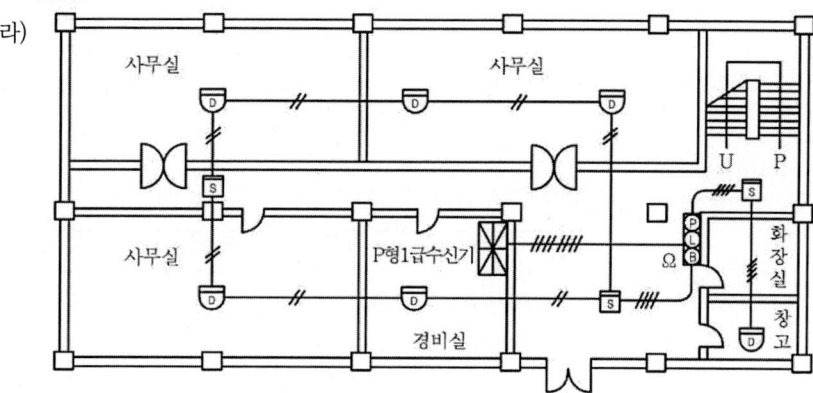

마)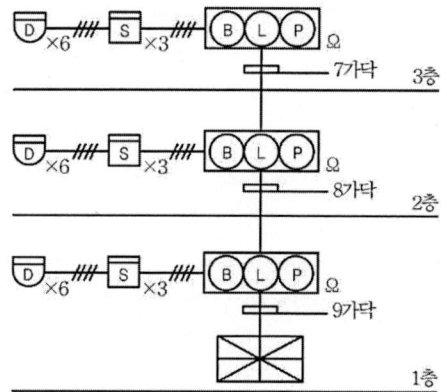

  가) 지상 3개 층의 각 층에 수동발신기를 1개씩 설치하므로 최소 5회로(실제 연결회로수는 3회로)의 P형 수신기를 사용하면 된다. ← 수신기의 검정제품은 5, 10, 15, 20회로…로 생산되므로 실제 연결할 회로수가 3회로인 경우 예비회로를 감안하여 5회로용으로 선정

나) ① 음향경보방식 : 일제경보방식
② 간선수 : 지구마다 지구회로선 1선씩 증가(나머지 선은 증가 않음)
③ 1층 발신기와 수신기 각 간선수는 9가닥으로 후강전선관의 굵기는 표에서 28[mm]를 선정

다) 옥내배선기호

명 칭	그림기호	적 요
차동식스포트형 감지기	◠	필요에 따라 종별을 방기한다.
연기감지기	S	(1) 필요에 따라 종별을 방시한다. (2) 점검박스 붙이인 경우는 S 로 한다. (3) 매입인 것은 S 로 한다.

※ 경우에 따라서는 다음의 배선기호를 사용하므로 숙지 요함

명 칭	그림기호(표준)	그림기호(출제자가 가끔 사용)
차동식스포트형 감지기	◠	D 또는 D
정온식스포트형 감지기	◡	F 또는 F
연기감지기(스포트형)	S	S 또는 S

라) 감지기 배선 : 보내기 배선 방식을 적용하며 감지기는 천장(실링 : ceiling)에 부착
마) 계통도 작성방법
  ① 각 층에는 발신기 및 감지기를, 1층에는 수신기를 배치시키고 이들 간에 배선을 연결한다.
  ② 층간 간선수 및 감지기회로 배선수를 계산하여 기입한다.
  ③ 층별 감지기는 평면도와 같이 모두 작동하지 않고 감지기 기종별 1개씩 그린 다음 소요 개수를 감지기 옆에 기입한다.(예를 들어 해당 층에 5개가 설치되어 있으면 "×5"로 기입)
  ④ 발신기 옆에 해당 경계구역수만큼 종단저항(Ω 표시)의 수 기재
  ⑤ 화장실의 경우 감지기(차동식 스포트형)를 설치하여야 하나 본 문제에서는 생략되어 있음

007 주어진 조건과 도면을 이용하여 다음의 물음에 답하시오.

조건

본 도면은 1층 사무실이며, 내화구조로서 천장 높이는 3.6[m], 전선관은 금속관의 후강전선관을 사용하며 콘크리트 매입 배관을 한다. 또한 자동화재탐지설비는 P형을 설치한다.

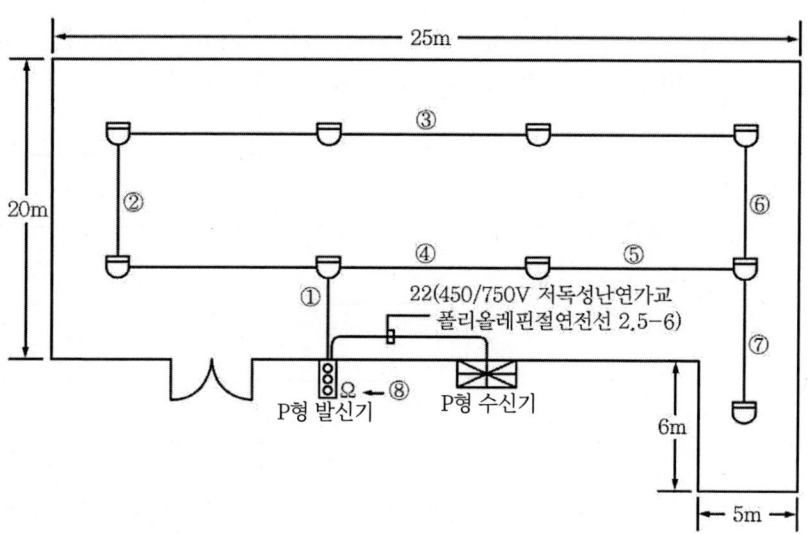

가) ①~⑦에 해당되는 곳의 배선 가닥수를 답하시오.

나) ⑧에 사용되는 종단저항 수는 몇 개인가?

정답
가) ① 4가닥 ② 2가닥 ③ 2가닥 ④ 2가닥 ⑤ 2가닥 ⑥ 2가닥 ⑦ 4가닥
나) 1개

해설
가) 배선 가닥수
　① 감지기배선 : 보내기배선이므로 loop부분은 2선, 기타 부분은 4선
　② 발신기~수신기간 배선 : 기본 간선으로 6선

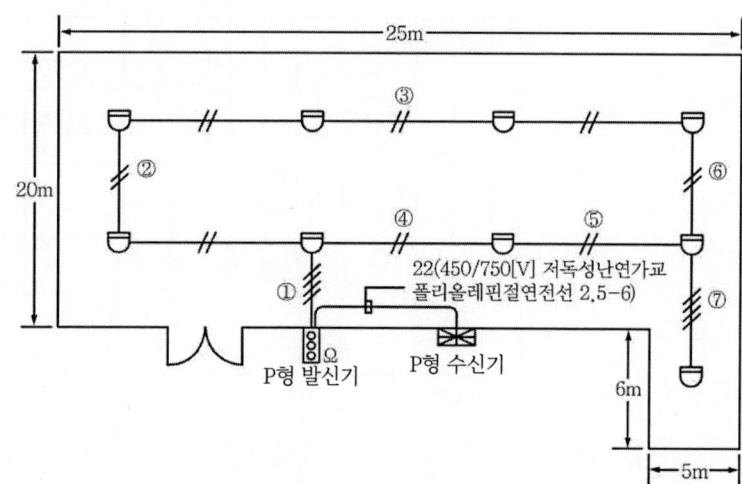

나) 경계구역 수, 즉 감지기 회로 수가 1회로(← 25×20+5×6=530[m²])이므로, 종단저항은 1개

008

P형 5회로 수신기와 수동발신기, 경종, 표시등 사이를 결선하시오. (단, 방호 대상물은 2,500[m²]인 지하 1층, 지상 3층 건물임, 전화기능 있음)

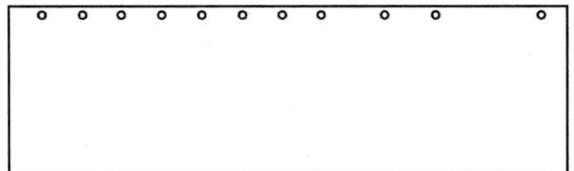

정답

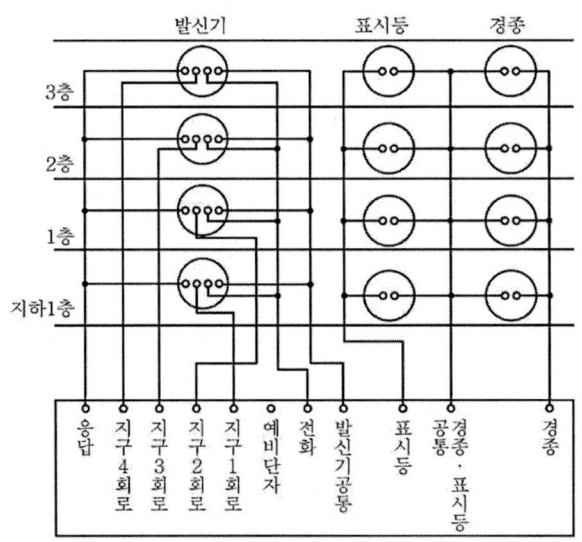

해설

1) 소방대상물의 규모에 따른 경보방식의 적용
   ① 우선 경보방식 : 11층 이상(아파트의 경우 16층) 소방대상물

화재층	우선 경보할 층
2층 이상	발화층 및 그 직상 4개층
1층	발화층, 그 직상 4개층 및 지하층
지하층	발화층, 그 직상층 및 기타 지하층

② 일제경보방식 : 10층 이하(아파트의 경우 15층) 소방대상물

발화층(화재층)	경보할 층
임의의 층	전층 동시

2) 배선의 변화
　① 발화층 및 직상층 우선 경보방식 : 기본 7가닥에 지구회로선은 경계구역별, 경종선은 지상의 경우 층별 1선씩 증가[R형 중계기 이용]
　② 일제경보방식 : 기본 7가닥에 경계구역별 지구회로선만 1선씩 증가
3) 경계구역(지구회로)의 번호 선정지구회로의 번호는 지하층부터 지상층 순으로 정하는게 원칙이다.

009 그림은 P형 수신기의 미완성 결선도이다. 이 결선도를 참조하여 각 물음에 답하시오.

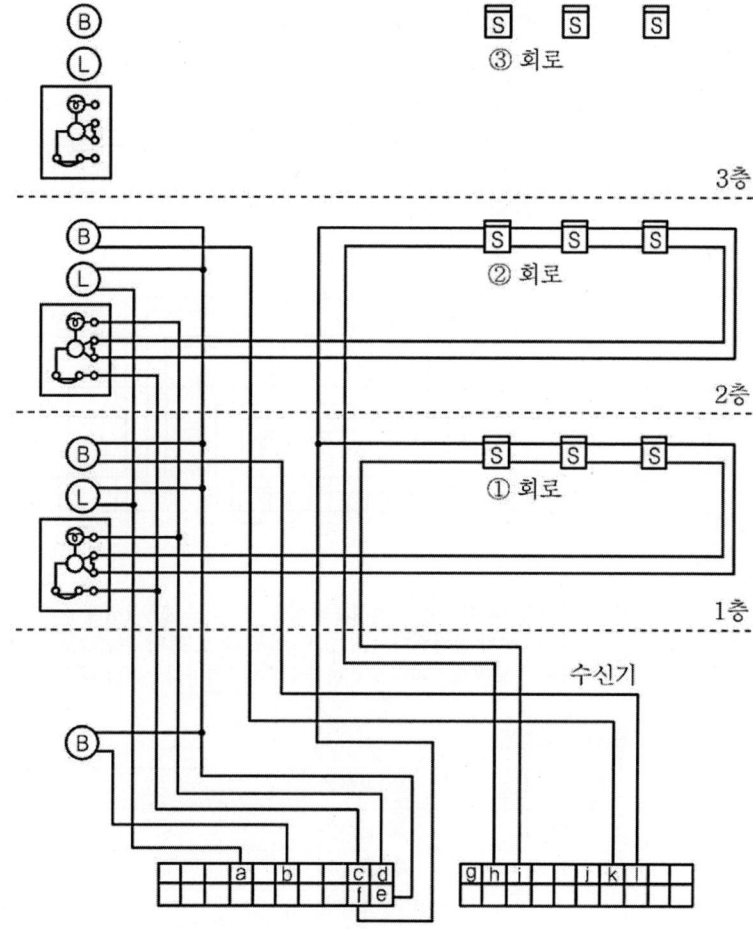

가) 결선도의 경보방식은 무슨 경보방식인가?
나) ⓐ ~ ⓔ의 각 전선의 용도별 명칭은 무엇인가?
다) 미완성으로 남아 있는 ③번 회로의 결선을 완성하시오.

가) 발화층 및 직상층 우선경보방식[22. 12. 1. 이후 개정, 현행 삭제 문제]
나) ⓐ 표시등선
　　ⓑ 주경종선
　　ⓒ 전화선(현행 삭제)
　　ⓓ 응답선
　　ⓔ 경종 및 표시등 공통선

다)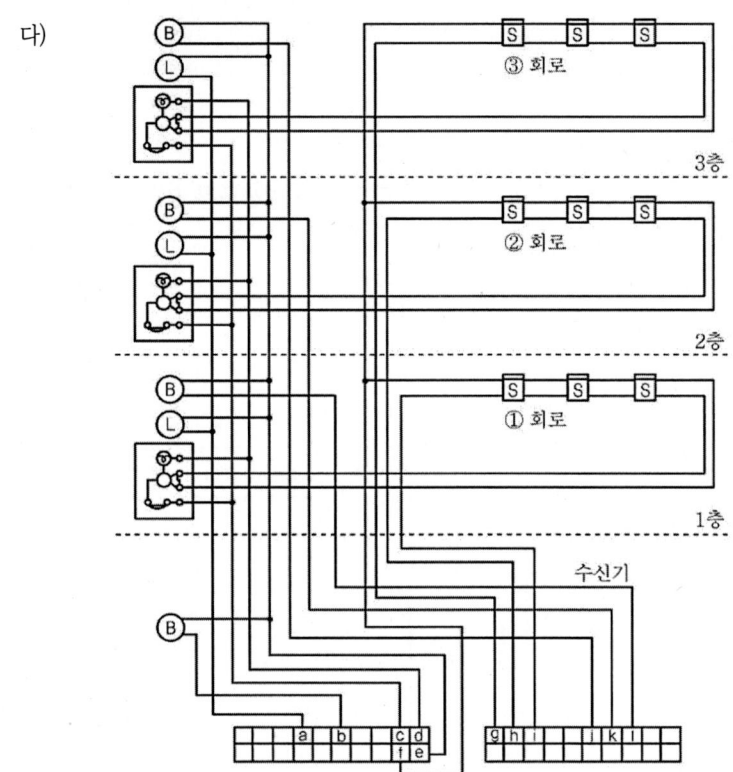

 가) ① 발화층 및 직상층 우선경보방식 : 지구회로선은 1경계구역마다, 경종선은 지상 각 층마다 1선씩 증가된다. (22. 5. 9. 이후 개정, 현행 우선경보는 R형 설치)
　　② 일제 경보방식 : 지구회로선만 1경계구역마다 1선씩 증가된다. (경종선은 증가 않음)

나) 전선의 명칭

기 호	접지저항값	기 호	접지저항값
ⓐ	표시등선	ⓖ	③ 지구회로선
ⓑ	주경종선	ⓗ	② 지구회로선
ⓒ	전화선(현행 삭제)	ⓘ	① 지구회로선
ⓓ	응답선	ⓙ	③ 경종선
ⓔ	경종 및 표시등 공통선	ⓚ	② 경종선
ⓕ	회로공통선	ⓛ	① 경종선

010 주어진 조건을 이용하여 자동화재탐지설비의 수동발신기간 연결간선수를 구하고, 각 선로의 용도를 표시하시오.

조건
- 선로의 수는 최소로 하고 발신기 공통선은 1선, 경종 및 표시등 공통선을 1선으로 하고 7경계구역이 넘을 시 발신기공통선, 경종 및 표시등 공통선은 각각 1선씩 추가하는 것으로 한다.
- 건물의 규모는 지상 6층, 지하 2층으로 연면적은 3,500[m²]인 것으로 한다.(일제 경보)

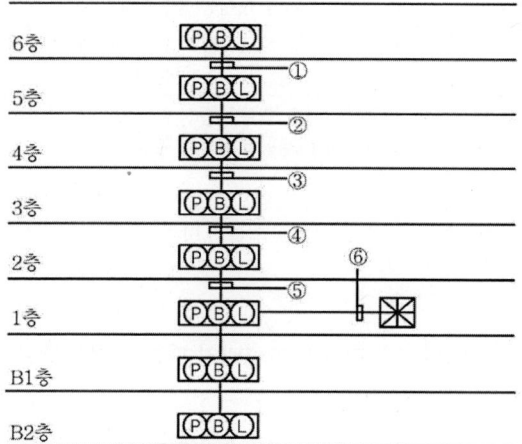

※ 답안 작성 예시(7선)

- 수동발신기 지구선 : 2선
- 수동발신기 응답선 : 1선
- 수동발신기 공통선 : 1선
- 경종선 : 1선
- 표시등선 : 1선
- 경종 및 표시등 공통선 : 1선

기호 연결간선의 용도	①	②	③	④	⑤	⑥
수동발신기 지구선	1선	2선	3선	4선	5선	8선
수동발신기 응답선	1선	1선	1선	1선	1선	1선
수동발신기 공통선	1선	1선	1선	1선	1선	2선
경종선	1선	1선	1선	1선	1선	1선
표시등선	1선	1선	1선	1선	1선	1선
경종 및 표시등 공통선	1선	1선	1선	1선	1선	2선
계	6선	7선	8선	9선	10선	15선

기호	전선굵기	가닥수	용도
①	2.5[mm²]	6	지구회로선 1, 회로공통선 1, 응답선 1, 경종선 1, 표시등선 1, 경종표시등 공통선 1
②	2.5[mm²]	7	지구회로선 2, 회로공통선 1, 응답선 1, 경종선 1, 표시등선 1, 경종표시등 공통선 1
③	2.5[mm²]	8	지구회로선 3, 회로공통선 1, 응답선 1, 경종선 1, 표시등선 1, 경종표시등 공통선 1
④	2.5[mm²]	9	지구회로선 4, 회로공통선 1, 응답선 1, 경종선 1, 표시등선 1, 경종표시등 공통선 1
⑤	2.5[mm²]	10	지구회로선 5, 회로공통선 1, 응답선 1, 경종선 1, 표시등선 1, 경종표시등 공통선 1
⑥	2.5[mm²]	11	지구회로선 8, 회로공통선 2, 응답선 1, 경종선 1, 표시등선 1, 경종표시등 공통선 2

※ 발신기 공통선(회로공통선)은 7경계구역이 넘으면 1선이 증가되나, 경종표시등 공통선은 그렇지 않다. 그러나 본 문제의 경우에는 조건에 따라 경종표시등 공통선도 1선이 증가됨에 유의할 것!

011 주어진 도면은 어떤 12층 건물에 대한 자동화재 탐지설비의 평면도이다. 다음 각 물음에 답하시오.

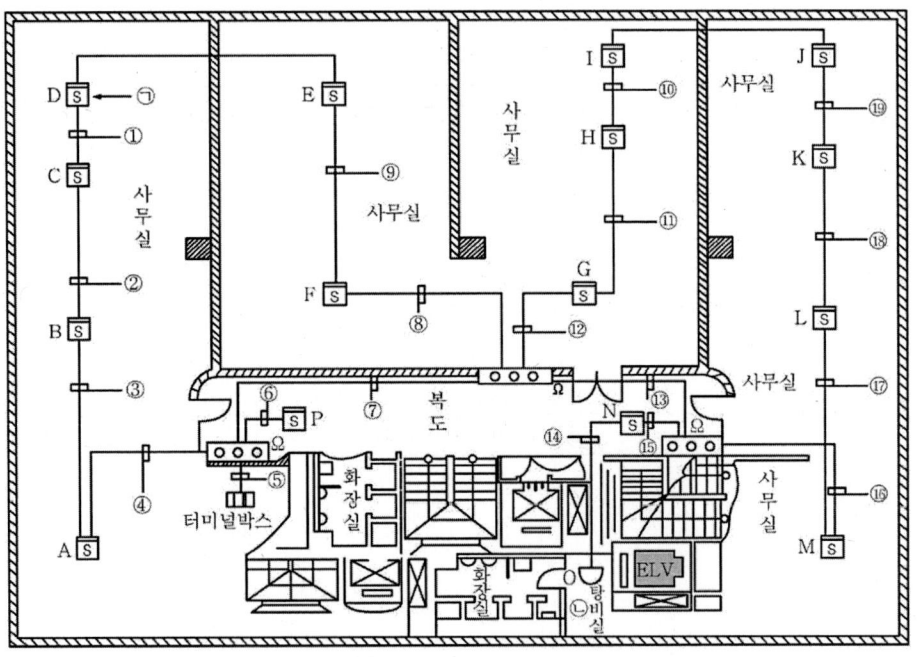

가) 도면의 배관 배선이 잘못된 곳이 3개소(누락 또는 연결오류) 있다. 이곳을 지적하여 올바른 방법을 설명하시오. (단, 감지기 기호를 이용하여 답을 할 것)

나) ①~⑲까지는 최소 몇 가닥의 전선이 필요한가? (단, 수동 발신기 간 배선은 처음 6선으로부터 결선을 시작하는 것으로 한다. 전화기능 있음)

다) 소요되는 부싱(bushing)은 최소 몇 개가 필요한가? (단, 크기에 관계없이 갯수만 답하도록 한다.)

라) 도면에서 ㉠, ㉡은 어떤 감지기의 도시기호인가?

가) ① 감지기 D와 E 사이에 배관 배선이 연결 : 배관 배선을 철거
② 감지기 E와 I 사이에 배관 배선이 없다 : 상호 간 배관 배선 연결
③ 감지기 I와 J 사이에 배관 배선이 연결 : 배관 배선을 철거

나) ① 4가닥   ② 4가닥   ③ 4가닥   ④ 4가닥
⑤ 8가닥   ⑥ 4가닥   ⑦ 7가닥   ⑧ 2가닥
⑨ 2가닥   ⑩ 2가닥   ⑪ 2가닥   ⑫ 2가닥
⑬ 6가닥   ⑭ 4가닥   ⑮ 4가닥   ⑯ 4가닥
⑰ 4가닥   ⑱ 4가닥   ⑲ 4가닥

다) 40개

라) ㉠ 연기감지기
㉡ 정온식 스포트형 감지기

가), 나)
① 경계구역 : 종단저항이 달린 발신기마다 독립된 경계구역으로 구획(복도, 통로, 벽 등으로 구획)되어야 하며, 이웃하는 경계구역 간 감지기는 상호 배관 배선하지 않는다.
② 중앙 발신기가 담당하는 경계구역의 감지기회로의 배선은 루프(loop) 배관 배선

기 호	가닥수	배선의 종류	배선의 용도
①~④	4	450/750[V] 저독성난연가교 폴리올레핀절연전선 1.5[mm²]	지구회로 2, 회로공통 2
⑤	8	450/750[V] 저독성난연가교 폴리올레핀절연전선 2.5[mm²]	지구회로 3, 회로공통 1, 응답 1, 경종 1, 표시등 1, 경종표시등공통 1
⑥	4	450/750[V] 저독성난연가교 폴리올레핀절연전선 1.5[mm²]	지구회로 2, 회로공통 2
⑦	7	450/750[V] 저독성난연가교 폴리올레핀절연전선 2.5[mm²]	지구회로 2, 회로공통 1, 응답 1, 경종 1, 표시등 1, 경종표시등공통 1
⑧~⑫	2	450/750[V] 저독성난연가교 폴리올레핀절연전선 1.5[mm²]	지구회로 1, 회로공통 1
⑬	6	450/750[V] 저독성난연가교 폴리올레핀절연전선 2.5[mm²]	지구회로 1, 회로공통 1, 응답 1, 경종 1, 표시등 1, 경종표시등공통 1
⑭~⑲	4	450/750[V] 저독성난연가교 폴리올레핀절연전선 1.5[mm²]	지구회로 2, 회로공통 2

※ 1) 감지기 배선(①~④, ⑥, ⑦~⑫, ⑭~⑲)은 450/750[V] 내열비닐절연전선 1.5[mm²]를 사용
2) ⑤, ⑦, ⑬은 발신기와 수신기를 연결하는 간선으로 450/750[V] 내열비닐절연전선 2.5[mm²]를 사용

다) 부싱(Bushing)
  ① 기능 : 전선의 피복 보호용(전선관 말단 박스 내에 취부)
  ② 취부위치 및 개수 : 합 40개
   • 1방출 박스 내 : 5개소×1개=5개(감지기 D, J, O, P 및 터미널박스 내)
   • 2방출 박스 내 : 12개소×2개=24개(감지기 A, B, C, E, F, G, H, I, K, L, M, N 내)
   • 3방출 박스 내 : 1개소×3개=3개(우측 발신기 내)
   • 4방출 박스 내 : 2개소×4개=8개(좌측 및 중앙 발신기 내)

※ 부싱 개수 산정 시 도면에 없는 것은 무시한다. (예, 터미널박스에 입상 또는 입하 배선이 있을 수 있으나 이를 무시)

라) 옥내 배선기호

명 칭	그림기호	적 요
정온식 스포트형 감지기	▽	(1) 필요에 따라 종별을 방기한다. (2) 방수인 것은 ▽로 한다. (3) 내산인 것은 ▽로 한다. (4) 내알칼리인 것은 ▽로 한다. (5) 방폭인 것은 EX를 방기한다.
차동식 스포트형 감지기	▽	필요에 따라 종별을 방기한다.
보상식 스포트형 감지기	▽	필요에 따라 종별을 방기한다.

연기감지기	S	(1) 필요에 따라 종별을 방기한다.
		(2) 점검박스 붙이인 경우는 S 로 한다.
		(3) 매입인 것은 S 로 한다.
		(4) 이온화식, 광전식 및 아날로그식
		  S I
		  S P
		  S A

수동발신기 세트	ⓅⒷⓁ	※ ○○○ 은 약식 그림

012 각 층에 수동발신기 1회로, 알람밸브 1회로, 제연댐퍼 1회로가 설치되어 있고, R형 수신기가 1대 설치되어 있는 지상 6층 지하 1층인 소방대상물이 있다. 이 건물의 소방설비 간선계통도를 그리고 전선수를 표시하시오. (단, R형 수신기는 지상 1층에 설치하며, R형 수신기 1대에는 R형 중계기 10대를 연결할 수 있고, R형 중계기와 수신기간은 신호선 2선, 전력선 2선을 연결한다.)

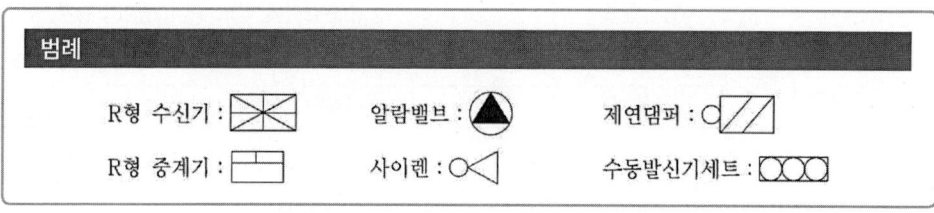

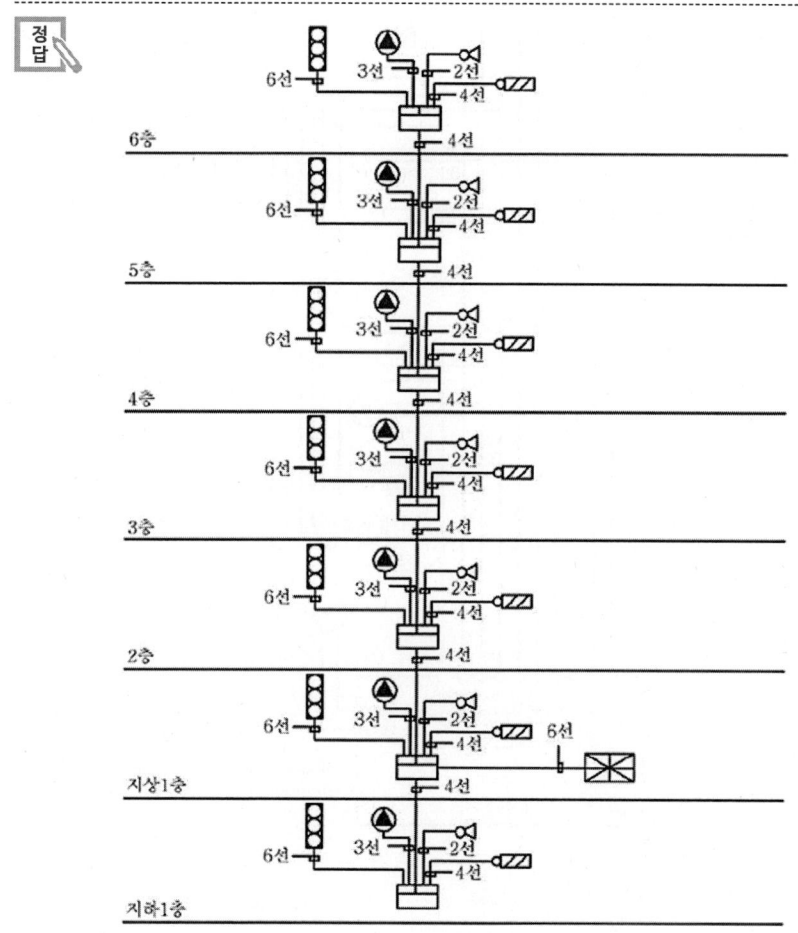

배선

기기명	가닥수	배선의 용도
수동발신기	6	지구회로선, 발신기공통선, 응답선, 경종선, 표시등선, 경종표시등 공통선
사이렌	2	사이렌 2
알람밸브	3	유수검지(압력)스위치, 탬퍼스위치, 공통
제연댐퍼	4	전원 ⊕·⊖, 기동스위치, 기동확인(기동표시)
중계기	4	신호선 2, 전원(전력)선 2

013 그림은 P형 수신기의 결선도이다. 다음 물음에 답하시오.

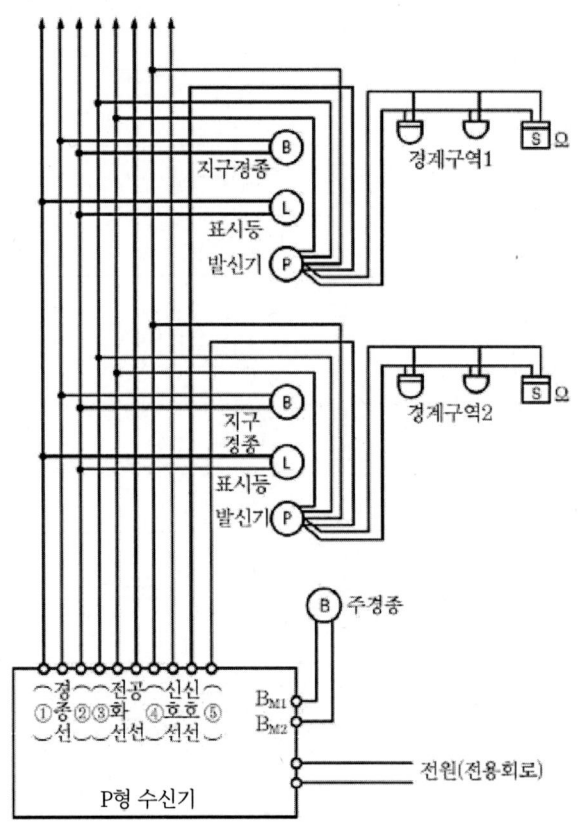

가) ①~⑤의 배선의 용도는 무엇인가?
나) 본 결선도의 경보 방식은 무엇인가?

가) ① 표시등선　　　② 경종·표시등 공통선
　　③ 응답선　　　　④ 신호공통선
　　⑤ 신호선
나) 일제 경보방식

경보방식
나) 일제 경보방식 : 경종선을 전층에 1개 선만 사용하므로

014 다음은 준비작동식 스프링클러 설비의 도면이다. 도면을 참조하여 다음 각 물음에 답하시오.

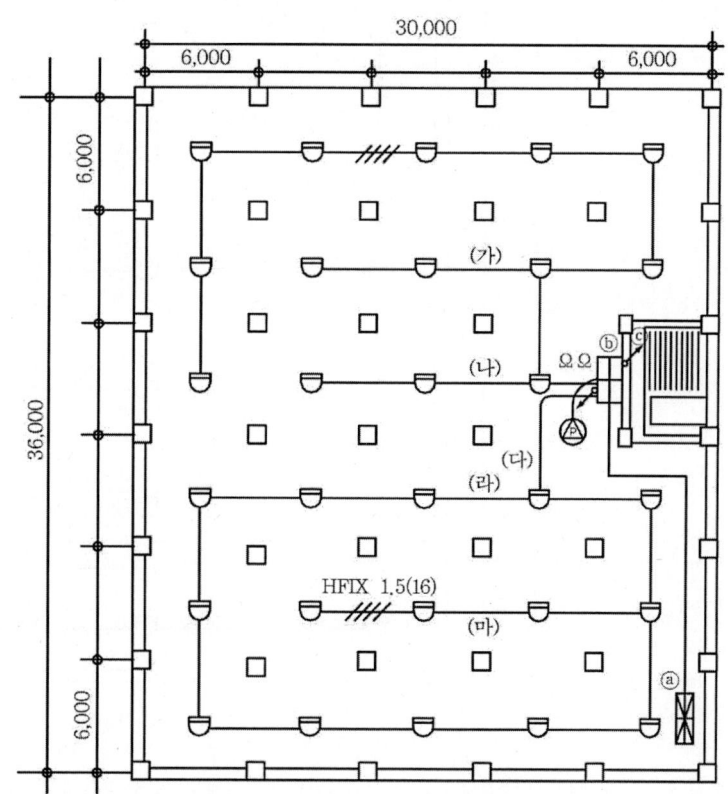

가) 도면에서 (가) ~ (마) 배선의 가닥수를 쓰시오.

나) 도면에서 ────/// HFIX 1.5(16) 의 배선을 상세히 설명하시오.

다) 도면에서 ⓐ ~ ⓒ의 명칭을 쓰시오.

라) 미완성된 부분을 완성하고 각 부분에 전선수량을 기입하시오.

가) (가) 8가닥 (나) 4가닥 (다) 8가닥
(라) 4가닥 (마) 8가닥
나) 1.5[mm²] 450/750[V] 저독성난연가교 폴리올레핀 절연전선 4가닥을 16[mm] 후강전선관에 넣은 천장은폐배선
다) ⓐ 수신기(감시제어반)
ⓑ 부수신기(슈퍼비조리 판넬)
ⓒ 입상

라)

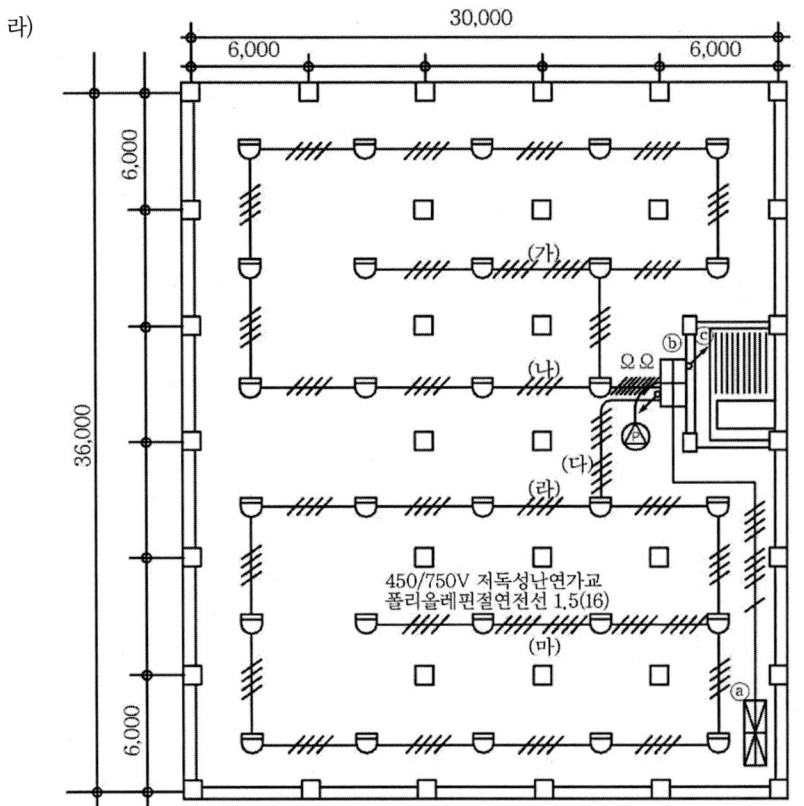

가) 감지기 배선수 : 교차회로 배선방식이므로 루프 및 말단 구간 4선, 나머지 구간 8선
※ 미완성된 도면을 접근할 때에는 정상일 때의 상태로 간주하여 문제를 풀어야 함

나)

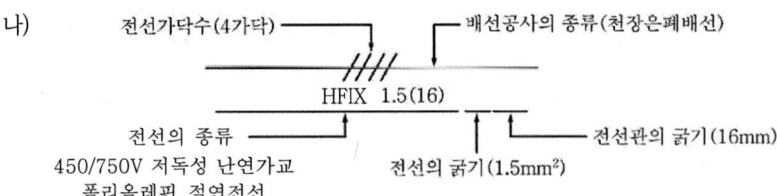

다) 옥내배선기호

명 칭	그림기호	적 요
수신기	⊠	다른 설비의 기능을 가진 경우는 필요에 따라 해당설비의 그림기호를 같이 적는다. 예) 가스누설 경보설비와 일체인 것 : ⊠◁ 가스누설 경보설비 및 방배연 연동과 일체인 것 : ⊠◁◢
부수신기 (표시기)	▭	필요에 따라 종별을 방기한다.
경계구역 번호	○	(1) ○에 경계구역 번호를 넣는다. (2) 필요에 따라 ⊖로 하고, 상부에 필요사항, 하부에 경계 구역 번호를 넣는다. (계단) (샤프트)
입상 입하 관통	↗ ↘ ↗	(1) 동일층의 상승, 인하는 특별히 표시하지 않는다. (2) 관, 선의 굵기를 명기한다. 단, 분명한 경우는 기입하지 않아도 된다. (3) 필요에 따라 공사 종별을 같이 적는다. (4) 케이블의 방화구역 관통부는 다음에 따라 표시한다. ⊛ ⊛ ⊛
프리액션밸브	⊿P	

※ 본 문제의 경우, 수신기는 감시제어반, 부수신기는 슈퍼비조리 판넬로 보아도 무방하다. (∵ 준비작동식 스프링클러 설비이므로)

라) 준비작동(프리액션)식 설비의 하나의 방호구역은 3,000[m²] 이하이므로 전체가 하나의 방호구역이다. 다만, 본 문제는 36,000[mm] 방향으로 구획하여 감지기 배선을 별도로 하였으나 감지기회로는 전체 구역을 1개 방호구역으로 보고 배선하면 된다. 따라서, 감지기회로는 2개회로로서 종단저항은 2개 필요

015 미완성 배선 도면을 참조하여 다음 각 물음에 답하시오.

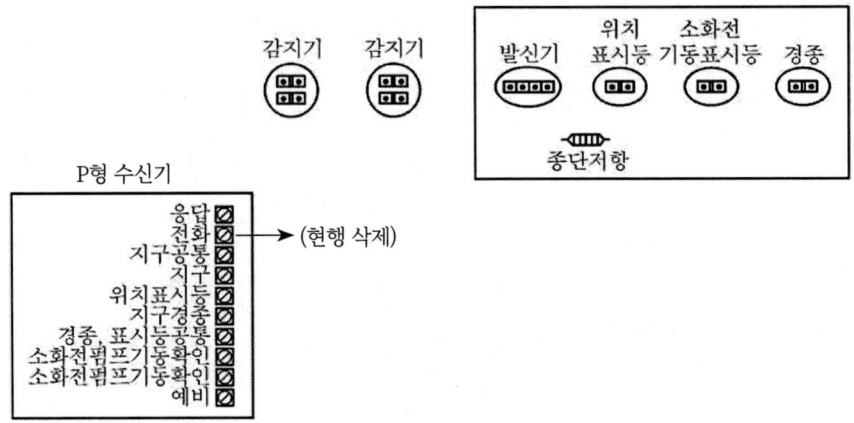

가) 각 기기장치를 수신기의 단자에 알맞게 연결하시오. (단. 발신기에 설치된 단자는 왼쪽으로부터 응답, 지구, 전화, 공통이다.)
나) 종단저항을 연결해야 하는 기기의 명칭과 단자의 명칭을 쓰시오.
다) 소화전 기동표시등의 색상을 쓰시오.
라) 발신기의 위치표시등에 대하여 다음 각 항목의 물음에 답하시오.
　① 식별기준
　② 색상

정답

가)

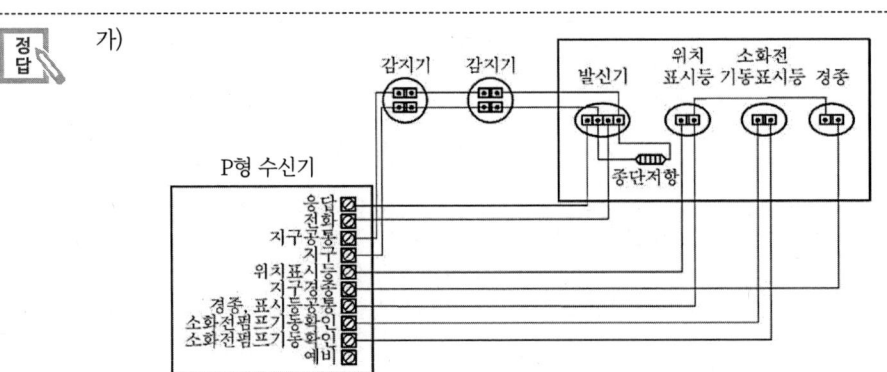

나) ① 기기 명칭 : 발신기　　② 단자 명칭 : 지구, 공통
다) 적색
라) ① 부착면으로부터 15° 이상의 범위 안에서 부착지점으로부터 10[m] 이내
　② 적색

016
아래의 도면은 자동화재탐지설비의 간선계통도 및 평면도이다. 도면 및 유의사항을 참조하여 다음 각 물음에 답하시오.

유의사항
- 지하 1층, 지상 5층의 건물로서 전층이 기준층이며, 층고는 3[m], 이중천장은 천장면으로부터 0.5[m]임
- 모든 파이프는 후강전선관이며, 천장 슬라브 및 벽체 매입배관임
- 주수신반 및 소화전함은 바닥으로부터 상단까지 1.8[m]이며 벽체매입으로 함
- 3방출 이상은 4각 박스를 사용할 것
- 전화기능은 없는 것으로 함
- 일제경보방식 채택

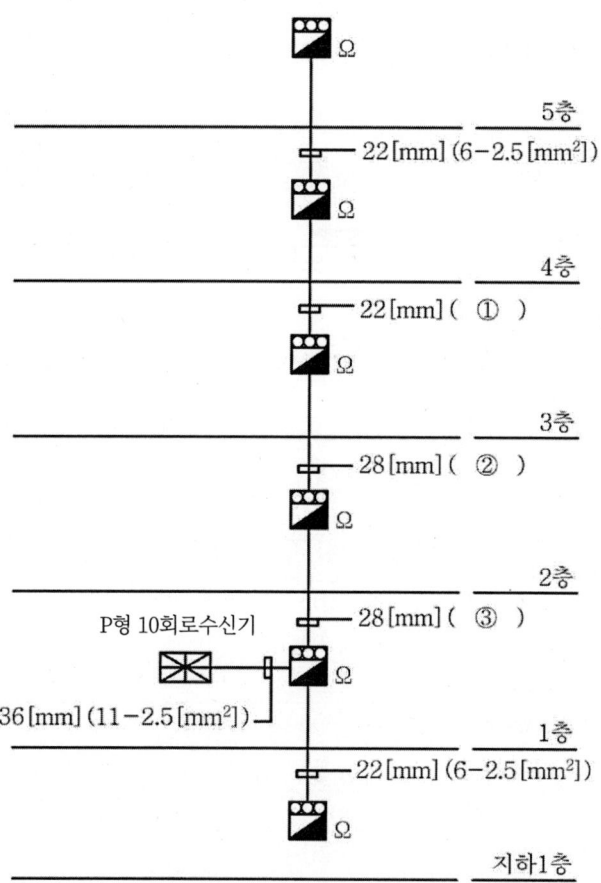

[간선계통도(축척 : 없음)]

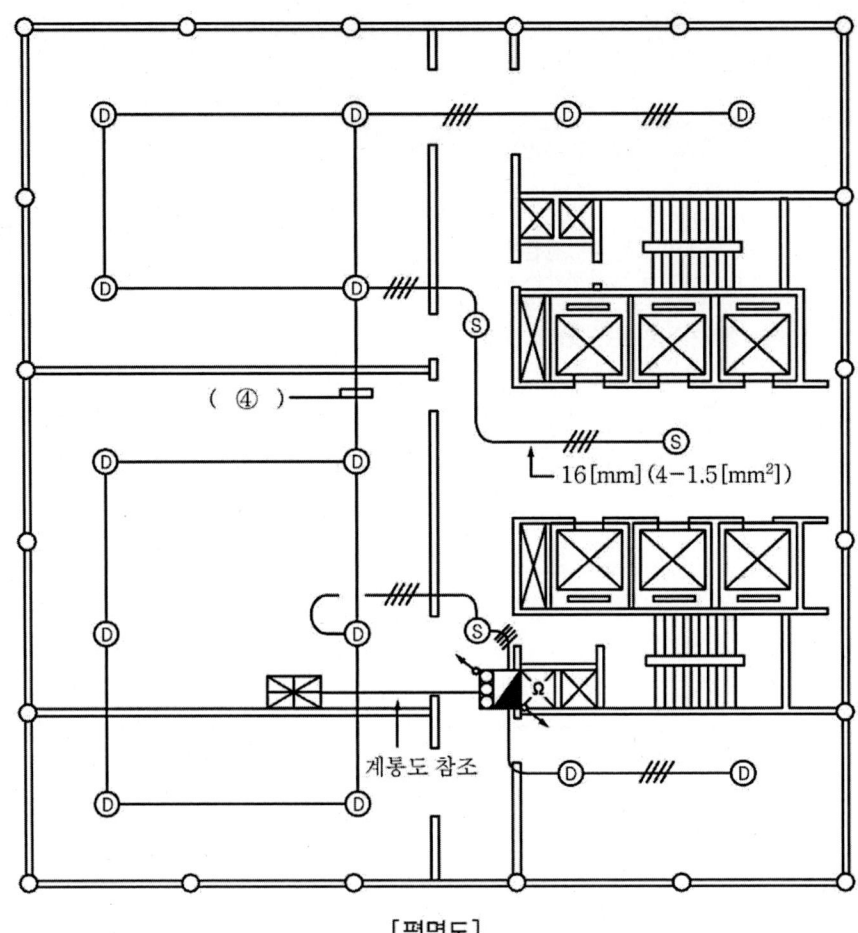

[평면도]

종류	수량	종류	수량
부싱(16mm)	(①)	노멀밴드(16mm)	(⑨)
부싱(22mm)	(②)	8각박스	(⑩)
부싱(28mm)	(③)	4각박스	(⑪)
부싱(36mm)	(④)	발신기함	(⑫)
로크너트(16mm)	(⑤)	수신기함	(⑬)
로크너트(22mm)	(⑥)	차동식 스포트형 감지기	(⑭)
로크너트(28mm)	(⑦)	연기감지기	(⑮)
로크너트(36mm)	(⑧)		

가) 도면의 ①~④에 필요한 전선의 최소수는 얼마인가?
나) 본 공사에 소요되는 물량을 산출하여 답안지의 빈칸 ① ~ ⑮를 채우시오.

가) ① 7선   ② 8선   ③ 9선   ④ 4선

나)

종 류	수 량	종 류	수 량
부싱(16mm)	(228)	노멀밴드(16mm)	(54)
부싱(22mm)	(6)	8각박스	(78)
부싱(28mm)	(4)	4각박스	(24)
부싱(36mm)	(2)	발신기함	(6)
로크너트(16mm)	(456)	수신기함	(1)
로크너트(22mm)	(8)	차동식 스포트형 감지기	(84)
로크너트(28mm)	(8)	연기감지기	(18)
로크너트(36mm)	(8)		

가) 배선의 내역

기 호	전선 굵기	전선수	용도
5층	2.5[mm²]	6	응답선 1, 지구회로선 1, 회로공통선 1, 경종선 1, 표시등선 1, 경종표시등공통선 1
①	2.5[mm²]	7	응답선 1, 지구회로선 2, 회로공통선 1, 경종선 1, 표시등선 1, 경종표시등공통선 1
②	2.5[mm²]	8	응답선 1, 지구회로선 3, 회로공통선 1, 경종선 1, 표시등선 1, 경종표시등공통선 1
③	2.5[mm²]	9	응답선 1, 지구회로선 4, 회로공통선 1, 경종선 1, 표시등선 1, 경종표시등공통선 1
1층	2.5[mm²]	11	응답선 1, 지구회로선 6, 회로공통선 1, 경종선 1, 표시등선 1, 경종표시등공통선 1
지하 1층	2.5[mm²]	6	응답선 1, 지구회로선 1, 회로공통선 1, 경종선 1, 표시등선 1, 경종표시등공통선 1
④	1.5[mm²]	4	지구회로 2, 공통 2

나) 물량 산출
① 부싱(16mm) : 228개(← 각 층 38개×6개층)[감지기 1방출×3, 2방출×10, 3방출×3, 4방출×1, 발신기함(감지기측 2방출)×1]
② 부싱(22mm) : 6개(← 지하층 1개소, 1층 1개소, 3층 1개소, 4층 2개소, 5층 1개소)
③ 부싱(28mm) : 4개(← 1층 1개소, 2층 2개소, 3층 1개소)
④ 부싱(36mm) : 2개(← 1층 2개소)
⑤ 로크너트(16mm) : 456개(← 각 층 76개×7개층)
⑥ 로크너트(22mm) : 12개
⑦ 로크너트(28mm) : 8개
⑧ 로크너트(36mm) : 4개

⑨ 노멀벤드(16mm) : 54개[7개(평면도상)×6개층, 2개(평면도에 나타나지 않는 것으로 발신기와 감지기간)×6개층]]
⑩ 8각 박스 : 78개 ← 각 층 13개×6개층
⑪ 4각 박스 : 24개 ← 각 층 4개×6개층
⑬ 수신기함 : 1개
⑭ 차동식 스포트형 감지기 : 84개(← 각 층 14개×6개층)
⑮ 연기감지기 : 18개(← 각 층 3개×6개층)

※ 주의할 점
1) 부싱은 각 배관 말단에 설치하며, 로크너트 개수는 부싱의 2배수
2) 콘크리트 매입박스(4각)의 공량산출 시 발신기, 수신기 등은 다음의 경우 별도 산출하지 않는다.
  ① 발신기, 수신기 등을 별도로 공량 산출하는 경우(중복되므로)
  ② 발신기, 수신기 등을 벽 등에 매입 시공하는 경우(별도의 4각 매입박스가 불필요하므로)
3) 평면도에 나타나지 않으나 공량산출에는 포함하여야 하는 노멀벤드(직각으로 구부러진 배관) ← 설치 높이가 다른 부분에 설치됨에 주의할 것
  ① 발신기함과 첫 감지기 사이(각 층 2개소로 전체 12개소) : 16[mm]
  ② 수신기함과 발신기함 사이(1층에만 2개소) : 36[mm] → 16[mm]가 아니므로 본 문제에서는 계산에 산입하지 않음

017 다음 도면을 참조하여 각 물음에 답하시오.

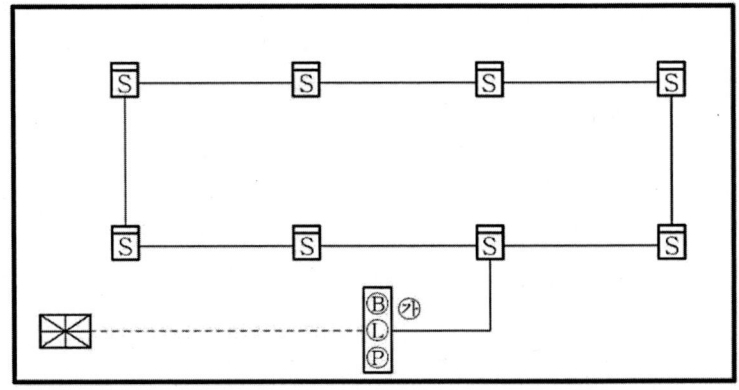

가) ㉮는 수동으로 화재신호를 발신하는 P형 발신기세트이다. 발신기세트와 수신기 간의 배관길이가 15[m]인 경우 전선은 총 몇 [m]가 필요한지 산출하시오. (단, 층고, 할증 및 여유율 등은 고려하지 않는다.)
나) 상기 건물에 설치된 감지기가 2종인 경우 8개의 감지기가 최대로 감지할 수 있는 감지구역의 바닥면적 합계는 몇 [m²]인가? (단, 천장 높이는 5[m]인 경우이다.)
다) 감지기와 감지기 간, 감지기와 P형 발신기세트 간의 길이가 각각 10[m]인 경우 전선관 및 전선물량을 산출과정과 함께 쓰시오. (단, 층고, 할증 및 여유율 등은 고려하지 않는다.)

품 명	규 격	산출과정	물량(m)
전선관	16C		
전선	HFIX(90) 1.5[mm^2]		

가) 6선×15[m]=90[m]   답) 90[m]
나) 75[m^2]×8=600[m^2]   답) 600[m^2]
다)

품 명	규 격	산출과정	물량(m)
전선관	16C	10[m]×9	90[m]
전선	HFIX(90) 1.5[mm^2]	10[m]×(2가닥×8+4가닥×1)	200[m]

가) 6선의 용도(내역) : 지구, 공통, 응답, 경종, 표시등, 경종표시등공통
나) 부착높이에 따른 감지기 기준면적

부착높이	감지기의 종류(단위 : m^2)	
	1종 및 2종	3종
4[m] 미만	150	50
4[m] 이상 20[m] 미만	75	-

감지기 1개당 기준 감지면적은 부착높이가 5[m]이므로 75[m^2]
∴ 8개 감지기의 최대 감지면적=75[m^2] ∴8개=600[m^2]

다)

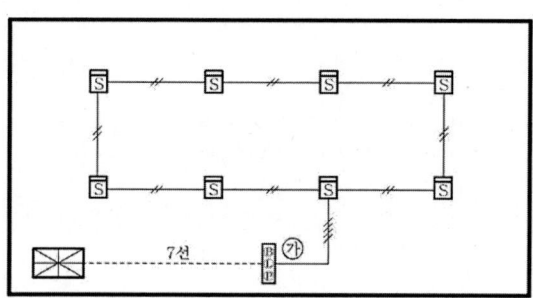

※ 수신기와 발신기세트 간은 계산에 넣지 않는다. (HFIX(90) 2.5[mm^2] 전선과 22C 후 강전선관을 사용하므로)

018

다음 그림은 P형 수신기의 1 경계구역에 대한 결선도이다. 결선도를 참조하여 다음 각 물음에 답하시오. [전화기능 있음]

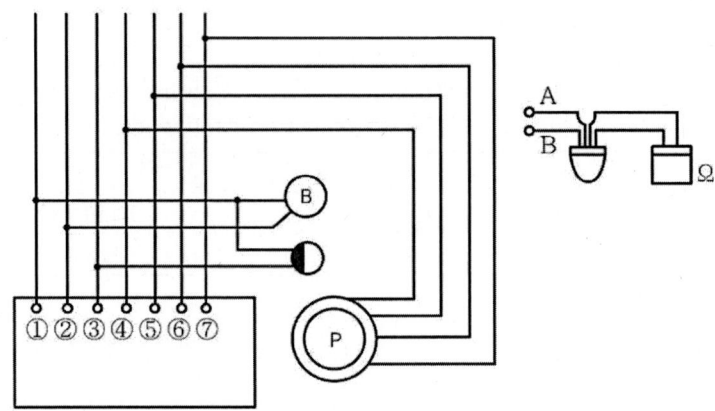

가) 단자번호 ④는 응답선, ⑦은 지구선이다. ①, ②, ③, ⑤, ⑥의 기능상 명칭은 무엇인가?
나) 발신기 표시등의 점멸상태는 어떻게 되어 있어야 하는지 그 상태를 설명하시오.
다) 지상층의 경계구역이 늘어날 때마다 추가되는 선에는 어떤 선들이 있는가?
라) 감지기선 A, B는 발신기의 어느 선과 연결해야 하는지 그 선의 명칭을 쓰시오.
마) 회로에 사용되는 전원의 종류는 무엇이며, 전압은 몇 [V]를 사용하는가?

가) ① 경종 및 표시등 공통선   ② 경종선
     ③ 표시등선   ⑤ 전화선
     ⑥ 지구공통선
나) 상시는 물론 비상시에도 적색의 점등상태를 유지해야 한다.
다) 지구선, 7경계구역 넘을 때마다 지구공통선
라) 지구선과 지구공통선
마) ① 전원의 종류 : 축전지 또는 교류전압옥내간선, 전기저장장치
     ② 전압 : 직류(D.C) 24[V]

가) 수신기-발신기 간 결선도 및 단자명칭

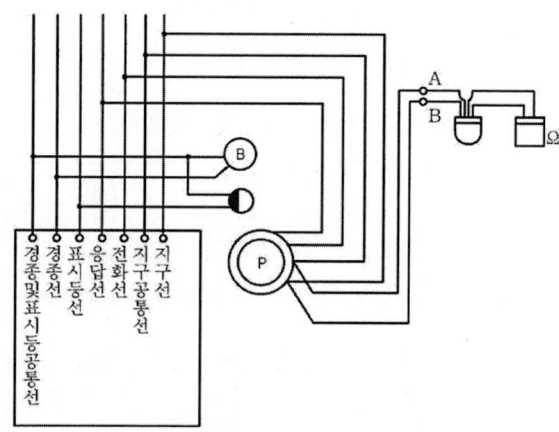

나) 발신기의 위치를 표시하는 표시등의 함의 상부에 설치하되, 그 불빛은 부착면으로부터 15° 이상의 범위 안에서 부착지점으로부터 10[m] 이내의 어느 곳에서도 쉽게 식별할 수 있는 적색등으로 하여야 한다.

다) 간선수 변동
  ① 지구선 : 경계구역이 1개 늘어날 때마다 기본간선 7선(전화기능 없는 경우 6선)에 추가하여 1선씩 증가(층마다 증가)
  ② 지구공통선 : 경계구역이 7개 늘어날 때마다 기본간선 7선(전화기능 없는 경우 6선)에 추가하여 1선씩 증가(7개 지구마다 증가)

라) 감지기로 연결되는 배선은 지구선, 지구공통선의 2선이다.

마) 전원(상용전원)의 종류는 축전지 또는 교류전압옥내간선, 전기저장장치이고, 전압은 직류(D.C) 24[V]이다.

019
아래의 도면은 자동화재탐지설비의 수신기와 수동발신기 세트 간의 결선을 나타낸 것이다. 도면과 조건을 참조하여 ① ~ ⑩까지 각각의 총 전선 가닥수 및 용도별 전선가닥수를 쓰시오.

> **조건**
> 1. 건물은 지상 6층, 지하 1층으로서 연면적이 8,000[m²]이다.
> 2. 배선은 실무적으로 사용되고 있는 최소 선수로 표시한다.
> 3. 수동발신기의 공통선은 6경계구역의 초과 시 별도로 결선한다.
> 4. 수신기는 P형 30회로용이며, 지상 1층에 설치한다.
> 5. 일제경보방식임.

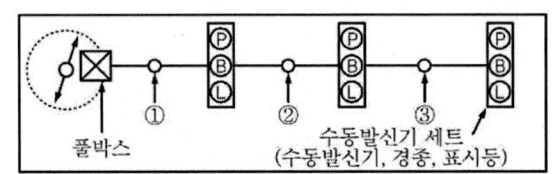

[평면도]

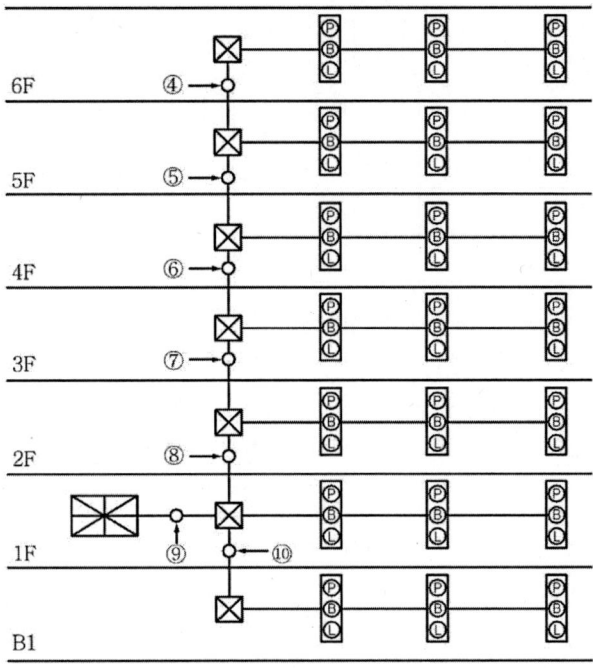

[간선계통도]

가) 발화·직상 경보를 할 수 있도록 하기 위한 평면도의 ① ~ ③에 배선되어야 할 전선 가닥수는 최소 몇 본인가?

나) 간선계통도를 보고 입상 입하하는 간선수 및 전선의 용도를 답란에 기입하시오.

번 호	전선수	배선의 종류	배선의 용도
④		2.5[mm²]	회로선( ), 수동발신기 공통선( ), 응답선( ), 경종선( ), 경종표시등공통선( ), 표시등선( )
⑤		2.5[mm²]	회로선( ), 수동발신기 공통선( ), 응답선( ), 경종선( ), 경종표시등공통선( ), 표시등선( )
⑥		2.5[mm²]	회로선( ), 수동발신기 공통선( ), 응답선( ), 경종선( ), 경종표시등공통선( ), 표시등선( )
⑦		2.5[mm²]	회로선( ), 수동발신기 공통선( ), 응답선( ), 경종선( ), 경종표시등공통선( ), 표시등선( )
⑧		2.5[mm²]	회로선( ), 수동발신기 공통선( ), 응답선( ), 경종선( ), 경종표시등공통선( ), 표시등선( )

		2.5[mm²]	회로선( ), 수동발신기 공통선( ), 응답선( ), 경종선( ), 경종표시등공통선( ), 표시등선( )
⑨		2.5[mm²]	회로선( ), 수동발신기 공통선( ), 응답선( ), 경종선( ), 경종표시등공통선( ), 표시등선( )
⑩		2.5[mm²]	회로선( ), 수동발신기 공통선( ), 응답선( ), 경종선( ), 경종표시등공통선( ), 표시등선( )

정답

가) ① 8본 ② 7본 ③ 6본

나)

번 호	전선수	배선의 종류	배선의 용도
④	8	2.5[mm²]	회로선(3), 수동발신기 공통선(1), 응답선(1), 경종선(1), 경종표시등공통선(1), 표시등선(1)
⑤	11	2.5[mm²]	회로선(6), 수동발신기 공통선(1), 응답선(1), 경종선(1), 경종표시등공통선(1), 표시등선(1)
⑥	15	2.5[mm²]	회로선(9), 수동발신기 공통선(2), 응답선(1), 경종선(1), 경종표시등공통선(1), 표시등선(1)
⑦	18	2.5[mm²]	회로선(12), 수동발신기 공통선(2), 응답선(1), 경종선(1), 경종표시등공통선(1), 표시등선(1)
⑧	22	2.5[mm²]	회로선(15), 수동발신기 공통선(3), 응답선(1), 경종선(1), 경종표시등공통선(1), 표시등선(1)
⑨	29	2.5[mm²]	회로선(21), 수동발신기 공통선(4), 응답선(1), 경종선(1), 경종표시등공통선(1), 표시등선(1)
⑩	8	2.5[mm²]	회로선(3), 수동발신기 공통선(1), 응답선(1), 경종선(1), 경종표시등공통선(1), 표시등선(1)

020 내화구조의 건축물에 자동화재탐지설비를 설치하고자 한다. 조건을 참조하여 다음 각 물음에 답하시오.

조건

1. 각 층의 층고는 지상 1층, 지하 1층, 지하 2층은 4.5[m]이며, 지상 2층부터 6층까지는 3.5[m]이다.
2. 지하 2층 지상 6층까지의 직통계단은 1개소이다.
3. 각 층은 차동식 스포트형(1종) 감지기를 설치한다.
4. 각 층의 반자는 고려하지 않는다.
5. 각 층에 복도는 없다.
6. 각 층별 면적의 경우, 6층은 150[m²], 나머지 모든 층의 면적은 각각 750[m²]이다.
7. 각 층에는 화장실이 50[m²]의 면적을 갖는다. (단, 6층에는 화장실이 없다.)

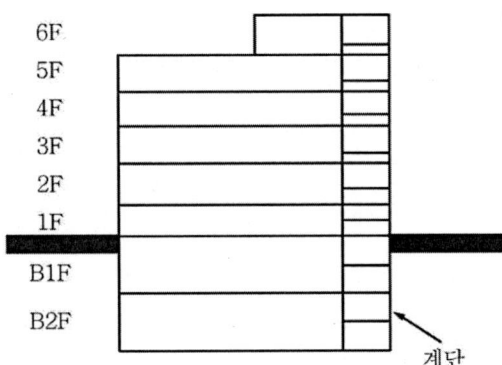

가) 전체 경계구역의 수를 구하시오.
나) 차동식 감지기의 전체 설치 수를 구하시오.
다) 연기감지기의 개수를 설치장소와 함께 표현하시오. (1종 설치시)

정답

가) 전체 경계구역의 수
① 수평경계구역 수

6층 : $\dfrac{150\text{m}^2}{600\text{m}^2} ≒ 0.25$개   ∴ 1개

5층 ~ B2층 : $\dfrac{750\text{m}^2}{600\text{m}^2} ≒ 1.25$개   ∴ 2개

∴ 2개 × 7개층 = 14개

② 수직경계구역 수 : 계단 2개
③ 총 경계구역 수 = 1 + 14 + 2 = 17개

나) 차동식감지기의 전체 개수

① 지상 6층 : 설치 수 = $\dfrac{150\text{m}^2}{90\text{m}^2}$ ≒ 2개

② 지상 5층 ~ 지상 2층 : 층별 설치 수 = $\dfrac{700\text{m}^2}{90\text{m}^2}$ = 7.77 ≒ 8개

   층별 설치수(화장실) = $\dfrac{50\text{m}^2}{90\text{m}^2}$ = 0.55 ≒ 1개

   따라서 층별 9개 설치   ∴ 9×4개층 = 36개

③ 지상 1층~지하 2층 : 층별 설치 수 = $\dfrac{700\text{m}^2}{45\text{m}^2}$ = 15.55 ≒ 16개

   층별 설치수(화장실) = $\dfrac{50\text{m}^2}{45\text{m}^2}$ = 1.11 ≒ 2개

   따라서 층별 18개 설치   ∴ 18×3개층 = 54개

총 설치 수 = 2+36+54 = 92개

다) ① 지상층 : 설치 수 = $\dfrac{(3.5 \times 5 + 4.5)\text{m}}{15\text{m}}$ = 1.47 ≒ 2개

② 지하층 : 설치 수 = $\dfrac{(4.5 \times 2)\text{m}}{15\text{m}}$ ≒ 1개   ∴ 총 설치 수 = 2+1 = 3개

③ 설치 장소 : 6층, 3층, 지하 1층

021

아래의 도면은 자동화재탐지설비의 감지기와 수동발신기 및 종단저항의 연결을 나타낸 것이다. 잘못된 부분을 수정하여 올바른 도면을 완성하시오. (단, 감지기의 종단저항은 수동발신기 단자에 취부한다.)

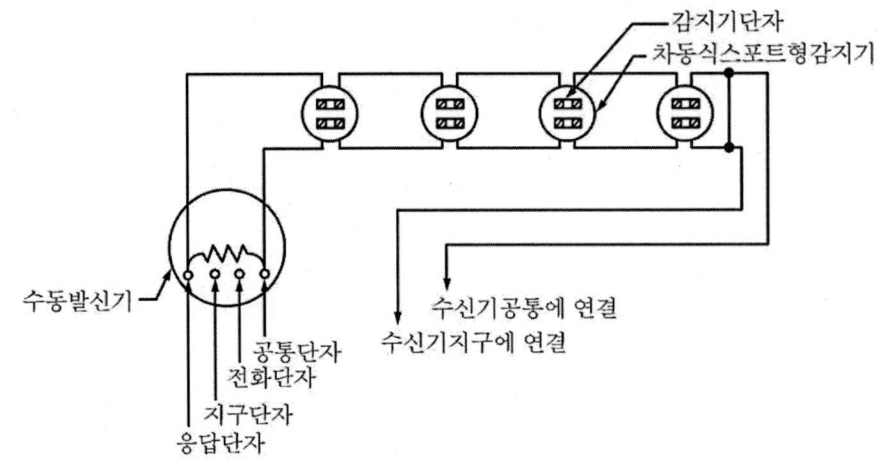

정답 올바른 도면

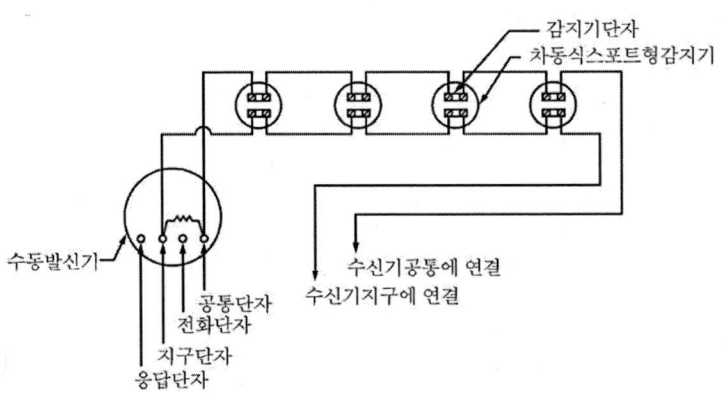

해설
1) 수신기의 지구선과 공통선은 감지기를 거쳐 수동발신기의 지구단자와 공통단자에 접속해야 한다.
2) 종단저항은 회로 끝부분인 수동발신기의 지구단자와 공통단자 간에 연결하며, 회로 중간을 단락시킬 수 없다.

022

사무실 (1동)과 공장(2동)으로 구분되어 있는 건물에 P형 발신기 세트를 설치하고, 수신기는 경비실에 설치하였다. 경보방식은 동별 구분 경보방식을 적용하였으며, 옥내소화전의 가압송수장치는 기동용 수압 개폐장치를 사용하는 방식인 경우에 다음 물음에 답하시오.

가) 빈칸 ㉮, ㉯, ㉱, ㉲ 안에 전선가닥수 및 전선의 용도를 쓰시오. (단, 스프링클러설비와 자동화재탐지설비의 공통선은 각각 별도로 사용하며, 전선은 최소 가닥수를 적용한다.)

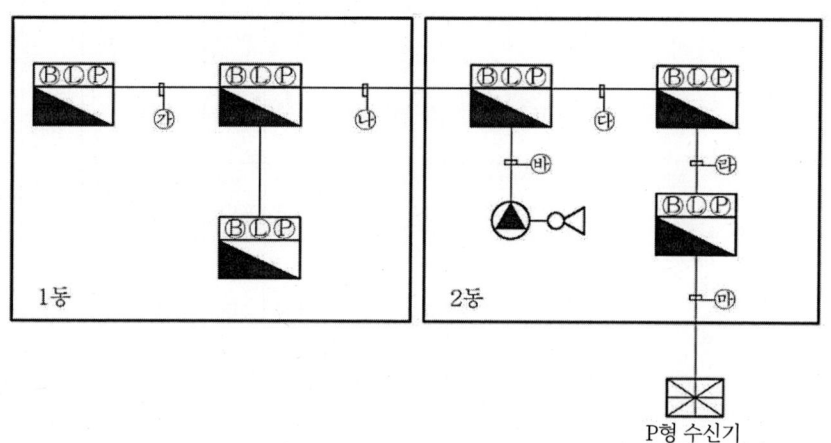

항목	가닥수	자동화재탐지설비							스프링클러설비			
		용도1	용도2	용도3	용도4	용도5	용도6	용도7	용도1	용도2	용도3	용도4
㉮												
㉯	10	응답	지구3	지구공통	경종	표시등	경종표시등공통	소화전기동확인2				
㉰												
㉱												
㉲												
㉳	4								압력스위치	탬퍼스위치	사이렌	공통

나) 공장 등에 설치한 폐쇄형 헤드를 사용하는 습식 스프링클러의 유수검지장치용 음향장치는 어떤 경우에 울리게 되는가?

다) 습식 스프링클러 유수검지장치용 음향장치는 담당구역의 각 부분으로부터 하나의 음향장치까지 수평거리는 몇 [m] 이하로 해야 하는가?

가)

항목	가닥수	자동화재탐지설비							스프링클러설비			
		용도1	용도2	용도3	용도4	용도5	용도6	용도7	용도1	용도2	용도3	용도4
㉮	8	응답	지구	지구공통	경종	표시등	경종표시등공통	소화전기동확인2				
㉯	10	응답	지구3	지구공통	경종	표시등	경종표시등공통	소화전기동확인2				
㉰	16	응답	지구4	지구공통	경종2	표시등	경종표시등공통	소화전기동확인2	압력스위치	탬퍼스위치	사이렌	공통
㉱	17	응답	지구5	지구공통	경종2	표시등	경종표시등공통	소화전기동확인2	압력스위치	탬퍼스위치	사이렌	공통
㉲	18	응답	지구6	지구공통	경종2	표시등	경종표시등공통	소화전기동확인2	압력스위치	탬퍼스위치	사이렌	공통
㉳	4								압력스위치	탬퍼스위치	사이렌	공통

나) 화재로 폐쇄형 습식 스프링클러설비의 밸브(클래퍼)가 개방되어 일정량 이상의 유수의 흐름이 발생하는 경우 유수검지스위치(또는 압력스위치)가 작동됨과 동시에 경보(알람)가 울린다.

다) 25[m] 이하

가) 자동화재탐지설비
 ① 사무실동과 공장동은 상호 간 구분 경보방식 적용 ⇒ 사무실동 전체에 경종 1선, 공장동 전체에 경종 1선
 ② 기본 가닥수 : 6선(응답, 지구, 지구공통, 경종, 표시등, 경종표시등공통)
 ③ 가닥수 변화 : 지구선은 발신기 세트마다 1선씩 추가 배선하며, 경종선은 사무실동엔 1선, 공장동에 1선 배선

나) 옥내소화전설비
 ① 기본 가닥수 : 2선(소화전 기동확인 2)
 ② 가닥수 변화 : 없음

다) 습식 스프링클러설비
 ① 기본 가닥수 : 4선(압력스위치, 탬퍼스위치, 사이렌, 공통) ← 압력스위치는 유수검지스위치를 의미
 ② 가닥수 변화 : 없음

023

3개의 독립된 1층 건물에 P형 발신기를 그림과 같이 설치하고, P형 수신기는 경비실에 설치하였다. 경보방식은 동별 구분 경보방식을 적용하였으며, 옥내소화전의 가압송수장치는 기동용 수압개폐장치를 사용하는 방식을 사용할 경우에 다음 물음에 답하시오.

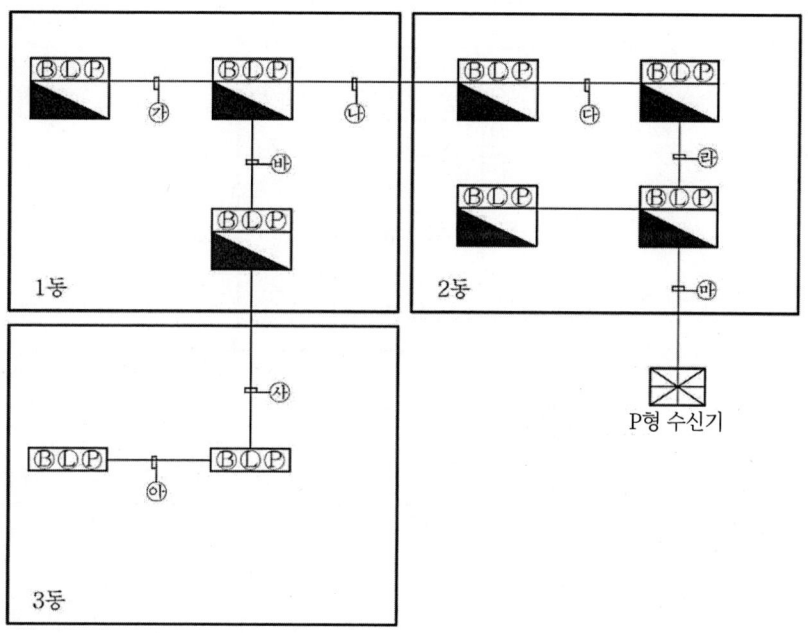

가) 빈칸 ㉯, ㉰, ㉱, ㉵, ㉾ 안에 전선 가닥수 및 전선의 용도를 쓰시오.

항목	가닥수	용도1	용도2	용도3	용도4	용도5	용도6	용도7
㉮	8	응답	지구	지구공통	경종	표시등	경종표시등공통	소화전기동확인2
㉯								
㉰								
㉱								
㉲	19	응답	지구9	지구공통2	경종3	표시등	경종표시등공통	소화전기동확인2
㉳								
㉴								
㉵	6	응답	지구	지구공통	경종	표시등	경종표시등공통	

나) 경비실에 설치하는 P형 수신기는 몇 회선용을 사용해야 하는가? (단, 수신기의 예비회로는 실제 사용회로의 10[%]를 두는 조건이다.)

다) P형 수신기는 상시 사람이 근무하는 장소에 설치해야 하는데 이 건물에 사람이 상시 근무하는 장소가 없는 경우에는 수신기를 어떤 장소에 설치해야 하는가?

라) 수신기가 설치된 장소에 화재발생구역을 신속하게 확인하기 위하여 비치해야 하는 것은?

가)

항목	가닥수	용도1	용도2	용도3	용도4	용도5	용도6	용도7
㉮	8	응답	지구	지구공통	경종	표시등	경종표시등 공통	소화전기동 확인2
㉯	13	응답	지구5	지구공통	경종2	표시등	경종표시등 공통	소화전기동 확인2
㉰	15	응답	지구6	지구공통	경종3	표시등	경종표시등 공통	소화전기동 확인2
㉱	16	응답	지구7	지구공통	경종3	표시등	경종표시등 공통	소화전기동 확인2
㉲	19	응답	지구9	지구공통2	경종3	표시등	경종표시등 공통	소화전기동 확인2
㉳	11	응답	지구3	지구공통	경종2	표시등	경종표시등 공통	소화전기동 확인2
㉴	7	응답	지구2	지구공통	경종	표시등	경종표시등 공통	
㉵	6	응답	지구	지구공통	경종	표시등	경종표시등 공통	

나) 10회선용
다) 관계인이 쉽게 접근할 수 있고 관리가 용이한 장소
라) 경계구역 일람도

가) 간선수
   1) 자동화재탐지설비
     ① 기본 가닥수 : 6선
     ② 전선의 변화 : 지구선은 발신기함마다, 지구공통선은 7개 지구마다, 경종선은 동마다 1선씩 추가 배선
   2) 옥내소화전 : 기본 2선 이외에 전선수의 변화 없음
나) 최대 경계구역 수는 9개이므로 수신기 규격은 9회선용. 여기서 10[%] 예비회로를 두어 10회선로용 수신기 사용
다), 라) 수신기의 설치기준
   ① 수위실 등 상시 사람이 근무하는 장소에 설치할 것. 다만, 사람이 상시 근무하는 장소가 없는 경우에는 관계인이 쉽게 접근할 수 있고 관리가 용이한 장소에 설치할 수 있다.
   ② 수신기가 설치된 장소에는 경계구역 일람도를 비치할 것. 다만, 모든 수신기와 연결되어 각 수신기의 상황을 감시하고 제어할 수 있는 수신기(주수신기)를 설치하는 경우에는 주수신기를 제외한 기타 수신기는 그렇지 아니하다.
   ③ 수신기의 음향기구는 그 음량 및 음색이 다른 기기의 소음 등과 명확히 구별될 수 있는 것으로 할 것

④ 수신기는 감지기·중계기 또는 발신기가 작동하는 경계구역을 표시할 수 있는 것으로 할 것
⑤ 화재·가스·전기 등에 대한 종합방재반을 설치한 경우에는 해당 조작반에 수신기의 작동과 연동하여 감지기·중계기 또는 발신기가 작동하는 경계구역을 표시할 수 있는 것으로 할 것
⑥ 하나의 경계구역은 하나의 표시등 또는 하나의 문자로 표시되도록 할 것
⑦ 수신기의 조작 스위치는 바닥으로부터의 높이가 0.8[m] 이상 1.5[m] 이하인 장소에 설치할 것
⑧ 하나의 소방대상물에 2 이상의 수신기를 설치하는 경우에는 수신기를 상호 간 연동하여 화재발생 상황을 각 수신기마다 확인할 수 있도록 할 것
⑨ 화재로 인하여 하나의 층의 지구음향장치 배선이 단락되어도 다른 층의 화재통보에 지장이 없도록 각 층 배선 상에 유효한 조치를 할 것

024 건물 내부에 가압송수장치는 기동용 수압개폐장치를 사용하는 옥내소화전함과 P형 발신기 세트를 다음과 같이 설치하였다. 다음 각 물음에 답하시오.

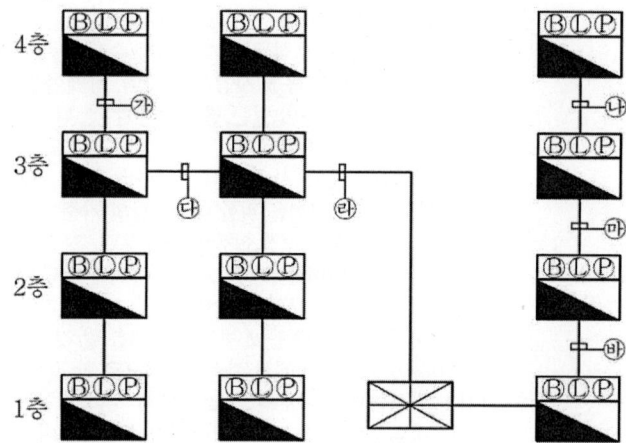

가) ㉮ ~ ㉯의 전선 가닥수를 쓰시오.
나) 감지기회로의 도통시험을 위한 종단저항의 설치기준 3가지를 쓰시오.
다) 감지기회로의 전로저항은 몇 [Ω] 이하이어야 하는가?
라) 수신기의 각 회로별 종단에 설치되는 감지기에 접속되는 배선의 전압은 감지기 정격전압의 몇 [%] 이상이어야 하는가?

가) ㉮ 8   ㉯ 8   ㉰ 11
   ㉱ 16   ㉲ 9   ㉳ 10
나) ① 점검 및 관리가 쉬운 장소에 설치할 것
   ② 전용함을 설치하는 경우 그 설치 높이는 바닥으로부터 1.5[m] 이내로 할 것
   ③ 감지기 회로의 끝 부분에 설치하며, 종단감지기에 설치할 경우에는 구별이 쉽도록 해당 감지기의 기판 등에 별도의 표시를 할 것
다) 50[Ω] 이하
라) 80[%] 이상

가)

항목	가닥수	용도(자동화재탐지설비)	용도(옥내소화전)
㉮	8	지구, 지구공통, 응답, 경종, 표시등, 경종표시등공통	소화전기동확인2
㉯	8	지구, 지구공통, 응답, 경종, 표시등, 경종표시등공통	소화전기동확인2
㉰	11	지구4, 지구공통, 응답, 경종, 표시등, 경종표시등공통	소화전기동확인2
㉱	16	지구8, 지구공통2, 응답, 경종, 표시등, 경종표시등공통	소화전기동확인2
㉲	9	지구2, 지구공통, 응답, 경종, 표시등, 경종표시등공통	소화전기동확인2
㉳	10	지구3, 지구공통, 응답, 경종, 표시등, 경종표시등공통	소화전기동확인2

나)~라) 자동화재탐지설비의 배선의 설치기준
1) 전원회로의 배선은 내화배선, 그 밖의 배선(감지기 상호 간 또는 감지기로부터 수신기에 이르는 감지기회로의 배선은 제외)은 내화배선 또는 내열배선에 따라 설치할 것
2) 감지기 상호 간 또는 감지기로부터 수신기에 이르는 감지기회로의 배선은 다음 각 기준에 따라 설치할 것
   ① 아날로그식, 다신호식 감지기나 R형 수신기용으로 사용되는 것은 전자파 방해를 받지 않는 실드선 등을 사용해야 하며, 광케이블의 경우에는 전자파 방해를 받지 아니하고 내열성능이 있는 경우 사용할 것. 다만, 전자파 방해를 받지 않는 방식의 경우에는 그렇지 않다.
   ② ①외의 일반배선을 사용할 때는 내화배선 또는 내열배선으로 사용할 것
3) 감지기회로의 도통시험을 위한 종단저항의 기준
   ① 점검 및 관리가 쉬운 장소에 설치할 것
   ② 전용함으로 설치하는 경우 그 설치 높이는 바닥으로부터 1.5[m] 이내로 할 것
   ③ 감지기 회로의 끝 부분에 설치하며, 종단감지기에 설치할 경우에는 구별이 쉽도록 해당 감지기의 기판 등에 별도의 표시를 할 것
4) 감지기 사이의 회로의 배선은 송배선식으로 할 것
5) 감지기회로 및 부속회로의 전로와 대지 사이 및 배선 상호간의 절연저항은 1경계구역마다 직류 250[V]의 절연저항측정기를 사용하여 측정한 절연저항이 0.1[MΩ] 이상이 되도록 할 것
6) 자동화재탐지설비의 배선은 다른 전선과 별도의 관·덕트(절연효력이 있는 것으로 구획한 때에느 그 구획된 부분은 별개의 덕트로 본다.)·몰드 또는 풀박스 등에 설치할 것(다만, 60[V] 미만의 약 전류회로에 사용하는 전선으로서 각각의 전압이 같을 때에는 그렇지 않다.)
7) P형 및 GP형 수신기의 감지기 회로의 배선에 있어서 하나의 공통선에 접속할 수 있는 경계구역은 7개 이하로 할 것
8) 자동화재탐지설비의 감지기회로의 전로저항은 50[Ω] 이하가 되도록 해야 하며, 수신기의 각 회로별 종단에 설치되는 감지기에 접속되는 배선의 전압은 감지기 정격전압의 80[%] 이상이어야 할 것

025

아래의 도면은 옥내소화전설비와 자동화재탐지설비를 겸용한 전기설비 계통도의 일부분이다. 다음 조건을 참조하여 ① ~ ⑦까지의 최소 간선수를 산정하시오.

조건

1. 건물의 규모는 지하 3층, 지상 5층이며, 연면적은 4,000[m²]이다.
2. 선로의 수는 최소로 하고 공통선은 회로공통선과 경종표시등 공통선을 분리한다.
3. 옥내소화전설비는 기동용 수압개폐장치를 이용한 자동기동방식으로 한다.
4. 옥내소화전설비에 해당하는 가닥수도 포함하여 산정한다.

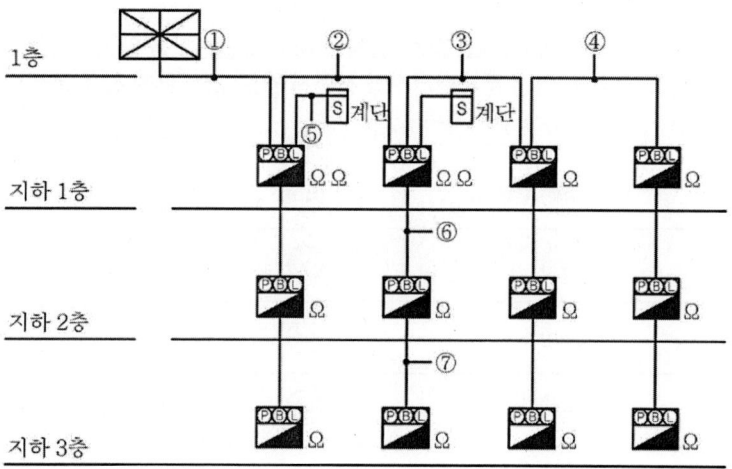

정답
① 22가닥 ② 18가닥 ③ 13가닥 ④ 10가닥
⑤ 4가닥   ⑥ 9가닥   ⑦ 8가닥

해설

1) 경종선 : 일제경보 대상이므로 경종선의 변화는 없다.
2) 회로공통선의 수

회로선 수(경계구역 수)	1~7	8~14	15~21	22~28	-
회로공통선 수	1	2	3	4	5

3) 자동화재탐지설비의 간선에 옥내소화전설비용 배선으로 펌프기동표시등 2가닥이 추가적으로 필요

기호	배선수	용도
①	22	회로선 14, 회로공통선 2, 응답선 1, 경종선 1, 표시등선 1, 경종표시등 공통선 1, 펌프기동표시등 2
②	18	회로선 10, 회로공통선 2, 응답선 1, 경종선 1, 표시등선 1, 경종표시등 공통선 1, 펌프기동표시등 2

③	13	회로선 6, 회로공통선 1, 응답선 1, 경종선 1, 표시등선 1, 경종표시등 공통선 1, 펌프기동표시등 2
④	10	회로선 3, 회로공통선 1, 응답선 1, 경종선 1, 표시등선 1, 경종표시등 공통선 1, 펌프기동표시등 2
⑤	4	감지기회로 2, 감지기공통 2
⑥	9	회로선 2, 회로공통선 1, 응답선 1, 경종선 1, 표시등선 1, 경종표시등 공통선 1, 펌프기동표시등 2
⑦	8	회로선 1, 회로공통선 1, 응답선 1, 경종선 1, 표시등선 1, 경종표시등 공통선 1, 펌프기동표시등 2

026 P형 수신기와 수동발신기, 경종, 표시등 사이의 결선도를 완성하시오. (단, 6층 3,500[m²]이다.) [22. 12. 1. 이전 문제로서 P형 경종선 별도배선, 현행 삭제 문제]

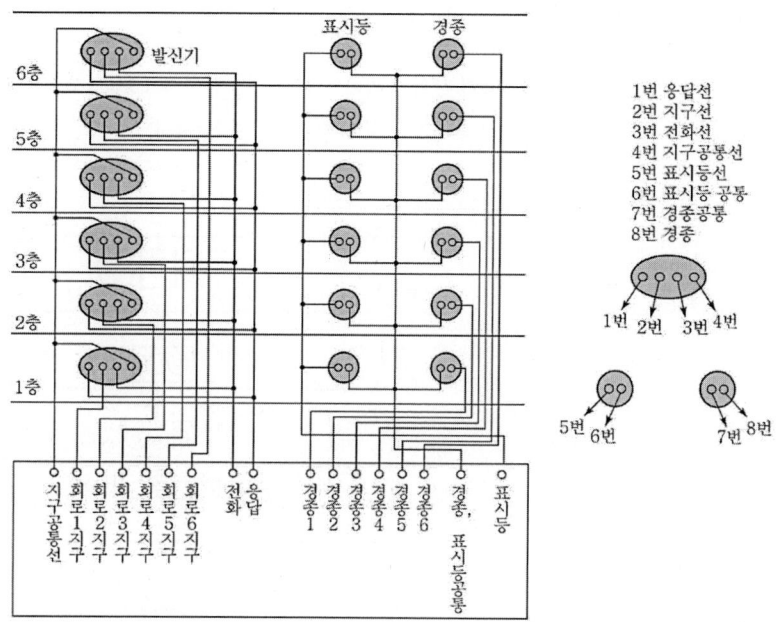

1) 5층 이상으로 연면적이 3,000[m²]를 초과하는 소방대상물이므로 직상층 및 발화층 우선 경보방식 → 경종선은 층마다 1선씩 증가 (22. 5. 9. 이후 개정)
2) 지구선 : 지구(회로)마다 1선씩 증가
3) 6번(경종공통)과 7번(표시등공통)은 1선으로 묶어서 배선
4) 4번(지구공통선)과 6, 7번(경종표시등 공통)은 분리하여 배선

027 지상 7층, 지하 1층인 사무실용 건물에 자동화재 탐지설비를 설치하고자 한다. 각 층의 바닥면적은 560[m²]로 층고는 3.6[m]이고, 수신기는 1층에 설치한다. 또한 계단은 각 층마다 2개씩 설치되어 있고 E/V가 1개소 설치되어 있다. 다음 물음에 답하시오. (단, 종단저항은 각 발신기함에 내장되어 있다.)

가) 차동식 스포트형 감지기(2종)를 설치할 경우 그 수량을 산정하시오. (단, 주요구조부는 내화구조이다.)
나) 계단에 설치하는 감지기의 종류를 선정하고 그 수량을 산정하시오.
다) 계통도를 그리고 각 전선의 가닥수를 표시하시오.

가) 각 층의 감지기 설치 수 = $\dfrac{560[m^2]}{70[m^2]}$ = 8개

∴ 전체 감지기 설치 수 = 8개×8층 = 64개

나) ① 감지기 종류 : 연기감지기(2종)
　② 감지기 수량

$$\text{각 계단의 감지기 설치 수} = \frac{3.6 \times 8[m]}{15[m]} = 1.92 ≒ 2개$$

∴ 전체 감지기 설치 수 : 2개×2개소=4개

다) 계통도

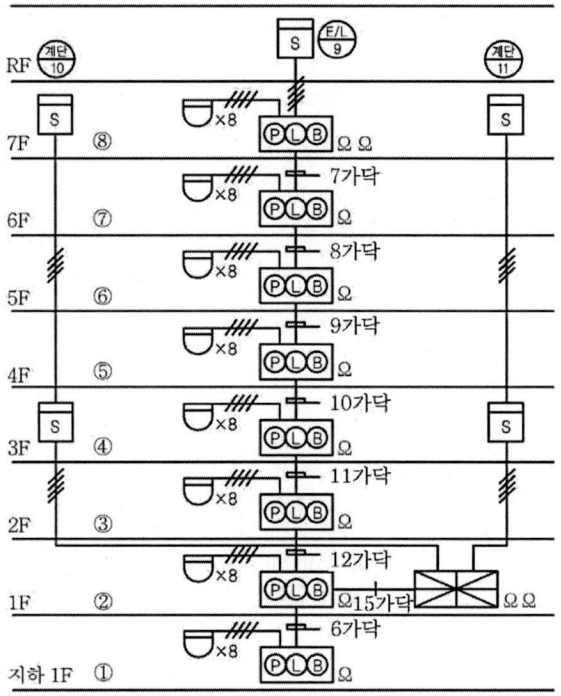

 가) 부착높이에 따른 감지기의 감지면적

부착높이 및 특정소방대상물의 구분		차동식 스포트형[단위 : m²]	
		1종	2종
4[m] 미만	주요구조부가 내화구조인 특정소방대상물	90	70
	기타 구조의 특정소방대상물	50	40
4[m] 이상 8[m] 미만	주요구조부가 내화구조인 특정소방대상물	45	35
	주요구조부가 내화구조인 특정소방대상물	30	25

부착높이가 3.6[m]이고 주요구조부가 내화구조로 된 특정소방대상물의 경우 차동식 스포트형 감지기(2종)의 기준 감지면적은 70[m²]이므로

$$\text{각 층의 감지기 설치개수} = \frac{560[m^2]}{70[m^2]} = 8개$$

∴ 전체 감지기수=8개×8층=64개

나) 연기감지기의 설치 기준거리

구 분	연기감지기 1·2종	연기감지기 3종
계단(경사로)	수직거리 15[m]	수직거리 10[m]
복도(통로)	보행거리 30[m]	수직거리 10[m]

계단(또는 경사로)의 경우 설치 기준거리는 수직거리 15[m]

∴ 1개 계단의 감지기 설치개수 = $\dfrac{계단높이[m]}{기준\ 수직거리[m]}$ = $\dfrac{3.6 \times 8[m]}{15[m]}$ = 1.92 ≒ 2개

다) 계통도의 작성방법
① 전체 경계구역수를 산정한다.
  ㉠ 수평 : 8구역
  ㉡ 수직 : 계단 2구역＋E/V(엘리베이터) 1구역＝3구역 → 각 계단은 별개 경계구역으로 하되, 지하층이 1개 층이면 지상과 지하 계단을 합쳐 하나의 경계구역으로 설정

> ※ 경계구역 번호
> 1. 표기는 수평의 경우 원 안에 해당 경계구역번호를, 수직의 경우 원 안에 해당 경계구역의 명칭과 번호를 기입한다.
>   예) ① 수평 경계구역   ② 수직 경계구역
>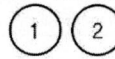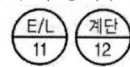
> 2. 경계구역 번호를 매기는 순서
>   ① 수평 경계구역을 먼저, 수직 경계구역을 나중에 매긴다.
>   ② 저층에서 고층 순으로 매긴다.
>   ③ 수신기와 가까운 곳에서 먼 곳 순으로 매긴다.

② 수신기의 기종 및 위치를 선정한다.
  ㉠ 기종 : P형 (15회로) 수신기
  ㉡ 위치 : 1층 → 출제자가 별도로 언급하지 않는 경우에도 1층에 설치하는 것이 원칙임
③ 발신기의 기종 및 위치를 선정한다.
  ㉠ 기종 : P형 발신기
  ㉡ 위치 : 각 층 1개씩
④ 감지기의 기종 및 위치를 선정한다.
  ㉠ 기종 : 각 실에는 차동식 스포트형 감지기 2종, 계단실 및 E/V(엘리베이터)에는 연기감지기 2종 → 연기감지기는 1, 2, 3종 가운데 가장 보편적인 것이 2종이므로 2종으로 선정
  ㉡ 설치위치
    ㉮ 차동식 스포트형 감지기 : 각 실 천장에 설치
    ㉯ 연기감지기 : E/V 권상기실(본 문제의 경우는 E/V 최상부), 계단의 최상부 및 중간(3층)
⑤ 종단저항 : 각 층 감지기의 종단저항은 발신기함, 계단 및 E/V 감지기의 종단저항은 수신기에 내장(도면상에서 발신기함과 수신기 직근에 종단저항의 소요개수 표시) → 본 문제에서는 E/V 연기감지기의 종단저항을 최상층 발신기함에 설치하였음
  ※ 계단 및 E/V 감지기의 종단저항(감지기회로의 도통시험을 위해 회로 말단에 설치하는 저항)을 감지기측이 아닌 발신기나 수신기에 내장하는 이유는 유지관리상 편의성 때문이다.)

⑥ 배선의 연결
  ㉠ 각 층 차동식감지기 : 발신기와 연결
  ㉡ E/V 연기감지기 : 발신기와 연결
  ㉢ 계단 연기감지기 : 각 계단별 수신기와 연결
⑦ 배선수 산정
  ㉠ 발신기와 수신기 간 간선수 : 기본 간선수 6선에 다음의 변수를 가산하여 산정
    ㉮ 경계구역수(회로수)가 1개 증가하면 지구회로선도 1선 증가
    ㉯ P형 수신기의 감지기회로 배선에 있어서 하나의 공통선이 접속할 수 있는 경계구역은 7개 이하로 배선

※ 경보설비(비상방송, 자동화재탐지설비)의 경보방식

적용 대상물의 규모	경보방식	비 고
11층 이상 (아파트의 경우 16층 이상)	발화층·직상 4개층 우선경보	본 문제의 경우 여기에 해당하지 않음

[간선의 내역 및 용도]

구 간	내 역	배선의 용도
7층~6층	2.5[mm^2]−7	지구회로 2, 공통, 응답, 경종, 표시등, 경종표시등 공통
6층~5층	2.5[mm^2]−8	지구회로 3, 공통, 응답, 경종, 표시등, 경종표시등 공통
5층~4층	2.5[mm^2]−9	지구회로 4, 공통, 응답, 경종, 표시등, 경종표시등 공통
4층~3층	2.5[mm^2]−10	지구회로 5, 공통, 응답, 경종, 표시등, 경종표시등 공통
3층~2층	2.5[mm^2]−11	지구회로 6, 공통, 응답, 경종, 표시등, 경종표시등 공통
2층~1층	2.5[mm^2]−12	지구회로 7, 공통, 응답, 경종, 표시등, 경종표시등 공통
1층~지하층	2.5[mm^2]−6	지구회로, 공통, 응답, 경종, 표시등, 경종표시등 공통
1층~수신기	2.5[mm^2]−15	지구회로 9, 공통 2, 응답, 경종, 표시등, 경종표시등 공통

  ㉡ 감지기 배선수
    ㉮ 종단저항은 원칙적으로 발신기 또는 수신기에 설치한 것으로 간주
    ㉯ 발신기와 감지기 간 : 4선
    ㉰ 수신기와 감지기 간 : 4선

028
도면은 어느 3층 건물의 각 층별 자동화재탐지설비의 배관배선의 평면도이다. 주어진 조건과 도면을 이용하여 다음 각 물음에 답하시오.

> **조건**
> 1. 각 층은 별개의 하나의 경계구역이다.
> 2. 모든 감지기 배선은 보내기배선으로 한다.
> 3. 편의상 종단저항은 평면도에 표시된 것과 같이 말단감지기에 내장된 것으로 본다.
> 4. 기본 가닥수는 (6+n)이며 다음과 같다.
>   공통선(C) : 1(매 7개 회로까지) 회로선(N) : n
>   응답선(A) : 1   경종선(B) : 2
>   표시등선(L) : 2
> 5. 축척은 없는 것으로 한다.

가) 주어진 배관배선의 평면도에 배선의 가닥수를 표기하시오.

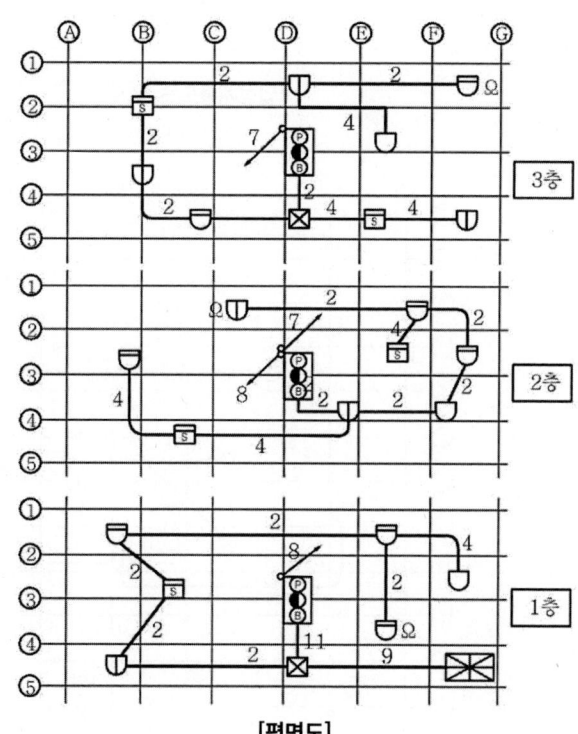

[평면도]

나) 배선의 가닥수가 표시된 입상계통도를 그리시오.

3층

2층

1층

[입상계통도 S=N.S]

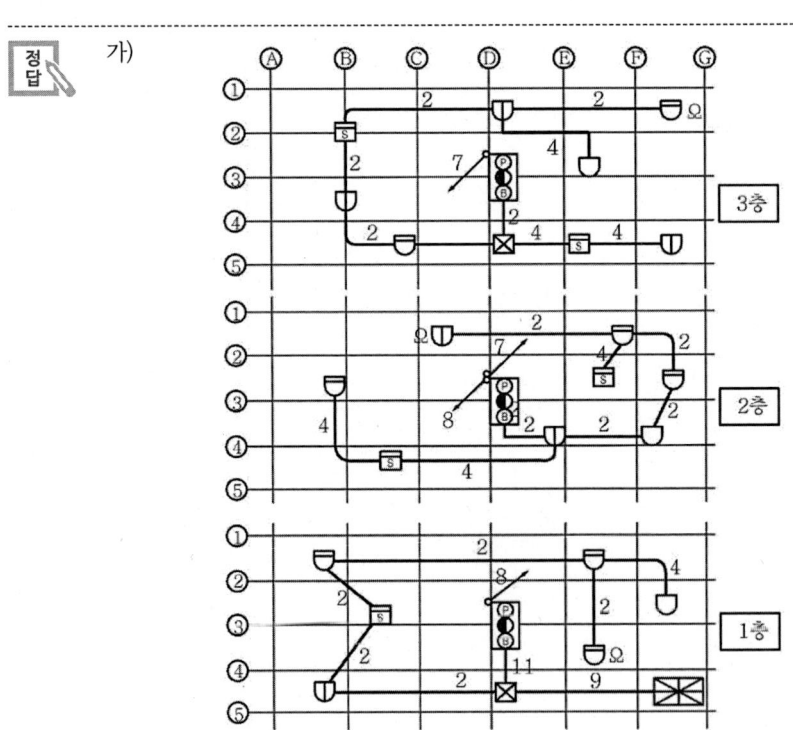
가) 정답

나)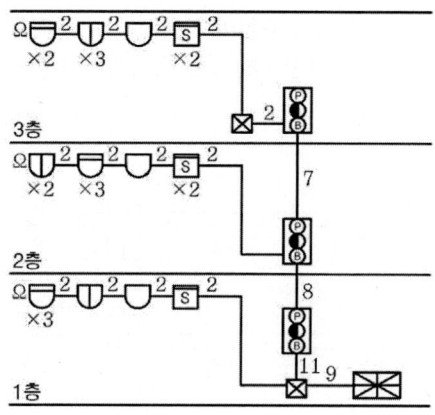

[입상계통도 S=N.S]

 가) 배선 가닥수
① 감지기 배선 : 보내기배선 적용(발신기에서 말단감지기 순으로 배선수 계산)
② 간선의 기본 가닥수 및 용도
  ㉠ 기본 가닥수
    공통선(C) : 1(매 7개 회로까지)   회로선(N) : n
    응답선(A) : 1   경종선(B) : 2
    표시등선(L) : 2
  ㉡ 층별 가닥수 : n은 경계구역수를 의미하며, 본 문제의 경우 층수와 일치

구 간	굵기와 가닥수	배선의 용도
3층 발신기 ↔ 2층 발신기	2.5[mm²]−7	공통선(C) 1, 회로선(N) 1, 응답선(A) 1, 경종선(B) 2, 표시등선(L) 2
2층 발신기 ↔ 1층 발신기	2.5[mm²]−8	공통선(C) 1, 회로선(N) 2, 응답선(A) 1, 경종선(B) 2, 표시등선(L) 2
1층 발신기 ↔ 1층 접속함	2.5[mm²]−9 1.5[mm²]−2	공통선(C) 1, 회로선(N) 3, 응답선(A) 1, 경종선(B) 2, 표시등선(L) 2+감지기지구 2
1층 접속함 ↔ 수신기	2.5[mm²]−9	공통선(C) 1, 회로선(N) 3, 응답선(A) 1, 경종선(B) 2, 표시등선(L) 2

※ 1층 발신기와 수신기 간의 배선은 본래 9선이지만 중간에 접속함을 경유하는 배선에 감지기배선(2선)이 포함됨에 주의할 것!
 · 1층 발신기↔1층 접속함 : 간선 9선(2.5[mm²])+감지기배선 2선(1.5[mm²])
 · 1층 접속함↔수신기 : 간선 9선

나) 계통도 작성법
① 감지기 배선 작성법 : 평면도와 같게 그리지 않고 간략화하여 작도할 것(감지기를 형식별로 그리고 동일한 감지기수를 "곱하기형태"로 표기하되, 1개인 경우는 "×1" 생략 가능)
② 종단저항이 내장된 말단 감지기 : 평면도의 것과 같게 감지기 옆에 "Ω"를 표기하여 작도(본 문제의 경우, 1·3층의 차동식 스포트형 감지기와 2층의 정온식 방수형 감지기)

※ "S=N.S" → S는 축척(Scale), N.S는 축척 없음(No Scale)을 의미

029

그림과 같은 자동화재 탐지설비 계통도를 보고 다음 각 물음에 답하시오. (단, 설치대상 건물의 연면적은 5,000[m²]이며, 말단 감지기마다 종단저항이 내장되어 있다. 일제경보방식)

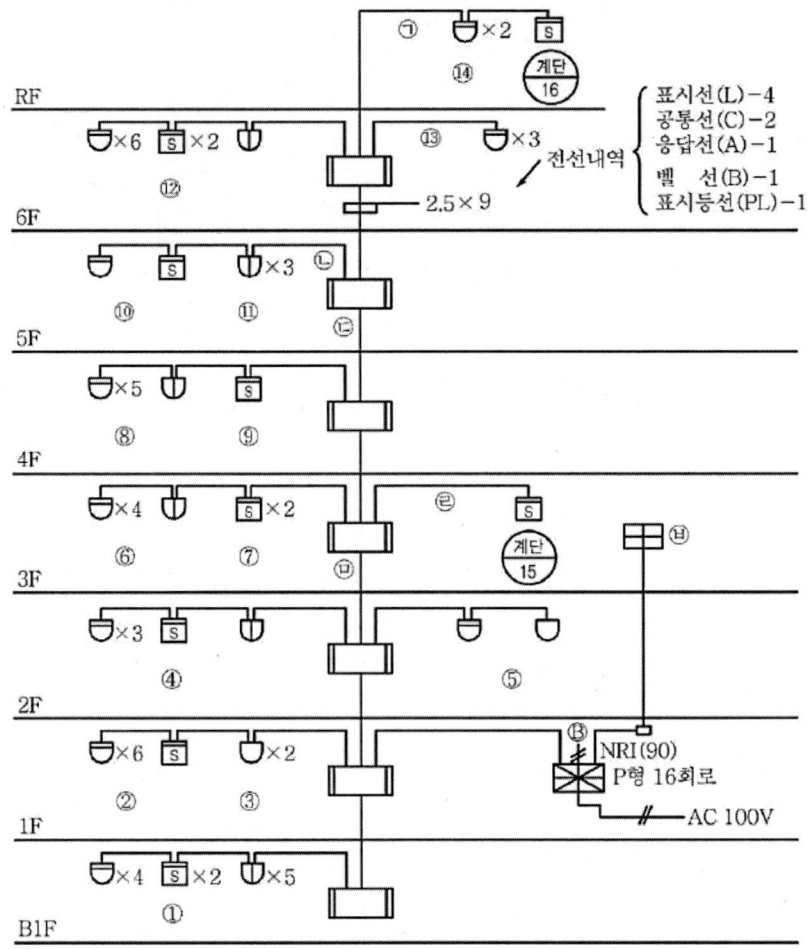

가) ㉠~㉺의 전선가닥수는 각각 얼마인가? (계통도의 "전선내역"을 참조할 것)
나) ㉺의 명칭은 무엇인가?
다) 계통도상에 주어져 있는 "전선내역"을 참조하여 ㉣ 전선의 내역을 쓰시오.
라) 계통도상에 주어져 있는 "전선내역"을 참조하여 ㉤ 전선의 내역을 쓰시오.

정답

가) ㉠ 4가닥 ㉡ 4가닥 ㉢ 11가닥
    ㉣ 2가닥 ㉤ 17가닥
나) 부수신기(표시기)
다) 표시선 11, 공통선 3, 응답선 1, 벨선 1, 표시등선 1
라) 감지기 표시선 1, 공통선 1

해설

가), 다), 라)
① 경계구역(감지기회로) : 16회로 → 마지막 경계구역 번호는 16번
② 2.5[mm²]×9의 공통선(C)−2는 발신기공통선 1선과 경종표시등 공통선 1선을 한데 모아 표시한 것으로 경계구역수가 7개를 넘을 때마다 발신기공통선은 1선씩 증가하나, 경종표시등 공통선은 증가하지 않는다.
③ 감지기배선의 가닥수 산정 시 말단감지기에 종단저항이 있음을 주의한다. (보내기배선 방식)
㉠의 배선에는 경계구역 ⑭와 ⑯의 감지기 표시(회로)선이 함께 입선되어 있다.
㉡의 배선에는 경계구역 ⑩과 ⑪의 감지기 표시(회로)선이 함께 입선되어 있다.
㉣의 배선에는 경계구역 ⑮의 감지기 표시(회로)선이 입선되어 있다.

기호	가닥수	배선의 굵기	배선의 용도
㉠	4	1.5[mm²]	감지기 2, 공통선 2
㉡	4	1.5[mm²]	감지기 2, 공통선 2
㉢	11	2.5[mm²]	표시선 6, 공통선 2, 응답선 1, 벨선 1, 표시등선 1
㉣	2	1.5[mm²]	감지기 1, 공통선 1
㉤	17	2.5[mm²]	표시선 11, 공통선 3, 응답선 1, 벨선 1, 표시등선 1

㉤에서, 공통선 3선=발신기공통선 2선(표시선수가 7을 초과하므로)+경종표시등 공통선 1선

나) 옥내배선 기호

명칭	그림기호	적요
수신기		다른 설비의 기능을 가진 경우에는 필요에 따라 해당설비의 그림기호를 같이 적는다. 예) 가스누설 경보설비와 일체인 것 : 가스누설 경보설비 및 방배연 연동제어기와 일체인 것 :
부수신기 (표시기)		
경계구역 번호	○	(1) ○ 에 경계구역 번호를 넣는다. (2) 필요에 따라 ⊖ 로 하고, 상부에 필요사항, 하부에 경계구역 번호를 넣는다.

030 다음 객석(36[m]×15[m])을 보고 객석유도등의 개수와 배치 그림을 그리시오.

가) 객석유도등 수량을 산출하시오.
나) 중앙통로와 양측통로의 네모칸 안에 ●로 표시하시오.

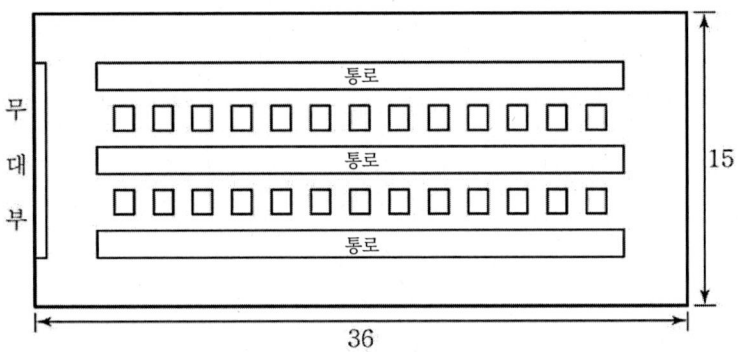

정답

가) 설치개수 $N = \dfrac{36}{4} - 1 = 8$ → 8×3개 통로=24개   답) 24개

나)

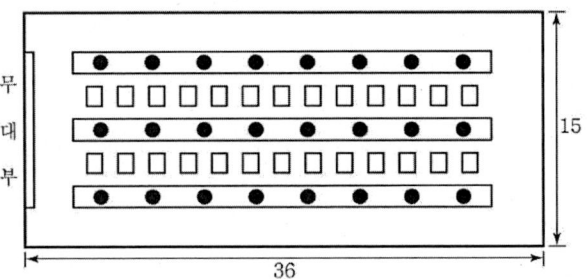

해설

가) 객석유도등의 설치기준

객석 내의 통로가 경사로 또는 수평으로 되어 있는 부분에 있어서는 다음의 식에 의하여 산출한 수(소수점 이하의 수는 1로 본다.)의 유도등을 설치하고 그 조도는 통로 바닥의 중심선 0.5[m] 높이에서 측정하여 0.2[lx] 이상일 것

$$\text{설치개수 } N = \dfrac{\text{객석의 통로의 직선부분의 길이}[\,m\,]}{4} - 1$$

∴ 설치개수 $N = \dfrac{36}{4} - 1 = 8$개

∴ 전체 설치개수 $N' = 8개 \times 3개소 = 24개$

나) 설치(배치) 간격
객석의 통로에 보행거리 4[m] 이내마다 설치

031 피난구 유도등의 2선식과 3선식 배선방식의 미완성 결선도를 완성하고, 2선식과 3선식 배선방식의 차이점을 2가지만 설명하시오.

가) 미완성 결선도

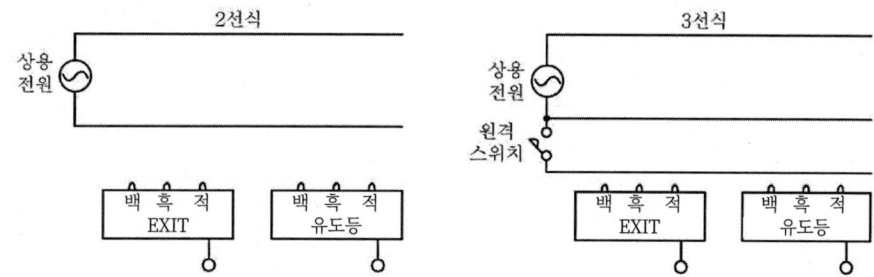

나) 배선방식의 차이점

정답

가) 완성된 결선도

[2선식]

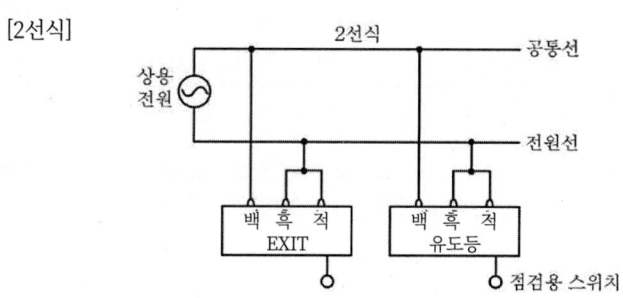

[3선식]

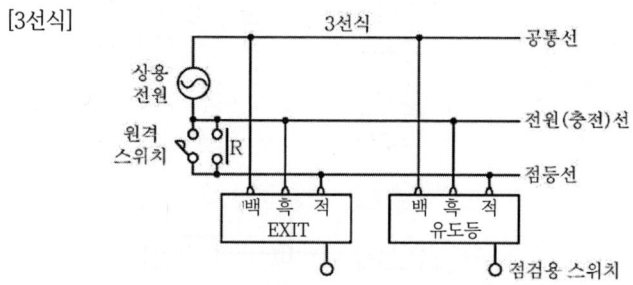

나) 배선방식의 차이점

구 분	2선식	3선식
① 상시점등 여부	상시 점등	비상시(정전, 단선, 화재)에만 점등
② 유지관리	상시 점등하므로 고장여부 확인이 용이	평상시 소등하므로 고장여부 확인이 곤란

가) 배선

구 분	2선식	3선식
① 배선수	2선	3선
② 배선방법	공통선은 백색, 전원선은 흑, 적색에 연결	공통선은 백색, 충전(전원)선은 흑색, 점등선은 적색에 연결
③ 점멸기	미설치	반드시 설치

나) 배선방식의 차이점

구 분	2선식	3선식
① 상시점등 여부	상시 점등(비상시에도 점등)	비상시(정전, 단선, 화재)에만 점등
② 유지관리	상시 점등하므로 고장여부 확인이 용이	평상시 소등하므로 고장여부 확인이 곤란
③ 절전 여부	전력 소비가 많다.	절전효과가 있다.
④ 등기구의 수명	수명이 짧다.	수명이 길다.
⑤ 점멸기 관련	점멸기가 없고 상시 점등	점멸기로 원격에서 수동 점멸

032 건축물 내에 그림과 같이 각 층별로 비상콘센트설비를 하였다. 이때 다음 각 물음에 답하시오. (단, 사용전압은 단상 220[V], 3상 380[V]이며, 역률은 90[%], 접지선은 고려하지 않는다.)

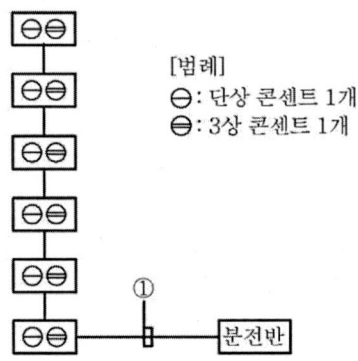

가) ①부분의 단상 콘센트 간선의 최소전류는 몇 [A]인가?

나) ①부분의 3상 콘센트 간선의 최소전류는 몇 [A]인가?

가) 전부하전류 $I = \dfrac{P}{V} = \dfrac{(1.5 \times 10^3) \times 3}{220} \fallingdotseq 20.45\,[A]$

　허용전류 $I = 20.45\,[A]$

나) 전부하전류 $I = \dfrac{P}{\sqrt{3}\,V} = \dfrac{(3 \times 10^3) \times 3}{\sqrt{3} \times 380} \fallingdotseq 13.67\,[A]$

　허용전류 $I = 13.67\,[A]$

해설

1) 비상콘센트의 설치기준
  ① 공급용량

구성방식	공급용량
단상 교류	1.5[kVA] 이상

  ② 전선의 용량은 각 비상콘센트(비상콘센트가 3개 이상인 경우에는 3개)의 공급용량을 합한 용량 이상의 것으로 한다.
  ⇒ 도면에서 콘센트는 단상, 3상 각각 6개씩이므로 3개로 계산
  즉, 단상은 1.5[kVA]×3=4.5[kVA], 3상은 3[kVA]×3=9[kVA]

2) 간선의 최소허용전류
  ① 단상 교류 220[V] 간선의 최소허용전류
  전부하전류 $I = \dfrac{P[\text{W}]}{V\cos\theta} = \dfrac{P[\text{VA}]}{V} = \dfrac{(1.5 \times 10^3) \times 3}{220} ≒ 20.45\,[\text{A}]$
  ∴ 20.45[A]

  ② 삼상 교류 380[V] 간선의 최소 허용전류
  전부하전류 $I = \dfrac{P[\text{W}]}{\sqrt{3}\,V\cos\theta} = \dfrac{P[\text{VA}]}{\sqrt{3}\,V} = \dfrac{(3 \times 10^3) \times 3}{\sqrt{3} \times 380} ≒ 13.67\,[\text{A}]$
  ∴ 13.67[A]

033 다음 도면은 전실 급·배기 댐퍼를 나타낸 것이다. 다음 각 물음에 답하시오. (단, 댐퍼는 모터식이며 복구는 자동복구이고 전원은 제연설비반에서 공급하고 기동은 동시에 기동하는 것이다.)

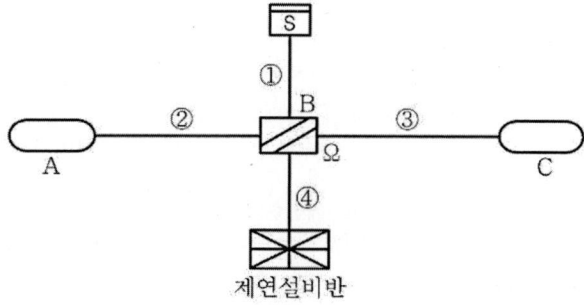

가) A, B, C의 명칭을 쓰시오.
나) ①, ②, ③, ④의 전선 가닥수를 쓰시오.
다) ⓑ의 설치 높이는?

가) A : 급기댐퍼(또는 배기댐퍼)   B : 수동조작함   C : 배기댐퍼(또는 급기댐퍼)
나) ① 4가닥   ② 4가닥   ③ 4가닥   ④ 7가닥
다) 바닥으로부터 0.8[m] 이상 1.5[m] 이하

가) A : 급기댐퍼(또는 배기댐퍼)   B : 수동조작함   C : 배기댐퍼(또는 급기댐퍼)
나) 전선 가닥수

[조건 1] 전원은 제연설비반에서 공급, 기동은 급기댐퍼와 배기댐퍼 동시기동, 자동복구 방식

기 호	내 역	용 도
①	16[mm](1.5-4)	감지기회로 2, 공통 2
②	16[mm](2.5-4)	전원 ⊕·⊖, 댐퍼기동, 급기댐퍼 기동확인
③	16[mm](2.5-4)	전원 ⊕·⊖, 댐퍼기동, 배기댐퍼 기동확인
④	22[mm](2.5-7)	전원 ⊕·⊖, 댐퍼기동, 급기·배기댐퍼 기동확인, 수동기동확인, 지구

[조건 2] 전원은 제연설비반에서 공급, 급기댐퍼는 전층 동시기동, 자동복구 방식

기 호	내 역	용 도
①	16[mm](1.5-4)	감지기회로 2, 공통 2
②	16[mm](2.5-4)	전원 ⊕·⊖, 댐퍼기동, 급기댐퍼 기동확인
③	16[mm](2.5-4)	전원 ⊕·⊖, 댐퍼기동, 배기댐퍼 기동확인
④	22[mm](2.5-8)	전원 ⊕·⊖, 급기·배기댐퍼기동, 급기·배기댐퍼 기동확인, 수동기동확인, 지구

※ 주의사항
① 감지기 배선방식 : 송배선식 적용
② 조건에 따라 배선수가 달라지지만 보통 [조건 1]과 같이 출제된다. 그러나, 현행법에는 [조건 2]와 같이 전층 급기댐퍼는 동시 기동하며, 배기댐퍼는 Zone별 기동하므로 [조건 2]와 같은 배선수도 익혀두어야 한다.
③ 전실 제연방식의 경우 수신반에서 수동기동확인 기능이 있어야 한다.

034
상가매장에 설치되어 있는 제연설비의 전기적인 계통도이다. 조건을 보고 ⓐ~ⓔ까지의 배선수와 각 배선의 용도를 쓰시오.

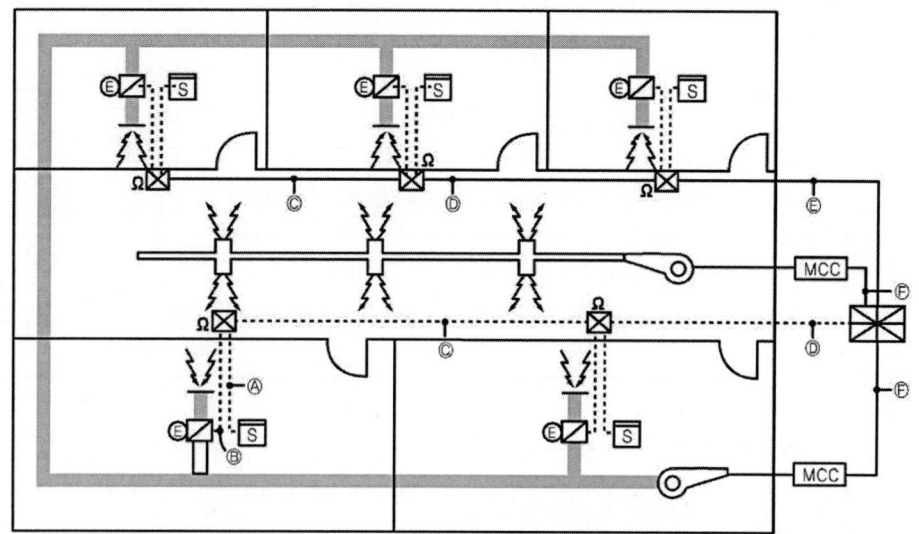

조건
1. 모든 댐퍼는 모터구동 방식이며, 별도의 복구선은 없는 것으로 한다.
2. 배선수는 운전 조작상 필요한 최소 전선수를 쓰도록 한다.

기호	구분	배선의 굵기	배선수	배선의 용도
Ⓐ	감지기↔수동조작함			
Ⓑ	댐퍼↔수동조작함			
Ⓒ	수동조작함↔수동조작함			
Ⓓ	수동조작함↔수동조작함			
Ⓔ	수동조작함↔수신기			
Ⓕ	MCC↔수신기	2.5[mm²]	5	기동 1, 정지 1, 공통 1, 기동표시등 1, 전원표시등 1

기호	구 분	배선의 굵기	배선수	배선의 용도
Ⓐ	감지기↔수동조작함	1.5[mm²]	4	감지기회로 2, 공통 2
Ⓑ	댐퍼↔수동조작함	2.5[mm²]	4	전원 ⊕·⊖, 배기댐퍼기동 1, 배기댐퍼기동확인 1
Ⓒ	수동조작함↔수동조작함	2.5[mm²]	5	전원 ⊕·⊖, 지구회로 1, 배기댐퍼기동 1, 배기댐퍼기동확인 1
Ⓓ	수동조작함↔수동조작함	2.5[mm²]	8	전원 ⊕·⊖, (지구회로 1, 배기댐퍼기동 1, 배기댐퍼기동확인 1)×2
Ⓔ	수동조작함↔수신기	2.5[mm²]	11	전원 ⊕·⊖, (지구회로 1, 배기댐퍼기동 1, 배기댐퍼기동확인 1)×3
Ⓕ	MCC↔수신기	2.5[mm²]	5	기동 1, 정지 1, 공통 1, 기동표시등 1, 전원표시등 1

(1) 복구선이 없는 경우의 배선수 : 답지와 동일
(2) 복구선이 있는 경우의 배선수 : 댐퍼기동에 대한 복구이므로 댐퍼로 연결되는 분기선과 간선에 복구선 1선 추가

기호	구 분	배선의 굵기	배선수	배선의 용도
Ⓐ	감지기↔수동조작함	1.5[mm²]	4	감지기회로 2, 공통 2
Ⓑ	댐퍼↔수동조작함	2.5[mm²]	5	전원 ⊕·⊖, 복구 1, 댐퍼기동 1, 확인 1
Ⓒ	수동조작함↔수동조작함	2.5[mm²]	6	전원 ⊕·⊖, 복구 1, 지구회로 1, 댐퍼기동 1, 확인 1
Ⓓ	수동조작함↔수동조작함	2.5[mm²]	9	전원 ⊕·⊖, 복구 1, (지구회로 1, 댐퍼기동 1, 확인 1)×2
Ⓔ	수동조작함↔수신기	2.5[mm²]	12	전원 ⊕·⊖, 복구 1, (지구회로 1, 댐퍼기동 1, 확인 1)×3
Ⓕ	MCC↔수신기	2.5[mm²]	5	기동 1, 정지 1, 공통 1, 기동표시등 1, 전원표시등 1

※ 배기는 화재시 해당 실별로 이뤄지나, 급기댐퍼는 상시 개방되어 있으므로 급기댐퍼의 배선은 필요하지 않음에 유의할 것!

035 도면은 제연설비의 전기적인 계통도이다. 이 계통도와 주어진 조건을 참조하여 다음 각 물음에 답하시오.

> **조건**
> - 기동 시는 솔레노이드 기동방식으로 하고, 복구시는 모터복구방식을 채택한다.
> - 터미널 보드(TB)에 감지기 종단저항을 내장한다.
> - 터미널 보드에서 중계기까지를 배선할 때에는 기동 및 복구선을 공통으로 한다.
> - 수신기에서 수동기동확인 기능은 없는 것으로 한다.
> - "다"항의 답안작성 예 : 선번호   기능명칭
>   1   XXX
>   2   ○○○
>   3   △△△
>   ·   …
>   ·   …

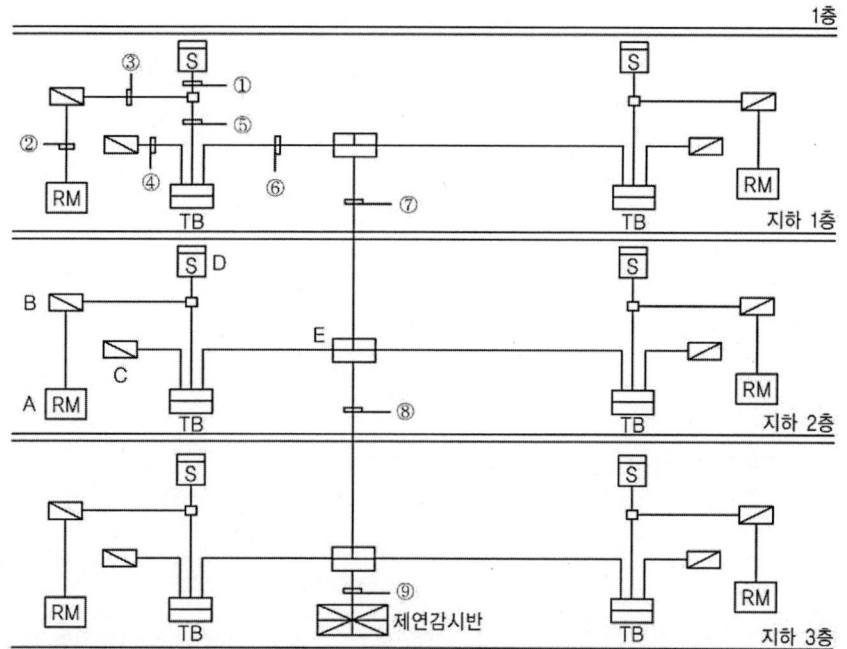

가) 전원 공통선과 감지기 공통선을 별개로 사용할 경우 ① ~ ⑨까지의 배선되어야 할 전선의 가닥수는 최소 몇 본이 필요한가?

나) A~E까지의 명칭을 쓰시오.

다) 급기 또는 배기댐퍼에서 터미널 보드(TB), 터미널 보드에서 중계기, 중계기에서 수신반(감시반)까지 연결되는 각 선로의 전기적인 기능 명칭을 쓰시오.

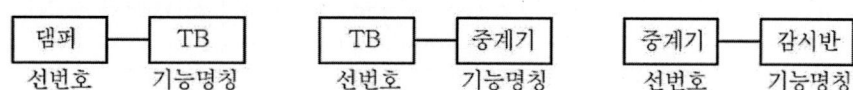

가) ① 4   ② 2   ③ 4
　　④ 4   ⑤ 8   ⑥ 7
　　⑦ 4   ⑧ 4   ⑨ 4

나) A : 수동조작함　　　　　　　B : 급기댐퍼(또는 배기댐퍼)
　　C : 배기댐퍼(또는 급기댐퍼)　D : 연기감지기　　　E : 중계기

다) ① 댐퍼에서 터미널 보드(TB) 구간

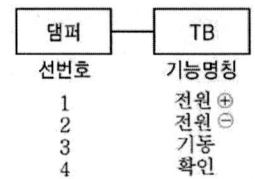

댐퍼 ─ TB
선번호　기능명칭
　1　　전원 ⊕
　2　　전원 ⊖
　3　　기동
　4　　확인

② 터미널 보드에서 중계기 구간

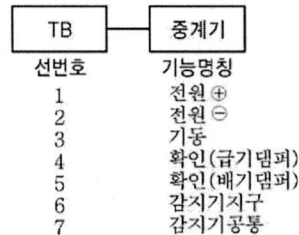

TB ─ 중계기
선번호　기능명칭
　1　　전원 ⊕
　2　　전원 ⊖
　3　　기동
　4　　확인(급기댐퍼)
　5　　확인(배기댐퍼)
　6　　감지기지구
　7　　감지기공통

③ 중계기에서 감시반(수신반) 구간

중계기 ─ 감시반
선번호　기능명칭
　1　　전원 ⊕
　2　　전원 ⊖
　3　　신호전송
　4　　신호전송

가) 전선의 내역 및 용도

기호	전선 굵기 및 가닥수	전선의 용도
①	1.5−4	감지기지구 2, 감지기공통 2
②	2.5−2	전원 ⊕ · ⊖
③	2.5−4	전원 ⊕ · ⊖, 기동, 확인
④	2.5−4	전원 ⊕ · ⊖, 기동, 확인
⑤	2.5−4 1.5−4	전원 ⊕ · ⊖, 기동, 확인 감시시구 2, 감시공동 2
⑥	2.5−7	전원 ⊕ · ⊖, 기동, 확인 2, 감지기지구, 감지기공통
⑦	2.5−2, H−CVV−SB 1.5−1 pair	전원 ⊕ · ⊖, 신호전송 2
⑧	2.5−2, H−CVV−SB 1.5−1 pair	전원 ⊕ · ⊖, 신호전송 2
⑨	2.5−2, H−CVV−SB 1.5−1 pair	전원 ⊕ · ⊖, 신호전송 2

※ 복구선 : 기동 및 복구선을 공통으로 사용하므로 복구선은 별도 없음(기동=기동 복구선)

⑤ : 분기선(2.5[mm²])과 감지기선(1.5[mm²])이 동일 배관에 수납된 것임
⑥ : 전원 공통선과 감지기 공통선을 별개로 사용(모두 2.5[mm²] 전선 사용)
⑦, ⑧, ⑨ : 4층 이상의 경우 전화선 1선이 필수이나 3층이므로 생략 가능(H-CVV-SB는 통신용 케이블을, 1 pair는 1쌍, 즉 신호전송 2선을 의미)

나) ① 수동조작함(Remote Manual Box) : 화재발생 시 인위적 수동 조작에 의해 급기 또는 배기댐퍼를 기동시키는 스위치로 부근 실외(바닥에서 0.8~1.5[m]의 높이)에 설치
② 급기댐퍼(Supply Damper) : 화재 시 개방되어 송풍기가 공급하는 신선한 외기를 제연구역 내로 유입하도록 한 댐퍼
③ 배기댐퍼(Exhaust Damper) : 화재 시 개방되어 배출기가 제연구역 내의 연기를 옥외로 배출하도록 한 댐퍼

※ 기호 B, C는 구별할 수 없으므로 각각 급기댐퍼 또는 배기댐퍼 중 하나로 보면 되고, 정답과 같이 표현하면 된다.

④ 연기감지기(Smoke Detector) : 화재 연기를 자동으로 검출하는 감지장치
⑤ 중계기(Repeater 또는 Transponder) : 수동조작함, 감지기의 접점신호를 받아 고유 신호로 변환시켜 수신기로 전달하는 기기

다) 계통도

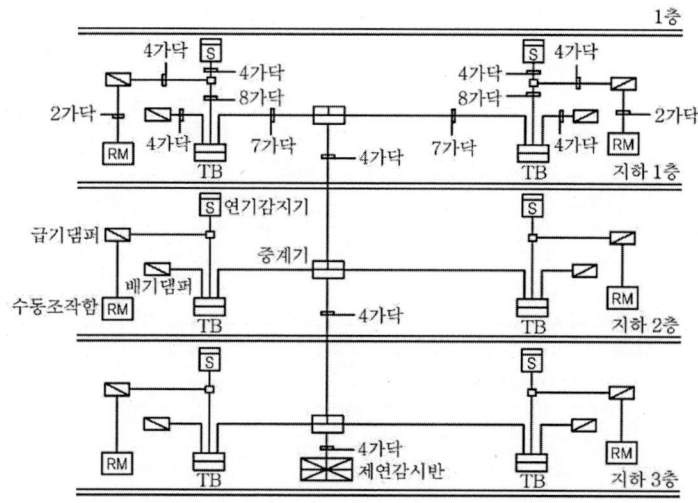

036

그림은 습식 스프링클러설비의 전기적 계통도이다. 조건을 참조하여 답란표의 Ⓐ ~ Ⓓ까지의 배선 수와 각 배선의 용도를 쓰시오.

> **조건**
>
> 1. 각 유수검지 장치에 밸브개폐감시용 스위치는 부착되어 있지 않은 것으로 한다.
> 2. 사용전선은 300/500[V] 기기배선용 단심 비닐절연전선(90℃)이다.
> 3. 배선수는 운전조작상 필요한 최소 전선수를 쓰도록 한다.
> 4. 층별 구분경보방식을 적용한다.

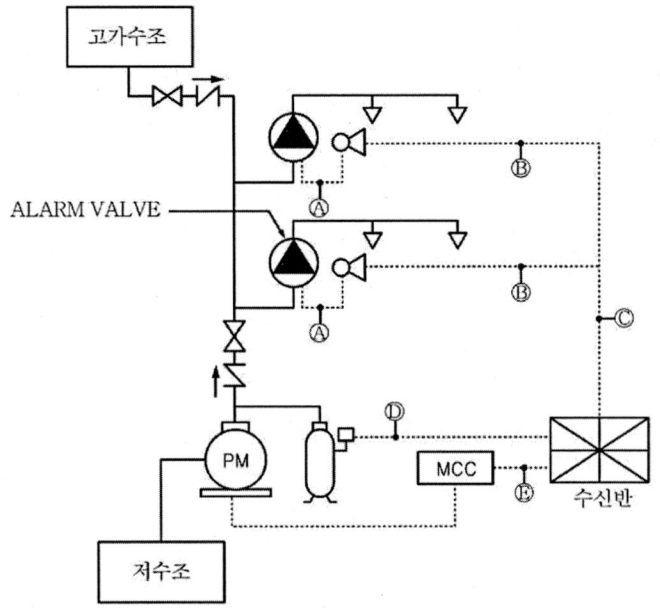

기 호	구 분	배선수	배선 굵기	배선의 용도
Ⓐ	알람밸브 ↔ 사이렌		2.5[mm²] 이상	
Ⓑ	사이렌 ↔ 수신반		2.5[mm²] 이상	
Ⓒ	2개 구역일 경우		2.5[mm²] 이상	
Ⓓ	압력탱크 ↔ 수신반		2.5[mm²] 이상	
Ⓔ	MCC ↔ 수신반	5	2.5[mm²] 이상	공통, ON, OFF, 운전표시, 정지표시

정답 배선수와 각 배선의 용도

기호	구 분	배선수	배선 굵기	배선의 용도
Ⓐ	알람밸브 ↔ 사이렌	2	2.5[mm²] 이상	압력(유수검지)스위치1, 공통1
Ⓑ	사이렌 ↔ 수신반	3	2.5[mm²] 이상	압력(유수검지)스위치1, 사이렌1, 공통1
Ⓒ	2개 구역일 경우	5	2.5[mm²] 이상	압력(유수검지)스위치2, 사이렌2, 공통1
Ⓓ	압력탱크 ↔ 수신반	2	2.5[mm²] 이상	압력스위치1, 공통1
Ⓔ	MCC ↔ 수신반	5	2.5[mm²] 이상	공통, ON, OFF, 운전표시, 정지표시

해설 알람밸브의 배선
밸브개폐감시용 스위치(TS : 탬퍼스위치)가 있는 경우

기호	구 분	배선수	배선 굵기	배선의 용도
Ⓐ	알람밸브 ↔ 사이렌	3	2.5[mm²] 이상	압력(유수검지)스위치1, 밸브개폐감시용 스위치1, 공통1
Ⓑ	사이렌 ↔ 수신반	4	2.5[mm²] 이상	압력(유수검지)스위치1, 사이렌1, 밸브개폐감시용 스위치 1, 공통 1
Ⓒ	2개 구역일 경우	7	2.5[mm²] 이상	압력(유수검지)스위치2, 사이렌2, 밸브개폐감시용 스위치 2, 공통 1
Ⓓ	압력탱크 ↔ 수신반	2	2.5[mm²] 이상	압력스위치1, 공통1
Ⓔ	MCC ↔ 수신반	5	2.5[mm²] 이상	공통, ON, OFF, 운전표시, 정지표시

※ 밸브개폐감시용 스위치는 설치하는 게 원칙이나 본 문제는 이 스위치가 없는 것으로 하여 출제되었음

037 다음은 슈퍼비조리(Super Visory) 판넬의 결선 회로도의 미완성 도면이다. 다음 각 물음에 답하시오.

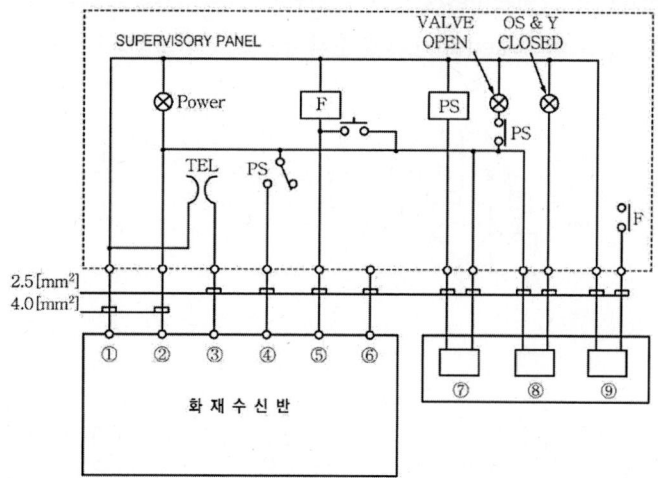

가) ① ~ ⑥ 단자의 단자명은 무엇인가?
나) ⑦ ~ ⑨에 표시된 심벌은 각각 무엇인가?
다) 미완성 도면을 완성하시오.

가) ① 전원 ⊖　　　② 전원 ⊕　　　③ 전화
　　　④ 밸브개방 확인　⑤ 밸브기동　　⑥ 밸브주의
나) ⑦ 압력스위치(PS)　⑧ 탬퍼스위치(TS)　⑨ 솔레노이드밸브(SV)

다)
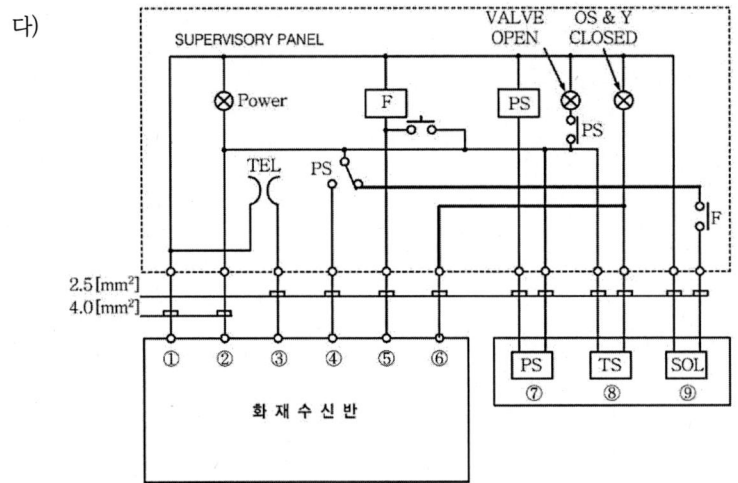

해설 나) 명칭
　　⑦ 압력스위치(Pressure Switch) : 밸브개방 확인
　　⑧ 탬퍼스위치(Tamper Switch) : 밸브주의
　　　솔레노이드밸브(Solenoid Valve) : 밸브기동
　※ 전원(①, ②) 배선의 굵기는 2.5[mm²]도 가능하다.

038
도면은 어떤 준비작동식 스프링클러설비의 계통을 나타낸 도면이다. 화재가 발생하였을 때 화재감지기, 소화설비반의 표시부, 전자밸브, 준비작동식 밸브 및 압력스위치들 간의 작동연계성(Operation sequence)을 순차적으로 요약 설명하시오.

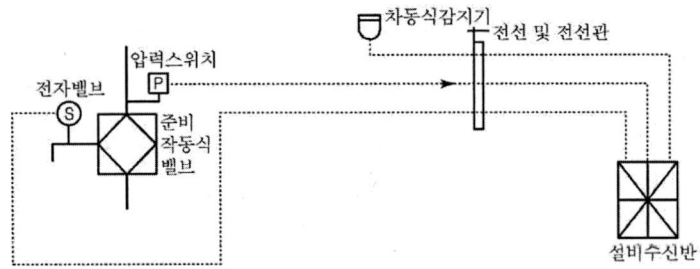

 ① 화재 발생　　　　　　　　② 감지기 작동(A, B회로 동시 작동)
③ 설비수신반의 표시부에 화재표시　④ 사이렌 경보
⑤ 전자밸브(solenoid valve) 동작　⑥ 준비작동식 밸브 개방
⑦ 압력스위치 작동　　　　　　⑧ 소화펌프 기동
⑨ 설비수신반의 표시부에 펌프기동 및 준비작동식 밸브개방 표시

039 주어진 조건과 도면을 참조하여 다음 각 물음에 답하시오.

조건
- 대상물은 지하 주차장으로서 내화구조이다.
- 천장의 높이는 3[m]이다.
- 슈퍼비조리판넬인 SVP의 설치높이는 1.2[m]이다.
- 전선관은 후강전선관 16[mm]를 콘크리트 매입으로 사용한다고 한다.
- 3방출 이상은 4각박스로 시공한다.

도면

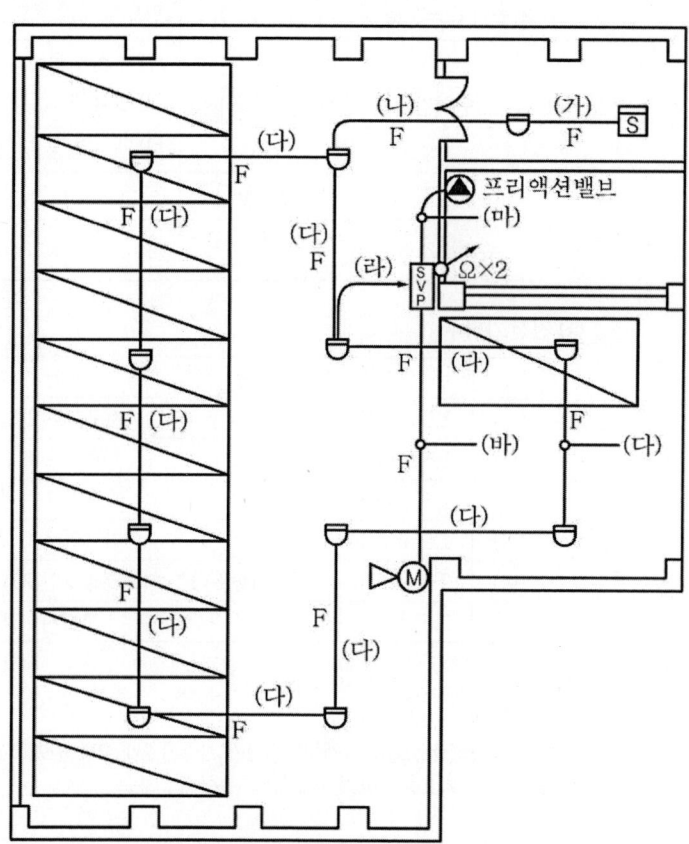

가) 도면상의 도시기호 의 명칭은 무엇인가?
나) 도면의 (가) ~ (바)에 해당하는 전선 가닥수는 최소 몇 가닥인가?
다) 다음 표의 물량(수량)을 구하시오.

품 명	규 격	단 위	수량	품 명	규 격	단 위	수량
금속박스	4각	개	①	금속박스	8각	개	②
부싱	16호	개	③	로크너트	16호	개	④

가) 모터사이렌
나) (가) 4가닥   (나) 8가닥   (다) 4가닥
   (라) 8가닥   (마) 4가닥   (바) 2가닥
다) ① 3개   ② 11개
   ③ 31개   ④ 62개

 가) 도시기호

명 칭	기 호	적 요
차동식 스포트형 감지기	⌒	필요에 따라 종별을 방기한다.
연기감지기	S	(1) 필요에 따라 종별을 방기한다. (2) 점검 박스 붙이는 경우는 S 로 한다. (3) 매입인 것은 S로 한다.
모터사이렌	M◁	S◁ 또는 E◁ : 전자사이렌
슈퍼비조리 판넬	SVP	(Supervisory Panel)

나) 전선 가닥수

기 호	배선 굵기	배선 종류
(가)	1.5[mm²]	지구회로 2, 공통 2
(나)	1.5[mm²]	지구회로 4, 공통 4
(다)	1.5[mm²]	지구회로 2, 공통 2
(라)	1.5[mm²]	지구회로 4, 공통 4
(마)	2.5[mm²]	밸브기동(SV) 1, 밸브개방확인(PS) 1, 밸브주의(TS) 1, 공통 1
(바)	2.5[mm²]	모터사이렌 2

다) ① 4각 박스(3방출 이상) : 3개
   ② 8각 박스(3방출 미만) : 11개
   ③ 부싱(Bushing) : 31개(4방출 1개, 3방출 2개, 2방출 9개, 1방출 3개)
   ④ 로크너트(Lock nut) : 62개 ← 부싱의 2배수

040

지하 1층, 2층, 3층의 주차장에 프리액션형의 스프링클러시설을 하고 정온식 감지기 1종을 설치하여 소화설비와 연동하는 감지기 배선을 하려고 한다. 주어진 평면도를 이용하여 다음 각 물음에 답하시오. (단, 수신반은 지상 1층에 설치되어 있고, 층고는 3.6[m], 주요구조부는 내화구조이며 SVP에는 전회기능이 없다고 간주한다.)

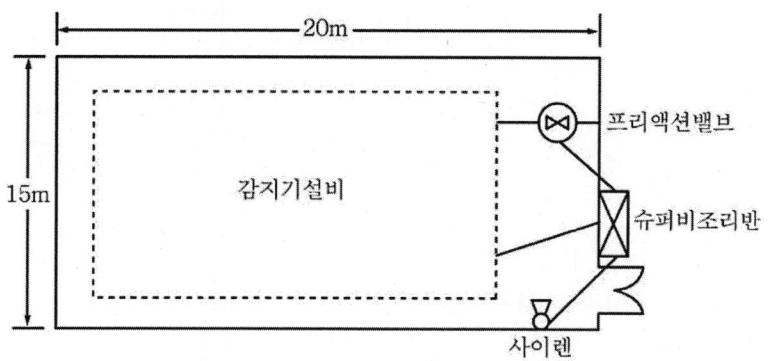

가) 본 설비에 필요한 감지기 수량을 산정하시오.
나) 각 설비 및 감지기간 배선도를 작성할 때 배선에 필요한 가닥수도 기입하시오.
다) 본 설비의 계통도를 작성하고 계통도상에 전선수를 쓰도록 하시오.

가) 필요 감지기 수량
　　부착높이가 4[m] 미만으로 정온식 스포트형 1종 감지기 1개가 담당하는 바닥면적은 60[m²]이다. 또한, 회로는 2개 회로(교차회로방식)이고 층수는 3개층이므로

$$\text{층별 감지기 수량} = \frac{\text{바닥면적}}{\text{기준면적}} = \frac{(20 \times 15)[\text{m}^2]}{60[\text{m}^2]} = 5\text{개}$$

∴ 5개×2개회로=10
전체는 10개×3개층=30개

나)
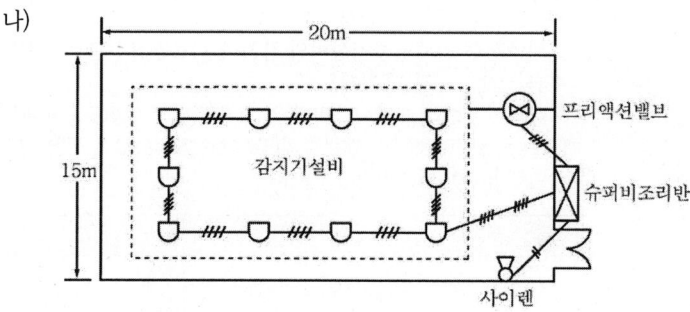

다)

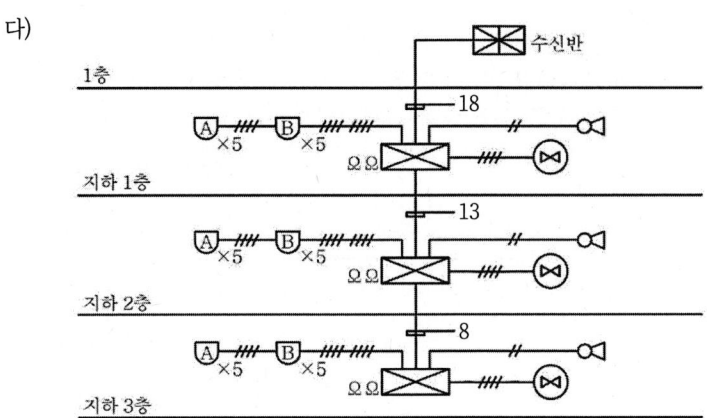

해설
가) 감지기의 수량 산정

부착높이 및 특정소방대상물의 구분		감지기의 종류(단위 : m²)				
		차동식·보상식 스포트형		정온식 스포트형		
		1종	2종	특종	1종	2종
4[m] 미만	내화구조	90	70	70	60	20
	기타구조	50	40	40	30	15
4[m] 이상 8[m] 미만	내화구조	45	35	35	30	-
	기타구조	30	25	25	15	-

「건축법 시행령(제56조)」에 따라 지하층은 내화구조의 소방대상물로 구분되며, 부착높이가 4[m] 미만으로 정온식 스포트형 1종 감지기 1개가 담당하는 바닥면적은 60[m²]이다. 또한, 회로는 2개 회로(교차회로방식)이고 층수는 3개 층이므로

$$\text{층별 감지기 수량} = \frac{\text{바닥면적}}{\text{기준면적}} = \frac{(20 \times 15)[\text{m}^2]}{60[\text{m}^2]} = 5\text{개}$$

∴ 5개×2개 회로=10개
전체는 10개×3개 층=30개

나) ① 프리액션형 스프링클러설비의 감지기 회로방식 : 교차회로방식(말단 및 루프 구간 : 4가닥, 기타 구간 : 8가닥)
② 프리액션밸브와 슈퍼비조리반간 : 4가닥[밸브기동(Solenoid Vlave) 2, 밸브개방확인(Pressure Switch) 1, 밸브주의(Tamper Switch) 1, 공통 1]
③ 사이렌과 슈퍼비조리반간 : 2가닥

다)

층 별	배선수	전선의 굵기	배선의 용도
지하 1층	18	2.5[mm²]	전원 ⊕·⊖, 사이렌, (밸브기동, 밸브개방확인, 밸브주의, 감지기 A·B)×3
지하 2층	13	2.5[mm²]	전원 ⊕·⊖, 사이렌, (밸브기동, 밸브개방확인, 밸브주의, 감지기 A·B)×2
지하 3층	8	2.5[mm²]	전원 ⊕·⊖, 사이렌, 밸브기동, 밸브개방확인, 밸브주의, 감지기 A·B

각 층 사이렌 배선	2	2.5[mm²]	사이렌 1, 공통 1
각 층 감지기 간 배선	4	1.5[mm²]	감지기지구 2, 공통 2
각 층 감지기 연결배선	8	1.5[mm²]	감지기지구 4, 공통 4

※ 지하층은 전층에 대해 일제히 경보된다.

041
그림은 준비작동식 스프링클러설비의 전기적 계통도이다. ⓐ~ⓕ까지에 해당하는 배선 수와 각 배선의 용도를 쓰시오. (단, 배선수는 운전 조작상 필요한 최소 전선수로 하며, 층별 구분 경보방식을 적용한다.) [SVP는 전화기능이 없다고 간주]

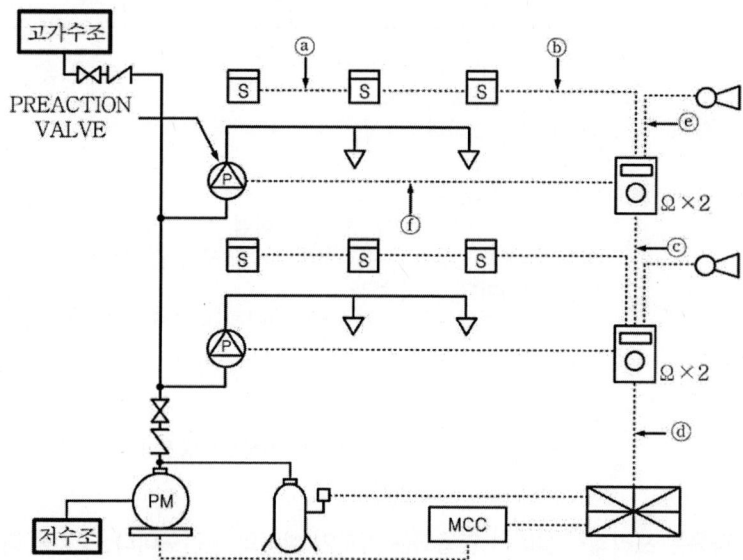

기호	구 분	배선수	배선굵기	배선의 용도
ⓐ	감지기 ↔ 감지기		1.5[mm²]	
ⓑ	감지기 ↔ SVP		1.5[mm²]	
ⓒ	SVP ↔ SVP		2.5[mm²]	
ⓓ	2 ZONE일 경우		2.5[mm²]	
ⓔ	사이렌 ↔ SVP		2.5[mm²]	
ⓕ	프리액션밸브 ↔ SVP		2.5[mm²]	

기호	구 분	배선수	배선굵기	배선의 용도
ⓐ	감지기 ↔ 감지기	4	1.5[mm²]	지구, 공통 각 2가닥
ⓑ	감지기 ↔ SVP	8	1.5[mm²]	지구, 공통 각 4가닥
ⓒ	SVP ↔ SVP	8	2.5[mm²]	전원 ⊕·⊖, 감지기 A·B, 사이렌, 밸브기동, 밸브개방확인, 밸브주의
ⓓ	2 ZONE일 경우	14	2.5[mm²]	전원 ⊕·⊖, (감지기 A·B, 사이렌, 밸브기동, 밸브개방확인, 밸브주의)×2
ⓔ	사이렌 ↔ SVP	2	2.5[mm²]	사이렌 1, 공통 1
ⓕ	프리액션밸브 ↔ SVP	4	2.5[mm²]	밸브기동 1, 밸브개방확인 1, 밸브주의 1, 공통 1

해설 준비작동식 스프링클러설비
1) 감지기회로 : 교차회로방식
2) SVP
 ① 1 ZONE인 경우 : 8선
  → 전원 ⊕·⊖, 감지기 A·B, 사이렌, 밸브기동, 밸브개방확인, 밸브주의
 ② 2 ZONE인 경우 : 14선(감지기 A·B, 사이렌, 밸브기동, 밸브개방확인, 밸브주의)가 방호구역마다 1선씩 증가
  → 전원 ⊕·⊖, (감지기 A·B, 사이렌, 밸브기동, 밸브개방확인, 밸브주의)×2
3) 사이렌 : 2선
  → 사이렌 2선
4) 프리액션밸브 : 4선
  → 밸브기동 1, 밸브개방확인 1, 밸브주의 1, 공통 1

042 다음은 프리액션 설비와 연동되는 감지기 설비의 평면도이다. 조건을 참조하여 다음 각 물음에 답하시오.

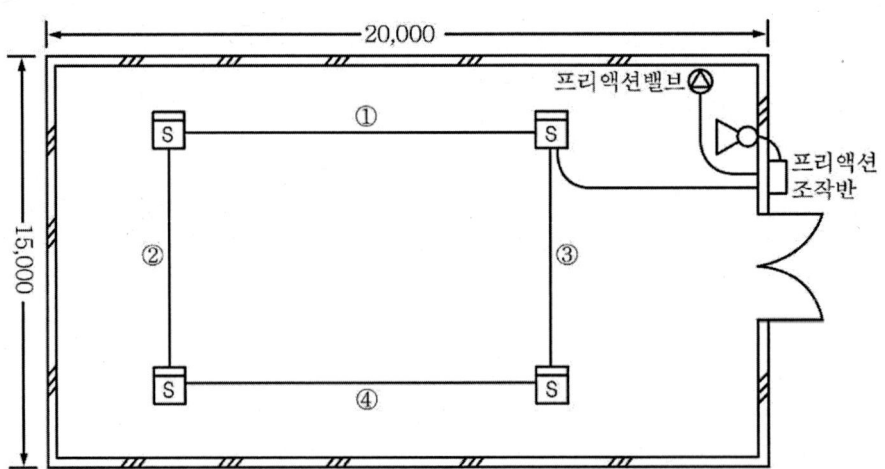

조건

- 지하 1층, 지하 2층, 지하 3층에 시설하고 수신반은 지상 1층에 설치하며, 지하 1층 프리액션 조작반에서 수신반까지의 직선거리는 10[m]이다.
- 사용하는 전선관은 후강 전선관이며 콘크리트 매입으로 시공한다.
- 3방출 이상은 4각 박스를 사용한다.
- 기능을 만족시키는 최소의 배선을 하도록 한다.
- 건축물은 내화구조로 각층의 높이는 3.8[m]이다.
- 프리액션밸브세트에는 솔레노이드 밸브, 압력스위치, 개폐밸브 모니터링스위치가 설치되어 있다.
- SVP에는 전화기능이 없다.

가) 사용된 감지기는 이온화식 연기감지기(2종)이다. 이 감지기가 4개 설치된 이유를 설명하시오.
나) 도면에 표시된 ①~④까지의 배선 가닥수는 최소 몇 가닥인가?
다) 본 설비의 감지기에 이용되는 4각 박스는 몇 개가 필요한가?
라) 본 설비의 계통도를 작성하시오. (단, 계통도상에 배선 가닥수도 표시하시오.)

정답

가) 1개회로 감지기 설치 개수 = $\dfrac{20 \times 15}{150}$ = 2개

∴ 2개×2개 회로=4개

나) ① 4가닥 ② 4가닥 ③ 4가닥 ④ 4가닥
다) 3개
라)

가) 부착높이에 따른 연기감지기의 종류

부착면의 높이	연기감지기의 종류(단위 : m²)	
	1종 및 2종	3종
4[m] 미만	150	50
4[m] 이상 8[m] 미만	75	×

부착높이가 4[m] 미만의 이온화식 연기감지기(2종) 1개가 담당하는 바닥면적은 150[m²]이다.

$N = \dfrac{20 \times 15 [m^2]}{150 [\ m^2]}$ = 2개이나 교차회로방식이므로 2개 회로를 곱하여야 한다.

∴ 전체＝2개×2개 회로＝4개

나) 감지기회로 방식이 교차회로방식
∴ 말단 및 루프 구간 : 4가닥, 기타 구간 : 8가닥

다) 본 문제의 경우 4각 박스는 3방출 이상인 경우에 사용되므로 감지기회로에 이용되는 4각 박스는 각 층별 1개
∴ 전체＝1개×3층＝3개

라) ① 기본 가닥수 : 전원 ⊕ · ⊖, 사이렌, 밸브기동, 밸브개방확인, 밸브주의, 감지기 A · B

층 별	배선수	전선의 굵기	배선의 용도
지하 1층	18	2.5[mm²]	전원 ⊕ · ⊖, 사이렌, (밸브기동, 밸브개방확인, 밸브주의, 감지기 A · B)×3
지하 2층	13	2.5[mm²]	전원 ⊕ · ⊖, 사이렌, (밸브기동, 밸브개방확인, 밸브주의, 감지기 A · B)×2
지하 3층	8	2.5[mm²]	전원 ⊕ · ⊖, 사이렌, 밸브기동, 밸브개방확인, 밸브주의, 감지기 A · B

② 프리액션 밸브세트 : 솔레노이드밸브(S.V) 1, 압력스위치(P.S) 1, 모니터링스위치 또는 탬퍼스위치(T.S) 1, 공통 1

043
그림은 이산화탄소 소화설비 평면도이다. 도면을 참조하여 다음 각 물음에 답하시오. (단, 비상스위치는 없는 것으로 한다.)

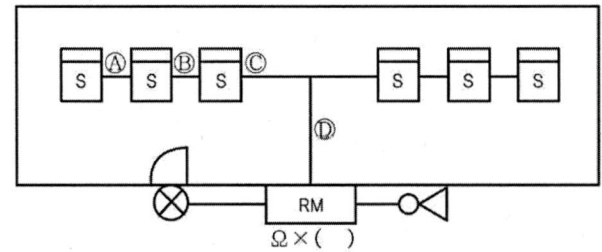

가) Ⓐ ~ Ⓓ까지의 전선가닥수는 최소 몇 가닥이 필요한가?
나) 시설이 잘못된 부분이 있는데 그 곳을 지적하고 이유를 설명하시오.
다) 종단저항은 몇 개가 필요한가?

정답

가) Ⓐ : 4가닥   Ⓑ : 8가닥   Ⓒ : 8가닥   Ⓓ : 8가닥
나) ① 잘못된 부분 : 사이렌—실내에 설치해야 하나 실외에 설치하였다.
　　② 이유 : 재실자의 신속한 대피 유도를 하여야 하므로
다) 2개

해설

가) 수정한 평면도(가닥수 포함)

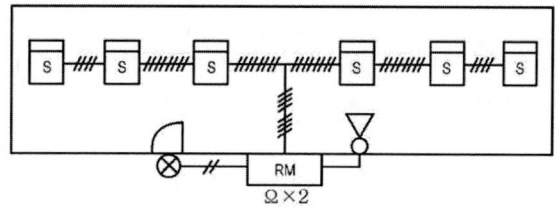

나), 다) 시설의 설치장소 및 그 근거(이유)
① 화재감지기 : 실내에 설치(← CO_2 소화설비의 자동 기동장치로서 방호구역 내의 화재 감지 기능)
② 수동 조작함 : 실외 출입구 부근에 설치(← 화재발생 시 유효한 조작)
③ 사이렌 : 실내에 설치(← 재실자의 신속한 대피 유도)
④ 방출표시등 : 실외의 출입구 부근에 설치(← 소화약제 방출상태를 알려 외부인의 진입 금지)
⑤ 종단저항 : 회로의 말단인 수동 조작함에 설치(← CO_2 소화설비의 감지기 배선방식은 교차 회로방식이므로 A, B회로용으로 2개 필요)
⑥ 비상스위치 : 수동기동장치(기동스위치) 부근에 설치[RM 내에 설치하는 게 일반적임](← 수동기동장치의 타이머를 순간정지시켜 소화약제의 방출을 지연시키는 기능을 하는 복귀형 스위치)

044 정보전산원 서버기기실에 할론 1301 소화설비를 시설하고자 한다. 건축물의 구조는 내화구조이고 층간 높이가 3.5[m], 바닥면적이 600[m²]일 때, 다음 각 물음에 답하시오.

가) 적용될 감지기의 종류 및 수량에 대하여 쓰시오.
나) 종단저항의 수량은?
다) 적용될 감지기의 회로방식은 무엇이며, 이 회로방식의 목적에 대하여 쓰시오.
라) 설치 예정인 할론소화설비가 자동으로 작동하기 위한 설비도를 다음의 그림을 바탕으로 완성하시오. (조건 : ① 전역방출방식, ② 천장은폐배선 시공, ③ 후강전선관 적용)

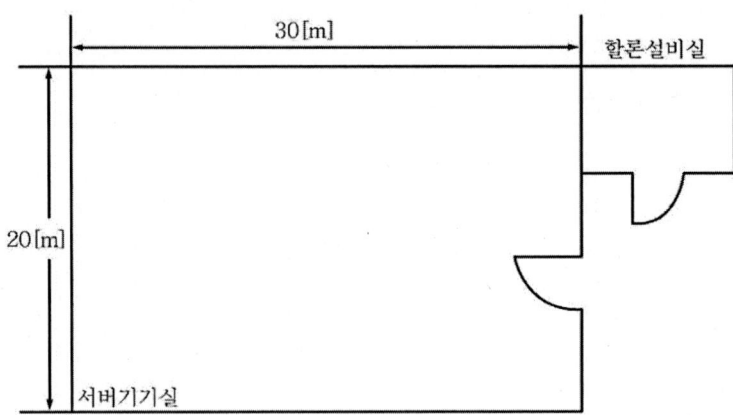

마) 서버기기실 화재발생 시 감지기 작동에 의한 할론 자동소화설비의 작동을 가정할 때, 이의 작동순서를 설명하시오.

정답

가) ① 감지기 종류 : 연기감지기 2종
   ② 감지기 수량
   1개회로 감지기 설치 수 $N = \dfrac{30 \times 20}{150} = 4$개
   교차회로이므로 전체 감지기수 N = 4×2회로 = 8개

나) 2개

다) ① 회로방식 : 교차회로방식
   ② 목적 : 감지기 오동작에 의한 할론소화설비의 오작동 방지

라) 완성 도면

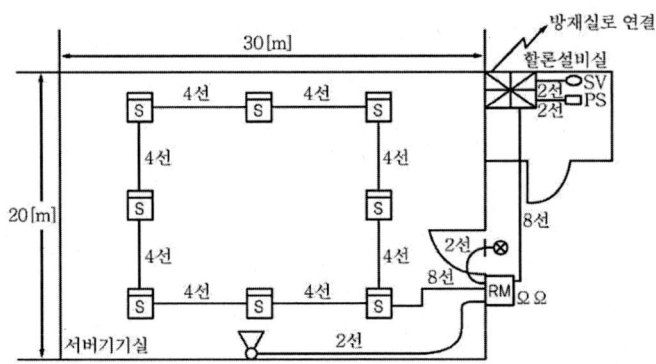

마) 작동순서
   감지기(A·B회로) 작동 → 수신반에 신호(화재표시등 및 지구표시등 점등) → 사이렌경보 → 기동용기 솔레노이드밸브 개방 → 소화약제 방출 → 압력스위치 작동 → 수신반에 신호 → 방출표시등 점등

가) 연기감지기 설치개수

$$N = \frac{30 \times 20}{150} = 4개$$

할론소화설비는 교차회로방식이므로 2회로로 계산

$N = 4개 \times 2회로 = 8개$

나) 종단저항 개수 : 교차회로방식이므로 2개
다) 감지기 회로방식
 ① 정의 : 하나의 경계구역 내에 2 이상의 화재감지기 회로를 설치하고 인접한 2 이상의 화재감지기가 동시에 감지되는 때에 할론 설비가 작동하도록 하는 배선방식이다.
 (1개 회로 감지기 작동 시에는 경보만 발함)
 ② 종단저항 : 회로 끝부분(수동조작함 내)에 설치

045 그림은 할론소화설비 기동용 연기감지기의 회로를 잘못 결선한 그림이다. 잘못 결선된 부분을 바로잡아 옳은 결선도를 그리고, 잘못 결선한 이유를 쓰시오. (단, 종단저항은 제어반 내에 설치된 것으로 본다.)

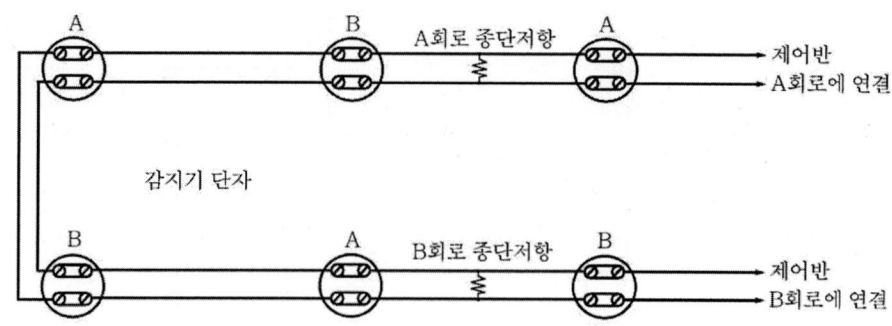

 ① 옳은 결선도

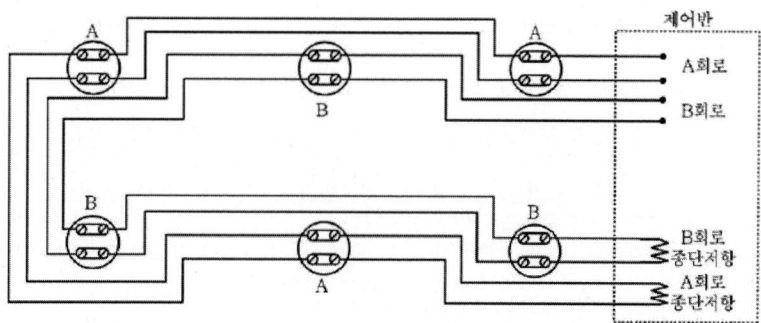

② 잘못 결선한 이유
 ㉠ A, B회로의 배선 : 할론소화설비의 오동작을 방지하기 위하여 감지기회로는 그 배선방식을 교차배선방식으로 하여야 하므로, A, B회로의 배선을 각각 별도로 배선하여야 하나, 하나의 배선으로 하였다.
 ㉡ 종단저항의 설치위치 : 종단저항은 각 회로의 끝부분에 설치하여야 하나. 회로의 중간부분에 설치하였다.

교차회로방식
① 정의 : 하나의 경계구역 내에 2 이상의 화재감지기 회로를 설치하고 인접한 2 이상의 화재감지기가 동시에 감지되는 때에 당해 설비가 작동되도록 하는 방식이다.

※ 교차회로 배선에서, A와 B회로는 각각 보내기 배선방식에 준하여 배선하여야 한다.

② 종단저항 : 감지기회로 끝부분에 설치(본 문제의 경우, 제어반에 설치)

046 도면은 어느 방호대상물의 할론소화설비의 전기설비를 설계한 도면이다. 잘못 설계된 곳을 4가지만 지적하고 그 이유를 설명하시오.

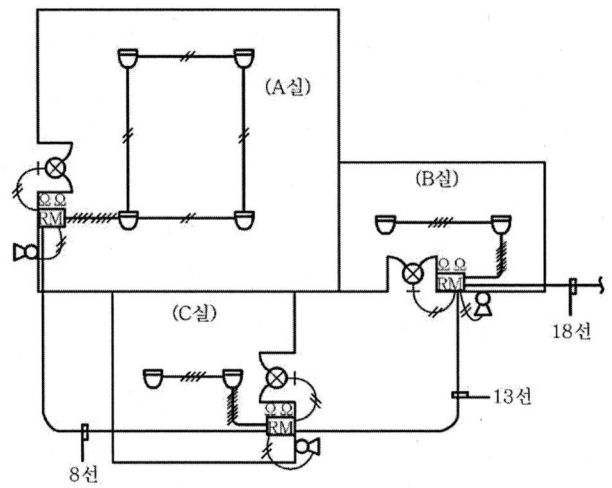

유의사항

- 심벌의 범례

  [RM] : 할론수동조작함(종단저항 2개 내장)   ⊗ : 할론방출표시등

- 전선관의 규격은 표기하지 않았으므로 지적대상에서 제외된다.
- 할론수동조작함과 할론콘트롤판넬의 연결 전선수는 1구역당 (+, −)전원 2선, 수동조작 1선, 감지기선로 2선, 사이렌 1선, 할론방출표시등 1선, 비상스위치 1선이며, 공통선은 전원선 2선 중 1선을 공통으로 연결 사용한다.
- 기술적으로 동작불능 또는 오동작이 되거나 관련 기준에 맞지 않거나 잘못 설계되어 인명피해가 우려되는 것들을 지적하도록 한다.
- 비싱스위치는 공용 1선 사용한다.

① 실(A)의 감지기 상호 간 가닥수 : 4가닥이어야 하나 2가닥으로 되어 있음
② 실 (A), (B), (C)의 할론수동조작함의 설치 위치 : 실외 출입구 부근에 설치되어야 하나 실내에 설치됨
③ 실 (A), (B), (C)의 할론방출표시등의 설치 위치 : 실외의 출입구 부근에 설치되어야 하나 실내에 설치됨
④ 실 (A), (B), (C)의 사이렌의 설치 위치 : 실내에 설치되어야 하나 실외에 설치됨

가) 감지기 배선수 : 할론설비의 감지기회로 배선은 교차회로방식
→ loop 구간과 말단부분 : 4가닥, 기타 부분 : 8가닥
나), 다), 라)

기 기	설치 위치	설치 목적
할론수동조작함	실외(출입구 부근)	편리하고 유효한 조작
할론방출표시등	실외(출입구 상부)	약제 방출을 표시, 실외 인원의 실내진입 금지
사이렌	실내	인명의 신속한 대피

마) 수정된 설계도면

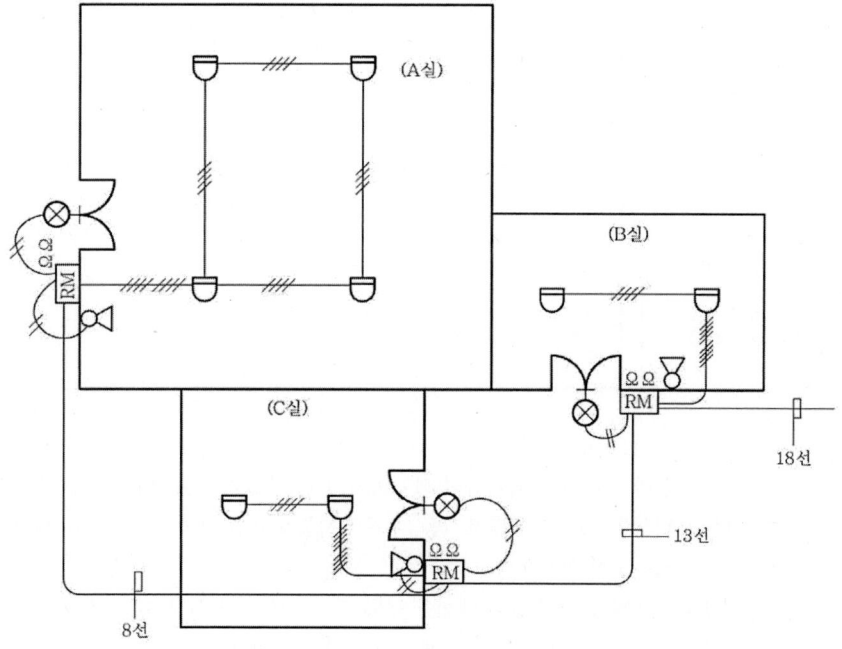

047

아래의 그림과 같은 통신실에 하론 1301 가스설비와 연동되는 감지기설비를 하려고 한다. 주어진 조건을 이용하여 다음 각 물음에 답하시오.

> **조건**
> - 도면의 축척은 NS로 작성한다.
> - 감지기 배선은 가위배선으로 한다.
> - 모든 배관배선은 콘크리트 매입으로 한다.
> - 사용하는 전선관은 모두 공사용 후강전선관으로 한다.
> - 전원 및 각종 신호선은 1개의 선으로 표시하며 배선가닥수는 표시된 선위에 빗금으로 표시하도록 한다.
> - 감지기 설치 및 배관배선은 규정된 심벌을 사용한다.
> - 하론저장실까지의 거리는 주조작반에서 20[m] 거리에 있다.
> - 통신실의 높이는 4[m]이며, 주요구조부가 내화구조이다.
> - 수동조작반으로 연결되는 배관배선은 감지기, 사이렌, 방출표시등 등이다.
> - 모든 배관배선의 개소에는 가닥수를 표시하도록 한다.

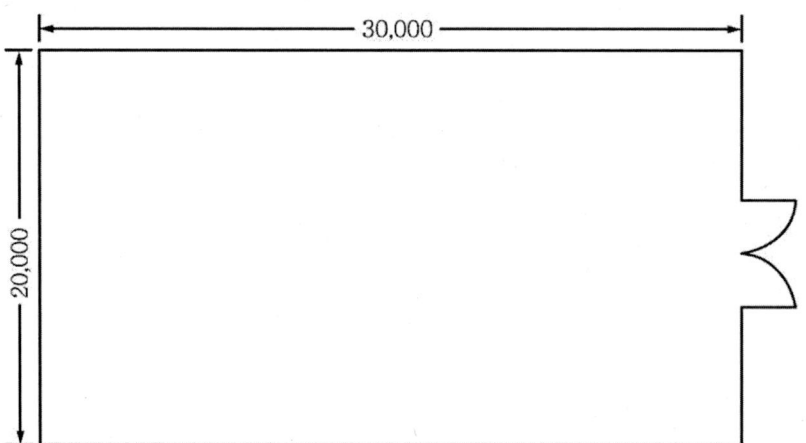

가) 감지기는 차동식 스포트형 감지기 2종을 사용하려고 한다. 필요한 개수를 산정하여 도면에 적당한 간격으로 배치하여 설치하고, 배선가닥수도 표시하도록 하시오.
나) 모터사이렌, 하론방출표시등, 수동조작함으로 도면의 적당한 위치에 설치하고 배선가닥수도 표시하도록 하시오.
다) 감지기와 감지기 간의 배선은 어떤 종류의 전선을 사용하는가?
라) 감지기와 수동조작반과의 배선은 어떤 종류의 전선을 사용하는가?
마) 사이렌과 수동조작반, 수동조작반 상호 간의 배선은 어떤 종류의 전선을 사용하는가?
바) 수동조작반과 주조작반 사이의 배선에 대한 전선의 명칭을 쓰시오. (단, 감지기의 공통선은 전원선과 분리하여 사용하는 것으로 한다.)

가), 나) 평면도(배선의 가닥수 포함)
※ 감지기 수량 산정
  통신실의 높이가 4[m], 주요 구조부가 내화구조이므로 차동식 스포트형 2종 감지기 1개당 감지면적은 35[m²] ← 가위 배선(교차배선) 적용
  ∴ A회로 감지기수량 $N_A = \dfrac{20 \times 30}{35} = 17.1 ≒ 18$개

  B회로 감지기수량 $N_B = \dfrac{20 \times 30}{35} = 17.1 ≒ 18$개

따라서, 전체 감지기수는 36개

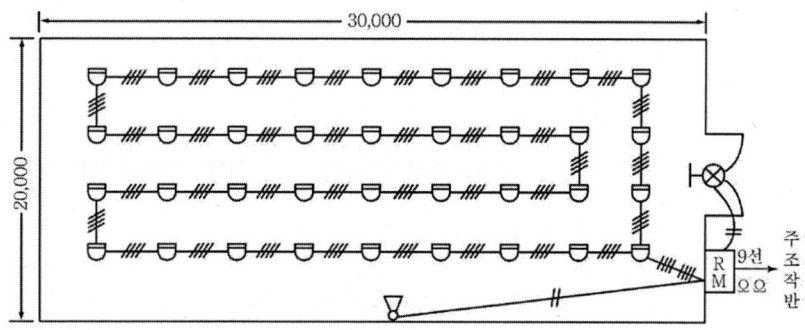

다) 450/750[V] 저독성난연가교 폴리올레핀 절연전선
라) 450/750[V] 저독성난연가교 폴리올레핀 절연전선
마) 450/750[V] 저독성난연가교 폴리올레핀 절연전선
바) 전원 ⊕·⊖, 기동스위치, 방출표시등, 사이렌, 비상스위치, 감지기 A·B, 감지기공통

 가) 소방대상물에 따른 감지기의 종류(기준 감지면적)

부착높이 및 특정소방대상물의 구분		감지기의 종류 [단위 : m²]	
		차동식·보상식 스포트형	
		1종	2종
4[m] 미만	내화구조	90	70
	기타구조	50	40
4[m] 이상 8[m] 미만	내화구조	45	35
	기타구조	30	25

※ 산정 근거 및 계산
  ① 감지기배선 : 교차회로 배선(가위배선) → 말단 및 루프 구간 : 4구간, 기타 구간 : 8구간
  ② 통신실의 높이가 4[m], 주요 구조부가 내화구조이므로 차동식 스포트형 2종 감지기 1개당 감지면적은 35[m²] ← 가위배선(교차배선) 적용
  ∴ A회로 감지기 수량 $N_A = \dfrac{20 \times 30}{35} = 17.1 ≒ 18$개

  B회로 감지기 수량 $N_B = \dfrac{20 \times 30}{35} = 17.1 ≒ 18$개

따라서, 전체 감지기수는 36개

나) ① 사이렌 : 실내에 설치(→ 재실자의 신속한 대피)
　② 방출표시등 : 실외의 출입구 부근에 설치(→ 실외 인원의 진입 금지)
　③ 수동조작함 : 실외의 출입구 부근에 설치(→ 유효한 조작)

명 칭	그림기호	적 요
차동식 스포트형 감지기	▽	필요에 따라 종별을 방기한다.
방출표시등	⊗	벽붙이형 : ⊢⊗　　◐
사이렌	⊲	전자사이렌 : ⊲ⓔ　　⊲ⓢ
수동조작함	RM	소방설비용 : RM_F

다), 라), 마)
　・450/750[V] 저독성난연가교폴리올레핀절연전선 1.5[mm^2] : 감지기와 감지기 사이 및 감지기와 수동조작함 사이의 감지기회로 배선에 사용
　・450/750[V] 저독성난연가교폴리올레핀절연전선 2.5[mm^2] : 감지기회로 이외의 배선에 사용

바) 할론소화설비의 기본 전선수(단, 감지기의 공통선은 전원선과 분리하여 사용) : 9선
　　전원 ⊕・⊖, 기동스위치, 방출표시등, 사이렌, 비상스위치, 감지기 A・B, 감지기공통

> ※ 비상스위치 : 수동식 기동장치(기동스위치) 부근에 설치하며 소화약제의 방출을 지연시킬 수 있는 스위치(자동복귀형 스위치로 수동기동장치의 타이머를 순간정지시키는 기능을 하는 스위치)
> ※ NS : 축척 없음(No Scale)을 의미하며, 축척을 무시하라는 것임

048

아래의 도면과 같은 컴퓨터실에 독립적으로 하론 소화설비를 하려고 한다. 이 설비를 자동적으로 동작시키기 위한 전자설계를 하시오.

> **유의사항**
> 1. 평면도 및 제어계통도만 작성할 것
> 2. 감지기의 종류를 명시할 것
> 3. 배선상호 간에 사용되는 전선굵기와 전선가닥수를 표시할 것
> 4. 심벌은 임의로 사용하고 심벌부근에 심벌명을 기재할 것
> 5. 실의 높이는 4[m]이며 지상 2층에 컴퓨터실이 있음

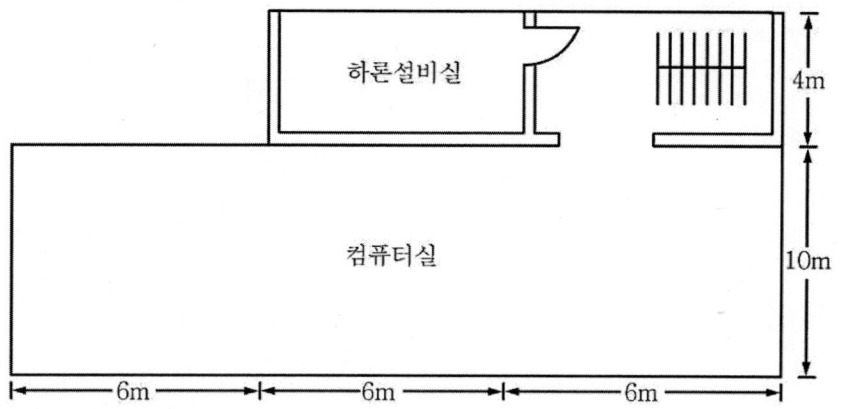

정답

(1) 평면도
  1) 감지기의 수량 및 종류
    ① 컴퓨터실의 면적 : (6+6+6)×10=180[m²]
    ② 감지기 회로방식 : 교차회로방식
    ③ 감지기의 종류 : 연기감지기(컴퓨터실이므로)
    ④ 감지기 수 계산

$$감지기 수 = \frac{180[\text{m}^2]}{75[\text{m}^2]} = 2.4 = 3개$$

   → 전체 : 3개×2개 회로=6개

  2) 사이렌 : 1개
  3) 방출표시등 : 1개
  4) 수동조작함(종단저항 내장형) : 1대
  5) 하론수신반 : 1대
  6) 비상스위치 : 1개
  7) 기동용 솔레노이드밸브 및 압력스위치 : 각 1개

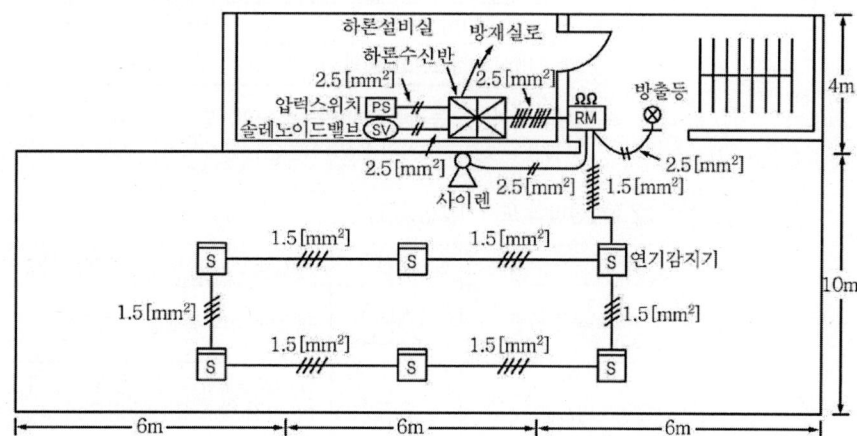

(2) 제어계통도

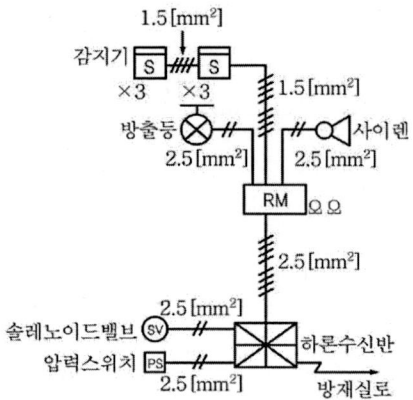

 1) 감지기의 종류 및 수량
① 감지기 종류의 선정 : 일반적으로 차동식 스포트형, 정온식 스포트형, 연기감지기가 많이 사용되며, 이 세 가지 감지기에 대해 집중 출제된다.
㉠ 차동식스포트형 : 일반 용도의 실, 주차장 등에 설치
㉡ 정온식스포트형 : 화기취급 장소 등 고온의 장소인 주방, 보일러실, 탕비실 등에 설치
㉢ 연기감지기 : 복도, 계단(경사로), 파이프덕트, 엘리베이터 기계실 등과 통신기기실, 컴퓨터실, 전기실 등에 설치
② 감지기 회로방식 : 교차회로방식
③ 감지기의 종류 및 수량
㉠ 연기감지기(컴퓨터실이므로)
㉡ 감지기 설치수 $N = \dfrac{180\,[\mathrm{m}^2]}{75\,[\mathrm{m}^2]} = 2.4 ≒ 3개 → 전체 : 3개 \times 2개 회로 = 6개$

부착면의 높이	연기감지기의 종류(단위 : m²)	
	1종 및 2종	3종
4[m] 미만	150	50
4[m] 이상 20[m] 미만	75	-

④ 비상스위치 : 수동기동장치(기동스위치) 부근에 소화약제의 방출을 지연시킬 수 있는 스위치(수동기동장치의 타이머를 순간정지시키는 스위치로, 복귀형임)

2) 소화설비의 도시기호(Symbol)

명 칭	그림기호	적 요
하론수신반	⊠	필요에 따라 종별을 방기한다.
연기감지기	Ⓢ	(1) 필요에 따라 종별을 방기한다. (2) 점검 박스 붙이인 경우는 Ⓢ 로 한다. (3) 매입인 것은 Ⓢ 로 한다.

수동조작함	RM	소방용 설비에 사용하는 것은 필요에 따라 F를 같이 적는다.
방출표시등(벽붙이형)	⊗	
사이렌	⊲	자동화재 탐지설비의 경보벨 적요를 준용한다.
종단저항	Ω	⊡Ω ⓅΩ ⊠Ω
압력 스위치	PS	
솔레노이드 밸브	SV	

049 이산화탄소 소화설비의 미완성 전기도면을 참조하여 다음 각 물음에 답하시오. [비상스위치는 1선 사용]

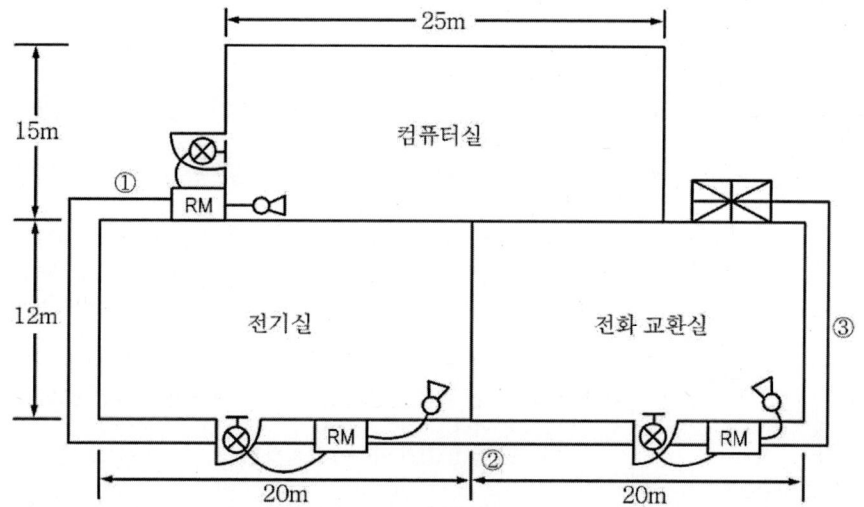

가) 감지기를 차동식 스포트형 2종으로 설치하고자 할 때 각 구역에 필요한 수량을 쓰시오. (단, 건물은 내화구조로 높이는 4[m] 미만으로 한다.)
나) ①, ②, ③의 가닥수는?
다) ①의 전선용도를 쓰시오.

정답

가) ① 컴퓨터실
  모두 교차배선으로 A, B회로로 구성

  A회로 감지기 수 : $N_A = \dfrac{25 \times 15 [m^2]}{70 [m^2]} = 5.35 ≒ 6$ 개

  B회로 감지기 수 : $N_B = \dfrac{25 \times 15 [m^2]}{70 [m^2]} = 5.35 ≒ 6$ 개

② 전기실
모두 교차배선으로 A, B회로로 구성

A회로 감지기 수 : $N_A = \dfrac{20 \times 12 [m^2]}{70 [m^2]} = 3.42 ≒ 4$개

B회로 감지기 수 : $N_B = \dfrac{20 \times 12 [m^2]}{70 [m^2]} = 3.42 ≒ 4$개

③ 전화교환실
모두 교차배선으로 A, B회로로 구성

A회로 감지기 수 : $N_A = \dfrac{20 \times 12 [m^2]}{70 [m^2]} = 3.42 ≒ 4$개

B회로 감지기 수 : $N_B = \dfrac{20 \times 12 [m^2]}{70 [m^2]} = 3.42 ≒ 4$개

나) ① 8가닥 ② 13가닥 ③ 18가닥
다) 전원 ⊕·⊖, 기동스위치, 비상스위치, 방출표시등, 사이렌, 감지기 A, 감지기 B

나), 다) 수동조작반과 수신반 간의 전선 가닥수
① 기본 전선(간선)수 : 전원 ⊕·⊖, 기동스위치, 비상스위치, 방출표시등, 사이렌, 감지기 A·B(8가닥)
② 방호구역이 n개인 경우 : 전원 ⊕·⊖, (기동스위치, 비상스위치, 방출표시등, 사이렌 감지기 A, 감지기 B)×n → 기동스위치, 비상스위치, 방출표시등, 사이렌, 감지기 A, 감지기 B(6가닥)이 각각 n개로 증가[비상스위치 별도결선의 경우]
예를 들어, 방호구역이 3개이면 전선(간선)수 : 전원 ⊕·⊖, (기동스위치, 비상스위치, 방출표시등, 사이렌, 감지기 A, 감지기 B)×3 → 20가닥이 된다.[비상스위치 별도결선의 경우]

※ 비상스위치는 기본 간선의 필수요소에 해당한다. 다만, 도면에 표시되는 방법만 다를 뿐이다.
① 수동조작함(RM)의 외부에 설치하는 경우 : RM ┤#● (연결 배선수 : 2선)
② 수동조작함(RM)의 내부에 설치하는 경우 : RM (연결 배선수 : 표기 불가능)

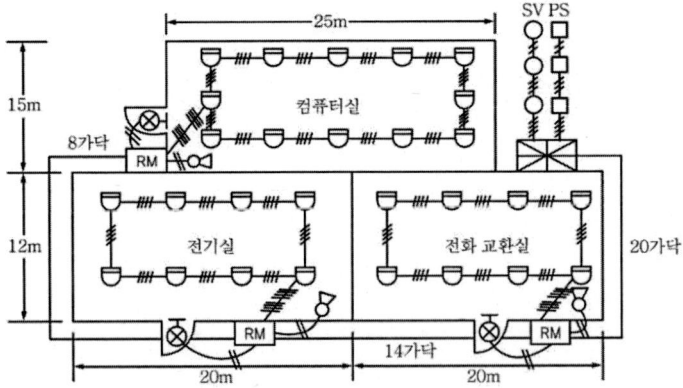

예상문제

050 다음은 하론(HALON) 소화설비의 수동조작함에서 하론제어반까지의 결선도 및 계통도 (3 Zone)에 대한 것이다. 주어진 조건을 참조하여 각 물음에 답하시오.

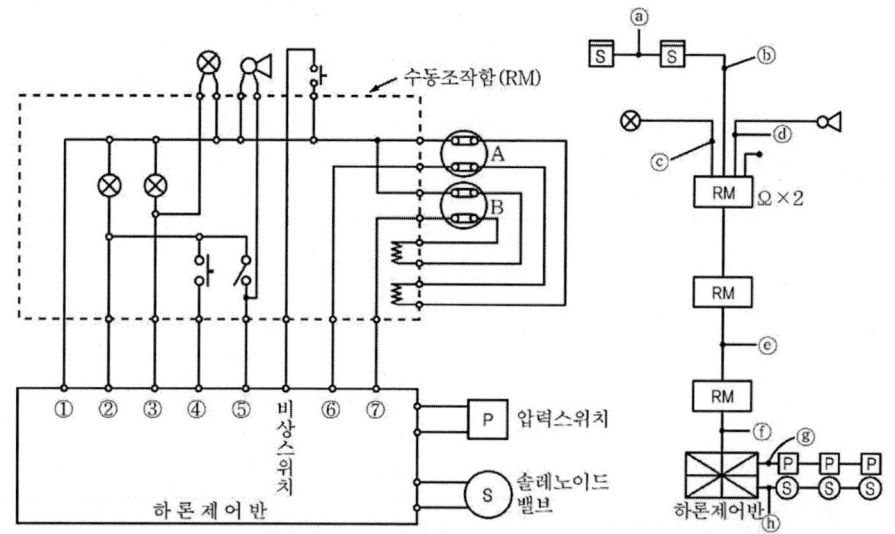

조건
- 전선의 가닥수는 최소한으로 한다.[비상스위치 1선 공용 사용]
- 복구스위치 및 도어스위치는 없는 것으로 한다.

가) ①~⑦의 전선 명칭은?
나) ⓐ~ⓗ의 전선 가닥수는?

가) ① 전원 ⊖   ② 전원 ⊕   ③ 방출표시등   ④ 기동스위치
　　⑤ 사이렌   ⑥ 감지기 A   ⑦ 감지기 B
나) ⓐ 4가닥   ⓑ 8가닥   ⓒ 2가닥   ⓓ 2가닥
　　ⓔ 13가닥   ⓕ 18가닥   ⓖ 4가닥   ⓗ 4가닥

전선 가닥수 등 전선의 내역

기호	배선 굵기	가닥수	배선의 용도
ⓐ	1.5[mm²]	4	감지기지구 2, 공통 2
ⓑ	1.5[mm²]	8	감지기지구 4, 공통 4
ⓒ	2.5[mm²]	2	방출표시등 2
ⓓ	2.5[mm²]	2	사이렌 2
ⓔ	2.5[mm²]	13	전원 ⊕·⊖, (기동스위치, 방출표시등, 사이렌, 감지기 A, 감지기 B)×2, 비상스위치

ⓕ	2.5[mm²]	18	전원 ⊕·⊖, (기동스위치, 방출표시등, 사이렌, 감지기 A, 감지기 B)×3, 비상스위치
ⓖ	2.5[mm²]	4	압력스위치 3, 공통 1
ⓗ	2.5[mm²]	4	솔레노이드밸브 기동 3, 공통 1

051 아래의 도면에 주어진 조건과 범례와 같은 심벌을 이용하여 하론소화설비의 도면을 완성하시오.

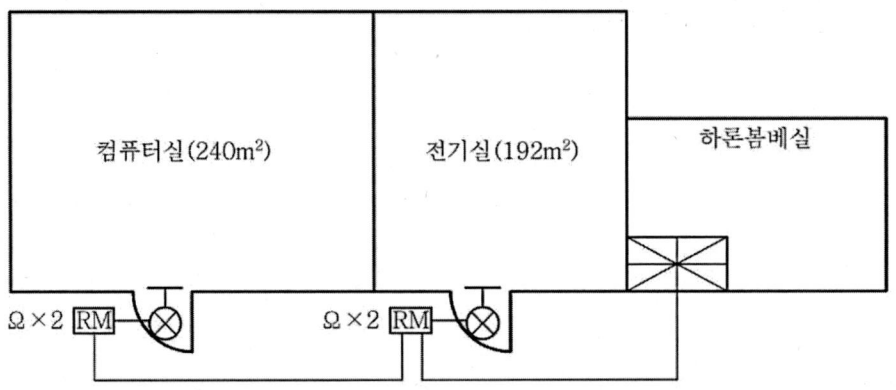

조건

1. 건축물은 내화구조이며, 천장의 높이는 3[m]이다.
2. 전선은 1.5[mm²]를 사용하며, 가닥수는 최소가닥수를 적용하여 표시하도록 한다. (단, 방출표시등, 사이렌 및 비상스위치는 단독회로로 구성할 것)
3. 방호할 구역은 컴퓨터실 1구역, 전기실 1구역으로 한다.

[범례]

심벌	기기 명칭	심벌	기기 명칭
⌒	차동식 스포트형 감지기(2종)	SV	솔레노이드 밸브
⊢⊗	방출표시등	PS	압력스위치
M⊲	모터사이렌	Ω	종단저항
RM	하론수동조작함	⊠	하론제어반

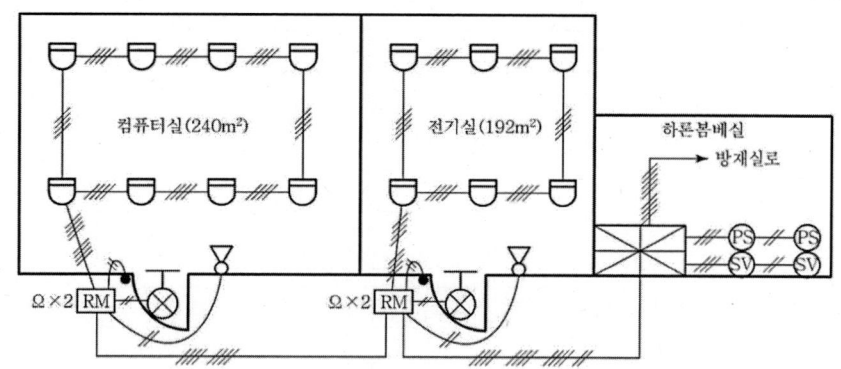

할론설비(전역방출방식)의 도면 작성방법
1) 수동조작함 : 방호구역마다 1대 설치(출입구 부근)
2) 감지기(차동식 스포트형 2종)
   ① 설치 수
      - 조건 : 내화구조, 천장높이 4[m] 미만, 교차회로 방식
      - 감지 기준면은 다음의 <표> 이용
      ㉠ 컴퓨터실
         감지기 수 = $\dfrac{(20 \times 12)[m^2]}{70[m^2]}$ = 3.42 ≒ 4개
         ∴ 전체 : 4개×2개 회로=8개

      ㉡ 전기실
         감지기 수 = $\dfrac{(16 \times 12)[m^2]}{70[m^2]}$ = 2.74 ≒ 3개
         ∴ 전체 : 3개×2개 회로=6개

[소방대상물의 부착높이에 따른 감지기의 종류]

부착높이 및 소방대상물의 구분		감지기의 종류(단위 : m²)				
		차동식 스포트형		정온식 스포트형		
		1종	2종	특종	1종	2종
4[m] 미만	주요구조부가 내화구조인 경우	90	70	70	60	20
	주요구조부가 내화구조 이외인 경우	50	40	40	30	15
4[m] 이상 8[m] 미만	주요구조부가 내화구조인 경우	45	35	35	30	
	주요구조부가 내화구조 이외인 경우	30	25	25	15	

   ② 감지기 배선수 : 할론설비의 방호대상 구역이 아님
3) 방출표시등 : 방호구역 외부의 출입구 상부에 설치
4) 사이렌 : 방호구역 내의 벽부에 설치(각 부분으로부터 수평거리 25[m] 이내)
5) 비상스위치 : 수동기동장치(기동스위치) 부근에 설치
6) 할론제어반 : 할론 봄베실(저장실)에 1대 설치(방재실과 배선 연결)
7) 솔레노이드밸브 : 할론 봄베실(저장실)의 기동용기에 방호구역 수 만큼 설치
8) 압력스위치 : 할론 봄베실(저장실)의 선택밸브 2차측에 방호구역 수 만큼 설치

9) 간선수(RM과 하론제어반 간)

Zone 수	간선 수	간선 용도
1	8	전원 +, −, 기동스위치, 비상스위치, 방출표시등, 사이렌, 감지기 A, 감지기 B
2	14	전원 +, −, (기동스위치, 비상스위치, 방출표시등, 사이렌, 감지기 A, 감지기 B)×2

10) 하론제어반~방재실간 배선수

Zone 수	간선 수	간선 용도
1	6	공통, 전원표시, 화재표시(기동표시), 방출표시등, 감지기 A, 감지기 B
2	9	공통, 전원표시, 화재표시(기동표시), [방출표시등, 감지기 A, 감지기 B] ×2

052 그림은 이산화탄소소화설비의 전기설비의 평면도를 나타낸 것이다. 주어진 조건과 도면을 이용하여 다음 각 물음에 답하시오.

> **조건**
> - 본 CO_2 대상지역의 천장은 이중 천장이 없는 구조이다.
> - 수동조작함과 콘트롤판넬 간의 배선은 ⊕·⊖ 전원 : 2선, 감지기 : 2선, 수동기동 : 1선, 방출표시등 : 1선, 사이렌 : 1선으로 총 7선이다. (다만, 구역이 늘어날 경우 전원 2선을 제외한 선의 수가 늘어나는 것으로 한다.)
> - 배관은 후강스틸 전선관을 사용하며 슬라브 내 매입 시공하는 것으로 한다.

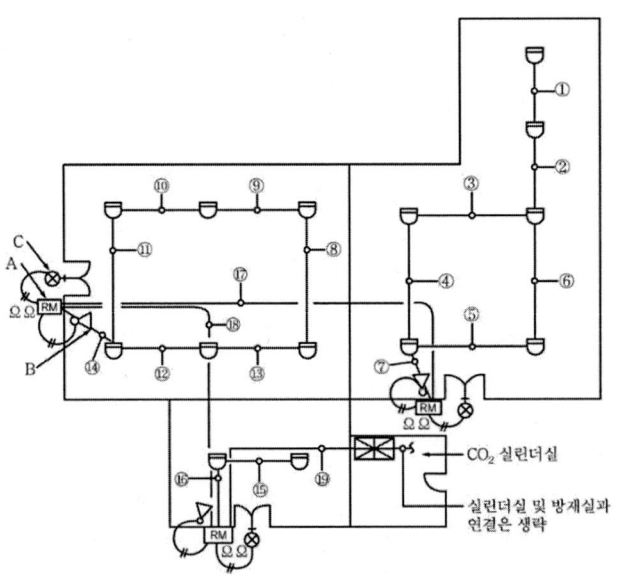

314

가) 도면 ①~⑲까지에 해당하는 곳의 전선 가닥수는 각각 몇 가닥인가?
나) 도면 A, B, C에 해당되는 것의 명칭을 쓰시오. (단, 종류가 구분되어야 할 것은 구분된 명칭까지 상세히 밝히도록 하시오.)

가)
① 4가닥	② 8가닥	③ 4가닥	④ 4가닥	⑤ 4가닥	⑥ 4가닥
⑦ 8가닥	⑧ 4가닥	⑨ 4가닥	⑩ 4가닥	⑪ 4가닥	⑫ 4가닥
⑬ 4가닥	⑭ 8가닥	⑮ 4가닥	⑯ 8가닥	⑰ 7가닥	⑱ 12가닥
⑲ 17가닥					

나) A : 수동조작함
    B : 사이렌
    C : 방출표시등(벽붙이용)

가) CO_2 설비의 감지기회로 배선수 : 교차회로방식(Loop 및 말단 구간 : 4가닥, 기타 구간 : 8가닥)

[CO_2 소화설비의 배선수(감지기배선 및 간선)]

기 호	가닥수	배선의 굵기	배선의 용도
①, ③~⑥, ⑧~⑬, ⑮	4	1.5[mm²]	감지기지구 2, 공통 2
②, ⑦, ⑭, ⑯	8	1.5[mm²]	감지기지구 4, 공통 4
⑰(Zone 1)	7	2.5[mm²]	전원 ⊕·⊖, 감지기 A·B, 수동기동, 방출표시등, 사이렌
⑱(Zone 2)	12	2.5[mm²]	전원 ⊕·⊖, (감지기 A·B, 수동기동, 방출표시등, 사이렌)×2
⑲(Zone 3)	17	2.5[mm²]	전원 ⊕·⊖, (감지기 A·B, 수동기동, 방출표시등, 사이렌)×3

※ 비상스위치 : 본 문제에서는 당해 용도의 전선을 포함시켜서는 아니된다. (← 출제자가 조건에서 제외시켰으므로)

나) 기호의 명칭

기호	명 칭	그림 기호	적 요
A	(원격)수동조작함	RM	(Remote Manual Control Box)
B	사이렌	◁	자동화재탐지설비의 경보벨(적요)을 준용한다.
C	방출표시등	⊢⊗	벽붙이용

053 그림과 같이 주어진 하론제어반, 사이렌, 방출등, 감지기, 하론수동조작함의 외부결선도 및 하론수동조작함의 회로도를 완성하시오.

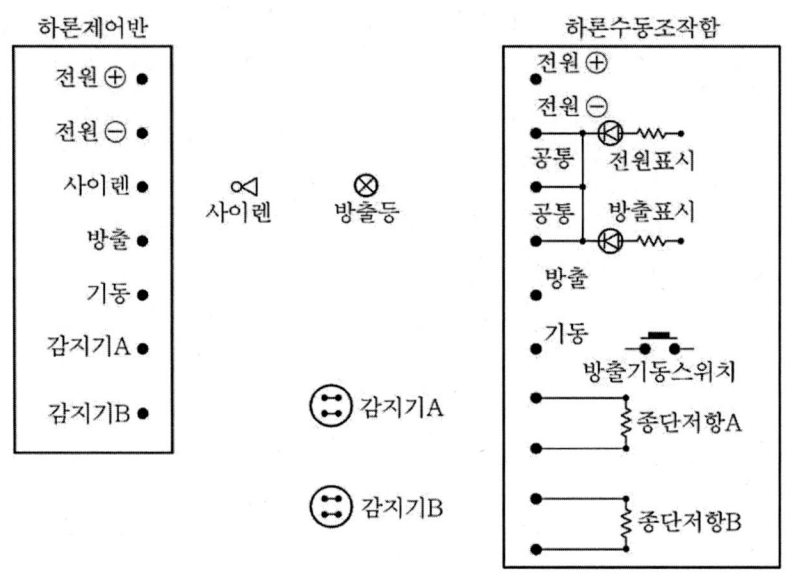

정답

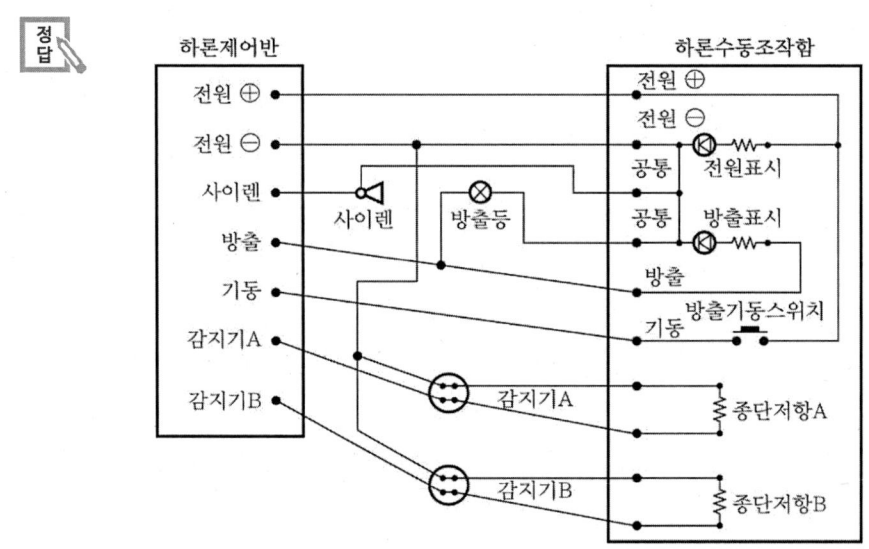

054 제연창 설비에 대한 다음 물음에 답하시오.
가) 제연창은 몇 층 이상의 건축물에 설치하는가?
나) 하나의 배연구의 면적은 몇 [m²] 이상이어야 하나?
다) 배연구의 설치위치는 바닥에서 몇 [m] 이상의 높이에 설치하는가? (단, 반자높이가 3[m]이다.)

가) 6층 이상
나) 1[m²] 이상
다) 2.1[m] 이상

제연창설비의 설치기준
가) 제연창(배연창)설비는 6층 이상의 건축물로서 문화 및 집회시설 등으로 쓰이는 거실에 설치하는 설비이며 화재발생으로 인한 연기를 신속하게 외부로 유출시켜 피난 및 소화활동에 지장이 없도록 하기 위한 설비이다. (단, 피난층은 설치 제외)
나), 다) 6층 이상 거실의 배연 설치기준(건축물의 설비기준 등에 관한 규칙 제14조 제1항)
  ① 설치수 : 방화구획 부분마다 1개소 이상
  ② 설치위치 : 배연창의 상변과 천장(또는 반자)으로부터 수직거리가 0.9[m] 이내(반자높이가 바닥으로부터 3[m] 이상인 경우에는 배연창의 하변이 바닥으로부터 2.1[m] 이상)의 위치
  ③ 유효면적 : 1[m²] 이상으로서 방화구획된 바닥면적의 1/100 이상
  ④ 구조 : 연기감지기 또는 열감지기에 의하여 자동으로 열 수 있는 구조로 하되, 손으로도 열고 닫을 수 있도록 할 것
  ⑤ 배연구 : 예비전원에 의해 개방할 수 있을 것

055 그림은 6층 이상의 사무실건물에 시설하는 배연창설비의 전기적 계통도이다. 그림을 참조하여 Ⓐ ~ Ⓓ까지의 배선수와 각 배선의 용도를 쓰시오.

조건
- 전동구동장치는 솔레노이드식이다.
- 전원장치의 AC전원 공급은 수신기에서 공급하지 않고 현장 분전반에서 공급한다.
- 사용전선은 450/750V 저독성난연가교폴리올레핀절연전선이다.
- 배선수는 운전조작상 필요한 최소 전선수를 쓰도록 한다.

*별도 기동방식 채택

기호	구간	배선수	배선굵기	배선의 용도
Ⓐ	감지기 ↔ 감지기	4	1.5[mm²]	
Ⓑ	발신기 ↔ 수신기	7	2.5[mm²]	
Ⓒ	전동구동장치 ↔ 전동구동장치		2.5[mm²]	
Ⓓ	전동구동장치 ↔ 전원장치		2.5[mm²]	
Ⓔ	전동구동장치 ↔ 수동조작함	3	2.5[mm²]	공통, 기동, 기동확인

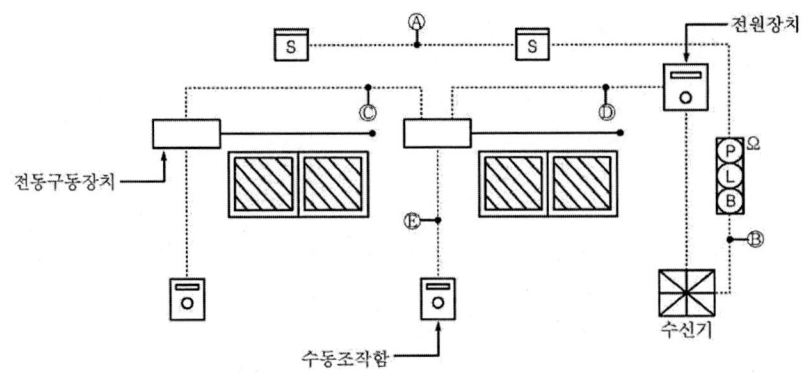

	기호	구 간	배선수	배선굵기	배선의 용도
	Ⓐ	감지기 ↔ 감지기	4	1.5[mm²]	감지기지구 2, 공통 2
	Ⓑ	발신기 ↔ 수신기	7	2.5[mm²]	지구, 지구공통, 응답, 전화, 경종, 표시등, 경종표시등 공통
	Ⓒ	전동구동장치 ↔ 전동구동장치	3	2.5[mm²]	기동, 기동확인, 공통
	Ⓓ	전동구동장치 ↔ 전원장치	5	2.5[mm²]	기동 2, 기동확인 2, 공통
	Ⓔ	전동구동장치 ↔ 수동조작함	3	2.5[mm²]	공통, 기동, 기동확인

배연창설비
① 6층 이상의 사무실 등의 용도로 사용되는 건물에 시설하는 설비이다.
② 화재발생시 창문을 개방하여 내부의 연기는 외부로, 외부의 신선한 공기는 내부로 유입시켜 연기로 인한 인명피해 및 연소 확대를 방지하기 위한 설비로서 창문개방 전동구동장치로 SOLENOID식과 MOTOR식이 있다.
③ 자동화재탐지설비의 감지기와 연동한다.

056 다음은 자동방화문 설비의 계통도이다. Ⓐ ~ Ⓒ의 배선수 및 용도를 쓰시오.

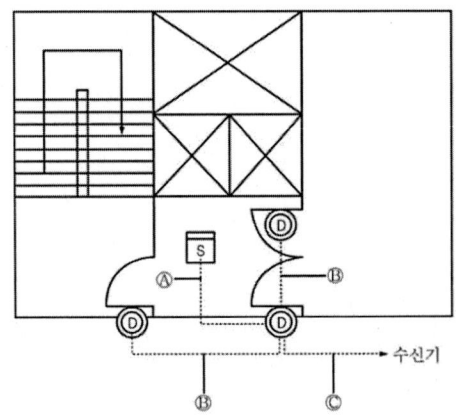

기호	구간	배선수	배선굵기	용도
A	감지기 ↔ 자동폐쇄기		1.5[mm²]	
B	자동폐쇄기 ↔ 자동폐쇄기		2.5[mm²]	
C	자동폐쇄기 ↔ 수신기		2.5[mm²]	

기호	구간	배선수	배선굵기	용도
A	감지기 ↔ 자동폐쇄기	4	1.5[mm²]	감지기지구 2, 감지기공통 2
B	자동폐쇄기 ↔ 자동폐쇄기	3	2.5[mm²]	기동 1, 확인 1, 공통 1
C	자동폐쇄기 ↔ 수신기	5 4	2.5[mm²] 1.5[mm²]	기동 1, 확인 3, 공통 1, 감지기지구 2, 감지기공통 2

1) 자동방화문 설비(Auto Door Release)
   ① 기능 : 방화구획 선상에 설치되어 평상시에는 벽면에 설치된 도어릴리스(자동폐쇄기 : Door Release)로 고정(방화문 개방 상태)시켜 방화구획 간 재실자의 통행에 지장이 없게 하다가 화재시 감지기가 작동할 때 이에 연동하여 도어릴리스(Door Release)를 풀어주면 도어체크(Door Check)의 폐쇄력에 의해 자동으로 방화문이 폐쇄됨으로써 방화구획 간 재실자의 통행을 막고 방화구획의 기능을 한다.
   ② 배선
      ㉠ 기본 배선 : 3선(기동 1, 확인 1, 공통 1)
      ㉡ 동일 방화구획 내 자동방화문이 여러 개인 경우 : 기동 1, (확인 1)×n, 공통 1
         ← n : 도어릴리스의 수
      ㉢ 방화구획별 도어릴리스가 1개씩 설치된 경우 : (기동 1, 확인 1)×n, 공통 1)
         ← n : 방화구획의 수

2) 본 문제의 경우 ㉢ 라인에 감지기 배선도 함께 수용됨에 유의할 것

기호	구간	배선수	배선굵기	용도
A	감지기 ↔ 자동폐쇄기	4	1.5[mm²]	감지기지구 2, 감지기공통 2
B	자동폐쇄기 ↔ 자동폐쇄기	3	2.5[mm²]	기동 1, 확인 1, 공통 1
C	자동폐쇄기 ↔ 수신기 (종단저항이 수신기에 내장)	5 4	2.5[mm²] 1.5[mm²]	기동 1, 확인 3, 공통 1, 감지기지구 2, 감지기공통 2
C	자동폐쇄기 ↔ 수신기 (종단저항이 감지기에 내장)	5 2	2.5[mm²] 1.5[mm²]	기동 1, 확인 3, 공통 1, 감지기지구 1, 감지기공통 1

057 다음 용어를 국문 또는 영문으로 쓰시오.

가) MDF :
나) LAN :
다) PBX :
라) CAD :
마) CVCF :

가) 주배전반(Main Distributing Frame)
나) 근거리통신망(Local Area Network)
다) 구내교환기(Private Branch Exchange)
라) 컴퓨터설계제작(Computer Aided Design)
마) 정전압 정주파수장치(Constant Voltage Constant Frequency)

058 다음은 통로유도등에 관한 사항이다. 다음 각 물음에 답하시오.

가) ㉮, ㉯, ㉰에 알맞은 내용을 쓰시오.

	복도통로유도등	거실통로유도등	계단통로유도등
설치장소	복도	㉮	계단
설치방법	구부러진 모퉁이 및 보행거리 20[m]마다 설치	㉯	각 층의 경사로참 또는 계단참
설치높이	㉰	바닥으로부터 높이 1.5[m] 이상	바닥으로부터 높이 1[m] 이하

나) 벽면에 설치하는 통로유도등과 바닥에 매설하는 통로유도등의 조도의 측정방법과 조도기준에 대하여 각각 쓰시오.
다) 통로유도등 표시면의 바탕색은?

가) ㉮ 거실의 통로
㉯ 구부러진 모퉁이 및 보행거리 20m마다 설치
㉰ 바닥으로부터 높이 1m 이하
나) ① 벽면설치 통로유도등 : 조도는 통로유도등 바로 밑의 바닥으로부터 수평으로 0.5m 떨어진 지점에서 측정하여 1[lx] 이상
② 바닥매설 통로유도등 : 조도는 통로유도등의 직상부 1m 높이에서 측정하여 1[lx] 이상
다) 백색

059 그림은 자동화재탐지설비의 R형수신기 회로 중 지구표시등 회로의 일부분이다. 다이오드 매트릭스 회로를 사용하여 경계구역을 표시하고자 할 때 다이오드를 추가하여 미완성회로를 완성하시오. (그림의 1~8은 경계구역 1~8을 의미한다.)

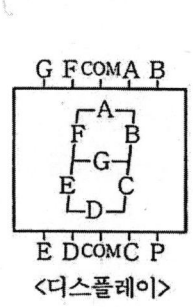
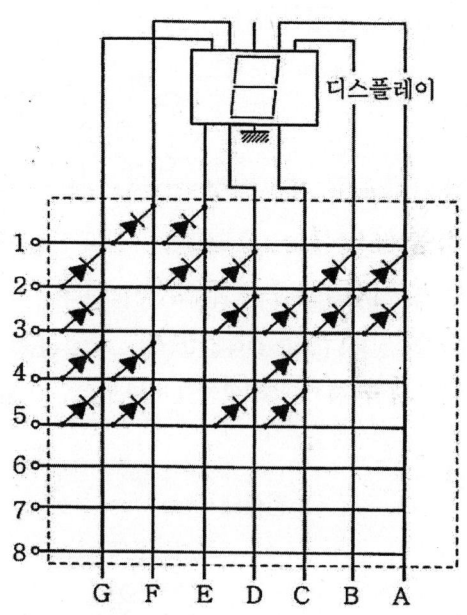

정답

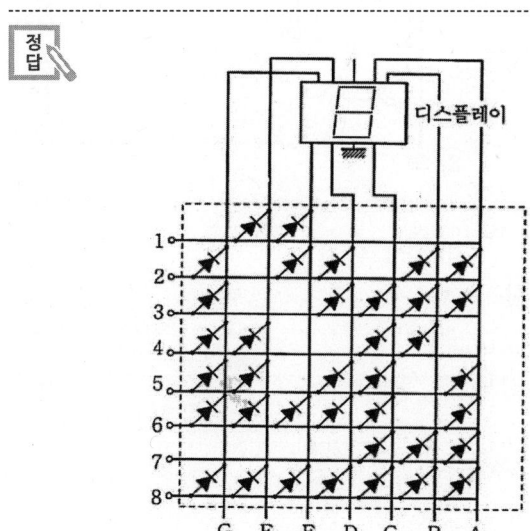

060 다음 그림은 3상 교류회로에 설치된 누전경보기의 결선도이다. 정상상태와 누전발생시 a점, b점 및 c점에서 키르히호프의 제1법칙을 적용하여 선전류 I_1, I_2, I_3 및 선전류의 벡터합계산과 관련된 각 물음에 답하시오.

- 정상상태

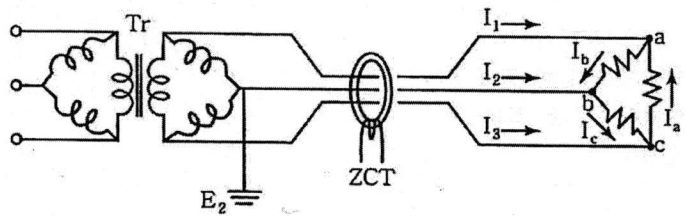

가) 정상상태 시 선전류
  a점 : I_1=(①)   b점 : I_2=(②)   c점 : I_3=(③)
나) 정상상태 시 선전류의 벡터 합
  $I_1+I_2+I_3$=(   )

- 누전상태

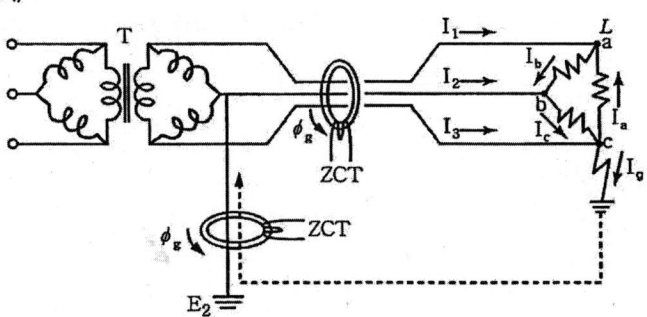

다) 누전 시 선전류
  a점 : I_1=(①)   b점 : I_2=(②)   c점 : I_3=(③)
라) 누전상태 시 선전류의 벡터 합

정답

가) ① I_b-I_a ② I_c-I_b ③ I_a-I_c
나) 0
다) ① I_b-I_a ② I_c-I_b ③ $I_a-I_c+I_g$
라) I_g

061 조건과 도면을 참조하여 다음 각 물음에 답하시오.

조건
- 주요구조부는 내화구조이다.
- 층고는 3.2[m]이다.
- 사용되는 감지기의 종별은 모두 1종으로 한다.
- 계단의 감지기는 다른 층에 설치된 것으로 한다.
- P형 발신기 세트는 1개가 설치된 것으로 한다.
- 화장실에는 감지기를 설치하지 않는다.

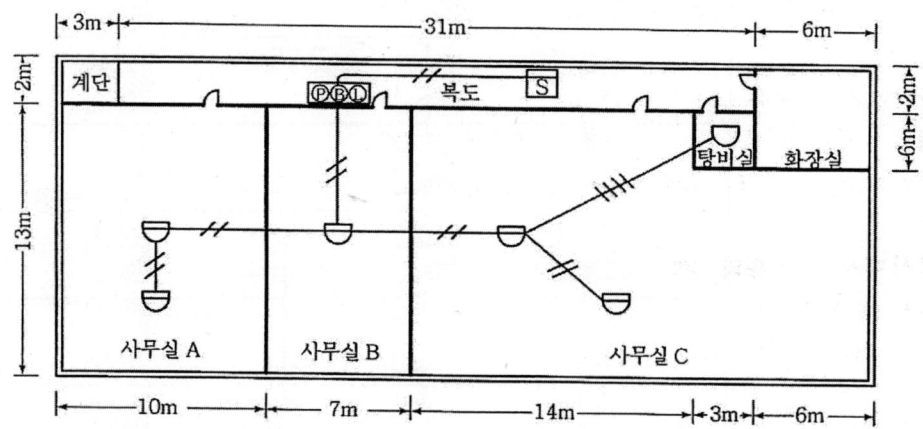

가) 경계구역 면적[m²]을 계산하고 최소 경계구역 수를 답하시오.
나) 도면에서 설비상 잘못된 곳을 6가지 지적하고 바르게 설명하시오.

정답

가) ① 경계구역 면적 = (40m × 15m) − (2m × 3m) = 594m²
　　② 최소 경계구역 수
　　　수평경계구역 수 = $\dfrac{594\text{m}^2}{600\text{m}^2}$ = 0.99 　∴ 1개
　　　수직경계구역 수 = 계단 1개
　　　∴ 총 2개

나) ① 사무실 B에 차동식스포트 1개 설치 → 1개 증설하여 2개 설치
　　② 사무실 C에 차동식스포트 2개 설치 → 1개 증설하여 3개 설치
　　③ 복도에 연기감지기 1개 설치 → 1개 증설하여 2개 설치
　　④ 사무실 A의 감지기 배선수 2가닥 → 2가닥 증설하여 4가닥 설치
　　⑤ 사무실 B의 감지기 배선수 2가닥 → 2가닥 증설하여 4가닥 설치
　　⑥ 사무실 C의 감지기 배선수 2가닥 → 2가닥 증설하여 4가닥 설치

062

건물 내부에 기동용수압개폐장치를 가압송수장치로 사용하는 옥내소화전함과 P형 발신기 세트를 다음과 같이 설치하였다. 다음 각 물음에 답하시오.

가) ㉮ ~ ㉷의 전선 가닥수를 쓰시오.

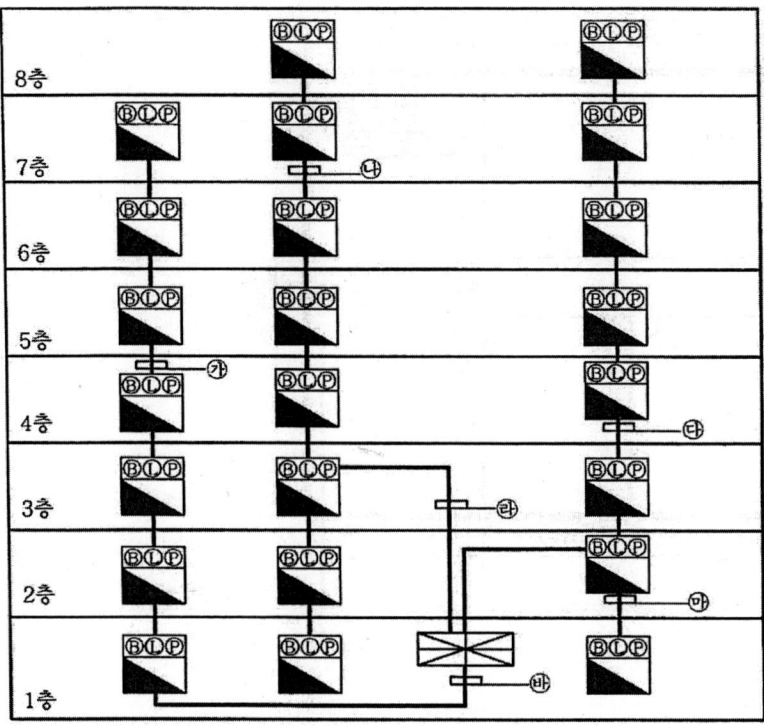

나) 설치된 수신기는 몇 회로용인가?
다) 2층과 5층에서 동시에 발화하였다면 음향경보를 발하여야 하는 층은? (연면적 3,000m² 초과 대상물)

가) ㉮ 10가닥   ㉯ 9가닥   ㉰ 12가닥   ㉱ 16가닥   ㉲ 8가닥   ㉳ 14가닥
나) 25회로용
다) 전층

063 다음의 도면은 내화구조로 된 업무용 빌딩의 지하 1층 평면도이다. 다음 각 물음에 답하시오.

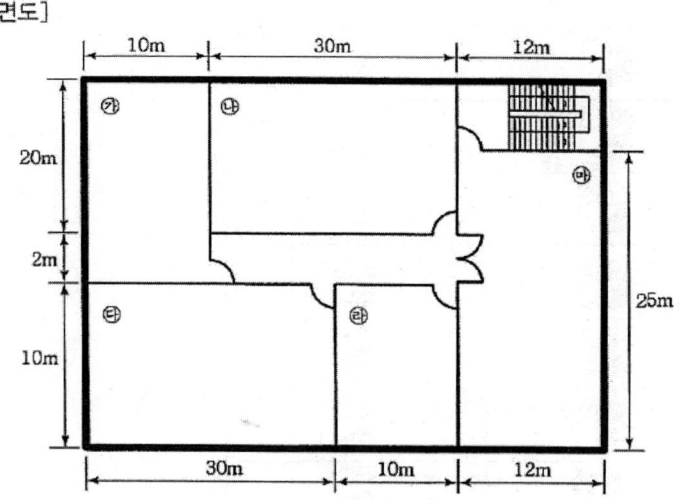

가) 각 실에 설치해야 하는 감지기의 수량을 산출하시오.

기호	실의 용도	설치높이(m)	적용감지기	산출과정	설치수량(개)
㉮	서고	3.5	연기감지기 2종		
㉯	휴게실	3.5	연기감지기 2종		
㉰	전산실	4.5	연기감지기 2종		
㉱	주방	3.8	정온식 스포트형 감지기 1종		
㉲	사무실	3.8	차동식 스포트형 감지기 2종		

정답

가)

기호	산출과정	설치수량(개)
㉮	$\frac{220}{150} ≒ 1.47$	2
㉯	$\frac{600}{150} = 4$	4
㉰	$\frac{300}{75} = 4$	4
㉱	$\frac{100}{60} ≒ 1.67$	2
㉲	$\frac{300}{70} ≒ 4.29$	5

064 다음 옥내소화전설비의 계통도를 보고 물음에 답하시오.

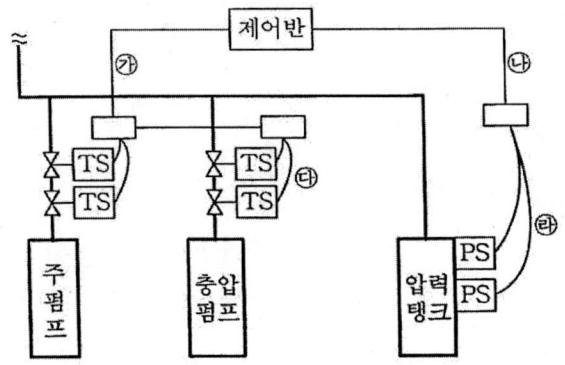

위 도면의 기호에 해당하는 전선의 가닥수를 쓰시오.

정답 ㉮ 5 ㉯ 3 ㉰ 2 ㉱ 2

065 그림은 방화셔터의 예시이다. 그림에서 ㉮, ㉯, ㉰, ㉱, ㉲, ㉳, ㉴, ㉵, ㉶의 명칭을 보기에서 찾아 쓰시오.

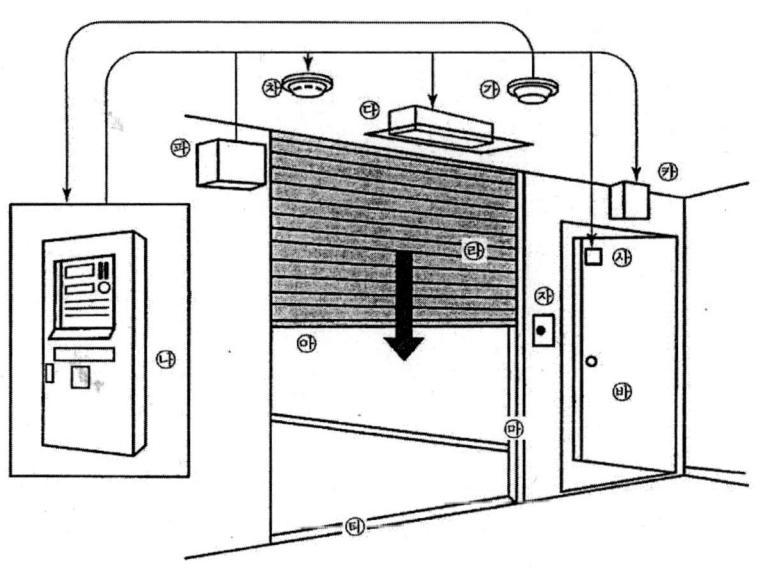

보기
• 자동폐쇄장치 • 방화문(피난문, 쪽문) • 수동폐쇄장치(Up-down 스위치) • 음성발생장치 • 위해방지용 연동중계기 • 가이드 레일 • 방화문 자동폐쇄장치(자동도어체크)	• 방화셔터(Slat) • 좌판(T-bar) : 장애물감지장치 • 주의등(경광등) • 셔터 하강 착지점 • 감지기(연기/열) • 화재수신기(연동제어기)

가) ㉮ 감지기(연기/열)   ㉯ 화재수신기
   ㉰ 자동폐쇄장치   ㉱ 방화셔터
   ㉲ 가이드레일   ㉳ 방화문
   ㉴ 방화문자동폐쇄장치   ㉵ 장애물감지장치
   ㉶ 수동폐쇄장치(Up-down 스위치)   ㉷ 감지기(연기/열)

066 그림은 전기실에 설치되는 하론 1301 소화설비의 전기시설이다. 다음 각 물음에 답하시오.

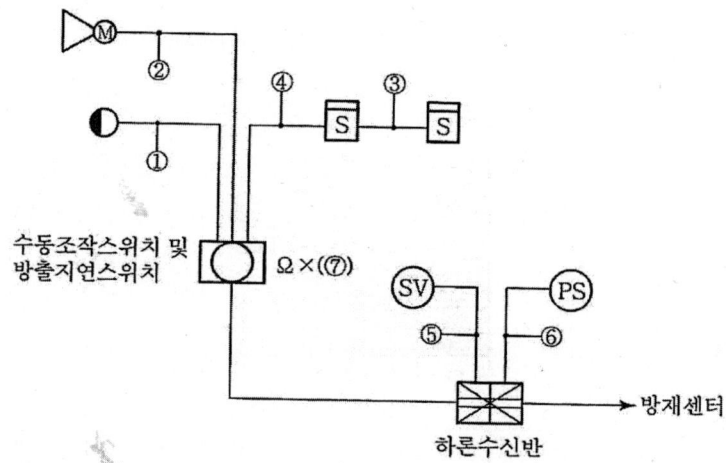

가) 이 시설을 구성하기 위하여 ①~⑥에 시공되어야 할 전선의 최소 굵기, 전선의 최소 가닥수와 후강전선관의 크기를 예시와 같이 표현하시오.
   예) 16C(2.5mm²-4)
나) 본 시설에 종단저항의 수 (⑦)는 몇 개인가?

가) ① 16C(2.5mm²-2)   ② 16C(2.5mm²-2)   ③ 16C(1.5mm²-4)
   ④ 22C(1.5mm²-8)   ⑤ 16C(2.5mm²-2)   ⑥ 16C(2.5mm²-2)

<표 1> 후강전선관 굵기의 선정

도체 단면적 (mm²)	전선 본수									
	1	2	3	4	5	6	7	8	9	10
	전선관의 최소 굵기(mm)									
2.5	16	16	16	16	22	22	22	28	28	28
4	16	16	16	22	22	22	28	28	28	28
6	16	16	22	22	22	28	28	28	36	36
10	16	22	22	28	28	36	36	36	36	36
16	16	22	28	28	36	36	36	42	42	42
25	22	28	28	36	36	42	54	54	54	54
35	22	28	36	42	54	54	54	70	70	70
50	22	36	54	54	70	70	70	82	82	82
70	28	42	54	54	70	70	70	82	82	82
95	28	54	54	70	70	82	82	92	92	104
120	36	54	54	70	70	82	82	92		
150	36	70	70	82	92	92	104	104		
185	36	70	70	82	92	104				
240	42	82	82	92	104					

<표 2> 박강전선관 굵기의 선정

도체 단면적 (mm²)	전선 본수									
	1	2	3	4	5	6	7	8	9	10
	전선관의 최소 굵기(mm)									
2.5	19	19	19	25	25	25	25	31	31	31
4	19	19	19	25	25	25	31	31	31	31
6	19	19	25	25	31	31	31	31	39	39
10	19	25	25	31	31	31	39	39	39	51
16	19	25	31	31	31	39	51	51	51	51
25	25	31	31	39	51	51	51	51	63	63
35	25	31	39	51	51	63	63	63	75	75
50	25	39	51	51	51	63	63	75	75	
70	31	51	51	63	63	75	75	75		
95	31	51	63	75	75	75				
120	39	63	75	75	75					
150	39	63	75	75						
185	51	75	75							
240	51	75	75							

나) 2개

067 비상방송설비의 확성기 회로에 음량조절기를 설치하고자 한다. 미완성 결선도를 완성하시오.

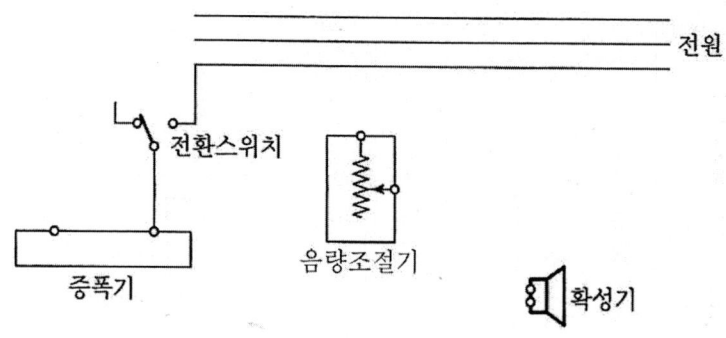

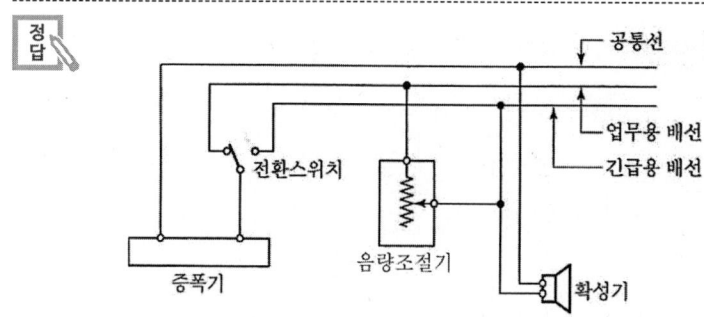

068 아래의 자동화재탐지설비의 평면도에 관한 다음 각 물음에 답하시오.

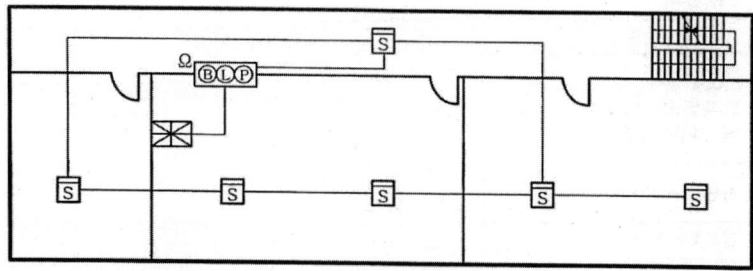

가) 각 기기장치 사이를 연결하는 배선의 가닥수를 도면상에 표기하시오.
나) 아래의 도표상에 명시한 자재를 시공하는데 필요한 노무비를 주어진 품셈표를 적용하여 산출하시오. (단, 노무비는 수량, 공량, 노임단가의 빈칸을 채우고 산출하며, 층고는 3.5m이고 내선전공의 노임단가는 95,000원을 적용한다.)

품 명	규 격	단위	수량	공량	노임단가(원)	노무비(원)
연기감지기	스포트형	개				
발신기	P형1급	개				
경종	DC24V	개		0.15		
표시등	DC24V	개		0.20		
전선관	16C	m	76	0.08		
전선	HFIX 1.5[mm^2]	m	208	0.01		
전선관	28C	m	7	0.14		
전선	HFIX 2.5[mm^2]	m	77	0.01		
P형1급수신기	5회로	대				
-	-	-	-	-	소계	

[품셈표]

공 종	단위	내선전공	비 고
Stop형 감지기 [(차동식·정온식·연기식·보상식)노출형]	개	0.13	(1) 천장높이 4[m] 기준 1[m] 증가시마다 5[%] 가산 (2) 매입형 또는 특수구조인 경우 조건에 따라서 산정
시험기(공기관 포함)	개	0.15	(1) 상동 (2) 상동
분포형의 공기관 (열전대선 감지선)	[m]	0.025	(1) 상동 (2) 상동
검출기	개	0.30	
공기관식의 Booster	개	0.10	
발신기 P-1 발신기 P-2 발신기 P-3	개 개 개	0.30 0.30 0.20	1급(방수형) 2급(보통형) 3급(푸시버튼만으로 응답확인 없는 것)
회로시험기	개	0.10	
수신기 P 1(기본공수) (회선수 공수 산출 가산요)	대	6.0	[회선수에 대한 산정] 매 1회선에 대해서 | 형식\\직종 | 내선전공 | |---|---| | P-1 | 0.3 | | P-2 | 0.2 | | R형 | 0.2 | ※ R형은 수신반 인입감시 회선수 기준 <참고> 산정예 : [P-1의 10회분 기본공수는 6인, 회선당 할증수는 (10×0.3)=3] ∴ 6+3=9인
수신기 P-2(기본공수) (회선수 공수 산출 가산요)	대	4.0	

가)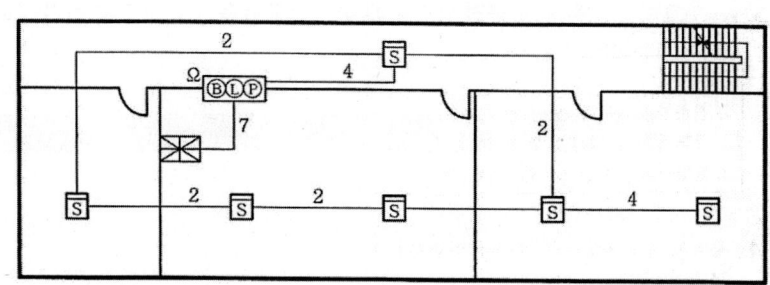

나)

품 명	규 격	단위	수량	공량	노임단가(원)	노무비(원)
연기감지기	스포트형	개	6	0.13	95,000	74,100
발신기	P형1급	개	1	0.30	95,000	28,500
경종	DC24V	개	2	0.15	95,000	28,500
표시등	DC24V	개	1	0.20	95,000	19,000
전선관	16C	m	76	0.08	95,000	577,600
전선	HFIX 1.5[mm²]	m	208	0.01	95,000	197,600
전선관	28C	m	7	0.14	95,000	93,100
전선	HFIX 2.5[mm²]	m	77	0.01	95,000	73,150
P형1급수신기	5회로	대	1	6.3	95,000	598,500
-	-	-	-	-	소계	1,690,050

069
그림과 같은 건축물의 평면도에 통로유도등을 설치하고자 한다. 조건을 참조하여 다음 각 물음에 답하시오.

> **조건**
> 1. 건축물은 사무실 용도로만 사용된다.
> 2. 복도에만 통로유도등을 설치하는 것으로 한다.
> 3. 출입구의 위치는 고려하지 않는다.

가) 설치할 통로유도등의 개수를 산출하시오.
나) 통로유도등을 작은 점으로 그려 넣으시오.

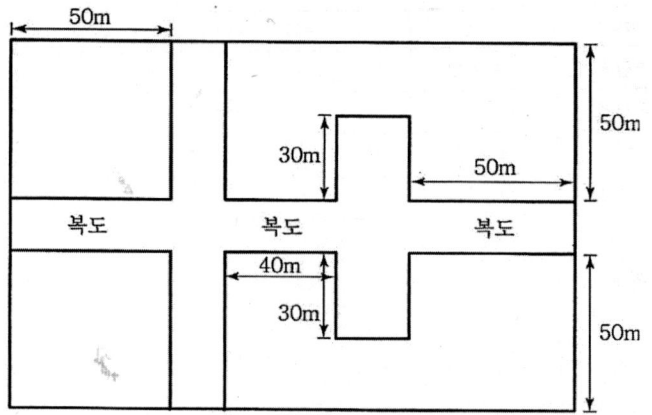

정답

가) 13개

나)
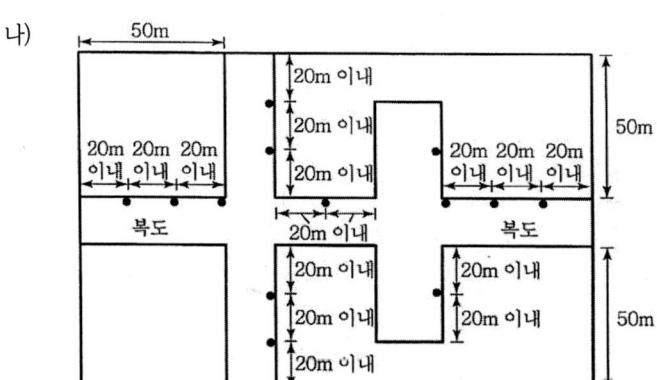

예상문제

070 아래의 그림과 같이 지하1층에서 지상5층까지 각 층의 평면이 동일하고, 각 층의 높이가 **4m** 인 학원 건물에 자동화재탐지설비를 설치한 경우이다. 다음 물음에 답하시오.

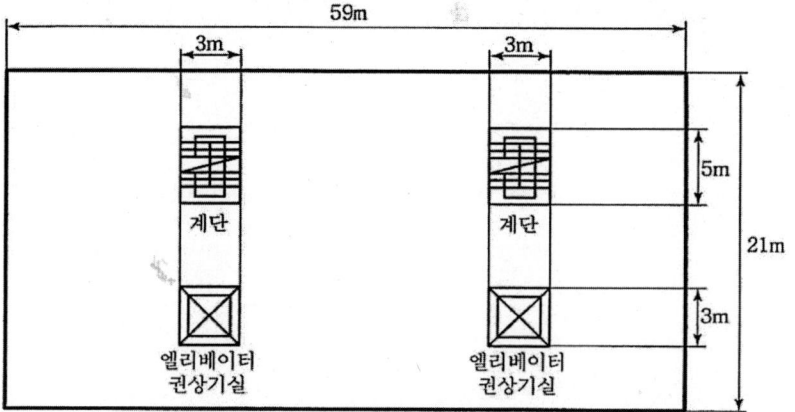

가) 하나의 층에 대한 자동화재탐지설비의 수평경계구역은 몇 개로 구분해야 하는지 구하시오.
나) 본 소방대상물에 자동화재탐지설비의 수직 및 수평경계구역은 총 몇 개로 구분해야 하는지 구하시오.

정답

가) 2개
$$N = \frac{\text{전체 수평면적} - (\text{수직경계구역 면적})}{600} = \frac{59 \times 21 - (3 \times 5 \times 2 + 3 \times 2 \times 2)}{600} ≒ 1.99$$

나) ① 수평경계구역 : 12개
  N＝2(개/층)×6개층＝12개
② 수직경계구역 : 4개
  계단 $N = \dfrac{4m \times 6개층}{45m} ≒ 0.53 = 1개 \rightarrow$ 계단전체 N′＝1개×2개소＝2개
  엘리베이터 권상기실 각 1개씩 2개

  총 합 ＝ 계단 2개＋엘리베이터권 상기실 2개＝4개

MEMO

이론 PART 03

소방관련 전기설비

소방관련 전기설비

CHAPTER 01 전기설비 기술기준의 판단기준

1. 전압의 구분

전압의 종별	저압[V]	고압[V]	특별고압[V]
직 류	1.5kV 이하	1.5kV 초과 7kV 이하	7kV 초과
교 류	1kV 이하	1kV 초과 7kV 이하	7kV 초과

2. 전선

(1) 전선의 식별

상(문자)	색상
L1	갈색
L2	흑색
L3	회색
N	청색
보호도체	녹색, 노란색

> **Reference**
> 색상식별이 종단 및 연결지점에서만 이루어지는 나도체 등은 전선종단부에 색상이 반영구적으로 유지될 수 있는 도색, 밴드, 색테이프 등의 방법으로 표시해야 한다.

(2) 전선의 종류

① 절연전선(KEC 122.1)
　㉠ 저압 절연전선
　　ⓐ 450/750[V] 비닐절연전선

ⓑ 450/750[V] 저독성 난연 폴리올레핀절연전선
ⓒ 450/750[V] 저독성 난연 가교폴리올레핀절연전선
ⓓ 450/750[V] 고무절연전선
ⓒ 고압・특고압 절연전선은 KS에 적합한 또는 동등 이상의 전선을 사용

② **저압케이블(KEC 122.4)**
㉠ 0.6/1[kV] 연피(鉛皮)케이블
㉡ 클로로프렌외장(外裝)케이블
㉢ 비닐외장케이블
㉣ 폴리에틸렌외장케이블
㉤ 무기물 절연케이블
㉥ 금속외장케이블
㉦ 저독성 난연 폴리올레핀외장케이블
㉧ 300/500[V] 연질 비닐시스케이블
㉨ 유선텔레비전용 급전 겸용 동축케이블

③ **고압 및 특고압케이블(KEC 122.5)**
㉠ 고압인 전로에 사용하는 케이블
ⓐ 연피케이블
ⓑ 알루미늄피케이블
ⓒ 클로로프렌외장케이블
ⓓ 비닐외장케이블
ⓔ 폴리에틸렌외장케이블
ⓕ 저독성 난연 폴리올레핀외장케이블
ⓖ 콤바인 덕트 케이블
㉡ 특고압인 전로에 사용하는 케이블
ⓐ 절연체가 에틸렌프로필렌고무혼합물 또는 가교폴리에틸렌혼합물인 케이블로서 선심 위에 금속제의 전기적 차폐층을 설치한 것
ⓑ 파이프형 압력케이블
ⓒ 연피케이블
ⓓ 알루미늄피케이블
㉢ 특고압전로의 다중접지 지중 배전계통에 사용하는 동심중성선 전력케이블은 다음에 적합한 것을 사용하여야 한다.
ⓐ 최대사용전압은 25.8[kV] 이하일 것

ⓑ 도체는 연동선 또는 알루미늄선을 소선으로 구성한 원형 압축연선으로 할 것(수밀형일 것)
ⓒ 절연체는 동심원상으로 동시압출(3중 동시압출)한 내부 반도전층, 절연층 및 외부 반도전층으로 구성하여야 하며, 건식 방식으로 가교할 것

(3) 전선의 접속방법

전선을 접속하는 경우에는 전선의 전기저항을 증가시키지 아니하도록 접속하여야 하며, 또한 다음에 따라야 한다.

① 나전선 상호 또는 나전선과 절연전선 또는 캡타이어 케이블과 접속하는 경우에는 다음에 의할 것
  ㉠ 전선의 세기를 20[%] 이상 감소시키지 아니할 것
  ㉡ 접속부분은 접속관 기타의 기구를 사용할 것
② 절연전선 상호·절연전선과 코드. 캡타이어 케이블과 접속하는 경우에는 접속되는 절연전선의 절연물과 동등 이상의 절연성능이 있는 접속기를 사용하거나 접속부분을 그 부분의 절연전선의 절연물과 동등 이상의 절연성능이 있는 것으로 충분히 피복할 것
③ 코드 상호, 캡타이어 케이블 상호 또는 이들 상호를 접속하는 경우에는 코드 접속기·접속함 기타의 기구를 사용할 것(다만, 공칭단면적이 10[mm^2] 이상인 캡타이어 케이블 상호를 접속하는 경우에는 접속부분을 ①과 ②에 의해 시설할 것)
④ 도체에 알루미늄을 사용하는 전선과 동을 사용하는 전선을 접속하는 등 전기화학적 성질이 다른 도체를 접속하는 경우에는 접속부분에 전기적 부식이 생기지 않도록 할 것
⑤ 두 개 이상의 전선을 병렬로 사용하는 경우에는 다음에 의하여 시설할 것
  ㉠ 병렬로 사용하는 각 전선의 굵기는 동선 50[mm^2] 이상 또는 알루미늄 70[mm^2] 이상으로 하고, 전선은 같은 도체, 같은 재료, 같은 길이 및 같은 굵기의 것을 사용할 것
  ㉡ 같은 극의 각 전선은 동일한 터미널러그에 완전히 접속할 것
  ㉢ 같은 극인 각 전선의 터미널러그는 동일한 도체에 2개 이상의 리벳 또는 2개 이상의 나사로 접속할 것
  ㉣ 병렬로 사용하는 전선에는 각각에 퓨즈를 설치하지 말 것
  ㉤ 교류회로에서 병렬로 사용하는 전선은 금속관 안에 전자적 불평형이 생기지 않도록 시설할 것

3 전로의 절연

(1) 절연저항

① **측정 목적**
  ㉠ 전기설비기술기준에 적합한가의 여부를 판정
  ㉡ 절연내력시험에 의한 예비전원 및 절연열화 상황을 판단
  ㉢ 절연성능의 양부 상황을 판단

② **측정 위치**
  ㉠ 배선 상호 간 : 절연저항계(Magger)의 라인단자(L), 어스단자(E)의 리드선을 각 배선에 접속하여 측정

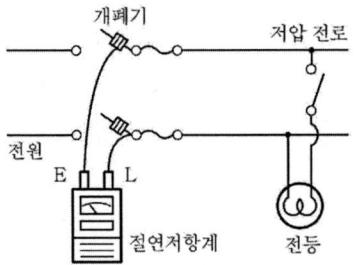

  ㉡ 배선과 대지 간 : 절연저항계의 라인단자(L)는 일괄 배선에, 어스단자(E)의 리드선은 접지극(대지)에 접속하여 측정

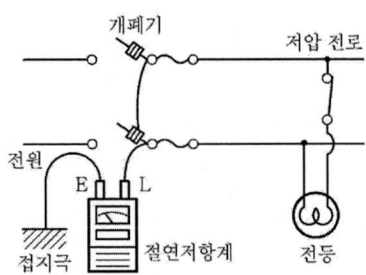

전선굵기 선정 시 고려할 사항

① 허용전류 ⎫
② 전압강하 ⎬ 3대 고려사항
③ 기계적 강도 ⎭
④ 전력손실
⑤ 장래 부하의 변동(증설 등)

전선의 구비조건

① 도전율이 클 것
② 기계적 강도가 클 것
③ 내구성이 클 것
④ 가요성이 클 것
⑤ 가벼울 것
⑥ 전성, 연성이 적당할 것
⑦ 가격이 쌀 것

절연저항계	절연저항	대상
DC 250[V]	0.1[MΩ] 이상	• 1경계구역의 절연저항
DC 500[V]	5[MΩ] 이상	• 누전경보기 • 가스누설경보기 • 수신기 • 자동화재속보설비 • 비상경보설비 • 유도등(교류입력측과 외함간 포함) • 비상조명등(교류입력측과 외함간 포함)
DC 500[V]	20[MΩ] 이상	• 경종 • 발신기 • 중계기 • 비상콘센트 • 기기의 절연된 선로간 • 기기의 충전부와 비충전부간 • 기기의 교류입력측과 외함간(유도등·비상조명등 제외)
DC 500[V]	50[MΩ] 이상	• 감지기(정온식 감지선형 감지기 제외) • 가스누설경보기(10회로 이상) • 수신기(10회로 이상)
DC 500[V]	1,000[MΩ] 이상	• 정온식 감지선형 감지기

(2) 절연내력

60[Hz]의 정현파에 가까운 다음의 교류전압(실효전압)을 가하는 시험에서 1분간 견딜 것
① 정격전압이 60[V] 초과 150[V] 이하인 경우 : 실효전압 1,000[V] 인가
② 정격전압이 150[V]를 초과하는 경우 : (정격전압×2)+1,000[V] 인가

4 접지시스템

(1) 접지시스템의 종류 및 목적

① 접지시스템의 구분 및 종류
  ㉠ 접지시스템은 계통접지, 보호접지, 피뢰시스템 접지 등으로 구분한다.
  ㉡ 접지시스템의 시설 종류에는 단독접지, 공통접지, 통합접지가 있다.

② 접지의 목적
  ㉠ 감전사고 예방
  ㉡ 화재사고 예방
  ㉢ 기기의 손상방지 및 절연파괴 방지
  ㉣ 변압기 1차 및 2차 혼촉 시 2차측 전위상승을 억제하여 계통의 기계·기구의 절연보호

 Reference

접지의 목적(포괄적 개념)
- 뇌전류로 인한 사고방지
- 고압과 저압 간 혼촉 시의 감전방지
- 누설전류로 인한 감전방지
- 기기 및 선로의 이상전압 발생 시 대전전위의 억제
- 지락 시 보호계전기의 확실한 동작
- 통신장해의 최소화

(2) 접지선 단면적

- 접지도체의 선정
  가. 접지도체의 단면적은 보호도체의 최소 단면적 규정에 의하며 큰 고장전류가 접지도체를 통하여 흐르지 않을 경우 접지도체의 최소 단면적은 다음과 같다.
     (1) 구리는 6㎟ 이상
     (2) 철제는 50㎟ 이상
  나. 접지도체에 피뢰시스템이 접속되는 경우, 접지도체의 단면적은 구리 16㎟ 또는 철 50㎟ 이상으로 하여야 한다.

Reference

- 보호도체의 최소 단면적은 다음에 의한다.
  가. 보호도체의 최소 단면적은 "나"에 따라 계산하거나 표 142.3-1에 따라 선정할 수 있다. 다만, "다"의 요건을 고려하여 선정한다.

  표 142.3-1 보호도체의 최소 단면적

선도체의 단면적 S (㎟, 구리)	보호도체의 최소 단면적(㎟, 구리)	
	보호도체의 재질이 선도체와 같은 경우	보호도체의 재질이 선도체와 다른 경우
S ≤ 16	S	$(k_1/k_2) \times S$
16 < S ≤ 35	16^a	$(k_1/k_2) \times 16$
S > 35	S^a/2	$(k_1/k_2) \times (S/2)$

  여기서,
  k_1 : 도체 및 절연의 재질에 따라 KS C IEC 60364-5-54(저압전기설비-제5-54부 : 전기기기의 선정 및 설치
   - 접지설비 및 보호도체)의 "표 A54.1(여러 가지 재료의 변수 값)" 또는 KS C IEC 60364-4-43(저압전기설비-제4-43부:안전을 위한 보호-과전류에 대한 보호)의 "표 43A(도체에 대한 k값)"에서 선정된 선도체에 대한 k값
  k_2 : KS C IEC 60364-5-54(저압전기설비-제5-54부 : 전기기기의 선정 및 설치-접지설비 및 보호도체)의 "표 A.54.2(케이블에 병합되지 않고 다른 케이블과 묶여 있지 않은 절연 보호도체의 k값) ~ 표 A.54.6(제시된 온도에서 모든 인접 물질에 손상 위험성이 없는 경우 나도체의 k값)"에서 선정된 보호도체에 대한 k값
  a : PEN 도체의 최소단면적은 중성선과 동일하게 적용한다[KS C IEC 60364-5-52(저압전기설비-제5-52부 : 전기기기의 선정 및 설치-배선설비) 참조].

  나. 차단시간이 5초 이하인 경우에만 다음 계산식을 적용한다.

  $$S = \frac{\sqrt{I^2 t}}{k}$$

  여기서,
  S : 단면적(㎟)
  I : 보호장치를 통해 흐를 수 있는 예상 고장전류 실효값(A)
  t : 자동차단을 위한 보호장치의 동작시간(s)
  k : 보호도체, 절연, 기타 부위의 재질 및 초기온도와 최종온도에 따라 정해지는 계수로 KS C IEC 60364-5-54(저압전기설비-제5-54부 : 전기기기의 선정 및 설치-접지설비 및 보호도체)의 "부속서 A(기본보호에 관한 규정)"에 의한다.

  다. 보호도체가 케이블의 일부가 아니거나 선도체와 동일 외함에 설치되지 않으면 단면적은 다음의 굵기 이상으로 하여야 한다.
  (1) 기계적 손상에 대해 보호가 되는 경우는 구리 2.5㎟, 알루미늄 16㎟ 이상
  (2) 기계적 손상에 대해 보호가 되지 않는 경우는 구리 4㎟, 알루미늄 16㎟ 이상
  (3) 케이블의 일부가 아니라도 전선관 및 트렁킹 내부에 설치되거나, 이와 유사한 방법으로 보호되는 경우 기계적으로 보호되는 것으로 간주한다.
  라. 보호도체가 두 개 이상의 회로에 공통으로 사용되면 단면적은 다음과 같이 선정하여야 한다.
  (1) 회로 중 가장 부담이 큰 것으로 예상되는 고장전류 및 동작시간을 고려하여 "가" 또는 "나"에 따라 선정한다.
  (2) 회로 중 가장 큰 선도체의 단면적을 기준으로 "가"에 따라 선정한다.

(3) 설치 시 유의사항(E_1, E_2 만 해당)

① 접지선은 6[mm²] 이상 굵기의 절연전선, 연동선, Cable 등을 사용한다.
② 다른 전선과 색상을 달리한다.
③ 접지선 도중에 퓨즈(Fuse)나 차단기를 설치하지 않는다.
④ 지하 0.75[m]에서 지상 2[m]까지의 접지선은 합성수지관이나 합성수지몰드로 씌워 보호한다.
⑤ 접지극은 지하 0.75[m] 이상의 깊이로 매설한다.
⑥ 접지극은 타 용도의 접지극 또는 접지선과 1[m] 이상 이격하여 설치한다.
⑦ 접지극과 철주는 1[m] 이상 이격하여 설치한다.

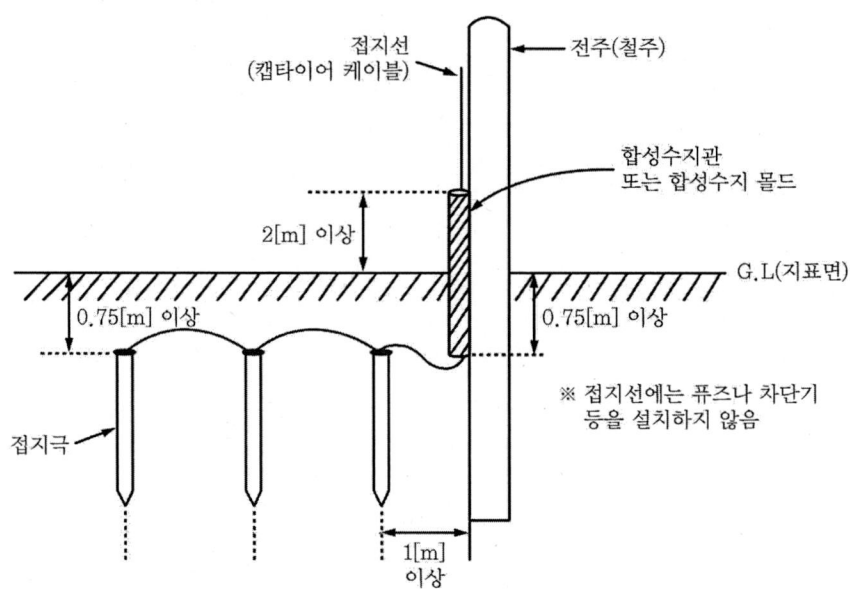

[접지공사 시공방법(제1종 및 제2종)]

(4) 접지선의 굵기

연동성 또는 이와 동등 이상의 강도 및 굵기로서 쉽게 부식되지 아니하는 금속선이어야 하고, 고장 전류를 안전하게 통할 수 있는 것을 사용한다.

5 지중전선로

① 지중 전선로는 전선에 케이블을 사용하고 또한 관로식·암거식(暗渠式) 또는 직접 매설식에 의하여 시설하여야 한다.
② 지중 전선로를 관로식에 의하여 시설하는 경우에는 매설 깊이를 1.0m 이상으로 하되, 매설 깊이를 충족하지 못한 장소에는 견고하고 차량 기타 중량물의 압력에 견디는 것을 사용할 것. 다만 중량물의 압력을 받을 우려가 없는 곳은 0.6m 이상으로 한다.
③ 지중 전선로를 암거식에 의하여 시설하는 경우에는 견고하고 차량 기타 중량물의 압력에 견디는 것을 사용할 것
④ 지중 전선을 냉각하기 위하여 케이블을 넣은 관내에 물을 순환시키는 경우에는 지중 전선로는 순환수 압력에 견디고 또한 물이 새지 아니하도록 시설하여야 한다.
⑤ 지중 전선로를 직접 매설식에 의하여 시설하는 경우에는 매설 깊이를 차량 기타 중량물의 압력을 받을 우려가 있는 장소에는 1.0m 이상, 기타 장소에는 0.6m 이상으로 하고 또한 지중 전선을 견고한 트로프 기타 방호물에 넣어 시설하여야 한다.
⑥ 암거에 시설하는 지중전선은 난연 조치를 하거나 암거 내에 자동소화설비를 시설하여야 한다.

6 전기사용 장소의 시설

(1) 저압 옥내간선의 시설

① 간선의 허용전류(I_A) 및 과전류차단기 용량(I_B)
 ㉠ 허용전류(I_A)
  ⓐ $\sum I_H \geq \sum I_M$인 경우 : $I_A \geq \sum I_H + \sum I_M$
  ⓑ $\sum I_H < \sum I_M$인 경우 : $I_A \geq \sum I_H + K\sum I_M$
  여기서, 상수 K값
   ㉮ $\sum I_M \leq 50[A]$인 경우 K=1.25
   ㉯ $\sum I_M > 50[A]$인 경우 K=1.1

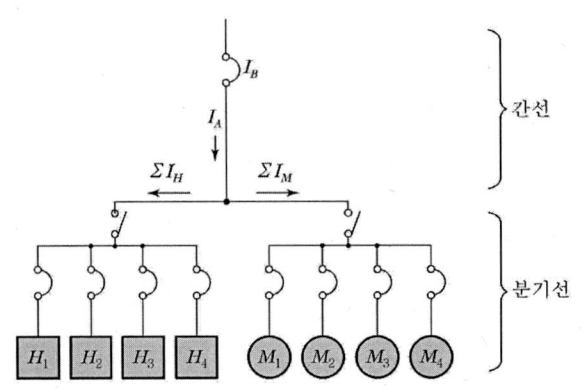

ΣI_M과 ΣI_H
① ΣI_M : 전동기 등의 정격전류의 합계
② ΣI_H : 전동기 이외의 정격전류의 합계

   ⓒ 과전류차단기 용량(I_B) : 전선 허용전류(I_A)의 2.5배 이하로 할 것
      ⓐ $(\Sigma I_M \times 3) + \Sigma I_H \leq (I_A \times 2.5)$인 경우 : $I_B = (\Sigma I_M \times 3) + \Sigma I_H$
      ⓑ $(\Sigma I_M \times 3) + \Sigma I_H > (I_A \times 2.5)$인 경우 : $I_B = I_A \times 2.5$배

② 전선의 굵기 산정
   ⓐ 전선의 굵기는 허용전류 및 전압강하를 고려하여 산정한다.
   ⓒ 전압강하
      ⓐ 간선 및 분기회로의 전압강하는 표준전압의 20[%] 이하로 함을 원칙으로 한다.
      ⓑ 전압강하 계산식
         ㉮ $e = KIR$ [V]
            여기서, I : 정격전류[A], R : 전선의 저항[Ω]
            K ┬ 단상3선식, 3상4선식 : 1
              ├ 단상2선식, 직류2선식 : 2
              └ 3상3선식 : $\sqrt{3}$
         ㉯ 각 선간 전압강하

전압강하	회로의 전기방식
$e = \dfrac{35.6LI}{1,000A}$ [V]	단상2선식, 직류2선식
$e = \dfrac{30.8LI}{1,000A}$ [V]	3상3선식
$e' = \dfrac{17.8LI}{1,000A}$ [V]	단상3선식, 3상4선식

여기서, e : 선간 전압강하[V], e' : 각 선과 중성선 간의 전압강하[V]
        L : 선로의 길이[m], I : 정격전류[A]
        A : 전선의 굵기(단면적)[mm^2]

(2) 분기회로의 시설

① 분기회로의 개폐기 및 과전류차단기 시설

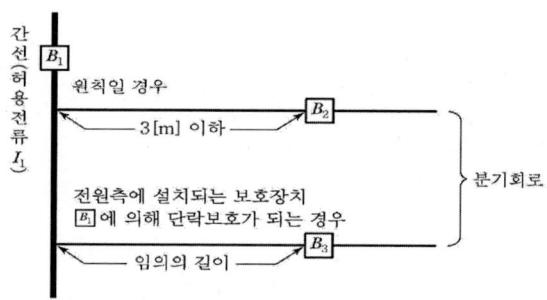

(B_1 : 간선의 과전류차단기 용량[A], B_2, B_3 : 분기회로의 과전류차단기 용량[A])

② 분기회로 수

　㉠ 16[A](배선용 차단기는 20[A]) 이하의 분기회로 : 전등 및 소형 전기기계기구에 적용(전기설비기술기준상 15[A] → 16[A]로 개정)

　㉡ 분기회로 수의 계산

　　ⓐ 사용전압이 220[V]인 경우

$$\text{분기회로 수 } n = \frac{\text{설비상정부하[VA]}}{3,520[\text{VA}]} \text{ (회로)}$$

　　ⓑ 사용전압이 110[V]인 경우

$$\text{분기회로 수 } n = \frac{\text{설비상정부하[VA]}}{1,760[\text{VA}]} \text{ (회로)}$$

　　(계산 시 소수점은 절상하여 1로 간주)

3,520[VA]와 1,760[VA]의 근거

① 3,520[VA]=220[V]×16[A]
② 1,760[VA]=110[V]×16[A]

(3) 저압 옥내배선의 시설장소별 공사

① **합성수지관 공사**

    ㉠ 합성수지관의 특징

        ⓐ 가볍고 시공이 용이하다.

        ⓑ 접지가 불필요하다.(누전의 우려가 없다.)

        ⓒ 부식의 우려가 없다.

        ⓓ 값이 싸다.

        ⓔ 열에 약하다. → 단점

        ⓕ 기계적 충격, 중량물 압력에 약하다. → 단점

    ㉡ 합성수지관 및 박스, 기타 부속품의 시설기준

        ⓐ 관 지지점 간의 거리 : 1.5[m] 이하

        ⓑ 관의 삽입깊이 : 관의 외경의 1.2배(접착제 사용 시에는 0.8배) 이상

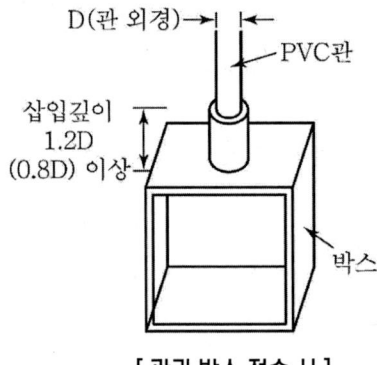

[관과 박스 접속 시]

        ⓒ 관의 두께 : 2[mm] 이상

        ⓓ 1본의 길이 : 4[m]

        ⓔ 관의 끝부분 및 안쪽 면은 전선의 피복을 손상하지 아니하도록 매끈한 것일 것

합성수지관 공사에 사용되는 기기 및 공구

① 토치램프 : 가열시켜 구부릴 때 사용
② 쇠톱 : 절단용
③ 커플링 : 관 상호간 접속용
④ 새들 : 관 고정용

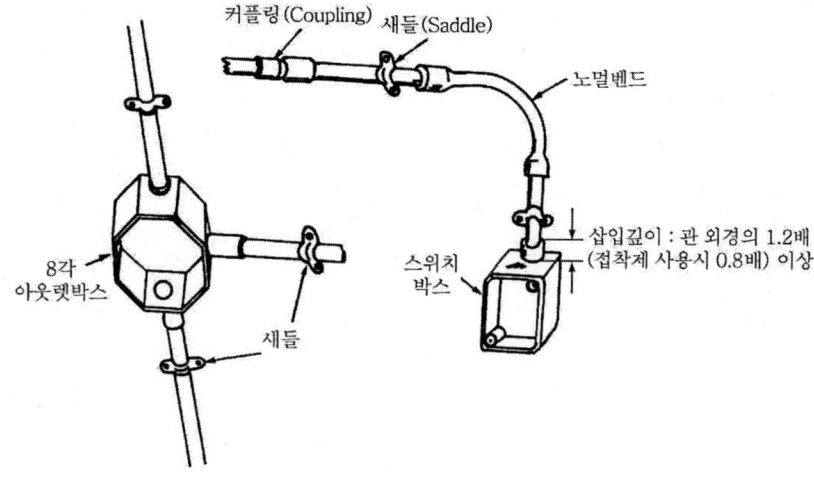

[합성수지관 공사]

② **금속관 공사**
- ㉠ 금속관의 특징
  - ⓐ 기계적 강도가 크다.
  - ⓑ 열에 강하고 화재발생 우려가 없다.
  - ⓒ 시설장소, 환경에 좌우되지 않는다.
  - ⓓ 무겁고 가공이 어렵다. → 단점
  - ⓔ 접지가 필요하다. → 단점
  - ⓕ 합성수지관보다 가격이 비싸다. → 단점
  - ⓖ 부식의 우려가 있다. → 단점
- ㉡ 공사방법
  - ⓐ 관 상호 간 및 관과 박스 기타의 부속품과는 나사접속, 기타 이와 동등 이상의 효력이 있는 방법에 의하여 견고하고 또한 전기적으로 완전하게 접속할 것
  - ⓑ 관의 끝 부분에는 전선의 피복을 손상하지 아니하도록 적당한 구조의 부싱을 사용할 것
  - ⓒ 습기가 많은 장소 또는 물기가 있는 장소에 시설하는 경우에는 방습장치를 할 것
  - ⓓ 저압 옥내배선의 사용전압이 400[V] 미만인 경우 관에는 제3종 접지공사를 할 것
  - ⓔ 저압 옥내배선의 사용전압이 400[V] 이상인 경우 관에는 특별 제3종 접지공사를 할 것
  - ⓕ 수납하는 전선은 절연전선(옥외용 비닐절연전선[OW]은 제외)일 것
  - ⓖ 전선은 연선일 것

ⓗ 관내에는 전선의 접속점이 없도록 할 것
ⓘ 금속관을 구부릴 때 금속관 단면에 심하게 변형되지 않도록 하며, 그 안측의 반지름은 관 안지름의 6배 이상이 되도록 할 것
ⓙ 아우트렛 박스 사이 또는 전선 인입구를 가지는 기구 사이의 금속관에는 3개소를 초과하는 직각 또는 직각에 가까운 굴곡개소를 만들어서는 아니되며, 굴곡개소가 많은 경우 또는 관의 길이가 30[m]를 초과하는 경우에 풀박스(pull box)를 설치한다.

> **Reference**
>
> 금속관의 규격
> 1) 후강전선관 : 근사 관 내경을 짝수[mm]로 표시(일반적인 경우에 해당)
>
> | 16, 22, 28, 36, 42, 54, 70, 82, 92, 104(호) |
> |---|
>
> 2) 박강전선관 : 근사 관 외경을 홀수[mm]로 표시
>
> | 19, 25, 31, 39, 51, 63, 75(호) |
> |---|

ⓒ 금속관 및 박스, 기타 부속품의 시설기준
　ⓐ 관의 두께
　　㉮ 콘크리트에 매설하는 것 : 1.2[mm] 이상
　　㉯ 기타 것 : 1[mm] 이상(단, 이음매 없는 길이 4[m] 이하의 관을 건조하고 전개된 곳에 시설하는 경우 : 0.5[mm] 이상)
　ⓑ 관 지지점 간의 거리 : 2[m] 이하
　ⓒ 1본의 길이 : 3.66[m]
　ⓓ 관의 끝부분 및 안쪽 면은 전선의 피복을 손상하지 아니하도록 매끈한 것일 것
　ⓔ 금속관 내에 넣는 전선의 단면적(절연피복을 포함한 단면적) 합계가 금속관 내부 단면적의 32[%](전선의 굵기가 같은 경우는 48[%]) 이하로 할 것

금속관 공사에 사용되는 기구

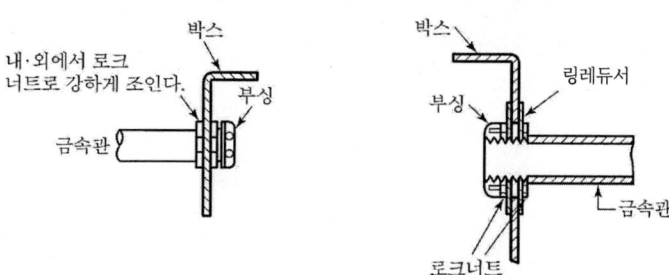

① 부싱 : 관 말단에 취부하며 전선의 피복물 손상방지(1개소마다 1개 취부)
② 로크너트 : 관과 박스 접속 시 관의 빠짐방지용(1개소마다 1쌍 취부)
③ 링레듀서 : 박스의 녹아웃 구멍이 관경보다 큰 경우 관의 움직임 고정용(로크너트와 박스 사시에 끼우며, 1개소마다 1쌍 취부)
④ 새들, 행거 : 관 고정용
⑤ 노멀벤드 : 매입장소의 굴곡부 배관
⑥ 유니버설 엘보 : 노출장소의 굴곡부 배관
⑦ 커플링 : 금속관 상호 간의 접속용
⑧ 풀박스 : 관 길이가 30[m] 이상 긴 경우 중간 연결용
⑨ 유니온 커플링 : 고정되어 움직일 수 없는 관의 상호 간 접속용
⑩ 파이프벤더 : 관을 구부리는 데 사용
⑪ 유압식 파이프벤더 : 굵은 관을 구부리는 데 사용
⑫ 파이프 커터 : 금속관의 절단에 사용
⑬ 리머 : 관 말단 내부를 매끄럽게 다듬는 데 사용

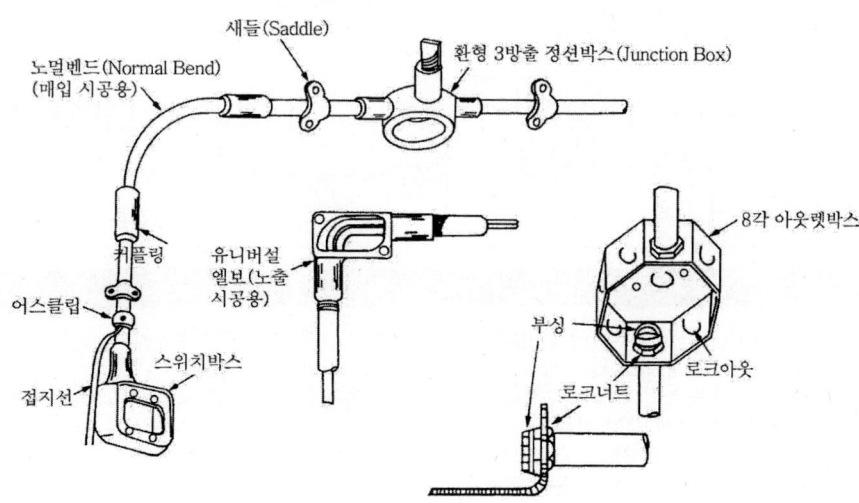

[금속관 공사]

③ 금속제 가요전선관 공사
　㉠ 가요전선관의 사용장소
　　　ⓐ 굴곡개소가 많거나 진동이 심한 장소
　　　ⓑ 이동용 전기 기계기구의 사용 장소
　　　ⓒ 엘리베이터 배선구간
　　　ⓓ 전동기나 계장용 기기의 배선구간
　㉡ 가요전선관 및 박스, 기타 부속품의 시설기준
　　　ⓐ 1종 금속제 가요전선관의 두께 : 0.8[mm] 이상
　　　ⓑ 관 지지점 간의 거리 : 1[m] 이하
　　　ⓒ 관 상호간의 접속 : 스플리트 커플링
　　　ⓓ 가요전선관의 단구는 피복을 손상하지 아니하는 구조로 되어 있을 것
　　　ⓔ 내면은 전선의 피복을 손상하지 아니하도록 매끈한 것일 것

가요전선관의 접속 기구

① 가요전선관 상호 간 : 스플리트 커플링
② 가요전선관과 박스 : 스트레이트 박스 콘넥터
③ 가요전선관과 금속관 : 컴비네이션 커플링

---

④ 금속덕트 공사
　㉠ 금속덕트, 기타의 부속품의 시설기준
　　　ⓐ 철판의 두께 : 1.2[mm] 이상
　　　ⓑ 덕트의 폭 : 5[cm] 초과
　　　ⓒ 관 지지점 간의 거리 : 3[m] 이하
　　　ⓓ 금속덕트 내에 넣은 전선의 단면적(절연피복물을 포함한 단면적) 합계 : 덕트내부 단면적의 20[%] 이하
⑤ 배관공사의 부품

금속관 공사에 사용되는 기구

① 부싱 : 관 말단에 취부하며 전선의 피복물 손상방지(1개소마다 1개 취부)
② 로크너트 : 관과 박스 접속 시 관의 빠짐방지용(1개소마다 1쌍 취부)
③ 링레듀서 : 박스의 녹아웃 구멍이 관경보다 큰 경우 관의 움직임 고정용(로크너트와 박스 사이에 끼우며, 1개소마다 1쌍 취부)
④ 새들, 행거 : 관 고정용
⑤ 노멀벤드 : 매입장소의 굴곡부 배관
⑥ 유니버설 엘보 : 노출장소의 굴곡부 배관
⑦ 커플링 : 금속관 상호 간의 접속용
⑧ 풀박스 : 관 길이가 30[m] 이상 긴 경우 중간 연결용

⑨ 유니온 커플링 : 고정되어 움직일 수 없는 관의 상호 간 접속용
⑩ 파이프벤더 : 관을 구부리는 데 사용
⑪ 유압식 파이프벤더 : 굵은 관을 구부리는 데 사용
⑫ 파이프 커터 : 금속관의 절단에 사용
⑬ 리머 : 관 말단 내부를 매끄럽게 다듬는 데 사용

[배관 공사에 사용되는 부품들]

명 칭	그 림	용 도
부싱		전선의 절연피복을 보호하기 위하여 금속관 끝에 취부한다.
로크너트		금속관 배관공사에서 박스에 금속관을 고정할 때 박스의 안팎에 사용되며, 6각형과 톱니형이 있다.
링레듀서		아웃트렛박스의 녹아웃 구경이 관경보다 클 때 금속관이 빠지지 않게 하는 부품
4각 박스		금속관 공사 시 3방출 초과에 사용(8방출)
8각 박스		금속관 공사 시 3방출 이하에 사용(4방출)
새들		배관을 천장, 벽 등에 고정시킬 때 사용
커플링		금속관 상호 접속에 사용
노멀벤드		매입배관의 직각 굴곡부분에 사용하며, 종류에는 후강 전선관용, 박강 전선관용, 나사 없는 전선관용이 있다.
유니버설 엘보		노출배관의 직각 굴곡부분에 사용하며, 종류에 3방향으로 분기되는 T형과 4방향으로 분기되는 크로스(Cross)형이 있다.
엔트런스 캡		금속관의 말단(인입구나 인출구) 또는 수직배관의 상부에 설치하여 빗물이나 이물질의 침입을 방지한다.

명칭	그림	용도
터미널 캡 (서비스 캡)		저압 가공인입선에서 금속관 공사로 바뀌는 곳 또는 금속관으로부터 전선을 인출하여 전동기에 접하는 단자부에 사용되며, A형과 B형이 있다.
플로어박스		실의 바닥(Floor) 밑으로 매입 배선할 때 또는 바닥 밑에서 콘센트를 접속할 때 사용한다.
유니온 커플링		고정되어 있어 움직일 수 없는 금속관을 상호 접속할 때 사용한다.
픽쳐스터드와 히키		무거운 전기기구를 박스에 매달아 취부할 때 사용한다.
리 머		절단한 금속관 말단 내부를 다듬는 데 사용한다.
파이프커터		금속관의 절단에 사용한다.
스플리트 커플링		가요전선관 상호 간 접속에 사용한다.
스트레이트 박스콘넥터		가요전선관과 박스를 접속할 때 사용한다.
컴비네이션 커플링	금속관 연결 ← → 가요 전선관 연결	가요전선관과 금속관을 접속할 때 사용한다.

CHAPTER 02 조명설비

1 실지수

실지수 : 실지수란 빛의 이용에 대한 방의 크기 정도(척도)

$$실지수 = \frac{XY}{H(X+Y)}$$

여기서, X : 방의 가로 길이[m]
Y : 방의 세로 길이[m]
H : 작업면으로부터 광원까지의 높이[m]

2 조명 계산방법

(1) 일반식

$$FUN = EAD = \frac{EA}{M}$$

여기서, F : 등기구 한 개에 대한 광속[lm] U : 조명률[%]
N : 등기구 수 E : 평균 조도[lx](작업면에서의 조도)
A : 작업면의 면적[m²] D : 감광보상률$\left(=\frac{1}{M}\right)$[%]
M : 유지율(보수율)

(2) 등기구 수

$$N = \frac{EAD}{FU} \text{(개)}$$

3 조도

$$E = \frac{F}{A} [lx]$$

여기서, E : 조도[$lx = lm/m^2$], F : 광속[lm], A : 빛을 받는 면적[m^2]

① **거리의 역제곱 법칙** : 점광원의 어느 방향의 광도가 I[cd], r[m] 떨어진 거리에 빛의 방향에 수직한 면상의 조도는 광원의 광도 I[cd]에 비례하고 거리 r[m]의 제곱에 반비례한다.

$$E = \frac{I}{r^2} [lx]$$

② **입사각의 코사인법칙**
  ㉠ 법선조도
  $$E = \frac{I}{r^2} = \frac{I}{h^2 + d^2} [lx]$$
  ㉡ 수평면조도
  $$E_h = E\cos\theta = \frac{I}{h^2 + d^2} \times \frac{h}{\sqrt{h^2 + d^2}} = \frac{I \cdot h}{(h^2 + d^2)^{3/2}} = \frac{I}{h^2} \cos\theta [lx]$$
  ㉢ 수직면조도
  $$E_d = E\sin\theta = \frac{I}{h^2 + d^2} \times \frac{d}{\sqrt{h^2 + d^2}} = \frac{I \cdot d}{(h^2 + d^2)^{3/2}} = \frac{I}{d^2} \sin\theta [lx]$$

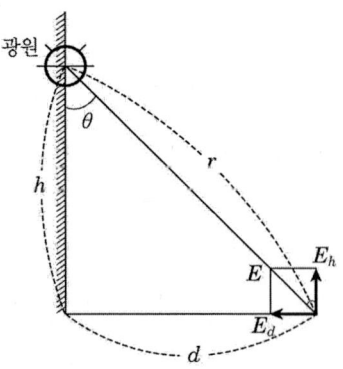

[조도의 측정]

CHAPTER 03 동력설비

1 전동기

(1) 단상 유도전동기
① 반발유도형
② 반발기동형
③ 콘덴서기동형
④ 셰이딩코일형
⑤ 분상기동형

(2) 3상 유도전동기 기동법
① **직입 기동법(전전압 기동법)**
   5.5[kW] 이하의 소용량 농형 유도전동기에 사용
② **감압 기동법**
   ㉠ Y-Δ 기동법 : 5~15[kW] 정도의 농형 유도전동기에 사용되며 기동 전압이 $\frac{1}{\sqrt{3}}$로 되므로 기동 전류 및 기동 토크가 각각 $\frac{1}{3}$로 된다.

구 분	전 류	토 크	전 압	전 력	저 항
Y기동 시	$\frac{1}{3}$	$\frac{1}{3}$	$\frac{1}{\sqrt{3}}$	$\frac{1}{3}$	$\frac{1}{3}$
Δ운전 시	1	1	1	1	1

   ㉡ 기동보상기 기동법 : 15[kW] 정도 이상의 농형 유도전동기에 사용
   ㉢ 리액터 기동법 : Y-Δ 기동급 이하의 펌프, 팬, 제어용 농형 유도전동기에 사용
   ㉣ 2차 저항법 ← 권선형 유도전동기에 적용
      2차 저항으로 기동(비례 추이를 이용)

> **감압 기동하는 이유**
>
> ① 기동시 큰 전류가 흘러 전동기에 손상을 줄 우려가 있다.
> ② 계전기의 동작 및 개방으로 시동의 어려움이 발생한다.
> ③ 타 기기에 영향을 줄 우려가 있다.
>   → 따라서 기동전류와 기동전압을 낮춰 기동한 후 정격전압으로 운전한다.

(3) 전동기 용량 산정

$$P = \frac{9.8QHK}{\eta} \text{ [kW] 또는 } P = \frac{9.8QHK}{\eta \times 0.746} \text{ [Hp]}$$

여기서, Q : 펌프 양수량[m³/sec]
H : 전양정[m]
K : 전달계수
η : 전동기 효율

$$P = \frac{9.8QHK}{\eta \cdot t} \text{ [kW]} \quad (\text{※ 양수시간을 묻는 문제는 이 공식이 유용})$$

여기서, Q : 양수량(수원의 양)[m³]
t : 양수시간[sec]

> **Reference**
>
> 전양정의 개념
> ① 스프링클러설비의 경우
>   H = h₁ + h₂ + 10[m]
>   여기서, H : 전양정(m), h₁ : 배관 및 관부속물의 마찰손실수두(m)
>   h₂ : 낙차(최고위 헤드~수원 사이의 높이)(m)
>   10 : 헤드의 필요 방사수두[m]
> ② 옥내소화전의 경우
>   H = h₁ + h₂ + h₃ + 17[m]
>   여기서, H : 전양정(m), h₁ : 배관 및 관부속물의 마찰손실수두(m)
>   h₂ : 호스의 마찰손실수두[m]
>   h₃ : 낙차(=흡입수두+토출수두)[m]
>   17 : 방수구의 필요 방사수두[m]

(4) 전동기의 회전속도

① 동기속도

$$N_s = \frac{120f}{P} \text{ [rpm]}$$

여기서, f : 주파수[Hz], P : 극수

② 회전속도

$$N = N_s(1-s) = \frac{120f}{P}(1-s) \text{ [rpm]}$$

여기서, Ns : 동기속도[rpm], s : 슬립(3%~5%)

(5) 전동기의 역률 개선

① 콘덴서의 접속 : 부하(전동기)와 병렬로 접속
② 콘덴서의 용량 계산

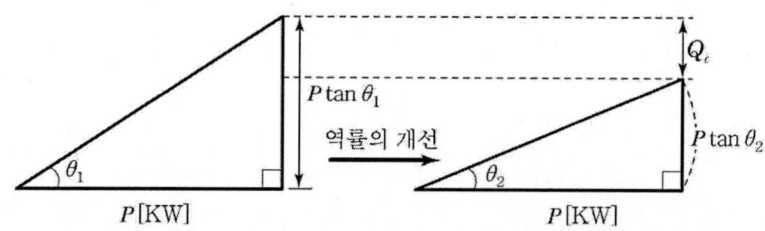

$$Q_C = P(\tan\theta_1 - \tan\theta_2) = P\left(\frac{\sin\theta_1}{\cos\theta_1} - \frac{\sin\theta_2}{\cos\theta_2}\right)$$
$$= P\left(\frac{\sqrt{1-\cos^2\theta_1}}{\cos\theta_1} - \frac{\sqrt{1-\cos^2\theta_2}}{\cos\theta_2}\right) \text{ [kVA]}$$

여기서, Q_c : 콘덴서의 용량[kVA], P : 유효전력[kW]
$\cos\theta_1$: 개선 전 역률, $\cos\theta_2$: 개선 후 역률

③ 방전코일, 직렬리액터 및 전력용 진상콘덴서
　㉠ 회로 접속도

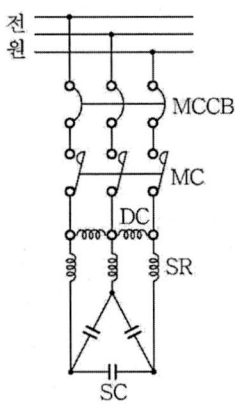

　㉡ 기능

전기 기구	기 능
MCCB : 배선용 차단기 (Molded Case Circuit Breaker)	부하전류, 과전류의 차단기능
MC : 전자접촉기(Magnet Contact)	전자접촉기 코일에 의해 부하전류를 개폐
DC : 방전코일(Discharge Coil)	콘덴서 개방시 잔류전하를 방전시켜 인체 사고방지 및 재투입시 과전압으로 인한 콘덴서 손상방지
SR : 직렬리액터(Series Reactor)	제5고조파를 제거하여 파형 개선
SC : 전력용 콘덴서(Static Condenser)	부하의 역률을 개선하여 전력손실 감소

④ 역률개선의 이점
　㉠ 전압강하의 감소　　　　　㉡ 전력손실을 감소
　㉢ 부하용량의 여유확보　　　㉣ 경제적 이득

❷ 변압기

(1) 변압기 출력

$$P_\Delta = 3P_1 [kVA]$$

여기서, P_1 : 변압기 1대의 출력(용량)[kVA]

(2) V결선

△결선으로 운전 중 1대의 변압기가 고장일 때 V결선으로 운전한다.

① **V결선 시 출력**

  ㉠ 출력 : $P_V = \sqrt{3}\,P_1 [kVA]$

  ㉡ 출력비 : $\dfrac{P_V}{P_\Delta} = \dfrac{\sqrt{3}\,P_1}{3P_1} = \dfrac{1}{\sqrt{3}} = 0.577$ ∴ 57.7[%]

② **V결선 시 이용률**

  $\dfrac{\sqrt{3}\,P_1}{2P_1} = \dfrac{\sqrt{3}}{2} = 0.866$ ∴ 86.6[%]

❸ 변류기

(1) 변류기(CT)의 변류비

변류비 $= \dfrac{\text{CT 1차측 전류}}{\text{CT 2차측 전류}}$

(2) 변류기 2차측을 개방할 수 없는 이유

① CT 2차측 개방 시 1차측 전류가 모두 여자전류가 되어 2차측에 고전압의 발생 및 절연 파괴의 우려가 높다. (→ 기기의 소손 우려)
② 따라서 CT 2차측 기기를 보수 또는 교체하고자 할 때에는 반드시 변류기 2차측을 단락시킨 후에 작업을 하여야 한다.

4 배선용 차단기

(1) 기능
단락 및 과부하로 인한 사고전류가 차단기의 정격전류를 초과하는 경우 회로를 차단하는 개폐기구로, 퓨즈(Fuse)가 없어 반복 재투입이 가능하다.(knife Switch와 Fuse의 기능을 수행)

(2) 배선용 차단기의 특징
① 부하 차단능력이 우수하다.
② 반복하여 재투입이 가능하다.
③ 소형 경량으로 사용이 용이하다.
④ 충전부가 노출되지 않아 안전하다.
⑤ 신뢰성이 높다.

CHAPTER 04 비상전원설비

1 전원의 종류

(1) 상용전원
① 축전지설비 ② 교류전압 옥내간선 ③ 전기저장장치

(2) 비상전원
① 자가발전설비 ② 축전지설비
③ 전기저장장치 ④ 비상전원수전설비

(3) 예비전원
내장형축전지

2 비상전원

(1) 자가발전설비

① 발전기의 용량 산정

㉠ 단순 부하의 경우

$$\text{발전기 용량[kVA]} = \text{부하설비 용량[kVA]} \times \text{수용률}$$

㉡ 기동용량이 큰 부하가 있는 경우

$$\text{발전기 용량[kVA]} \geq \left(\frac{1}{e}-1\right) \times X_d \times \text{기동 용량[kVA]}$$

여기서, 기동용량[kVA] = $\sqrt{3} \times (\text{정격전압}) \times (\text{기동 전류}) \times 10^{-3}$
X_d : 발전기의 과도 리액턴스(보통 25~30[%])
e : 허용 전압강하율[%]

② 발전기용 차단기 용량

$$P_s \geq \frac{P_n}{X_d} \times 1.25 \, [kVA]$$

여기서, P_n : 발전기의 용량[kVA] X_d : 발전기의 과도리액턴스

③ 발전기의 병렬운전 조건
  ㉠ 기전력의 크기가 같을 것
  ㉡ 기전력의 위상이 같을 것
  ㉢ 기전력의 주파수가 같을 것
  ㉣ 기전력의 파형이 같을 것
  ㉤ 기전력의 상회전방향이 같을 것

④ 저압발전기와 부하 간의 전로에 설치하는 계기
  ㉠ 개폐기
  ㉡ 과전류차단기
  ㉢ 전압계
  ㉣ 전류계
  ㉤ 주파수계

(2) 축전지설비

① **축전지설비의 구성요소** : 축전지, 충전장치, 제어장치, 보안장치, 역변환장치
② **축전지**
  ㉠ 종류 및 특성

[연 축전지와 알칼리 축전지의 특성 비교]

구 분	연 축전지	알칼리 축전지
공칭용량	10[Ah]	5[Ah]
공칭전압	2.0[V]	1.2[V]
기전력	2.05~2.08[V]	1.32[V]
셀수(100V)	50~55[개]	80~86[개]
충전시간	길다.	짧다.
기계적 강도	약하다.	강하다.
전기적 강도	약하다.	강하다.
기대 수명	5~15년	12~20년
종 류	클래드식(CS형), 페이스트식(HS형)	소결식(AH, AHH형) 포케트식(AL, AM, AMH형)

알칼리 축전지의 장·단점

① 장점
  ㉠ 수명이 길다.
  ㉡ 충방전 특성이 우수하다.
  ㉢ 내온도특성이 양호하다.
  ㉣ 진동·충격에 강하다.
  ㉤ 방전 시 전압변동이 적다.

② 단점
  ㉠ 공칭전압이 낮다.
  ㉡ 저효율이다.
  ㉢ 가격이 비싸다.

  ㉡ 충전방식
    ⓐ 보통충전 : 필요할 때마다 표준 시간율로 소정의 충전을 하는 방식
    ⓑ 급속충전 : 비교적 단시간에 보통 충전전류의 2~3배의 전류로 충전하는 방식
    ⓒ 부동충전 : 전지의 자기 방전을 보충함과 동시에 상용 부하에 대한 전력 공급은 충전기가 부담하도록 하고, 충전기가 부담하기 어려운 일시적인 대전류 부하는 축전지로 하여금 부담하게 하는 방식

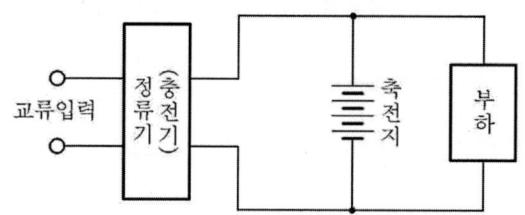

※ 축전지를 부하와 병렬로 접속하여 충전

    ⓓ 균등충전 : 부동충전방식에 의하여 사용할 때 각 전해조에 일어나는 전위차를 보정하기 위하여 1~3개월마다 1회 정전압으로 10~12시간 충전하는 방식
    ⓔ 세류충전(트리클 충전) : 자기 방전량만 항상 충전하는 부동충전방식의 일종이다.
    ⓕ 회복충전 : 축전지를 과방전 또는 방치상태에서 기능회복을 위하여 실시하는 충전방식

> **Reference**
>
> ① 부동충전 시 2차 전류[A] = $\dfrac{\text{축전지의 정격용량}}{\text{정격방전율(공칭용량)}} + \dfrac{\text{상시부하}}{\text{표준전압}}$
>
> ※ 정격방전율 : 연 축전지(10[h]율), 알칼리 축전지(5[h]율)
> ② 부동충전 시 2차 출력[VA] = 표준전압×2차 충전전류

ⓒ 축전지의 고장현상별 추정원인

현상		예상 추정원인
초기 고장	전체 셀 전압의 불균형이 크고 비중이 낮다.	충전 부족
	단전지 전압의 비중 저하, 전압계의 역전	역접속(극성이 바뀜)
사용중 고장	어떤 셀만의 전압, 비중이 극히 낮다.	국부단락
	• 전체 셀의 비중이 높다. • 전압의 정상	• 액면 저하 • 보수 시 묽은 황산의 혼입
	전해액의 변색, 충전하지 않고 방치 상태에서 다량의 가스가 발생한다.	불순물 유입
	전해액의 감소가 빠르다.	과충전
	축전지의 현저한 온도 상승	• 충전장치의 고장 • 과충전

ⓓ 충전용량의 계산

ⓐ 단순 부하

$$C = \dfrac{1}{L}KI\,[Ah]$$

여기서, C : 25[℃]일 때 정격 방전율의 환산 용량[Ah]
L : 보수율(0.8)(사용 중 경년 용량저하율)
I : 방전전류[A]
K : 용량환산시간 계수(방전시간 T, 전지의 최저온도 및 허용최저전압에 의하여 결정되는 계수)[h]

ⓑ 변동 부하
㉮ 시간 경과에 따라 방전전류가 증가하는 경우

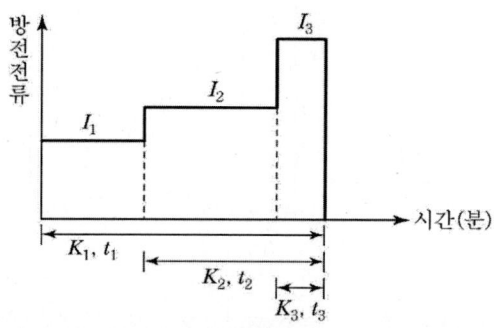

$$C = \frac{1}{L}[K_1I_1 + K_2(I_2 - I_1) + K_3(I_3 - I_2)] \text{ [Ah]}$$

여기서, C : 축전지용량[Ah],   L : 경년 용량저하율(보수율)
       K : 용량환산시간 계수[h],   K : 방전전류[A]

㉯ 시간경과에 따라 방전전류가 감소하는 경우

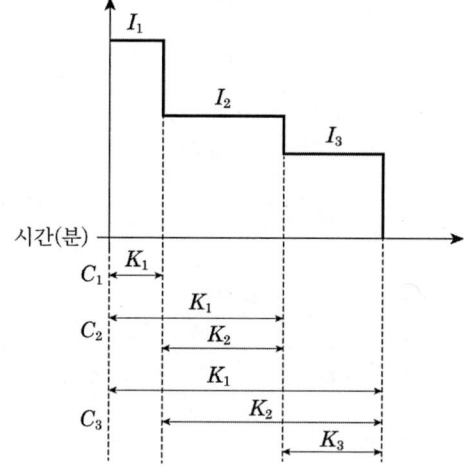

$$C_1 = \frac{1}{L}K_1I_1$$

$$C_2 = \frac{1}{L}[K_1I_1 + K_2(I_2 - I_1)]$$

$$C_3 = \frac{1}{L}[K_1I_1 + K_2(I_2 - I_1) + K_3(I_3 - I_2)]$$

C_1, C_2, C_3 중 최대인 값

㉰ 구간별로 K값이 주어진 경우

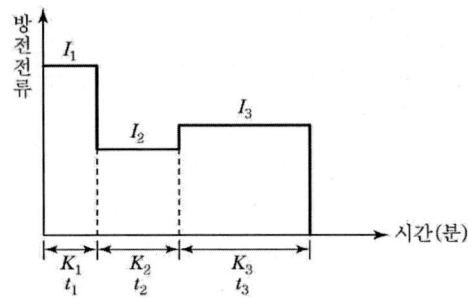

$$C = \frac{1}{L}\left[K_1 I_1 + K_2 I_2 + K_3 I_3\right] [Ah]$$

③ 충전장치(충전기)의 정류방식

㉠ 단상반파 정류회로(다이오드 1개)

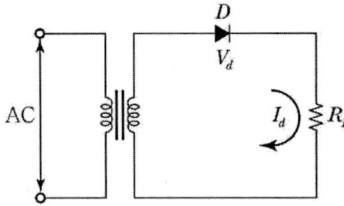

$I_d = \dfrac{V_d}{R} [A]$

$V_d = \dfrac{1}{\pi} V_m [V]$

㉡ 단상전파 정류회로(다이오드 2개)

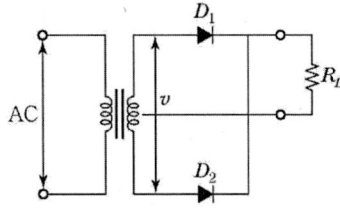

$I_d = \dfrac{V_d}{R} [A]$

$V_d = \dfrac{2}{\pi} V_m [V]$

㉢ 브리지형 전파정류회로

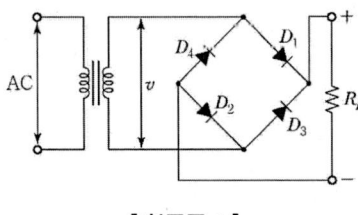
[회로도 1]

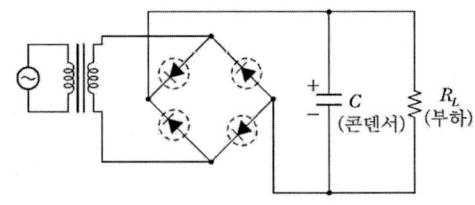
[회로도 2]

(3) 무정전 전원공급장치

① 기능
UPS(Uninterruptible Power Supply), 즉 무정전 전원공급장치는 전압변동에 민감한 부하에 사용하여 각종 장해(전압의 파동, 파형의 왜곡, 노이즈 발생, 순간 정전 등)로부터 부하를 보호하고, 양질의 전원(일정 전압과 일정 주파수)을 정전없이 연속적으로 공급해준다.

② UPS의 구성요소

구성요소	기능
정류장치(Converter)	정류기(Rectifier)가 한전의 교류전원이나 발전기 전원을 공급받아 직류 전원으로 바꾸어주는 동시에 축전지가 양질의 상태로 충전되도록 제어한다.(AC/DC 변환)
축전지(Battery)	정류장치에 의해 변환된 직류를 저장하며, 정전 시 인버터에 직류전원을 공급한다.
역변환장치(Inverter)	직류전원을 양질의 교류전원으로 역변환시키는 장치(DC/AC 변환)
동기절체 스위치 (Bypass static S/W)	인버터에 과부하 또는 이상이 발생한 경우 bypass 경로로 절체시켜 주는 스위치

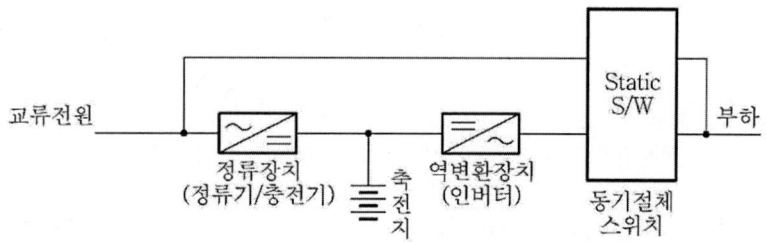

(4) 비상전원 수전설비

① 개요
㉠ 상용전원을 이용하는 전원설비이므로 상용전원 정전 시에는 사용할 수 없다.
㉡ 상용전원의 공급 중에 소방부하가 일반 부하회로의 과전류, 단락, 과부하 등에 의해 차단되지 않도록 하기 위한 수전설비이다.

② 수전방식
㉠ 특별고압 또는 고압 수전방식
  ⓐ 큐비클형
  ⓑ 방화구획형
  ⓒ 옥외개방형

ⓒ 저압 수전방식
　　ⓐ 전용 배전반방식(1·2종)
　　ⓑ 전용 분전반방식(1·2종)
　　ⓒ 공용 분전반방식(1·2종)

[연 축전지와 알칼리 축전지의 특성 비교]

설비명	비상전원	비상전원 설치대상	
옥내소화전	- 자가발전설비 - 축전지설비 - 전기저장장치	- 지하층을 제외한 층수가 7층 이상으로서 연면적이 2,000[m²] 이상인 소방대상물 - 지하층 바닥면적 합계가 3,000[m²] 이상인 소방대상물	
스프링클러	표준형	- 자가발전설비 - 축전지설비 - 전기저장장치	- S/P 설치장소
		- 비상전원수전설비	- 차고·주차장으로서 스프링클러설비가 설치된 부분의 바닥면적(포소화설비가 설치된 차고·주차장의 바닥면적을 포함) 합계가 1,000[m²] 미만인 소방대상물
	간이	- 비상전원수전설비	- 간이 S/P설비 설치장소
	화재조기진압용	- 자가발전설비 - 축전지설비 - 전기저장장치	- 화재조기진압용 S/P설비 설치장소
물분무	- 자가발전설비 - 축전지설비 - 전기저장장치	- 물분무설비 설치장소	
포	- 자가발전설비 - 축전지설비 - 전기저장장치	- 포소화설비 설치장소	
	- 자가발전설비 - 축전지설비 - 비상전원수전설비 - 전기저장장치	- 호스릴포소화설비 또는 포소화전만을 설치한 차고, 주차장 - 포헤드설비 또는 고정포방출설비가 설치된 부분의 바닥면적(스프링클러설비가 설치된 차고·주차장의 바닥면적 포함) 합계가 1,000[m²] 미만인 소방대상물	
이산화탄소	- 자가발전설비 - 축전지설비 - 전기저장장치	- CO_2 소화설비(호스릴방식은 제외) 설치장소	
할론	- 자가발전설비 - 축전지설비 - 전기저장장치	- 할론소화설비(호스릴방식은 제외) 설치장소	

할로겐화합물 및 불활성기체 소화약제	- 자가발전설비 - 축전지설비 - 전기저장장치	- 할로겐화합물 및 불활성기체소화약제 소화설비 설치장소
분 말	- 자가발전설비 - 축전지설비 - 전기저장장치	- 분말소화설비 설치장소
비상경보	- 축전지설비 - 전기저장장치	- 비상경보설비 설치장소
비상방송	- 축전지설비 - 전기저장장치	- 비상방송설비 설치장소
자동화재탐지설비	- 축전지설비 - 전기저장장치	- 자동화재탐지설비 설치장소
유도등	- 축전지	- 유도등설비 설치장소
비상조명등	- 자가발전설비 - 축전지설비 - 전기저장장치	- 내부에 예비전원을 내장하지 않은 경우 ※ 내부에 예비전원 내장하는 경우 : 축전지
제연	- 자가발전설비 - 축전지설비 - 전기저장장치	- 제연설비 설치장소
연결송수관	- 자가발전설비 - 축전지설비 - 전기저장장치	- 높이 70[m] 이상의 소방대상물
비상콘센트	- 자가발전설비 - 비상전원수전설비 - 전기저장장치	- 지하층을 제외한 층수가 7층 이상으로서 연면적 2,000[m^2] 이상인 소방대상물 - 지하층 바닥면적 합계가 3,000[m^2] 이상인 소방대상물
무선통신보조설비	- 축전지설비 - 전기저장장치	- 증폭기 및 무선이동중계기 설치장소

※ 열병합발전설비도 소방설비의 비상전원으로 사용이 가능하다는 점에 유의할 것!

CHAPTER 05 내화배선과 내열배선

1 사용전선과 시공방법

(1) 내화배선

사용전선의 종류	공사 방법
1. 450/750V 저독성 난연 가교 폴리올레핀 절연 전선 2. 0.6/1kV 가교 폴리에틸렌 절연 저독성 난연 폴리올레핀 시스 전력케이블 3. 6/10kV 가교 폴리에틸렌 절연 저독성 난연 폴리올레핀 시스 전력용 케이블 4. 가교 폴리에틸렌 절연 비닐시스 트레이용 난연 전력 케이블 5. 0.6/1kV EP 고무절연 클로로프렌 시스 케이블 6. 300/500V 내열성 실리콘 고무 절연전선(180℃) 7. 내열성 에틸렌-비닐 아세테이트 고무 절연 케이블 8. 버스덕트(Bus Duct) 9. 기타 「전기용품 및 생활용품안전관리법」 및 「전기설비기술기준」에 따라 동등 이상의 내화성능이 있다고 주무부장관이 인정하는 것	금속관·2종 금속제 가요전선관 또는 합성 수지관에 수납하여 내화구조로 된 벽 또는 바닥 등에 벽 또는 바닥의 표면으로부터 25㎜ 이상의 깊이로 매설해야 한다. 다만 다음의 기준에 적합하게 설치하는 경우에는 그렇지 않다. 가. 배선을 내화성능을 갖는 배선전용실 또는 배선용 샤프트·피트·덕트 등에 설치하는 경우 나. 배선전용실 또는 배선용 샤프트·피트·덕트 등에 다른 설비의 배선이 있는 경우에는 이로부터 15㎝ 이상 떨어지게 하거나 소화설비의 배선과 이웃하는 다른 설비의 배선사이에 배선지름(배선의 지름이 다른 경우에는 가장 큰 것을 기준으로 한다)의 1.5배 이상의 높이의 불연성 격벽을 설치하는 경우
내화전선	케이블공사의 방법에 따라 설치해야 한다.

비고 : 내화전선의 내화성능은 KS C IEC 60331-1과 2(온도 830℃/가열시간 120분) 표준이상을 충족하고, 난연성능확보를 위해 KS C IEC 60332-3-24 성능이상을 충족할 것

(2) 내열배선

사용전선의 종류	공 사 방 법
1. 450/750V 저독성 난연 가교 폴리올레핀 절연 전선 2. 0.6/1kV 가교 폴리에틸렌 절연 저독성 난연 폴리올레핀 시스 전력케이블 3. 6/10kV 가교 폴리에틸렌 절연 저독성 난연 폴리올레핀 시스 전력용 케이블 4. 가교 폴리에틸렌 절연 비닐시스 트레이용 난연 전력 케이블 5. 0.6/1kV EP 고무절연 클로로프렌 시스 케이블 6. 300/500V 내열성 실리콘 고무 절연전선(180℃) 7. 내열성 에틸렌-비닐 아세테이트 고무 절연 케이블 8. 버스덕트(Bus Duct) 9. 기타 「전기용품 및 생활용품안전관리법」 및 「전기설비기술기준」에 따라 동등 이상의 내화성능이 있다고 주무부장관이 인정하는 것	금속관 · 금속제 가요전선관 · 금속덕트 또는 케이블(불연성덕트에 설치하는 경우에 한한다) 공사방법에 따라야 한다. 다만, 다음의 기준에 적합하게 설치하는 경우에는 그렇지 않다. 가. 배선을 내화성능을 갖는 배선전용실 또는 배선용 샤프트 · 피트 · 덕트 등에 설치하는 경우 나. 배선전용실 또는 배선용 샤프트 · 피트 · 덕트 등에 다른 설비의 배선이 있는 경우에는 이로부터 15㎝ 이상 떨어지게 하거나 소화설비의 배선과 이웃하는 다른 설비의 배선사이에 배선지름 (배선의 지름이 다른 경우에는 지름이 가장 큰 것을 기준으로 한다)의 1.5배 이상의 높이의 불연성 격벽을 설치하는 경우
내화전선	케이블공사의 방법에 따라 설치해야 한다.

Reference

소방용 배선과 타 용도 배선을 함께 시공하는 경우

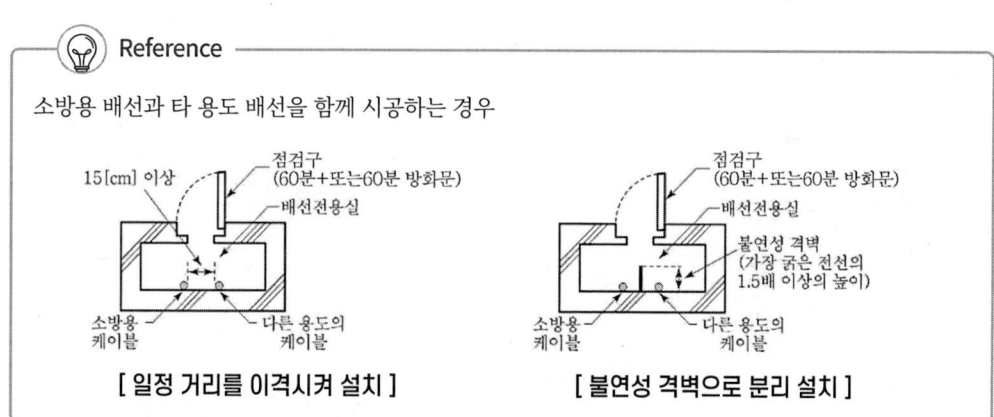

[일정 거리를 이격시켜 설치]   [불연성 격벽으로 분리 설치]

2 소방시설별 각 구간의 배선

(1) 소화설비(옥내소화전, 스프링클러설비 등)

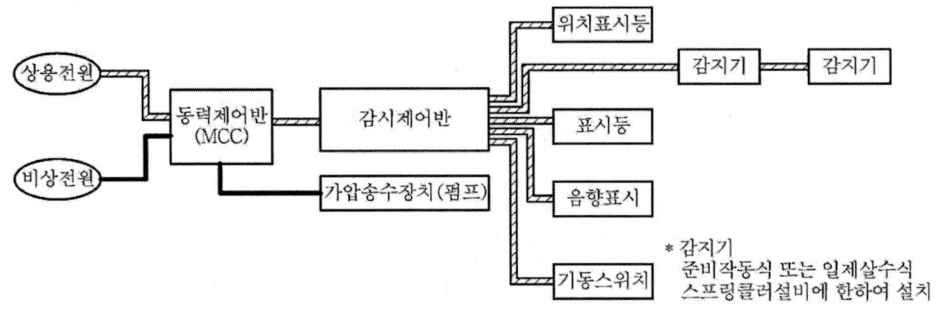

범례	
▬▬▬	: 내화배선(동일 실에 설치한 경우는 내열배선도 가능)
▨▨▨	: 내화배선 또는 내열배선

(2) 자동화재탐지설비(비상경보설비 및 비상방송설비)

① P형 시스템

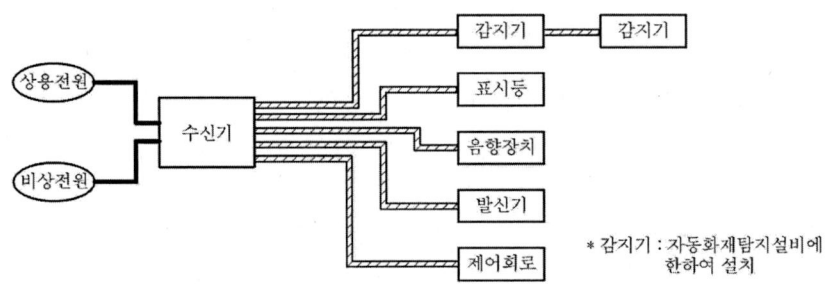

② R형 시스템

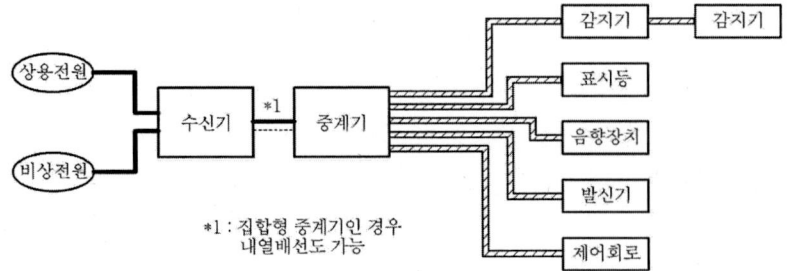

내화배선과 내열배선 Chapter 05.

범례
- ━━━━━ : 내화배선
- ▨▨▨▨▨ : 내화배선 또는 내열배선
- ---------- : 차폐배선(쉴드선 : Shield Wire)

차폐배선(Shield Wire)의 적용
- R형(아날로그식) 수신기와 감지기(아날로그식 또는 다신호식)를 직접 연결하는 배선
- R형 수신기와 중계기(분산형에 한함) 사이의 배선

(3) 비상콘센트 설비

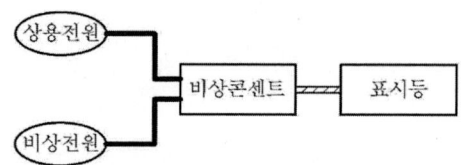

범례
- ━━━━━ : 내화배선
- ▨▨▨▨▨ : 내화배선 또는 내열배선

MEMO

문제 PART 03

소방관련전기설비 예상문제

소방관련전기설비 예상문제

001 배선용 차단기(노퓨즈 브레이커)의 기능상 가장 주요한 특징을 3가지만 쓰시오.

배선용 차단기의 특징
① 부하차단 능력이 양호하다.
② 소형으로 가볍고 사용에 편리하다.
③ 퓨즈(fuse)를 사용하지 않으므로 반복하여 재투입이 가능하다.

배선용 차단기의 특징
① 부하차단 능력이 양호하다.
② 소형으로 가볍고 사용에 편리하다.
③ 퓨즈(fuse)를 사용하지 않으므로 반복하여 재투입이 가능하다.
④ 신뢰도가 높다.
⑤ 단단한 커버로 보호되어 있어 감전의 우려가 없다.

002 전선 접속 시 유의사항을 3가지 쓰시오.

① 전선의 세기(인장하중)를 20[%] 이상 감소시키지 않을 것
② 접속부분은 접속기, 접속함, 접속슬리브 등을 사용하여 접속할 것
③ 접속기구는 절연효력이 있는 것을 사용할 것

전선의 접속방법(접속 시 유의사항)
① 전선의 세기(인장하중)를 20[%] 이상 감소시키지 않을 것
② 접속부분은 접속기, 접속함, 접속슬리브 등을 사용하여 접속할 것
③ 접속기구는 절연효력이 있는 것을 사용할 것
④ 전선의 전기적 저항을 증가시키지 않도록 할 것
⑤ 전기화학적 성질이 다른 도체를 접속하는 경우 접속부분에 전기적 부식이 생기지 않도록 할 것

전선의 굵기 선정 시 고려사항	
① 허용전류	② 전압강하
③ 기계적 강도	④ 전력 손실
⑤ 장래부하의 변경(증설 등)	⑥ 고조파 내장

003 전로의 절연열화에 의한 화재사고를 방지하기 위하여 절연저항을 측정하여 전로의 유지보수에 활용하여야 한다. 절연저항 측정에 관한 다음 물음에 답하시오.

220[V] 전로에서 전선과 대지 사이의 절연저항이 0.2[MΩ]이라면 누설전류는 몇 [mA]인가?

정답

누설전류

$$I = \frac{V[V]}{R[\Omega]} = \frac{220}{0.2 \times 10^6} = 0.0011[A] = 1.1[mA]$$

해설

누설전류 = $\frac{인가전압[V]}{절연저항[\Omega]}$ [A]

004 다음 표의 접지공사에 대한 접지저항값의 한계와 접지선 굵기의 한계를 빈 칸에 써 넣으시오. (단, 고압전로 등 특별한 경우를 제외하고 일반적인 경우로 답하도록 한다.)[현행 삭제]

접지공사의 종류	접지저항값[Ω]	접지선의 굵기[mm²]
제1종 접지공사		
제2종 접지공사	$\frac{150[V]}{1선 지락전류}$	
제3종 접지공사		
특별 제3종 접지공사		

정답

접지공사의 종류	접지저항값[Ω]	접지선의 굵기[mm²]
제1종 접지공사	10	6
제2종 접지공사	$\frac{150[V]}{1선 지락전류}$	16
제3종 접지공사	100	2.5
10	2.5	

해설

[현행 삭제]

접지공사의 종류	접지저항값[Ω]	접지선의 굵기[mm²]
제1종 접지공사	10[Ω] 이하	- 금속선 : 인장강도 1.04[kN] 이상 - 연동선 : 6[mm²] 이상
제2종 접지공사	$\frac{150[V]}{1선 지락전류}$ [Ω] 이하	- 금속선 : 인장강도 2.46[kN] 이상 - 연동선 : 지름 16[mm²] 이상(고압 또는 특고압 저압전로를 변압기에 의하여 결합하는 경우에는 인장강도 1.04[kN] 이상 금속선 또는 6[mm²] 이상의 연동선)

제3종 접지공사	100[Ω] 이하	- 금속선 : 인장강도 0.39[kN] 이상
특별 제3종 접지공사	10[Ω] 이하	- 연동선 : 2.5[mm²] 이상

※ 제2종 접지공사
① 1초 초과 2초 이내에 자동적으로 고압전로 또는 사용전압이 35,000[V] 이하의 특고압 전로를 차단하는 장치를 설치하는 경우 : $\dfrac{300}{1선\ 지락전류}$ [Ω] 이하

② 1초 이내에 자동적으로 고압전로 또는 사용전압이 35,000[V] 이하의 특고압전로를 차단하는 장치를 설치하는 경우 : $\dfrac{600}{1선\ 지락전류}$ [Ω] 이하

⇒ 고압전로 등 특별한 경우를 제외한 일반적인 경우의 접지공사

접지공사의 종류	접지저항값	접지선의 굵기[mm²]
제1종 접지공사	10[Ω] 이하	6 이상
제2종 접지공사	$\dfrac{150[V]}{1선\ 지락전류}$ [Ω] 이하	16(고압·특고압과 저압전로 결합시는 6) 이상
제3종 접지공사	100[Ω] 이하	2.5 이상
특별 제3종 접지공사	10[Ω] 이하	2.5 이상

※ 위 표에서, 접지저항값 및 접지선 굵기의 한계를 묻고 있으므로 "이하", "이상"을 뺀 것으로 답하면 된다.

005 전자식 접지저항계로 접지저항 측정을 나타낸 그림이다. 다음 각 물음에 답하시오.

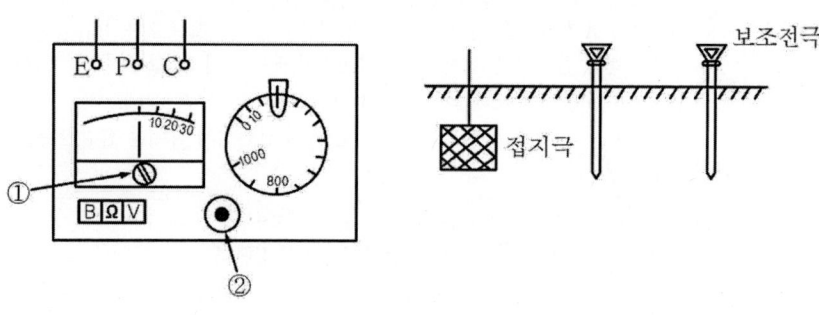

가) 접지저항을 측정할 수 있는 회로를 주어진 그림에 선을 연결하여 구성하시오.
나) ①, ②의 명칭을 쓰고, 그 역할을 설명하시오.

가)

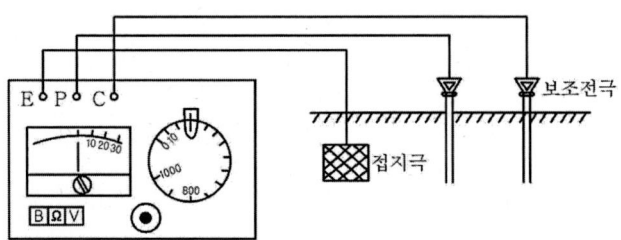

나) ① 명칭 : 0점 조정기
   역할 : 측정 전에 0점을 조정하여 측정치의 오류가 없도록 한다.
   ② 명칭 : 측정용 누름버튼 스위치
   역할 : 계기를 작동시키기 위해 누르는 스위치

접지저항계(Earth Tester) 측정방법

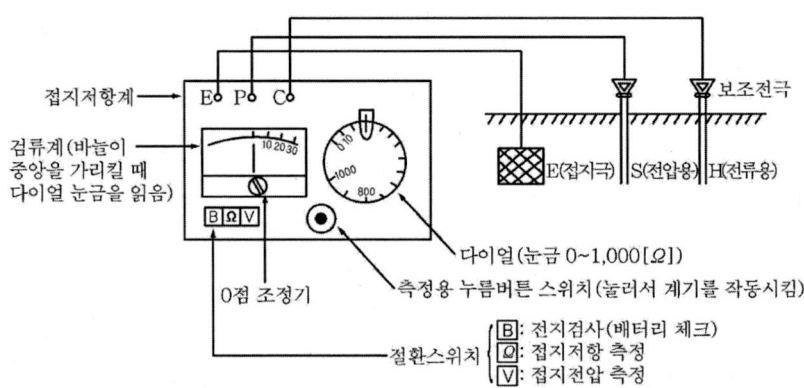

① 측정하려는 접지극(피측정 접지극)을 선정한다.
② 피측정 접지극을 기준으로 보조접지봉을 일직선상에 최소 10[m] 간격으로 2개 타설한다.
③ 피측정 접지극을 접지저항계의 E단자에 접속하고, 보조접지봉 S(전압용), H(전류용)를 접지저항계의 S, H 단자에 각각 접속한다.
④ 절환스위치의 B (배터리 체크)를 눌러 건전지의 상태를 점검한다.(방전상태이면 배터리 교체)
⑤ 절환스위치의 V 를 눌러 접지전압을 측정한다.
⑥ 절환스위치의 Ω 을 눌러 접지저항을 측정한다.

006 소방설비의 전기배선공사는 후강전선관에 의한 금속관 배선공사로 시공하여야 한다. 배선공사에 필요한 관의 길이가 20[m]라고 할 때 다음 각 물음에 답하시오.

[표 1 전선(피복절연물을 포함)의 단면적]

도체 단면적(mm²)	절연체 두께(mm)	평균 완성 바깥지름(mm)	전선의 단면적(mm²)
1.5	0.7	3.3	9
2.5	0.8	4.0	13
4	0.8	4.6	17
6	0.8	5.2	21
10	1.0	6.7	35
16	1.0	7.8	48
25	1.2	9.7	74
35	1.2	10.9	93
50	1.4	12.8	128
70	1.4	14.6	167
95	1.6	17.1	230
120	1.6	18.8	277
150	1.8	20.9	343
185	2.0	23.3	426
240	2.2	26.6	555
300	2.4	29.6	688
400	2.6	33.2	865

[비고 1] 전선의 단면적은 평균완성 바깥지름의 상한 값을 환산한 값이다.
[비고 2] KS C IEC 60227-3의 450/750[V] 일반용 단심 비닐절연전선(연선)을 기준한 것이다.

[표 2 절연전선을 금속관내에 넣을 경우의 보정계수]

도체 단면적(mm²)	보정계수
2.5, 4	2.0
6, 10	1.2
16 이상	1.0

[표 3 후강전선관의 내 단면적의 32[%] 및 48[%]]

관의 호칭	내 단면적의 32[%](mm²)	내 단면적의 48[%](mm²)
16	67	101
22	120	180
28	201	301
36	342	513
42	460	690
54	732	1,098
70	1,216	1,825
82	1,701	2,552
92	2,205	3,308
104	2,843	4,265

가) 금속관 배선공사를 콘크리트에 매입하여 시공할 때 관의 두께는 몇 [mm] 이상의 것을 사용하여야 하는가?

나) 사용전압이 400[V] 미만인 경우의 금속관 및 부속품 등은 특별한 경우를 제외하고 제 몇 종 접지공사로 접지하여야 하는가? [현행 삭제]

다) 동일관 내에 전선 4[mm^2] 3본, 10[mm^2] 3본을 넣을 수 있는 후강전선관의 최소 굵기를 표를 이용하여 구하시오.

가) 1.2[mm] 이상
나) 제3종 접지공사[현행 삭제]
다) ① <표 1>에서, 전선 단면적의 합계
　　　4[mm^2] 3본　　　17[mm^2]×3=51[mm^2]
　　　10[mm^2] 3본　　35[mm^2]×3=105[mm^2]
② 산출한 전선의 단면적의 합계에 <표 2>의 보정계수를 곱한 단면적 합계
　　51[mm^2](단면적의 합계)×2.0(보정계수)=102[mm^2]
　　105[mm^2](단면적의 합계)×1.2(보정계수)=126[mm^2]
　　　　　　　　합　계　　　　　　　228[mm^2]
③ <표 3>에서, 228[mm^2]를 내 단면적의 32[%]란에 적용하면 후강전선관의 최소 굵기는 36호

가) 금속관의 두께
　① 콘크리트에 매입시공 → 1.2[mm] 이상
　② 기타 시공 → 1.0[mm] 이상
나) 접지공사의 종류[현행 삭제]
다) ① 굵기가 다른 절연전선을 동일관 내에 넣는 경우의 금속관의 굵기는 전선의 절연피복물을 포함한 단면적의 총합계가 관내 단면적의 32[%] 이하가 되도록 선정하여야 한다.
② <표 3> 적용방법(후강전선관의 선정)

관의 호칭	내단면적의 32%[mm^2]	단면적의 총합계[mm^2]
16호	67	67 이하
22호	120	67 초과 120 이하
28호	201	120 초과 201 이하
36호	342	201 초과 342 이하
42호	460	342 초과 460 이하

예를 들어, 단면적의 총합계가 100[mm^2](67 초과 120 이하)이면 전선관은 22호의 굵기로 선정한다.

007

3상 3선식 380[V]로 수전하는 곳의 부하전력이 95[kW], 역률이 85[%], 구내배선의 길이는 150[m]이며, 전압강하는 8[V]까지 허용하는 경우, 배선의 굵기를 계산하고 이를 표준 규격품으로 답하시오.

① 3상 3선식 380[V] 95[kW]의 전류

$P = \sqrt{3} \, VI\cos\theta$ [W]에서

$I = \dfrac{P}{\sqrt{3}\, V\cos\theta} = \dfrac{95 \times 10^3}{\sqrt{3} \times 380 \times 0.85} \fallingdotseq 169.81$ [A]

② 배선의 굵기

$A = \dfrac{30.8 LI}{1{,}000 e} = \dfrac{30.8 \times 150 \times 169.81}{1{,}000 \times 8} \fallingdotseq 98.06$ [mm²]

[정답] 120[mm²]

1) 선로의 단면적 및 전압강하

전기방식	전압강하	전선 단면적
단상 2선식 및 직류 2선식	$e = \dfrac{35.6 LI}{1{,}000 A}$	$A = \dfrac{35.6 LI}{1{,}000 e}$
3상 3선식	$e = \dfrac{30.8 LI}{1{,}000 A}$	$A = \dfrac{30.8 LI}{1{,}000 e}$
직류 3선식 · 3상 4선식	$e' = \dfrac{17.8 LI}{1{,}000 A}$	$A = \dfrac{17.8 LI}{1{,}000 e'}$

단, e : 각 선간의 전압강하[V]
e' : 외측선 또는 각 상의 1선과 중성선 사이의 전압강하[V]
L : 전선 1본의 길이[m]
A : 전선의 단면적[mm²]
I : 전류[A]

2) 전선의 굵기 선정(표준규격)

도체 단면적[mm²]	도체 단면적[mm²]
1.5	70
2.5	95
4	120
6	150
10	185
16	240
25	300
35	400
50	

따라서, 계산상 98.06[mm²]이면 상위 규격인 120[mm²] 전선으로 선정

008

정문 안내실에서 100[m]의 거리에 위치한 공장동 건물(지상 7층/지하 1층, 연면적 5,000[m²])이 있다. 각 층별로 2회로씩 사용하며(총 16회로), 경종의 경우 50[mA/개], 램프의 경우 30[mA/개]의 전류가 소모된다. 다음의 물음에 답하시오. (단, 여기에 사용되는 전선은 450/750[V] HFIX 2.5[mm²]로 한다.)

가) 표시등(램프)의 총 소요전류는 몇 [A]인가?
나) 공장동 건물의 지상 1층에서 화재발생 시 경종의 소모전류는 몇 [A]인가?
다) 정문 안내실에서 공장동 건물까지의 전압강하는 몇 [V]인가? (단, 전선의 고유저항은 도전율을 고려하여 0.0178[Ω·mm²/m]이다.)
라) 자동화재탐지설비 및 시각경보장치의 화재안전기술기준(NFTC 203)에 의하면 지구음향장치는 정격전압의 80[%]에서 음향을 발할 수 있어야 하는데 위 문항 다)의 전압강하 결과치로 판단할 경우 음향을 발할 수 있는지의 여부를 계산과정과 함께 설명하시오.

가) 30[mA]×16＝0.48[A]
나) 50[mA]×16＝0.8[A]
다) ① 저항 $R = \rho\dfrac{L}{A} = 0.0178[\Omega \cdot mm^2/m] \times \dfrac{100[m]}{2.5[mm^2]} = 0.712[\Omega]$
  ② 전류 $I = 0.48 + 0.8 = 1.28[A]$
  ③ 전압강하 $e = 2IR = 2 \times 1.28 \times 0.712 ≒ 1.822[V]$
라) 경종은 정격전압의 80[%], 즉 24×0.8＝19.2[V]에서 동작해야 한다. 전압강하가 공급전압(24[V]의 20%)보다 작으므로 경종은 음향을 발할 수 있다.

가) 표시등 소요전류
  I＝표시등 1등당 소비전류×전체개수＝30[mA]×16＝0.48[A]
나) 경종의 소모전류
  I＝경종 1개당 소비전류×층별개수×경보층수＝50[mA]×16개층＝0.8[A]
  ← 일제경보 : 8개층(2개씩)
다) 전압강하 계산
  ① 저항 $R = \rho\dfrac{L}{A} = 0.0178[\Omega \cdot mm^2/m] \times \dfrac{100[m]}{2.5[mm^2]} ≒ 0.712[\Omega]$
  ② 전류 I＝0.48＋0.8＝1.28[A](최대전류인 경우를 고려한 것임)
  ③ 전압강하 e＝2IR＝2×1.28×0.712≒1.822[V]
    ∴ 1.822[V]

009 수신기로부터 배선거리 100[m]의 위치에 모터사이렌이 접속되어 있다. 이 모터사이렌이 명동될 때 사이렌의 단자전압을 구하시오. (단, 수신기의 정전압 출력은 24[V], 전선의 굵기는 2.5[mm²]이며, 사이렌의 정격전력은 48[W]라 가정하고, 전압변동에 의한 부하전류의 변동은 무시한다. 또한 2.5[mm²] 동선의 1[km]당 전기저항은 8.75[Ω]으로 한다.)

① 전압강하 $e = 2IR = 2 \times \dfrac{48}{24} \times 8.75\,[\Omega/km] \times 0.1\,[km] = 3.5\,[V]$
② 단자전압 = 공급전압 − 전압강하 = 24 − 3.5 = 20.5[V]

① 전압강하
 $e = 2IR$
  여기서, e : 전압강하[V], I : 전류[A], R : 전선의 저항[Ω]
 $\therefore e = 2 \times \dfrac{48\,[W]}{24\,[V]} \times 8.75\,[\Omega/km] \times 0.1\,[km] = 3.5\,[V]$

② 단자전압
 $V_R = V_S - e$
  여기서, V_R : 부하전압(단자전압)[V]
    V_S : 수신기 공급전압[V]
    e : 전압강하[V]
 $\therefore V_R = V_S - e = 24 - 3.5 = 20.5\,[V]$

010 AC 100[V]를 사용하는 전선로에 비상조명용 부하가 14,500[VA] 걸려 있다. 이론적인 분기회로의 최소수는 몇 회로인가?

최소 분기회로 수 $n = \dfrac{14,500\,[VA]}{100\,[V] \times 16\,[A]} ≒ 9.06 \rightarrow$ 10회로

최소 분기회로 수 $n = \dfrac{\text{상정부하}[VA]}{\text{사용전압}[V] \times 16(\text{배선용인 경우 } 20)[A]}$
 $= \dfrac{14,500\,[VA]}{100\,[V] \times 16\,[A]} ≒ 9.06$ $\therefore$ 10회로

011

폭 15[m], 길이 20[m]인 사무실의 조도를 400[lx]로 할 경우 전 광속 4,900[lm]의 형광등 40[W/2등용]을 시설할 경우 비상발전기에 연결되는 부하는 몇 [VA]이며, 이 사무실의 회로는 몇 회로로 하여야 하는가? (단, 사용전압은 220[V]이고, 40[W] 형광등 1등당 전류는 0.15[A], 조명률은 50[%], 감광보상률은 1.3으로 한다.)

① 부하

  등 기구의 수 $N = \dfrac{AED}{FU} = \dfrac{(15 \times 20) \times 400 \times 1.3}{4,900 \times 0.5} = 63.67 ≒ 64$개

  → 등의 수 = 64×2 = 128등

  40[W] 형광등 1등당 전류는 0.15[A]이므로

  상정부하 = 220[V]×0.15[A]×128등 = 4,224[VA]

② 분기회로 수

  분기회로 수 $n = \dfrac{4,224[VA]}{3,520[VA]} = 1.2 ≒ 2$회로

해설

① 상정부하

  등 기구의 수 $N = \dfrac{AED}{FU} = \dfrac{(15 \times 20) \times 400 \times 1.3}{4,900 \times 0.5} = 63.67 ≒ 64$개

  → 등의 수 = 64×2 = 128등

  A : 단면적[m²], E : 조도[lx], D : 감광보상률

  F : 광속[lm], U : 조명률[%]

  ∴ 40[W] 형광등 1등당 전류는 0.15[A]이므로

  상정부하 = 220[V]×0.15[A]×128등 = 4,224[VA]

② 조명설비의 분기회로 수

  사용전압 220[V]의 16[A], 20[A](배선용차단기에 한함) 분기회로 수는 상정한 설비 용량(전등 및 소형 전기기계기구에 한함)을 3,520[VA]로 나눈 값(사용전압이 110[V]인 경우에는 1,760[VA]로 나눈 값)을 원칙으로 한다. 이 경우 계산결과에 단수가 생겼을 때에는 절상하는 것으로 한다.)

  분기회로 수 $n = \dfrac{4,224[VA]}{3,520[VA]} = 1.2 ≒ 2$회로

012

다음에서 영문기호는 우리말로, 우리말은 영문기호로 쓰시오.

가) NR   나) ZCT
다) ELB   라) 변류기
마) NRI(90)

가) 450/750[V] 일반용 단심 비닐절연전선
나) 영상변류기
다) 누전차단기
라) CT
마) 300/500[V] 기기배선용 단심 비닐절연전선(90℃)

013 가요전선관 공사에서 사용되는 다음 재료의 명칭은 무엇인가?

가) 가요전선관과 박스의 연결
나) 가요전선관과 금속전선관의 연결
다) 가요전선관과 가요전선관의 연결

정답
가) 스트레이트 박스콘넥터
나) 컴비네이션 커플링
다) 스플리트 커플링

014 도면은 발전기반 결선도로서 셀모터에 의한 기동을 나타낸 것이다. 도면을 참조하여 다음 각 물음에 답하시오.

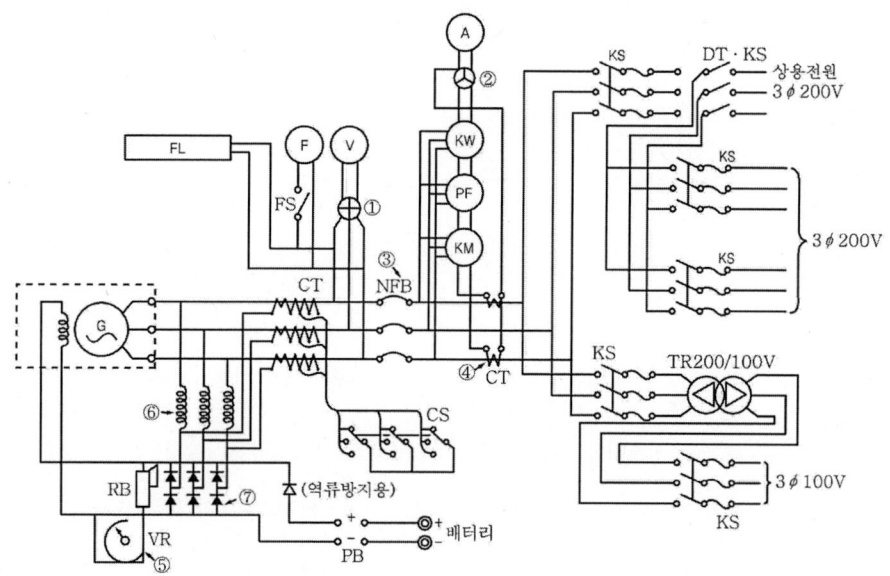

가) 도면상의 ①~②에 해당되는 명칭과 제어약호를 쓰시오.
나) 도면상의 ③~⑤의 명칭을 쓰시오.
다) 도면상의 ⑥~⑦의 명칭을 쓰시오.

정답
가) ① 전압계 절환스위치 : VS ② 전류계 절환스위치 : AS
나) ③ 배선용 차단기   ④ 변류기   ⑤ 전압조정기
다) ⑥ 직렬 리액터   ⑦ 3상 정류기

해설
① VS(Voltmeter change over Switch) : 전압계 절환스위치
② AS(Ammeter change over Switch) : 전류계 절환스위치
③ 배선용 차단기 : NFB(No Fuse Breaker) 또는 MCCB(Molded Case Circuit Breaker)라고 하며 단락 및 과부하에 의해 정격전류를 초과하면 회로를 차단하는 개폐기구로 Fuse가 없다.
④ 변류기(Current Transformer) : 교류전류의 측정범위를 확대하기 위해 사용되는 기기

⑤ 전압조정기(VR) : 일정한 회로전압을 유지하기 위해 사용하는 기기(여자전압 조정용)
⑥ 직렬리액터(Series Reactor) : 제5고주파에 의한 파형의 왜곡을 방지하기 위해 설치하는 기기
⑦ 3상 정류기 : 3상 교류를 직류로 변환하는 기기(전파정류기기)

015 옥내배선에 사용되는 다음 심벌의 의미를 설명하시오. (단, 영문약호는 우리말로 표현하여 설명할 것)

가) ──╫─╫──   나) ──╫──
    NR 1.5(VE 16)   NRI(90) 2.5(16)

다) ──C──   라) ─×─×─×─⊗─×─×─×─
    (PF 28)

가) 450/750[V] 일반용 단심 비닐절연전선 1.5[mm²] 4가닥을 16[mm] 경질비닐전선관에 넣은 천장은폐배선
나) 300/500[V] 기기배선용 단심 비닐절연전선(90℃) 2.5[mm²] 2가닥을 16[mm] 강제전선관(후강전선관)에 넣은 바닥은폐배선
다) 28[mm] 합성수지제 가요관으로 전선이 들어있지 않은 천장은폐배선
라) 철거

• 옥내배선기호

명 칭	그림기호	적 요
천장은폐배선	──────	(1) 천장은폐배선 중 천장 속의 배선을 구별하는 경우는 천장 속의 배선에 ─·─·─ 를 사용하여도 좋다.
바닥은폐배선	─ ─ ─ ─	(2) 노출배선 중 바닥면 노출배선을 구별하는 경우는 바닥면 노출배선에 ─··─··─ 를 사용하여도 좋다.
노출배선	------	(3) 전선의 종류를 표시할 경우가 있는 경우는 기호를 기입한다. 예) 450/750[V] 일반용 단심 비닐절연전선 : NR 300/500[V] 기기배선용 단심 비닐절연전선(90℃) : NRI(90) 300/500[V] 기기배선용 유연성 비닐절연전선(90℃) : NFI(90) 0.6/1[kV] 가교폴리에틸렌 절연비닐시스 케이블 : CV 내화케이블 : FP 내열전선 : HP

		(4) 배관은 다음과 같이 나타낸다.
		──╫── 강제전선관인 경우
		  2.5(19)
		──╫── 경질 비닐전선관인 경우
		  2.5(VE 16)
		──╫── 이종 금속제 가요전선관인 경우
		  2.5(F₂ 17)
		──╫── 합성수지제 가요관인 경우
		  2.5(PF 16)
		──C── 전선이 들어 있지 않은 경우
		  (19)

		(5) ─×─×─⊗─×─×─ 철거

016 배관 공사에 대한 다음 각 물음에 답하시오.

가) 합성수지관 1본과 금속관 1본의 길이는 각각 몇 [m]로 생산되고 있는가?
나) 금속관과 박스를 접속할 때에는 어떤 재료를 사용하며 접속 1개소에 몇 개를 사용하는가?
다) 강제전선관 공사 중 노출배관공사에서 관을 직각으로 굽히는 곳에 사용하는 것으로서 3방향으로 분기할 수 있는 T형과 4방향으로 분기할 수 있는 크로스(cross)형이 있는 자재의 명칭은?

정답
가) ① 합성수지관 : 4[m]　② 금속관 : 3.66[m]
나) 로크너트, 2개
다) 유니버셜 엘보

해설
가) 배관 1본의 길이
　① 합성수지관 : 4[m]
　② 금속관 : 3.66[m]
나) 금속관과 박스를 접속할 때 박스의 내외면을 로크너트(Lock nut)로 견고하게 고정하여야 하므로 1개소에 1쌍이 필요(배관 말단에는 부싱(Bushing)이 1개 필요)
다) 강제전선관 공사 중 관을 직각으로 굽히는 곳에 사용하는 자재

종류	용도	구분
유니버셜 엘보(Universal Elbow)	노출배관공사	① T(Tee) : 3방향으로 분기 ② Cross : 4방향으로 분기
노멀 벤드(Normal Bend)	매입배관공사	

017 금속관공사 노출배관에서 다음 물음에 답하시오.

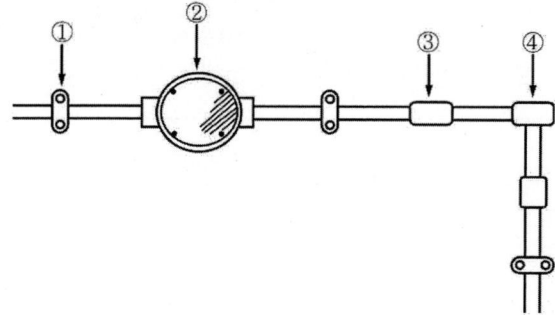

가) 도면상의 ①~④의 명칭을 쓰시오.
나) 다음 그림의 명칭을 쓰시오.

정답
가) ① 새들　② 환형정크션박스　③ 커플링　④ 유니버셜엘보
나) 유니온 커플링

018 저압옥내배선의 금속관공사(배선)에 이용되는 부품의 명칭을 쓰시오.

가) 노출배관공사를 할 때 관을 직각으로 굽히는 곳에 사용하는 부품
나) 금속관을 아웃렛 박스에 로크너트만으로 고정하기 어려울 때 보조적으로 사용되는 부품
다) 금속전선관 상호 간을 접속하는 데 사용되는 부품
라) 전선의 절연피복을 보호하기 위하여 금속관 끝에 취부하여 사용되는 부품

가) 유니버설 엘보
나) 링레듀셔
다) 커플링
라) 부싱

• 금속관공사의 부품

부품의 종류	기능
유니버설 엘보 (Universal elbow)	노출배관 공사 시 관을 직각으로 굽히는 곳에 사용되는 부품 (티, 크로스)
노멀 벤드(Normal bend)	매입배관 공사 시 관을 직각으로 굽히는 곳에 사용되는 부품
커플링(Coupling)	관이 고정되어 있지 않을 때 금속전선관 상호 간을 접속하는 데 사용되는 부품
부싱(Bushing)	전선의 절연피복을 보호하기 위하여 박스 내의 금속관 끝에 취부하는 부품 → 관 말단부마다 1개 소요
로크너트(Lock nut)	금속관과 박스를 서로 접속할 때 금속관이 움직이지 않도록 고정하기 위하여 박스 안팎에 사용되는 부품 → 관 말단부터 2개 소요
링레듀셔(Ring reducer)	금속관을 아웃렛 박스에 로크너트만으로 고정하기 어려울 때 보조적으로 사용되는 부품 → 녹 아웃(knock out) 구멍이 클 때 사용

019 단상 2선식 100[V]에 사용하는 정격 소비전력 5[kW] 전압계의 부하전류를 측정하기 위하여 50/5의 변류기를 사용하였다면 전류계의 지시값은 몇 [A]이겠는가?

정답
① 부하전류 $I = \dfrac{P}{V} = \dfrac{5 \times 10^3}{100} = 50[A]$

② 전류계의 지시값 $I_A = \dfrac{부하전류}{변류비} = \dfrac{50}{\frac{50}{5}} = 5[A]$

해설
① 부하전류 $I = \dfrac{P}{V}$

　　P : 정격 소비전력[W], V : 전압[V]

　∴ $I = \dfrac{P}{V} = \dfrac{5 \times 10^3}{100} = 50[A]$

② 전류계의 지시값 $I_A = \dfrac{부하전류}{변류비} = \dfrac{50}{\frac{50}{5}} = 5[A]$

　변류기의 변류비＝50/5

020 어떤 도면에서 배선표시가 그림과 같이 되어 있을 때 이 배선표시가 의미하는 내용에 관한 다음 각 물음에 답하시오.

―――――////―――――
HFIX(90)　1.5(16)

가) 배선공사는 어떻게 하여야 하는가?
나) 배선공사의 종류를 구체적으로 답하고 그 관의 굵기를 쓰시오.
다) 전선의 종류, 굵기 및 그 가닥수는? (단, 전선의 종류는 우리말로 답하도록 하시오.)

정답
가) 천장은폐배선
나) ① 배선공사의 종류 : 후강전선관 공사
　　② 관의 굵기 : 16[mm]
다) ① 전선의 종류 : 450/750[V] 저독성난연가교 폴리올레핀 절연전선(90°C)
　　② 전선의 굵기 : 1.5[mm²]
　　③ 전선 가닥수 : 4가닥

해설
• 배선표시

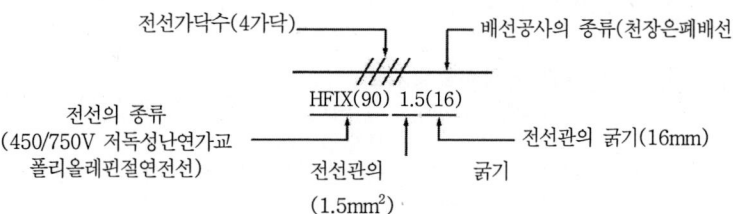

021

저압 옥내배선의 금속관공사에 있어서 금속관과 박스, 그 밖의 부속품은 다음에 의하여 시설하여야 한다. (   ) 에 들어갈 내용을 쓰시오.

- 금속관을 구부릴 때 금속관의 단면이 심하게 (①)되지 아니하도록 구부려야 하며, 그 안쪽의 (②)은 관 안지름의 (③)배 이상이 되어야 한다.
- 아웃렛박스(Outlet Box) 사이 또는 전선 인입구를 가지는 기구 사이의 금속관에는 (④)개소를 초과하는 (⑤) 굴곡개소를 만들어서는 아니된다. 굴곡 개소가 많은 경우 또는 관의 길이가 (⑥)[m]를 넘는 경우에는 (⑦)를 설치하는 것이 바람직하다.

① 변형 ② 반지름 ③ 6 ④ 3 ⑤ 직각 또는 직각에 가까운 ⑥ 30 ⑦ 풀박스

풀박스(pull box)
① 용도 : 긴 배관공사 또는 굴곡 개소가 많은 배관공사에서 배관도중에 사용하는 박스
② "굴곡 개소가 많은 경우 또는 관의 길이가 30[m]를 넘는 경우에는 풀박스를 설치하는 것이 바람직하다."는 의미 : 1개 배관 길이가 길거나 배관 중간에 굴곡이 심하면 배관공사 후 전선을 배관 내에 입선할 때 매우 어려우므로 배관길이를 짧게 할 필요가 있다. 따라서, 배관 길이를 일정 길이 이하로 제한하는 데 그 길이를 30[m]로 하고, 배관도중에 풀박스를 연결한다.(→ 풀박스와 풀박스 사이의 배관길이는 30[m] 이하가 됨)

022

그림은 금속관공사로서 노출배관을 나타낸 것이다. 그림을 참조하여 다음 각 물음에 답하시오.

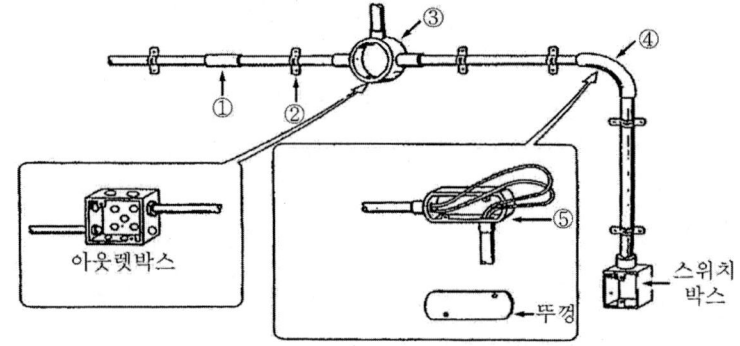

가) 그림에 표시된 ①~④의 자재 명칭을 쓰시오.
나) 그림에서 ④ 대신에 ⑤에 그려진 자재를 사용한다고 할 때 ⑤의 명칭은 무엇인가?

가) ① 커플링 ② 새들 ③ 환형정크션박스 ④ 노멀벤드
나) 유니버설 엘보

금속관공사의 부품 및 기능
① 커플링(Coupling) : 금속관 상호를 연결하는 곳에 사용
② 새들(Saddle) : 금속관을 조영재에 지지하는 금구
③ 환형정크션박스 : 금속관을 3개소 이하 연결 시 사용(아웃렛박스의 일종)
④ 노멀벤드(Normal Bend) : 매입배관 공사 시 직각으로 굴곡된 곳에 사용
⑤ 유니버설 엘보(Universal Elbow) : 노출배관 공사 시 직각으로 굴곡된 곳에 사용

023 다음 용어를 국문 또는 영문으로 쓰시오.

가) MDF :
나) LAN :
다) PBX :
라) CAD :
마) CVCF :

정답
가) MDF : 주배전반(Main Distributing Frame)
나) LAN : 근거리통신망(Local Area Network)
다) PBX : 구내교환기(Private Branch Exchange)
라) CAD : 컴퓨터를 이용한 설계제작(Computer Aided Design)
마) CVCF : 정전압 정주파수장치(Constant Voltage Constant Frequency)

해설
1) LAN(Local Area Network) : 하나의 대형 건물 내에서 구내 300[m] 정도 이하의 Host Computer, PC, Work station 등을 망으로 연결한 것
2) CVCF(Constant Voltage Constant Frequency) : 전원에서 발생하는 전압변동, 주파수 변동, 전압 파형 왜곡으로부터 기기를 보호하는 정전압 정주파수 유지장치

024 다음 그림은 누전경보기의 전원부 회로 구성을 나타내고 있다. 다음 각 물음에 답하시오.

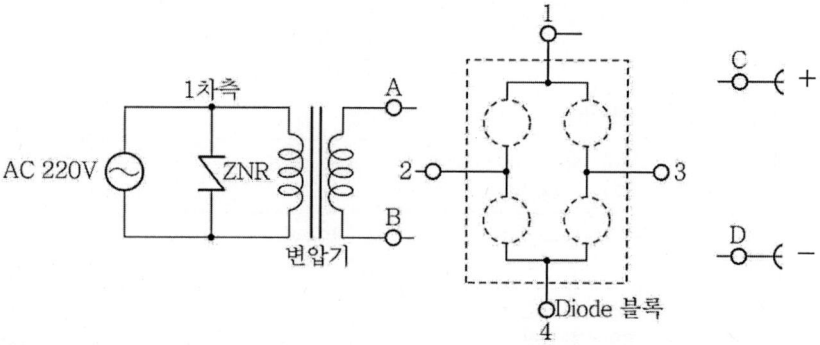

가) 전원부 회로의 완성을 위하여 Diode 블록의 ◯ 에 Diode를 그리시오.
나) 변압기 및 출력단의 A-B-C-D 단자를 각각 Diode블록의 1-2-3-4에 연결하여 전원부 회로를 완성하시오.
다) ZNR의 역할에 대하여 쓰시오.

가), 나)

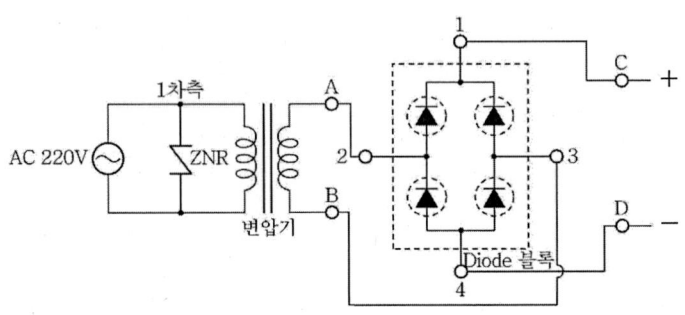

다) 낙뢰발생 시 충격파로부터 수신기를 보호한다.

025 무선통신보조설비에 대한 점검을 실시하고자 한다. 이때 필요한 점검장비의 명칭을 1가지만 쓰시오.

 무선기

소방시설별 점검 장비

소방시설	장비	규격
모든 소방시설	방수압력측정계, 절연저항계(절연저항측정기), 전류전압측정계	
소화기구	저울	
옥내소화전설비 옥외소화전설비	소화전밸브압력계	
스프링클러설비 포소화설비	헤드결합렌치 (볼트, 너트, 나사 등을 죄거나 푸는 공구)	
이산화탄소소화설비 분말소화설비 할론소화설비 할로겐화합물 및 불활성기체소화약제소화설비	검량계, 기동관누설시험기, 그 밖에 소화약제의 저장량을 측정할 수 있는 점검기구	
자동화재탐지설비 시각경보기	열감지기시험기, 연(煙)감지기시험기, 공기주입시험기, 감지기시험기연결폴대, 음량계	
누전경보기	누전계	누전전류측정용
무선통신보조설비	무선기	통화시험용
제연설비	풍속풍압계, 폐쇄력측정기, 차압계(압력차측정기)	
통로유도등 비상조명등	조도계(밝기측정기)	최소눈금이 0.1 럭스 이하인 것

026 다음에서 우리말 명칭으로 표시된 전선에 대하여는 영문약호를 쓰고, 영문약호로 표시된 전기기구에 대하여는 우리말 명칭을 쓰시오.

가) 인입용 비닐절연전선 :
나) 450/750[V] 일반용 단심 비닐절연전선 :
다) CT :
라) ELB :
마) ZCT :

가) 인입용 비닐절연전선 : DV
나) 450/750[V] 일반용 단심 비닐절연전선 : NR
다) CT : 변류기
라) ELB : 누전차단기
마) ZCT : 영상변류기

027 소방펌프용 전동기의 명판에 코일에 사용되는 절연물의 최고허용온도를 기호로 표시하고 있다. 다음 표의 빈 칸을 완성하시오.

절연의 종류	Y	A	E		F		C
최고허용온도[℃]	90			130		180	180 초과

절연의 종류	Y	A	E	B	F	H	C
최고허용온도[℃]	90	105	120	130	155	180	180 초과

절연물의 최고 허용온도

절연의 종류	최고 허용온도[℃]
Y	90
A	105
E	120
B	130
F	155
H	180
C	180 초과

028 가로 6[m], 세로 9[m], 광원의 높이가 3[m]인 사무실에 조명등(광속 2,500[lm], 40[W])을 시설하여 50[lx]로 하고자 할 때 방의 실지수는 얼마이며 설치하여야 할 조명등의 수는 몇 개가 필요한지 계산하시오. (단, 조명률은 50%이고, 감광보상률은 1.25이다.)

① 실지수 $K = \dfrac{XY}{H(X+Y)} = \dfrac{6 \times 9}{3 \times (6+9)} = 1.2$

② 등의 수 $N = \dfrac{AED}{FU} = \dfrac{6 \times 9 \times 50 \times 1.25}{2,500 \times 0.5} = 2.7 ≒ 3$등(개)

① 실지수 : 실의 규모에 대한 조명의 효용성을 나타내는 지수로 방지수라고도 하며, 이 값이 클수록 조명의 효용성이 좋은 것이다.

실지수 $K = \dfrac{XY}{H(X+Y)}$

X, Y : 방의 가로, 세로[m]
H : 작업면으로부터 광원까지의 수직높이[m]

② 조명등의 수

등의 수 $N = \dfrac{AED}{FU}$

A : 조명을 받는 면적[m²], E : 조도[lx], D : 감광보상률
F : 광속[lm], U : 조명률

029 그림과 같이 1개의 등을 2개소에서 점멸이 가능하도록 하려고 한다. 다음 각 물음에 답하시오.

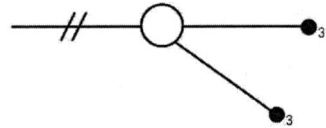

가) ●₃ 의 명칭을 구체적으로 쓰시오.
나) 배선에 배선가닥수를 표기하시오.
다) 전선접속도(실제배선도)를 그리시오.

가) 3로 점멸기(스위치)
나), 다) (도면 참조)

가) 옥내배선기호

명 칭	그림기호	적 요
점멸기	●	(1) 용량의 표시방법은 다음과 같다. a. 10[A]는 방기하지 않는다. b. 15[A] 이상은 전류치를 방기한다. 예) ●15A (2) 극수의 표시방법은 다음과 같다. a. 단극은 방기하지 않는다. b. 2극 또는 3로, 4로는 각각 2P 또는 3, 4의 숫자를 같이 적는다. 예) ●2P ●3

나) 3로 점멸기(스위치) : 등(조명설비)을 2개소에서 점멸할 경우에 사용하며, 계단이나 긴 복도 등에 설치

030
3Φ, 380[V], 60[Hz], 2P, 75[HP]의 스프링클러설비의 펌프와 직결된 전동기가 있다. 이 전동기의 동기속도를 구하시오.

 동기속도 $N_S = \dfrac{120f}{P} = \dfrac{120 \times 60}{2} = 3,600 [\text{rpm}]$

 회전속도

$N = N_S(1-S) = \dfrac{120f}{P}(1-S) [\text{rpm}]$

N_S : 동기속도[rpm], S : 슬립(Slip : 보통 3~5[%]), f : 주파수 : 60[Hz]), P : 극수

031
토출량 2,400[lpm], 양정 90[m]인 스프링클러설비의 가압용 펌프의 동력은 몇 [kW]인가? (단, 펌프의 효율은 0.7, 축동력 전달계수는 1.1이다.)

 전동기의 용량계산

$P = \dfrac{9.8 QHK}{\eta}$

P : 전동기용량[kW], 9.8 : 상수(=1,000/102)

Q : 양수량 $= 2,400[l/\text{min}] \times \dfrac{1}{1,000}[\text{m}^3/l] \times \dfrac{1}{60}[\text{min/sec}] = \dfrac{2.4}{60}[\text{m}^3/\text{sec}]$

H : 전양정[m], K : 여유계수, η : 효율[%]

∴ $P = \dfrac{9.8 QHK}{\eta} = \dfrac{9.8 \times \dfrac{2.4}{60} \times 90 \times 1.1}{0.7} = 55.44[\text{kW}]$

032
지상 20[m] 되는 곳에 500[m³]의 고가수조가 있다. 이 고가수조에 양수하기 위하여 20[HP]의 전동기를 사용한다면 몇 분 후에 고가수조에 물이 가득차겠는가? (단, 펌프효율은 75[%]이고, 여유계수는 1.2이다.)

정답

전동기 용량 $P = \dfrac{9.8QHK}{\eta} = \dfrac{9.8Q'HK}{\eta t}$ 에서

양수시간 $t = \dfrac{9.8Q\,HK}{P\eta} = \dfrac{9.8 \times 500 \times 20 \times 1.2}{(20 \times 0.746) \times 0.75} = 10{,}509.38\,[\sec] \fallingdotseq 175.156$ 분

해설

전동기 용량 계산식으로부터 펌프 양수시간 구하기

전동기 용량 $P = \dfrac{9.8QHK}{\eta} = \dfrac{9.8Q'HK}{\eta t}$ 에서

t : 시간[sec], Q : 단위시간당 양수량[m³/sec], Q' : 양수량(저수량)[m³]
H : 전양정[m], K : 여유계수
P : 전동기 용량[kW](1[HP]=0.746[kW]), η : 효율[%]

$\therefore t = \dfrac{9.8Q\,HK}{P\eta} = \dfrac{9.8 \times 500 \times 20 \times 1.2}{(20 \times 0.746) \times 0.75} = 10{,}509.38\,[\sec] \fallingdotseq 175.156\,[\min]$

$\therefore 175.16\,[\min]$

033
매분 15[m³]의 물을 높이 18[m]인 물탱크에 양수하려고 한다. 주어진 조건을 이용하여 다음 각 물음에 답하시오.

조건
- 펌프와 전동기의 합성효율은 60[%]이다.
- 전동기의 전부하효율은 80[%]이다.
- 펌프의 축동력은 15[%]의 여유를 둔다고 한다.

가) 필요한 전동기의 용량은 몇 [kW]인가?
나) 부하용량은 몇 [kVA]인가?
다) 전력공급은 단상변압기 2대를 사용하여 V결선하여 공급한다면 변압기 1대의 용량은 몇 [kVA]인가?

정답

가) $P = \dfrac{9.8QHK}{\eta} = \dfrac{9.8 \times \dfrac{15}{60} \times 18 \times 1.15}{0.6} = 84.525\,[\text{kW}] \fallingdotseq 84.53\,[\text{kW}]$

나) 부하용량 $P_a = \dfrac{P}{\cos\theta} = \dfrac{84.53}{0.8} = 105.66\,[\text{kVA}]$

다) V 결선시 변압기 출력 $P_V = \sqrt{3}\,VI = \sqrt{3}\,P$ 에서

V 결선시 변압기 1대의 용량

$P = \dfrac{P_V}{\sqrt{3}} = \dfrac{105.66}{\sqrt{3}} = 61.003\,[\text{kVA}] \rightarrow 61.00\,[\text{kVA}]$

해설

가) 전동기 용량 P[kW]

$$P = \frac{9.8QHK}{\eta}$$

P : 전동기 용량[kW], Q : 양수량[m³/sec], H : 전양정[m]
K : 여유계수, η : 전동기의 효율[%]

$$\therefore P = \frac{9.8QHK}{\eta} = \frac{9.8 \times \frac{15}{60} \times 18 \times 1.15}{0.6} = 84.525[\text{kW}] \rightarrow 84.53[\text{kW}]$$

나) 변압기의 부하용량 Pa[kVA]

부하용량 [kVA] $P_a = \dfrac{P}{\cos\theta} = \dfrac{84.53}{0.8} = 105.66[\text{kVA}]$

여기서, 전부하용량은 역률 개념으로 보면 된다.

다) V 결선 시 변압기 1대의 용량 P[kVA]

V 결선 시 변압기 출력 $P_V = \sqrt{3}\,VI = \sqrt{3}\,P_1$ 에서

V 결선 시 변압기 1대의 용량 $P_1 = \dfrac{P_V}{\sqrt{3}} = \dfrac{105.66}{\sqrt{3}} = 61.003[\text{kVA}] \rightarrow 61.00[\text{kVA}]$

034

지상 31[m] 되는 곳에 수조가 있다. 이 수조에 분당 12[m³]의 물을 양수하는 펌프용 전동기를 설치하여 3상전력을 공급하려고 한다. 펌프 효율이 65[%]이고, 펌프축동력에 10[%]의 여유를 둔다고 할 때 다음 각 물음에 답하시오. (단, 펌프용 3상농형 유도전동기의 역률은 100[%]로 가정한다.)

가) 펌프용 전동기의 용량은 몇 [kW]인가?

나) 3상전력을 공급하고자 단상변압기 2대를 V 결선하여 이용하고자 한다. 단상변압기 1대의 용량은 몇 [kVA]인가?

정답

가) $P = \dfrac{9.8QHK}{\eta} = \dfrac{9.8 \times \dfrac{12}{60} \times 31 \times 1.1}{0.65} = 102.824 \fallingdotseq 102.82[\text{kW}]$

나) ① 변압기 부하용량 $P_a = \dfrac{P[\text{kW}]}{\cos\theta} = \dfrac{102.82[\text{kW}]}{1} = 102.82[\text{kVA}]$

② V 결선 시 변압기 출력 $P_V = P_a = \sqrt{3}\,P[\text{kVA}]$

∴ V 결선 시의 단상변압기 1대의 용량

$$P = \frac{P_V}{\sqrt{3}} = \frac{102.82[\text{kVA}]}{\sqrt{3}} = 59.363 \fallingdotseq 59.36[\text{kVA}]$$

해설

전동기 용량 계산식

다음 ①, ②식 중 선택하여 적용(Q의 단위에 따라 선택 적용)하면 되며, 각각의 답이 인정된다.

① $P = \dfrac{9.8QHK}{\eta}$

P : 전동기 용량[kW], Q : 양수량[m³/sec], H : 전양정[m]
K : 여유(전달)계수, η : 효율[%]

$$\therefore P = \frac{9.8 \times \dfrac{12}{60} \times 31 \times 1.1}{0.65} = 102.824 \fallingdotseq 102.82[\text{kW}]$$

② $P = 0.163\dfrac{QHK}{\eta}$

　　P : 전동기 용량[kW], 　Q : 양수량[m³/sec], 　H : 전양정(m)
　　K : 여유(전달)계수, 　η : 효율[%]

∴ $P = \dfrac{0.163\,QHK}{\eta} = \dfrac{0.163 \times 12 \times 31 \times 1.1}{0.65} = 102.614 ≒ 102.61\,[\text{kW}]$

035
풍량이 5[m³/sec]이고, 풍압이 35[mmHg]인 제연설비용 팬을 설치한 경우 이 팬을 운전하는 전동기의 소요용량은 몇 [kW]인가? (단, 팬의 효율은 70[%]이고, 여유계수는 1.2이다)

정답

전동기 소요용량 $P = \dfrac{P_T Q}{102\eta}K = \dfrac{\dfrac{35}{760} \times 10{,}332 \times 5}{102 \times 0.7} \times 1.2 = 39.9845 ≒ 39.98\,[\text{kW}]$

해설

전동기 소요용량 $P = \dfrac{P_T Q}{102\eta}K$

여기서, P : 전동기 소요용량(동력)[kW]
　　　　P_T : 전압(풍압)[mmAq] 또는 [mmH₂O]
　　　　Q : 풍량[m³/sec], 　η : 기기의 효율, 　K : 전달계수(여유계수)

∴ $P = \dfrac{P_T Q}{102\eta}K = \dfrac{\dfrac{35}{760} \times 10{,}332 \times 5}{102 \times 0.7} \times 1.2 = 39.9845\,[\text{kW}]$

∴ 39.98[kW]

※ 35[mmHg]를 [mmH₂O]로 단위 환산하기

760[mmHg] : 10,332[mmH₂O] = 35[mmHg] : P_T[mmH₂O]

∴ 풍압 $P_T = \dfrac{35[\text{mmHg}]}{760[\text{mmHg}]} \times 10{,}332\,[\text{mmH}_2\text{O}]$

💡 **Reference**

전동기 소요용량 구하는 공식

(다음 2가지 공식 중 한 가지를 선택하여 적용)

1) $P = \dfrac{P_T Q}{102\eta}K$

　여기서, P : 전동기 소요용량(동력)[kW]
　　　　P_T : 전압(풍압)[mmAq] 또는 [mmH₂O]
　　　　Q : 풍량[m³/sec]
　　　　η : 기기의 효율
　　　　K : 전달계수(여유계수)

2) $P = \dfrac{P_T Q}{102 \times 60\eta}K$

　여기서, Q : 풍량[m³/min]

036

내화구조를 갖춘 건축물 내에 폐쇄형 스프링클러헤드를 사용하여 스프링클러설비를 설치하고자 한다. 이 건축물은 층수가 8층이며, 헤드의 설치높이가 8[m] 미만으로서 스프링클러설비의 화재안전기준에 따라 스프링클러헤드의 설치기준개수가 10개이며, 20분 이상 작동하여야 한다. 다음 조건을 감안하여 펌프모터의 용량(kW)을 구하시오.

조건
- 헤드 1개의 토출량은 80LPM이다.
- 각 층의 층고는 3.8[m]이다.
- 펌프의 효율은 60[%]이다.
- 펌프로부터 가장 높은 헤드까지의 거리는 30[m]이다.
- 배관 마찰손실수두는 20[m]이다.
- 스프링클러설비는 습식이다.
- 전달계수는 1.1이다.

① 전양정 H=30+20+10=60[m]
② 펌프의 토출량 $Q = 80[l/min] \times 10개 = 800[l/min] = 0.8[m^3/min]$
③ 모터의 용량 $P = \dfrac{9.8QHK}{\eta} = \dfrac{9.8 \times \dfrac{0.8}{60} \times 60 \times 1.1}{0.6} ≒ 14.37[kW]$

1) 전양정 H=실양정+배관 및 관부속품의 마찰손실수두+헤드방사압 환산수두
 ∴ H=30[m]+20[m]+10[m]=60[m]
 ※ 전양정(총양정)
  H = $h_1 + h_2$ + 10[m]
   h_1 : 낙차(풋밸브에서 최상부에 설치된 헤드까지의 수직거리)=실양정[m]
   h_2 : 배관 및 관부속품의 마찰손실수두[m] → 관부속품의 마찰손실수두는 주어지지 않았으므로 배관의 마찰손실수두만 계산함
   10[m] : 헤드방사압(0.1MPa)의 환산수두
2) 실양정=흡입양정+토출양정[m]
 ① 실양정(H_a) : 풋밸브(foot valve)에서 최상부에 설치된 헤드까지의 수직거리
  ($H_a = H_1 + H_2$)[m]
 ② 흡입양정(H_1) : 풋밸브(foot valve)에서 펌프(pump) 중심까지의 수직거리
 ③ 토출양정(H_2) : 펌프 중심에서 최상부에 설치된 헤드까지의 수직거리
 ※ 본 문제에서는 흡입양정이 주어지지 않았으므로, 실양정=토출양정

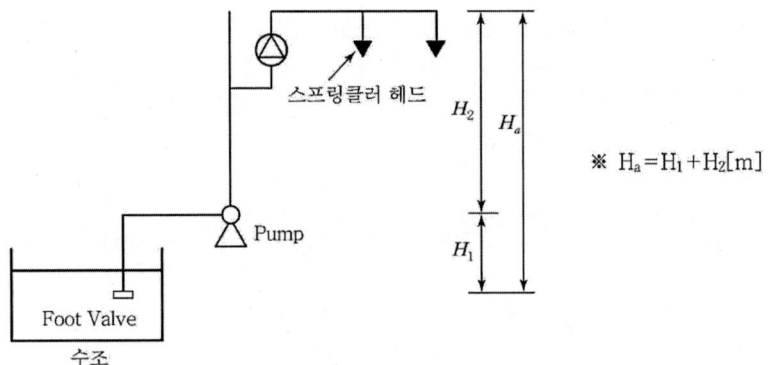

※ $H_a = H_1 + H_2$[m]

※ 수계 소화설비의 전양정 계산식

① 스프링클러설비 : $H = h_1 + h_2 + 10$[m]
② 옥내소화전설비 : $H = h_1 + h_2 + h_3 + 10$[m]
③ 옥외소화전설비 : $H = h_1 + h_2 + h_3 + 25$[m]
여기서, h_1 : 낙차(풋밸브에서 최상부에 설치된 헤드 또는 방수구까지의 수직거리)=실양정[m]
h_2 : 배관 및 관부속품의 마찰손실수두[m]
h_3 : 호스 및 관창의 마찰손실수두[m]

3) 전동기(Motor)의 용량

① $P = \dfrac{9.8QHK}{\eta}$ [kW]

Q : 유량[m³/sec], $\quad H$: 전양정[m]
K : 전달계수(여유율), $\quad \eta$: 펌프의 효율[%]

② LPM=[Liter Per Minute]=[lpm]

037 역률 0.6, 출력 20[kW]인 전동기 부하에 병렬로 전력용 콘덴서를 설치하여 역률을 0.9로 개선하려고 한다. 전력용 콘덴서의 용량은 몇 [kVA]가 필요한가?

정답

$$Q_c = P(\tan\theta_1 - \tan\theta_2) = P\left(\dfrac{\sin\theta_1}{\cos\theta_1} - \dfrac{\sin\theta_2}{\cos\theta_2}\right)$$

$$= P\left(\dfrac{\sqrt{1-\cos^2\theta_1}}{\cos\theta_1} - \dfrac{\sqrt{1-\cos^2\theta_2}}{cos theta_2}\right) [kVA]$$

P : 유효전력[kW]
$\sin\theta_1$: 개선 전 무효율, $\sin\theta_2$: 개선 후 무효율
$\cos\theta_1$: 개선 전 역률(0.6), $\cos\theta_2$: 개선 후 역률(0.9)

$\therefore Q_c = P\left(\dfrac{\sin\theta_1}{\cos\theta_1} - \dfrac{\sin\theta_2}{\cos\theta_2}\right) = P\left(\dfrac{\sqrt{1-\cos^2\theta_1}}{\cos\theta_1} - \dfrac{\sqrt{1-\cos^2\theta_2}}{cos theta_2}\right)$

$= 20 \times \left(\dfrac{\sqrt{1-0.6^2}}{0.6} - \dfrac{\sqrt{1-0.9^2}}{0.9}\right) = 16.980\ldots[kVA] ≒ 16.98[kVA]$

038
역률개선용 진상 콘덴서에 방전코일의 설치를 생략하는 경우가 있는데, 그 이유를 쓰시오.

정답: 콘덴서가 부하(변압기나 전동기 등)에 직결되어 동시에 개폐하는 경우 부하의 코일을 통하여 잔류전하를 방전시키므로 별도로 방전코일을 설치하지 않고 생략할 수 있다.

해설:

구 분	방전코일을 설치하는 경우	방전코일을 설치않는 경우
조건	진상 콘덴서를 부하와 동시에 개폐하지 않는다.	진상 콘덴서를 부하와 동시에 개폐한다.
이유	잔류전하를 방전시켜야 하므로(방전코일이 반드시 필요)	부하 자체의 코일이 잔류전하를 자체 방전하므로(별도의 방전코일이 불필요)
회로도	모선 / 배선용 차단기 / 직렬리액터 / 방전코일 / 진상 콘덴서	모선 / 배선용 차단기 / 진상 콘덴서

039
다음과 같은 전원설비에서 도면의 ①과 ②의 명칭은 무엇인가?

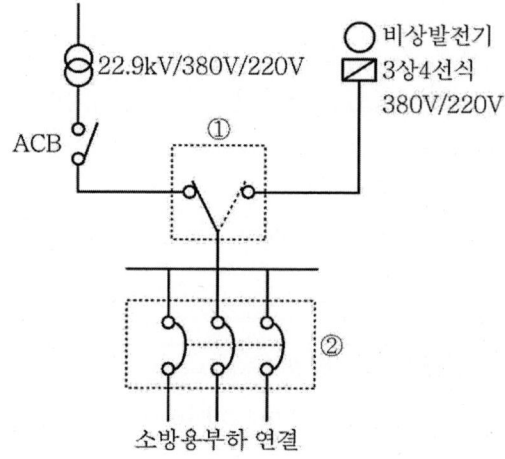

정답: ① 절환개폐기　　② 배선용 차단기

전기설비의 그림기호

명 칭	그림기호	비 고
절환개폐기		
차단기		배선용 차단기도 포함

040

유도전동기 부하에 사용할 비상용 자가발전설비를 하려고 한다. 이 설비에 사용된 발전기의 조건을 참조하여 다음 각 물음에 답하시오.

조건
- 기동용량 : 700[kVA]
- 기동 시 전압강하 : 20[%]까지 허용
- 과도리액턴스 : 25[%]

가) 발전기 용량은 이론상 몇 [kVA] 이상의 것을 선정하여야 하는가?
나) 발전기용 차단기의 차단용량은 몇 [kVA] 이상인가? (단, 차단용량의 여유율은 25[%]로 계산한다.)

 가) 발전기 용량 계산
$$PG_2(P_n) \geq P \times X_d \times \left(\frac{1}{e}-1\right) = 700 \times 0.25 \times \left(\frac{1}{0.2}-1\right) = 700\,[\text{kVA}]$$
나) 차단용량
$$P_B \geq \frac{P_n}{X_d} \times 1.25 = \frac{700}{0.25} \times 1.25 = 3{,}500\,[\text{kVA}]$$

 발전기 용량(PG)

	산정 방식	공 식
PG_1	정격 운전 상태에서 부하설비 기동에 필요한 용량 계산	$\dfrac{\Sigma P_L}{\eta_L \times \cos\theta_L} \times \alpha$
PG_2	최대 시동용량을 가진 부하(전동기)를 기동할 때 허용전압 강하를 고려한 용량 계산	$P_n \times \beta \times C \times X_d \times \left(\dfrac{1}{e}-1\right) = P \times X_d \times \left(\dfrac{1}{e}-1\right)$
PG_3	용량이 최대인 부하(전동기)를 최후에 기동할 때 필요한 용량 계산	$\left(\dfrac{\Sigma P_L - P_m}{\eta_L} + P_n \times \beta \times C \times \cos\theta_L\right) \times \dfrac{1}{\cos\theta_G}$
PG_4	고조파 발생 부하를 감안한 용량 계산	$P_C \times (2.0 \sim 2.5) + PG_1$

ΣP_L : 부하용량의 합계[kW], η_L : 부하효율, $\cos\theta_L$: 부하 역률
α : 부하율(수용률을 고려한 계수, P_m : 시동용량의 최대인 부하(전동기)[kW]
X_d : 발전기 과도 리액턴스[%], e : 허용 전압강하율[%]
P : 최대 시동용량 ($P_m \times \beta \times C$)[kVA], $\cos\theta_G$: 발전기 역률
P_C : 고조파 발생 부하[kW]
본 문제의 경우는 기동용량의 조건이므로 PG_2를 적용하면 된다.

041 비상용 발전기에 대한 다음 각 물음에 답하시오.

가) 비상용 동기 발전기의 병렬운전 조건 4가지를 설명하시오.

나) 비상용으로 사용하고자 자가발전기를 구입하려고 기본적인 조사 후 사양을 정하여 보니 다음과 같았다. 자가발전기의 용량은 이론상 몇 [kVA] 이상의 것을 선정하여야 하는가?

조건
1. 부하는 단일 부하로서 유도 전동기이다.
2. 기동용량이 1,500[kVA]이고 기동 시 전압강하는 15[%]까지 허용한다.
3. 발전기의 과도리액턴스는 23[%]로 본다.

가) 2대 이상의 동기 발전기의 병렬운전 조건
① 기전력의 크기가 같을 것
② 기전력의 위상이 같을 것
③ 기전력의 주파수가 같을 것
④ 기전력의 파형이 같을 것
나) 자가발전기의 용량

$$PG_2 \geq P \times X_d \times \left(\frac{1}{e} - 1\right) = 1,500 \times 0.23 \times \left(\frac{1}{0.15} - 1\right) = 1,955 \, [\text{kVA}]$$

가) 2대 이상의 동기 발전기의 병렬운전 조건
① 기전력의 크기가 같을 것
② 기전력의 위상이 같을 것
③ 기전력의 주파수가 같을 것
④ 기전력의 파형이 같을 것
⑤ 상회전 방향이 같을 것
나) 소방용 비상부하 발전기의 용량[kVA] 산정 방식

산정 방식		공 식
PG_1	정격 운전 상태에서 부하설비 기동에 필요한 용량 계산	$\dfrac{\Sigma P_L}{\eta_L \times \cos\theta_L} \times \alpha$
PG_2	최대 시동용량을 가진 부하(전동기)를 기동할 때 허용전압 강하를 고려한 용량 계산	$P_n \times \beta \times C \times X_d \times \left(\dfrac{1}{e} - 1\right) = P \times X_d \times \left(\dfrac{1}{e} - 1\right)$
PG_3	용량이 최대인 부하(전동기)를 최후에 기동할 때 필요한 용량 계산	$\left(\dfrac{\Sigma P_L - P_m}{\eta_L} + P_n \times \beta \times C \times \cos\theta_L\right) \times \dfrac{1}{\cos\theta_G}$

| PG_4 | 고조파 발생 부하를 감안한 용량 계산 | $P_C \times (2.0 \sim 2.5) + PG_1$ |

$\sum P_L$: 부하용량의 합계[kW],　　P_m : 시동용량의 최대인 부하(전동기)[kW]
P : 최대 시동용량($P_m \times \beta \times C$)[kVA],　　$\cos\theta_L$: 부하 역률
$\cos\theta_G$: 발전기 역률, X_d : 발전기 과도 리액턴스[%]
α : 부하율(수용률을 고려한 계수),　　P_C : 고조파 발생 부하[kW]
e : 허용 전압강하율[%]
자가발전기의 용량 ← 단일 부하(전동기)의 기동용량

$PG_2 \geq P \times X_d \times \left(\dfrac{1}{e} - 1\right)$ 에서

　P : 최대시동용량(기동용량)[kVA]
　X_d : 발전기의 과도 리액턴스[%],　　e : 허용전압강하율[%]

$\therefore PG_2 \geq P \times X_d \times \left(\dfrac{1}{e} - 1\right) = 1,500 \times 0.23 \times \left(\dfrac{1}{0.15} - 1\right) = 1,955[\text{kVA}]$

042 알칼리 축전지의 정격용량은 60[Ah], 상시부하3[kW], 표준전압 100[V]인 부동충전방식인 충전기의 2차 출력은 몇 [kVA]인가?

[정답]

① 축전지 2차 충전전류

$\text{2차 충전전류} = \dfrac{\text{정격용량}}{\text{방전시간율}} + \dfrac{\text{상시부하}}{\text{표준전압}} = \dfrac{60}{5} + \dfrac{30 \times 10^3}{100} = 42[\text{A}]$

② 충전기 2차 출력
　충전기 2차 출력 = 표준전압 × 2차 충전전류 = 100 × 42 = 4,200[VA] = 4.2[kVA]

[해설]

$\text{2차 충전전류}[\text{A}] = \dfrac{\text{정격용량}}{\text{방전시간율}} + \dfrac{\text{상시부하}}{\text{표준전압}} = \dfrac{60}{5} + \dfrac{30 \times 10^3}{100} = 42[\text{A}]$

여기서, 연축지의 방전시간율은 10[h], 알칼리축전지의 방전시간율은 5[h]이며 일반적으로 값이 주어지지 않으므로 암기할 것

043 다음은 비상조명등의 축전지 시험에 관한 사항이다. ( ) 안에 알맞은 수치를 채우시오.

가) 공칭용량은 10시간율 전류(축전지에 지정된 공칭용량치를 10으로 나누어 얻은 수치에 상당한 암페어 수)로 10시간을 방전한 후 10시간율 전류로서 공칭용량의 (①)[%]에 상당하는 충전을 하고, 다시 5시간율 전류로 방전종지전압(전지당 공칭전압의 80[%])까지 방전하는 경우 (②)시간 이상 연속방전이 되어야 한다.

나) 충전전류 용량은 당해 비상조명등의 공칭용량의 150[%]에 충전한 것을 12시간 비상점등(방전)한 후 정격전압으로 (③)시간 충전을 하는 경우 당해 비상조명등을 (④)분 이상 비상점등할 수 있는 용량이어야 한다.

정답
① 150　　② 1
③ 48　　④ 20

044 다음은 비상조명등의 축전지 시험에 관한 사항이다. 다음 각 물음에 답하시오.

가) 연축전지의 고장과 불량현상이 다음과 같을 때 그 추정원인은 무엇 때문이겠는가?

고장	불량 현상	추정 원인
초기고장	전 셀의 전압불균형이 크고, 비중이 낮다.	(1)
	단전지 전압의 비중저하, 전압계 역전	(2)
우발고장	전해액 변색, 충전하지 않고 정치 중에도 다량으로 가스 발생	(3)
	전해액의 감소가 빠르다.	(4)

나) 연축전지의 정격용량이 100[Ah]이고, 상시부하가 15[kW], 표준전압이 100[V]인 부동충전방식 충전기의 2차 충전전류 값은 몇 [A]이겠는가? (단, 상시부하의 역률은 1로 본다.)

다) 축전지의 과방전 및 방치상태, 가벼운 설페이션 현상 등이 생겼을 때 기능회복을 위하여 실시하는 충전방식은?

정답
가) (1) 과방전　　(2) 극성을 반대로 결선
　　(3) 불순물의 유입　　(4) 과충전
나) 2차 충전전류
$$I_2 = \frac{정격용량}{방전시간율} + \frac{상시부하}{표준전압} = \frac{100}{10} + \frac{15,000}{100} = 160[A]$$
다) 회복충전방식

해설
나) 2차 충전전류
I_2 = 축전지 충전전류+상시부하전류
$$= \frac{정격용량}{방전시간율} + \frac{상시부하}{표준전압} = \frac{100}{10} + \frac{15,000}{100} = 160[A]$$
① 연축지의 공칭용량(방전시간율) : 10[Ah](10[h])
② 알칼리축전지의 공칭용량(방전시간율) : 5[Ah](5[h])
다) 회복충전 방식과 설페이션(Sulfation) 현상
① 회복충전 방식 : 과방전 또는 방치상태를 신속하게 기능회복이 되도록 하기 위한 충전방식
② 설페이션(Sulfation) 현상 : 축전지를 방치상태 또는 극판 노출상태로 두면 극판 표면에 유백색 결정(부도체성 $PbSO_4$)이 생성되는 현상

045 비상용 전원설비를 축전지설비로 하고자 한다. 사용부하의 방전전류 - 시간 특성곡선이 그림과 같을 때 다음 각 물음에 답하시오. (단, 용량환산시간 K값은 K_1=0.85(30분), K_2=0.53(10분), K_3=0.70(20분)이다.)

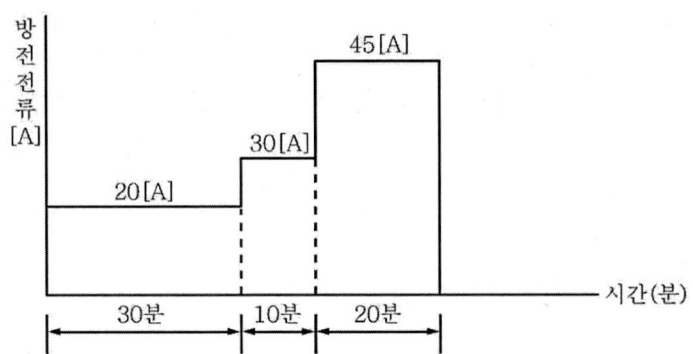

가) 보수율의 의미를 설명하고 이 값은 보통 얼마로 하는지를 밝히시오.
나) 축전지와 부하를 충전기에 병렬로 접속하여 사용하는 충전방식으로 축전지의 자기 방전에 대한 충전과 상용부하(직류부하)에 대한 전원공급은 충전기가 부담하고 일시적인 대전류 부하는 축전지가 부담하는 충전방식은?
다) 축전지의 용량은 몇 [Ah] 이상의 것을 택하여야 하는가?

가) ① 의미 : 경년변화에 따른 축전지의 용량저하율
② 값 : 0.8
나) 부동충전방식
다) $C = \dfrac{1}{L}[K_1I_1 + K_2I_2 + K_3I_3] = \dfrac{1}{0.8}[0.85 \times 20 + 0.53 \times 30 + 0.70 \times 45] = 80.5\,[\text{Ah}]$

가) 보수율 : 경년변화에 대응하기 위해 축전지가 그 사용 말기에도 부하를 만족시킬 수 있는 용량을 확보하기 위한 가산치를 주는 용량환산계수로 보통 0.8을 사용. 이 값의 역수를 여유계수로 1.25(여유율 25[%])이다.
나) 부동충전 방식 : 축전지와 부하를 충전기에 병렬로 접속하여 사용하는 충전방식으로 축전지의 자기방전에 대한 충전과 상용부하(직류부하)에 대한 전원공급은 충전기(정류기)가 부담하고 일시적인 대전류 부하는 축전지가 부담(공급)하는 방식

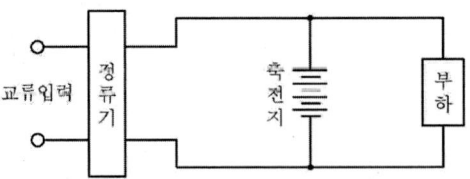

046 비상용 전원설비로 축전지 설비를 하려고 한다. 사용되는 부하의 방전전류와 시간특성곡선이 그림과 같을 때 다음 각 물음에 답하시오. (단, 축전지의 용량환산 시간계수 K는 주어진 표에 의한다.)

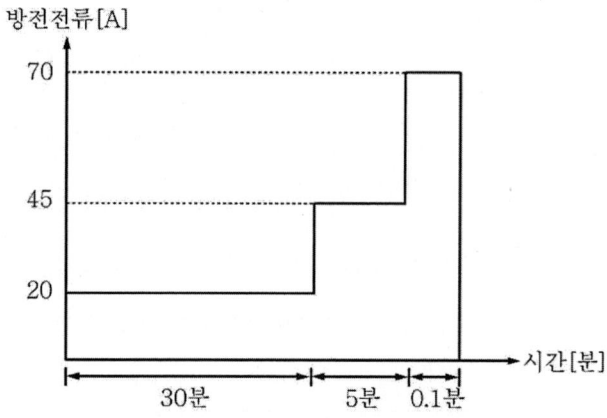

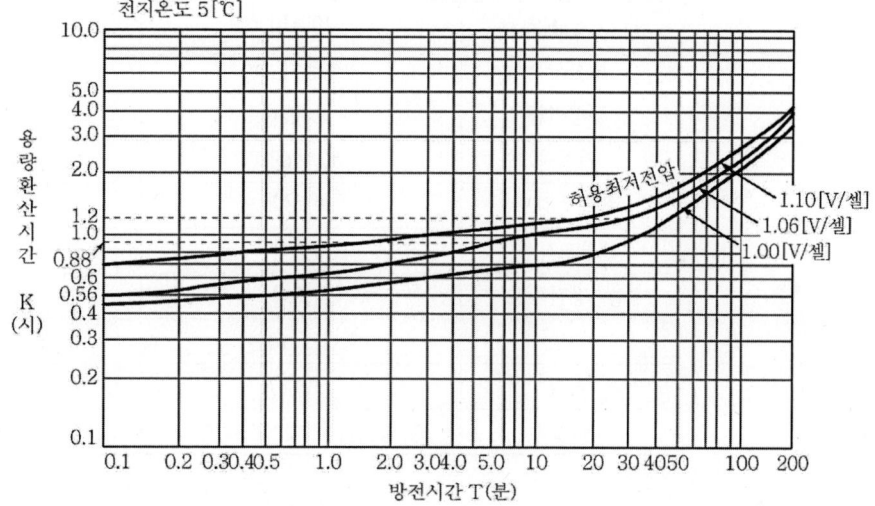

가) 축전지에 수명이 있고 그 말기에 있어서도 부하를 만족시키는 용량을 결정하기 위한 계수로서 보통 그 값을 0.8로 하는 것을 무엇이라고 하는가?

나) 단위 전지의 방전종지전압(최저 사용전압)이 1.06[V]일 때 축전지 용량은 몇 [Ah]가 필요한가?

다) 연축전지와 알칼리축전지의 공칭전압은 각각 몇 [V]인가?

가) 보수율

나) $C = \dfrac{1}{L}[K_1I_1 + K_2I_2 + K_3I_3] = \dfrac{1}{0.8}[1.2 \times 20 + 0.88 \times 45 + 0.56 \times 70] = 128.5[\text{Ah}]$

다) 연축전지 : 2.0[V], 알칼리축전지 : 1.2[V]

가) 보수율 : 축전지의 경년변화에 따른 용량변화를 고려한 용량환산 계수(보통 0.8)

나) 축전지의 용량

$$C = \dfrac{1}{L}[K_1I_1 + K_2I_2 + K_3I_3 + \cdots\cdots + K_nI_n][\text{Ah}]$$

L : 보수율(용량저하율)
K : 용량환산시간[h] ($K_1 = 1.2$, $K_2 = 0.88$, $K_3 = 0.56$)
I : 방전전류[A] ($I_1 = 20[\text{A}]$, $I_2 = 45[\text{A}]$, $I_3 = 70[\text{A}]$)

∴ $C = \dfrac{1}{0.8}[1.2 \times 20 + 0.88 \times 45 + 0.56 \times 70] = 128.5[\text{Ah}]$

다) 연축전지와 알칼리 축전지의 비교

구 분	연(납) 축전지	알칼리 축전지
공칭용량	10[Ah]	5[Ah]
충전시간	길다	짧다
공칭전압	2.0[V]	1.2[V]
기전력	2.05~2.08[V]	1.32[V]
기계적 강도	약하다	강하다
내온도특성	약하다	강하다
충·방전특성	나쁘다	우수하다
수명	짧다(5~10년)	길다(15~30년)
가격	싸다	비싸다
종류	클래드식, 페이스트식	포켓식, 소결식

047 예비전원설비에 대한 각 물음에 답하시오.

가) 부동충전방식에 대한 회로(개략적인 그림)를 그리시오.
나) 축전지를 과방전 또는 방치상태에서 기능회복을 위하여 실시하는 충전방식은?
다) 연축전지 정격용량은 250[Ah]이고 상시부하가 8[kW]이며 표준전압이 100[V]인 부동충전방식의 충전기 2차 충전전류는 몇 [A]인가?

정답

가)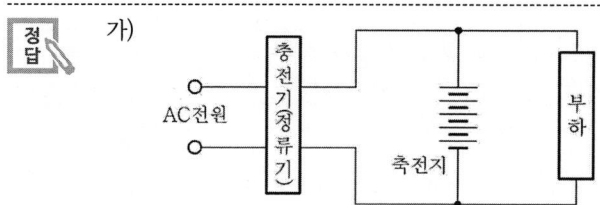

나) 회복충전방식
다) 충전기의 2차 충전전류 $I = \dfrac{250}{10} + \dfrac{8 \times 10^3}{100} = 105\,[\text{A}]$

해설

가) 축전지의 충전방식
① 부동충전 : 충전장치를 축전지와 부하에 병렬로 연결하여 전지의 자가 방식을 보충함과 동시에 상용부하에 대한 전력공급은 충전기가 부담하고 충전기가 부담하기 어려운 대전류 부하는 축전지가 부담하게 하는 충전방식

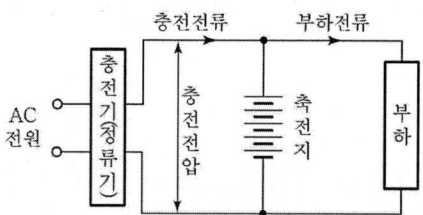

② 균등충전 : 전지를 장시간 사용하는 경우 단전지들의 전압이 불균일하게 되는 때 일정시간 과충전을 계속하여 각 전해조의 전압을 균일하게 하는 충전방식
③ 회복충전 : 축전지를 과방전 또는 방치상태에서 기능회복을 위하여 실시하는 충전방식
나) 충전기의 2차 충전전류

$I =$ 축전지 충전전류 + 부하전류 $= \dfrac{\text{축전지 정격용량[Ah]}}{\text{축전지 정격방전율[h]}} + \dfrac{\text{상시부하[kW]}}{\text{표준전압[V]}}$

$= \dfrac{250}{10} + \dfrac{8 \times 10^3}{100} = 105[\text{A}]$

---
① 연축전지의 정격 방전율 : 10[h]
② 알칼리 축전지의 정격 방전율 : 5[h]

※ 정격 방전율은 출제자가 제시하지 않으므로 꼭 암기해 둘 것!

048 예비전원설비로 이용되는 축전지에 대한 각 물음에 답하시오.

가) 비상용 조명부하가 40[W] 120등, 60[W] 50등이 있다. 방전시간은 30분이며, 연축전지 HS형 54셀, 허용 최저전압 90[V], 최저 축전지온도 5[℃]일 때 축전지 용량을 구하시오. (단, 전압은 100[V]이고, 연축전지의 용량환산시간 K는 표와 같으며, 보수율은 0.8이라고 한다.) [표의 공칭전압을 이용할 것]

[연축전지의 용량 환산시간 K(상단은 900~2,000[Ah], 하단은 900[Ah]이다.]

형식	온도[℃]	10분			30분		
		1.6[V]	1.7[V]	1.8[V]	1.6[V]	1.7[V]	1.8[V]
CS	25	0.9 0.8	1.15 1.06	1.6 1.42	1.41 1.34	1.6 1.55	2.0 1.88
	5	1.15 1.1	1.35 1.25	2.0 1.8	1.75 1.75	1.85 1.8	2.45 2.35
	-5	1.35 1.25	1.6 1.5	2.65 2.25	2.05 2.05	2.2 2.2	3.1 3.0
HS	25	0.58	0.7	0.93	1.03	1.14	1.38
	5	0.62	0.74	1.05	1.11	1.22	1.54
	-5	0.68	0.82	1.15	1.2	1.35	1.68

나) 자기방전량만을 항상 충전하는 부동충전방식을 무엇이라 하는가?
다) 연축전지와 알칼리축전지의 공칭전압은 몇 [V/셀]인가?

가) ① 방전전류 $I = \dfrac{P}{V} = \dfrac{40 \times 120 + 60 \times 50}{100} = 78\,[A]$

② 용량환산시간계수

연축전지의 공칭전압 $V = \dfrac{허용\ 최저저압}{셀\ 수} = \dfrac{90}{54} ≒ 1.67\,[V/cell] ≒ 1.7\,[V/cell]$

$K = 1.22$

③ 연축전지의 용량

$C = \dfrac{1}{L}KI = \dfrac{1}{0.8} \times 1.22 \times 78 = 118.95\,[Ah]$

나) 트리클 충전(세류 충전)
다) ① 연축전지 : 2.0[V/셀]
　　② 알칼리축전지 : 1.2[V/셀]

나) 충전방식
① 보통충전 : 필요할 때마다 표준 시간율로 소정의 충전을 하는 방식
② 급속충전 : 비교적 단시간에 보통충전 전류의 2~3배의 전류로 충전하는 방식
③ 부동충전 : 전지의 자가 방전을 보충함과 동시에 상용 부하에 대한 전력 공급은 충전기가 부담하도록 하고, 충전기가 부담하기 어려운 일시적인 대전류 부하는 축전지로 하여금 부담하게 하는 방식
④ 균등충전 : 부동충전 방식에 의하여 사용할 때 각 전해조에 일어나는 전위차를 보정하기 위하여 1~3개월마다 1회 정전압으로 10~12시간 충전하는 방식
⑤ 세류충전(트리클 충전) : 자기 방전량만 항상 충전하는 부동충전 방식의 일종이다.

049 브리지 정류 다이오드 회로에 대한 다음 각 물음에 답하시오.

가) 아래의 브리지 정류 다이오드 회로를 완성하시오.

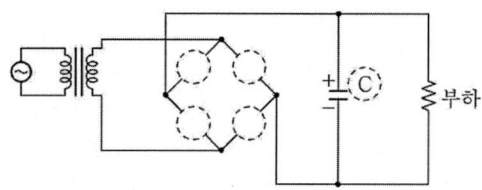

나) 위 회로도상의 C의 용도(역할)를 쓰시오.

정답

가)

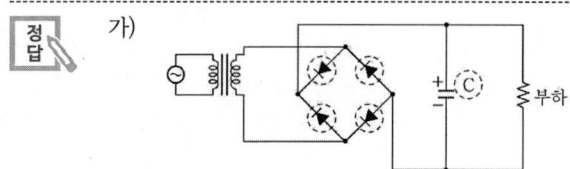

나) 직류전압을 일정하게 유지

해설

가) 브리지 정류 다이오드 회로

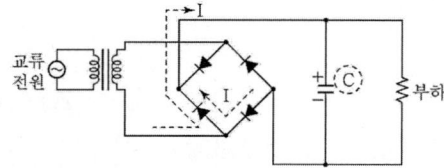

나) 콘덴서(C)
① 역할 : 브리지 회로의 출력 측에 병렬로 접속하며, 전압의 맥동분을 제거함으로써 일정한 직류전압을 유지시킨다.
② 결선 : 콘덴서(C)의 +극성 → 다이오드의 -극성에 접속
콘덴서(C)의 -극성 → 다이오드의 +극성에 접속

※ 다이오드(Diode)와 콘덴서(C)의 접속

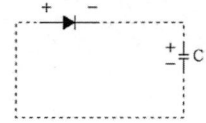

050 다음 그림은 누전경보기의 전원부 회로 구성을 나타내고 있다. 다음 각 물음에 답하시오.

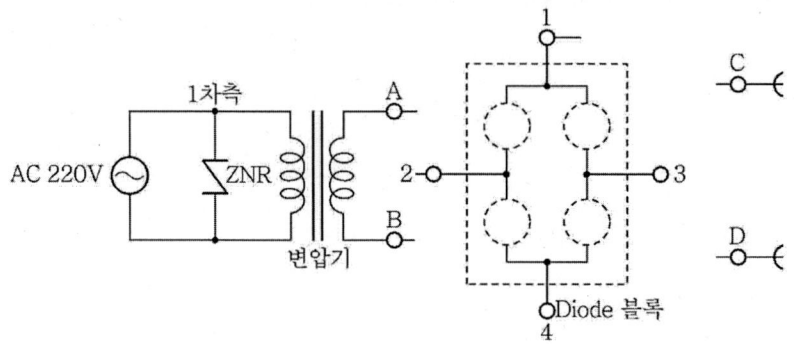

가) 전원부 회로의 완성을 위하여 Diode 블록의 ◯ 에 Diode를 그리시오.
나) 변압기 및 출력단의 A-B-C-D 단자를 각각 Diode블록의 1-2-3-4에 연결하여 전원부 회로를 완성하시오.
다) ZNR의 역할에 대하여 쓰시오.

정답 가), 나)

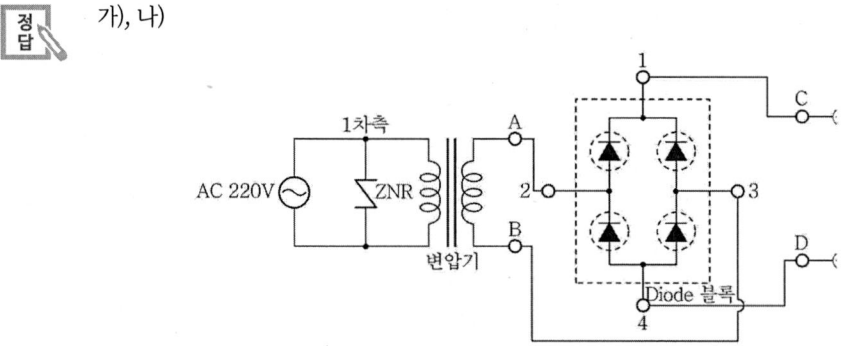

다) 낙뢰발생 시 충격파로부터 수신기를 보호한다.

051 아래의 그림은 UPS 장치시스템의 중심 부분을 구성하는 CVCF의 기본회로도이다. 그림을 참조하여 다음 각 물음에 답하시오.

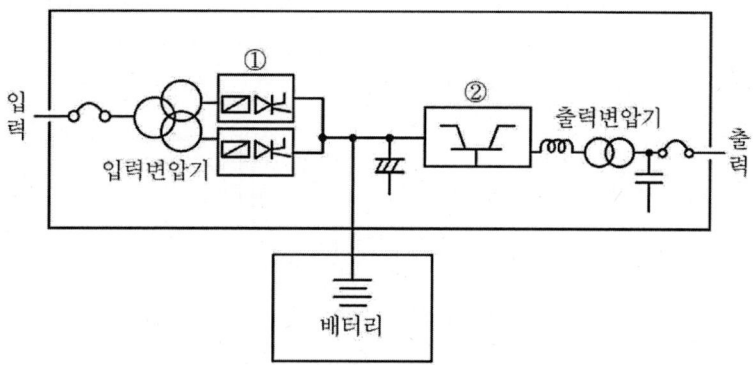

가) UPS는 어떤 장치인지 우리말 명칭을 쓰시오.
나) CVCF는 무엇을 뜻하는지 쓰시오.
다) 도면의 ①과 ②에 해당되는 것의 명칭을 쓰시오.

정답
가) 무정전 전원공급장치
나) 정전압정주파수장치
다) ① 정류장치(순변환장치)
　　② 역변환장치

해설
가) UPS(Uninterruptible Power Supply) : 무정전 전원공급장치를 말하며, 전원에서 발생할 수 있는 전압변동, 파형의 왜곡, 노이즈(noise) 등으로부터 회로를 보호하는 장치
나) CVCF(Constant Voltage Constant Frequency) : 정전압 정주파수장치
다) ① 정류장치(Converter) : 순변환장치라고도 하며, 입력 교류전원을 일정한 직류전압으로 변환하여 역변환장치에 공급하며, 축전지(Battery)의 충전을 제어하는 부분
　　② 역변환장치(Inverter) : 축전지(Battery)로부터 직류전압을 공급받아 교류로 변환시켜서 이를 부하에 공급하는 부분
　　③ 축전지(Battery) : 충전기로부터 공급받은 직류전원을 저장하고 있다고 상용교류전원의 이상 시나 정전 시에 역변환장치(Inverter)에 전원을 공급하는 부분

052 소방용 케이블과 다른 용도의 케이블을 배선전용실에 함께 배선할 때 다음 각 물음에 답하시오.

가) 소방용 케이블을 내화성능을 갖는 배선전용실 등의 내부에 소방용이 아닌 케이블과 함께 노출하여 배선할 때 소방용 케이블과 다른 용도의 케이블 간의 피복과 피복 간의 이격거리는 몇 [cm] 이상으로 해야 하는가?

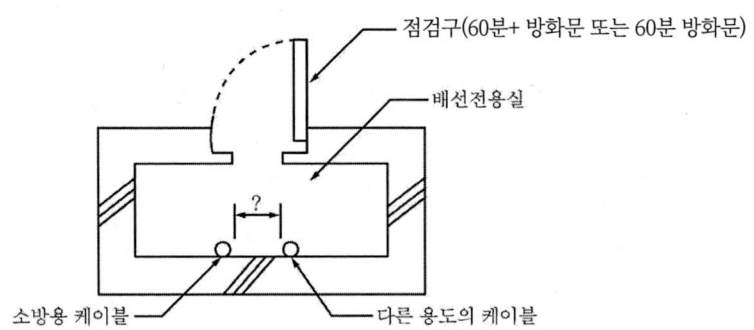

나) 부득이하게 "가"와 같이 이격시킬 수 없어 불연성 격벽을 설치하는 경우에 격벽의 높이는 굵은 케이블 지름의 몇 배 이상으로 해야 하는가?

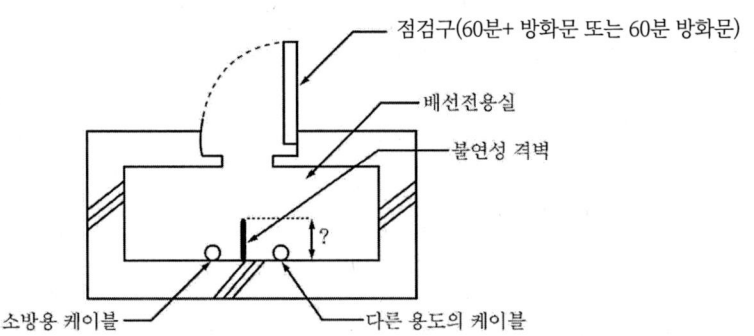

가) 15[cm] 이상
나) 1.5배 이상

가) 배선전용실 또는 배선용 샤프트, 피트, 덕트 등에 다른 설비의 배선이 있는 경우 이로부터 15[cm] 이상 떨어지게 한다.
나) 소방설비의 배선과 이웃하는 다른 설비의 배선(배선의 직경이 다른 경우 가장 큰 것을 기준) 사이에 배선지름의 1.5배 이상의 높이의 불연성 격벽을 설치한다. → 배선 직경이 가장 크다는 것은 소방용과 다른 설비용을 총괄하여 가장 큰 것을 의미함.

053
정격전압이 220V인 비상용발전기의 절연내력시험을 할 경우 시험전압과 시험방법을 쓰시오.

정답
- 시험전압 : 500V
- 시험방법 : 500V를 가하는 경우 10분간 견딜 것

054
감지기회로 및 부속회로의 전로와 대지 사이 및 배선상호간의 절연저항은 1경계구역마다 직류 250V의 절연저항측정기로 측정하여 몇 MΩ 이상이 되도록 해야 하는가?

정답 0.1MΩ

055
다음은 자동화재속보설비의 속보기의 성능인증 및 제품검사의 기술기준에 따른 절연저항시험에 관한 내용이다. ( )에 들어갈 내용을 쓰시오.

> 자동화재속보설비의 절연된 (①)와 외함 간의 절연저항은 직류 500V의 절연저항계로 측정한 값이 (②)MΩ 이상이어야 하고 교류입력측과 외함 간에는 (③)MΩ 이상이어야 한다. 그리고 절연된 선로 간의 절연저항은 직류 500V의 절연저항계로 측정한 값이 (④)MΩ 이상이어야 한다.

정답 ① 충전부 ② 5 ③ 20 ④ 20

056
부하전류 45A가 흐르며 정격전압 220V, 3Φ, 60Hz인 옥내소화전 펌프 구동용 전동기의 외함에 접지공사를 시행하려고 한다. 접지공사의 종류, 접지저항값[Ω], 접지용전선으로 연동선을 사용하고자 하는 경우 접지선의 굵기를 답란에 쓰시오. [현행 삭제]

정답
① 접지공사의 종류 : 제3종접지공사
② 접지저항값 : 100Ω 이하
③ 접지선의 굵기 : 2.5mm² 이상

057
지상 15층 건물의 비상콘센트를 설치해야 할 층에 비상콘센트를 1개씩 설치하였다. 다음 각 물음에 답하시오. (단, 역률은 0.85이며, 안전율은 1.25배를 적용할 것)

가) 단상 220V를 사용할 때 간선의 허용전류[A]는?
나) 3상 380V를 사용할 때 간선의 허용전류[A]는?
다) 이 건물에 설치해야 하는 비상콘센트함의 개수는 몇 개인가?

정답 가) • 계산과정 : $P = V \cdot I$

$$I = \frac{P}{V} = \frac{1,500\text{VA} \times 3}{220\text{V}} = 20.45\text{A}$$

$$\therefore 20.45\text{A} \times 1.25 = 25.56\text{A}$$

• 답 : 25.56A

나) • 계산과정 : $P = \sqrt{3} \cdot V \cdot I$

$$I = \frac{P}{\sqrt{3} \cdot V} = \frac{3,000\text{VA} \times 3}{\sqrt{3} \times 380\text{V}} = 13.67\text{A}$$

$$\therefore 13.67\text{A} \times 1.25 = 17.09\text{A}$$

• 답 : 17.09A

다) 5개

058

수신기로부터 배선거리 90[m]의 위치에 솔레노이드가 접속되어 있다. 사이렌이 명동될 때의 솔레노이드의 단자전압을 구하시오. (단, 수신기는 정전압 출력이라고 하고 전선은 2.5[mm²] HFIX전선이며, 사이렌의 정격전력은 48[W]이며 전압강하가 없다고 가정한다. 2.5[mm²] 동선의 [km]당 전기저항은 8[Ω]이라고 한다.)

정답 • 계산과정 : 단자전압 = 입력전압 − 전압강하 = 24V − e[V]

$$e = 2 \cdot I \cdot R = 2 \times \frac{48}{24} \times (90\text{m} \times 8\Omega/1,000\text{m}) = 2.88\text{V}$$

∴ 단자전압 = 24V − 2.88V = 21.12V

• 답 : 21.12V

059

저항이 100[Ω]인 경동선의 온도가 20[°C]이고 이 온도에서 저항온도계수가 0.00393이다. 경동선의 온도가 100[°C]로 상승할 때 저항값[Ω]은 얼마인가?

정답 • 계산과정 : $R_2 = R_1[1 + \alpha_{t_1}(t_2 - t_1)] = 100[1 + 0.00393(100 - 20)] = 131.44\,\Omega$

• 답 : 131.44Ω

060

저압 옥내배선의 금속관공사에 있어서 금속관과 박스 그 밖의 부속품은 다음에 의하여 시설해야 한다. ( )에 들어갈 내용을 쓰시오.

• 금속관을 구부릴 때 금속관의 단면이 심하게 (㉮)되지 아니하도록 구부려야 하며, 그 안측의 (㉯)은 관 안지름의 (㉰)배 이상이 되어야 한다.
• 아웃트렛박스(Outlet Box) 사이 또는 전선 인입구를 가지는 기구 사이의 금속관에는 (㉱)개소를 초과하는 (㉲) 굴곡개소를 만들어서는 아니된다. 굴곡개소가 많은 경우 또는 관의 길이가 (㉳)[m]를 넘는 경우에는 (㉴)를 설치하는 것이 바람직하다.

정답 ㉮ 변형 ㉯ 반지름 ㉰ 6 ㉱ 3 ㉲ 직각 또는 직각에 가까운 ㉳ 30m ㉴ 풀박스

061 금속관과 박스를 접속할 경우 박스의 구멍이 관보다 클 때 사용되는 부품명을 답하시오.

정답: 링레듀셔

062 면적 150[m²]인 어느 사무실을 50[lx]의 조도가 되게 하려면 2,500[lm], 40[W]인 비상조명등을 몇 개 설치하면 되는가? (단, 조명률 50[%], 감광보상률 1.25이다.)

정답:
$$N = \frac{D \cdot A \cdot E}{F \cdot U} = \frac{1.25 \times 150 \times 50}{2,500 \times 0.5} = 7.5$$
∴ 8개

063 지상 50m에 위치하고 있는 60[m³]의 탱크에 20[kW]의 전동기로 물을 가득 채우고자 한다. 물이 가득 찰 때까지의 운전시간은 몇 분 소요되는가? (단, 전동기효율은 70%이고, 여유계수는 1.2이다.)

정답:
$$P(\text{kW}) = \frac{\gamma \cdot Q \cdot H}{102 \cdot \eta} K$$
$$20 = \frac{1,000 \times \left(\frac{60}{t}\right) \times 50}{102 \times 0.7} \times 1.2$$
$$t = 2,521 \sec ≒ 42.017 \min$$

064 전동기가 주파수 50[Hz]에서 극수 4일 때 회전속도가 1,440[rpm]이다. 주파수를 60[Hz]로 하면 회전속도는 몇 [rpm]이 되는가? (단, 슬립은 일정하다.)

정답:
$$N = \frac{120f}{P}(1-S)$$
$$1,440 = \frac{120 \times 50}{4}(1-S)$$
$$S = 0.04$$
$$\therefore N = \frac{120 \times 60}{4} \times (1-0.04) = 1,728 \text{rpm}$$

065 비상콘센트 설비에 대한 다음 각 물음에 답하시오. (단, 전압은 200[V], 송풍기의 역률 60[%], 보수율 0.8이다.)

가) 3상용 콘센트에 15[kW]용 송풍기를 연결하여 운전하면 몇 [A]의 전류가 흐르는가?
나) 이 펌프용 전동기의 역률을 90[%]로 개선하려면 전력용 콘덴서는 몇 [kVA]가 필요한가?
다) 접지공사의 종류를 쓰시오.

가) $P = \sqrt{3} \cdot V \cdot I \cdot \cos\theta$

$I = \dfrac{P}{\sqrt{3} \cdot V \cdot \cos\theta} = \dfrac{15000}{\sqrt{3} \times 200 \times 0.6} = 72.168 ≒ 72.17\text{A}$

나) $Q_c = P\left(\dfrac{\sqrt{1-\cos\theta_1^{\,2}}}{\cos\theta_1} - \dfrac{\sqrt{1-\cos\theta_2^{\,2}}}{\cos\theta_2}\right) = 15\left(\dfrac{\sqrt{1-0.6^2}}{0.6} - \dfrac{\sqrt{1-0.9^2}}{0.9}\right)$

$= 12.735 ≒ 12.74\text{kVA}$ [현행 삭제]

다) 제3종 접지공사[현행 삭제]

066 누전 경보기에서 CT 100/5, 50[VA]라고 쓰여져 있다. 이때 각 물음에 답하시오.

가) CT의 우리말 명칭을 쓰시오.
나) 100/5에서 100의 의미와 5의 의미를 쓰시오.
  • 100
  • 5
다) 50[VA]는 CT에서 어떤 것을 의미하는지 설명하시오.

가) 변류기
나) • 100 : 1차측전류
　• 5 : 2차측전류
　• 100/5 : 변류비
다) 정격용량 50[VA]

※ 참고 : 변압기 권수비 $a = \dfrac{N_1}{N_2} = \dfrac{V_1}{V_2} = \dfrac{E_1}{E_2} = \sqrt{\dfrac{Z_1}{Z_2}} = \dfrac{I_2}{I_1}$

067 그림은 배선용 차단기의 심벌이다. 각 기호가 의미하는 바를 쓰시오.

```
      3P   ← (가)
 B  225AF ← (나)
     150A  ← (다)
```

가) 극수　나) 프레임크기　다) 정격전류

068 유도전동기 부하에 사용할 비상용 자가발전설비를 설치하려고 한다. 이 설비에 사용된 아래의 발전기의 조건을 참조하여 다음 각 물음에 답하시오.

> **발전기 조건**
> • 기동용량 800[kVA] 기동시 전압강하 20[%]까지 허용, 과도리액턴스 20[%]

가) 발전기용량은 이론상 몇 [kVA] 이상의 것을 선정해야 하는가?
나) 발전기용 차단기의 차단용량은 몇 [MVA]인가?

예제)
$$P_n = \left(\frac{1}{e} - 1\right) \times X_d \times 기동용량[\text{kVA}]$$
　　　(무차원)　　(수차원)

cf) 차단기용량 $P_s = \dfrac{P_n}{X_d} \times 1.25$

가) $P_n = \left(\dfrac{1}{0.2} - 1\right) \times 0.2 \times 800 [\text{kVA}] = 640 [\text{kVA}]$

나) $P_s = \dfrac{640}{0.2} \times 1.25 = 4{,}000 [\text{kVA}] = 4 [\text{MVA}]$

069 다음 조건을 참고하여 자동화재탐지설비의 예비전원으로 사용되는 축전지의 용량[Ah]을 구하시오.

> **조건**
> • 수신기는 1대이며, 감시전류는 300[mA], 경보전류는 500[mA]이다.
> • 감지기의 수량은 200개이며, 감지기 각각의 감시전류는 10[mA], 경보전류는 30[mA]이다.
> • 발신기의 수량은 30개이며, 발신기 각각의 감시전류는 15[mA], 경보전류는 35[mA]이다.
> • 경종의 수량은 30개이며, 경종 각각의 경보전류는 40[mA]이다.

$C = \dfrac{1}{L}(K_1 I_1 + K_2 I_2)$

$L = 0.8,\ K_1 = 1,\ K_2 = \dfrac{10}{60}$

$I_1 = 1 \times 0.3\text{A} + 200 \times 0.01\text{A} + 30 \times 0.015\text{A} = 2.75\text{A}$

$I_2 = 1 \times 0.5\text{A} + 200 \times 0.03\text{A} + 30 \times 0.035\text{A} + 30 \times 0.04\text{A} = 8.75\text{A}$

$\therefore\ C = \dfrac{1}{0.8}\left(1 \times 2.75 + \dfrac{1}{6} \times 8.75\right) = 5.26\text{Ah}$

070

다음 표를 보고 각 설비에서 해당되는 비상전원에 ○ 표시를 하시오.

구 분	축전지설비	비상전원수전설비	자가발전설비	전기저장장치
옥외소화전설비, 제연설비, 연결송수관설비				
비상콘센트설비				
스프링클러설비				

정답

구 분	축전지설비	비상전원수전설비	자가발전설비	전기저장장치
옥외소화전설비, 제연설비, 연결송수관설비	○	×	○	○
비상콘센트설비	×	○	○	○
스프링클러설비	○	○	○	○

이론 PART 04

시퀀스제어
(Sequence Control)

시퀀스제어 (Sequence Control)

CHAPTER 01 논리 시퀀스 회로

1 논리회로의 종류

(1) AND gate(논리곱 회로)
 ① 입력 A, B가 모두 1일 때 출력이 1이 되는 회로
 ② 논리식 : $X = A \cdot B$

(2) OR gate(논리합 회로)
 ① 입력 A, B 중 하나라도 1이면 출력이 1이 되는 회로
 ② 논리식 : $X = A + B$

(3) NOT gate(논리부정 회로)
 ① 입력이 1일 때 출력은 0, 입력이 0일 때 출력은 1이 되는 회로
 ② 논리식 : $X = \overline{A}$

(4) NAND gate
 ① AND 회로에 NOT gate를 접속한 회로
 ② 논리식 : $X = \overline{A \cdot B}$

(5) NOR gate
 ① OR 회로에 NOT gate를 접속한 회로
 ② 논리식 : $X = \overline{A + B}$

(6) X OR gate(배타적 논리합 회로)
 ① 입력 A, B가 서로 다른 경우에만 출력이 1이 되는 회로
 ② 논리식 : $X = \overline{A} \cdot B + A \cdot \overline{B} = A \oplus B$

(7) 한시 회로
 ① 입력신호의 변화 시간보다 정해진(설정된) 시간만큼 뒤져서 출력신호가 변화하는 회로

② 종류
  ㉠ 한시동작 회로 : 입력신호가 0에서 1로 변할 때 출력신호의 변화가 뒤지는 회로
  ㉡ 한시복귀 회로 : 입력신호가 1에서 0으로 변할 때 출력신호의 변화가 뒤지는 회로
  ㉢ 한시동작한시복귀 회로 : 입력신호가 0에서 1로, 또는 1에서 0으로 변할 때 어느 경우이든 출력신호의 변화가 뒤지는 회로

AND(논리곱)
① 직렬회로
② 논리식 ⇒ 곱하기(× 또는 · 또는 생략)

OR(논리합)
① 병렬회로
② 논리식 ⇒ 더하기(+)

NOT(논리부정)
① b접점
② 논리식 ⇒ 부정(bar 또는 $\bar{A}$)

NAND(논리곱 부정)
AND의 부정 회로

NOR(논리합 부정)
OR의 부정 회로

X OR(배타적 논리합)
Exclusive OR gate의 약어로 Exclusive의 "Ex"를 X로 표현함

1과 0의 의미
① 1 : 접점의 ON상태로, H(High)로도 표현
② 0 : 접점의 OFF상태로, L(Low)로도 표현

Chapter 01. 논리 시퀀스 회로

[시퀀스제어 회로]

회로	유접점	논리회로(논리식)	무접점	진리표
AND 회로		$X = A \cdot B$		A B X 0 0 0 0 1 0 1 0 0 1 1 1
OR 회로		$X = A + B$		A B X 0 0 0 0 1 1 1 0 1 1 1 1
NOT 회로		$X = \overline{A}$	트랜지스터에 의한 NOT회로	A X 0 1 1 0
NAND 회로		$X = \overline{A \cdot B} = \overline{A} + \overline{B}$ $X = \overline{A} + \overline{B} = \overline{A \cdot B}$		A B X 0 0 1 0 1 1 1 0 1 1 1 0
NOR 회로		$X = \overline{A+B} = \overline{A} \cdot \overline{B}$ $X = \overline{A+B} = \overline{A} \cdot \overline{B}$		A B X 0 0 1 0 1 0 1 0 0 1 1 0
Exclusive OR 회로		$X = A \cdot \overline{B} + \overline{A} \cdot B = A \oplus B$		A B X 0 0 0 0 1 1 1 0 1 1 1 0

타임차트(Time chart)

1) AND 회로 : X=A·B

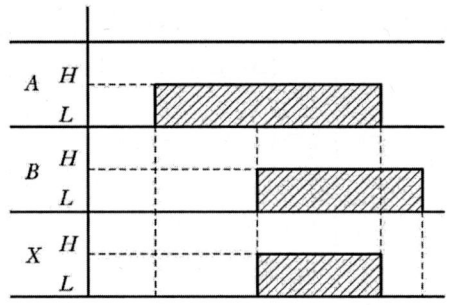

2) OR 회로 : X=A+B

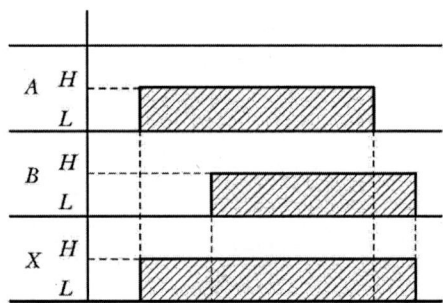

3) NOT 회로 : X=$\overline{A}$

4) NAND 회로 : X=$\overline{A \cdot B}$=$\overline{A}$+$\overline{B}$

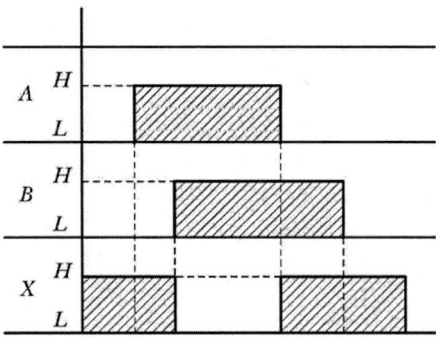

5) NOR 회로 $X=\overline{A+B}=\overline{A}\cdot\overline{B}$

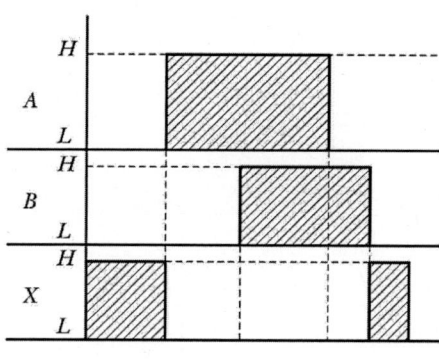

2 드 모르간 법칙과 불 대수

(1) 드 모르간(De Morgan) 법칙
① $\overline{A+B}=\overline{A}\cdot\overline{B}$, $\overline{A+B+C}=\overline{A}\cdot\overline{B}\cdot\overline{C}$
② $\overline{A\cdot B}=\overline{A}+\overline{B}$, $\overline{A\cdot B\cdot C}=\overline{A}+\overline{B}+\overline{C}$

(2) 불(Boole) 대수
① 교환, 결합 및 분배법칙

교환법칙	A+B=B+A	A·B=B·A
결합법칙	(A+B)+C=A+(B+C)	(A·B)·C=A·(B·C)
분배법칙	A·(B+C)=A·B+A·C	A+(B·C)=(A+B)·(A+C)

② 정리
  ㉠ A+0=A   A·0=0
  ㉡ A+1=1   A·1=A
  ㉢ A+A=A   A·A=A
  ㉣ A+$\overline{A}$=1   A·$\overline{A}$=0
  ㉤ A+A·B=A   A·(A+B)=A
  ㉥ $\overline{\overline{A}}$=A $\overline{A}$=A(홀수 부정은 부정, 짝수 부정은 긍정)

③ 접점의 종류

[접점의 종류, 심벌 및 기능]

명 칭	심 벌 a 접점	심 벌 b 접점	적 요
일반접점 또는 수동접점			수동에 의해서 개폐되는 접점(나이프스위치, 셀렉터스위치)
수동조작 자동복귀 접점			손을 떼면 복귀하는 접점(푸시버튼, 키보드)
기계적 접점			전기적 이외의 원인에 의해서 개폐되는 접점(리미트스위치)
계전기 접점			전자력에 의해 개폐되는 접점
한시동작 순시복귀 접점			입력신호를 받고 나서 설정시간 경과 후에 회로를 개폐하는 접점으로 동작하는 때에 시간 지연이 있는 접점
수동복귀 접점			과전로에 의해 바이메탈이 굽어 개폐되는 접점(열동과전류 접점)

전자접촉기 접점	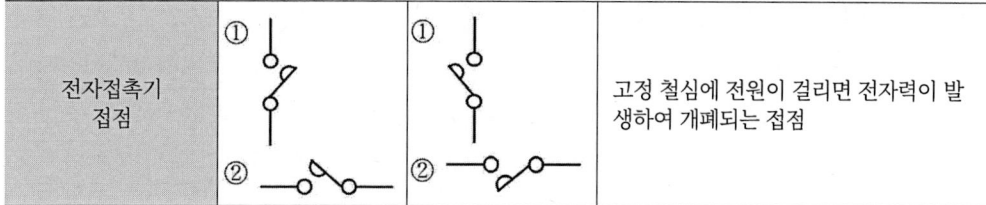		고정 철심에 전원이 걸리면 전자력이 발생하여 개폐되는 접점

(1) 수동접점

사람이 수동으로 조작하면 반대로 조작할 때까지 접점의 개폐상태가 그대로 유지되는 스위치

(2) 수동조작자동복귀 접점

사람이 누르고 있는 동안만 회로가 열리거나 닫히고 놓으면 즉시 복귀되는 스위치

(3) 기계적 접점

① 리미트(limit) 스위치 : 캠(cam) 또는 도그(dog)라는 돌출부를 만들어 이곳에 접촉자가 닿을 때 정해진 위치를 검출하는 접점
② 플로우트(float) 스위치 : 부자(float)가 부력에 의해 상승 또는 하강하면서 액면을 검출하는 스위치

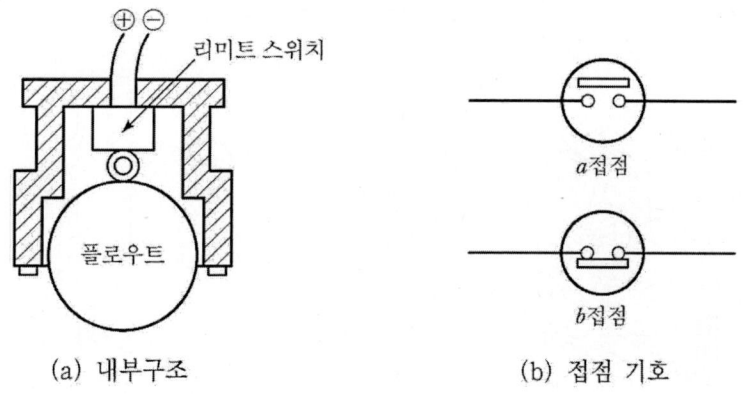

[플로우트 스위치]

a 접점과 b 접점

① a(arbeit) 접점 : 평상 시에는 개방되어 있고, 신호가 입력되면 닫히는 접점
② b(break) 접점 : 평상 시에는 닫혀 있고, 신호가 입력되면 열리는 접점

(4) 계전기(electro-magnetic relay) 접점

① 전자력에 의해 개폐되는 접점

② 스위치 S를 ON하면 계전기 X가 여자되어 전구 L_1이 점등되고, L_2는 소등한다. 스위치 S를 OFF하면 계전기 X가 소자되어 전구 L_1은 소등하고, L_2는 점등한다.

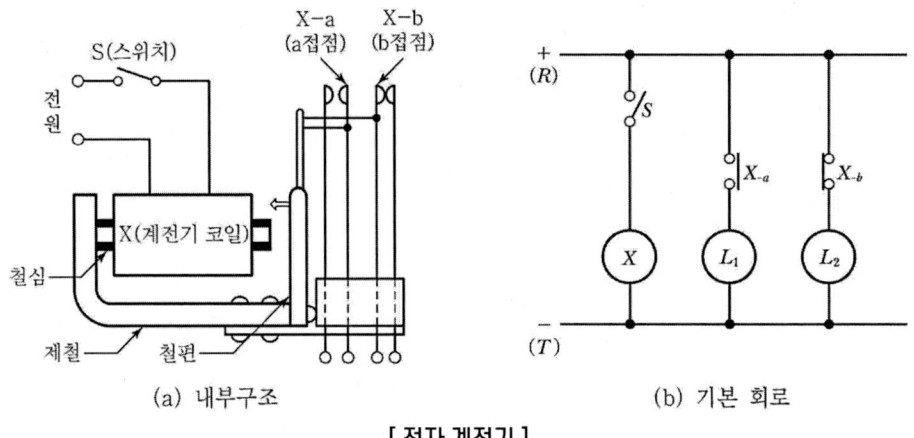

[전자 계전기]

(5) 전자개폐기(magnet switch)

① 전자접촉기(MC ; Magnet contact)

고정 철심에 감겨 있는 코일에 전원이 가해지면 전자력이 발생하여 접점을 닫고, 전원이 끊어지면 스프링 힘으로 복귀되는 스위치

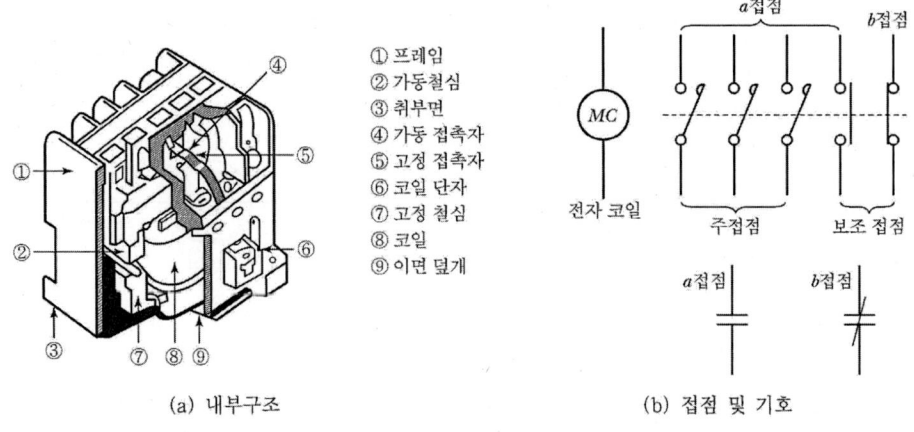

[전자 접촉기]

② 과전류 계전기(OL ; Overload relay)
주회로에 설치된 과부하 전류히터(TH ; Thermal Heater)가 발열하면 열동계전기(THR ; thermalrelay)의 바이메탈이 동작하여 회로를 차단한다.

전자개폐기(MS)의 종류

① 전자접촉기(MC)
② 과전류 계전기(OL)

과전류 계전기의 구성

OL=TH+THR

---

(6) 배선용 차단기(MCCB ; molded case circuit breaker)
① 고장전류(단락전류, 과부하전류)를 자동으로 차단하여 회로를 보호하는 스위치
② 바이메탈식 또는 전자식이며 퓨즈(fuse)가 없는 구조로, 노퓨즈 브레이커(NFB ; No Fuse Breaker)의 일종이다.

배선용 차단기(MCCB)의 특징

① 부하의 차단능력이 우수하다.
② 퓨즈를 사용하지 않아 수명이 반영구적이다.
③ 소형 경량으로 사용에 편리하다.
④ 충전부가 case 안에 보호되어 안전하다.
⑤ 트립(trip)되면 즉시 재투입이 가능하다.
⑥ 육안으로 회로의 차단여부를 쉽게 확인할 수 있다.
⑦ 트립버튼을 눌러 이상 유무를 간단히 점검할 수 있다.

---

(7) 타이머 계전기(Time delay relay)
입력신호를 받고 설정시간(set time)이 지난 후에 출력신호가 나타나는 계전기

[타이머 접점]

접점 명칭	접점 기호	논리회로기호	타임차트 ▨ 여자상태	동작 설명
한시동작 순시복귀 a접점				타이머가 여자되면 일정시간 후 폐로되고, 타이머가 소자되면 동시에 개로된다.
한시동작 순시복귀 b접점				타이머가 여자되면 일정시간 후 개로되고, 타이머가 소자되면 동시에 폐로된다.
순시동작 한시복귀 a접점				타이머가 여자되면 동시에 폐로되고, 타이머가 소자되면 일정시간 후 개로된다.
순시동작 한시복귀 b접점				타이머가 여자되면 동시에 개로되고, 타이머가 소자되면 일정시간 후 폐로된다.

① 한시동작(On delay)

스위치 S를 ON시켜 타이머에 전원이 가해지면 설정시간(set time)이 지나 a접점은 닫히고 b접점은 열리며, 전원이 끊어지면 즉시 복귀되는 회로

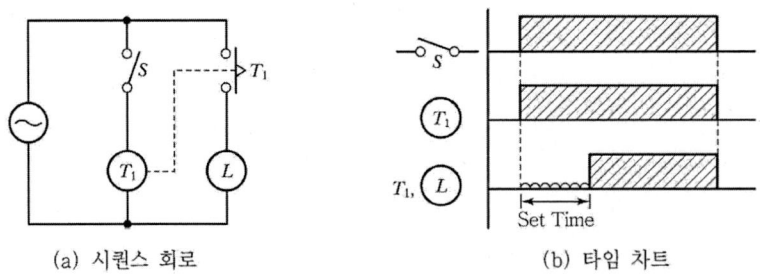

(a) 시퀀스 회로   (b) 타임 차트

[한시동작 접점]

② 한시복귀(Off delay)

타이머에 전원이 가해지면 즉시 a, b접점이 개폐되며, 전원이 끊어지면 설정시간(set time) 경과 후에 a, b접점이 복귀되는 회로

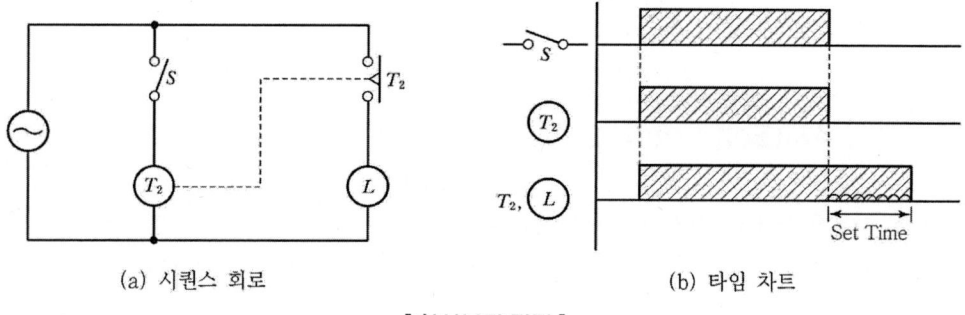

(a) 시퀀스 회로 (b) 타임 차트

[한시복귀 접점]

③ 한시동작한시복귀(On-Off delay)

타이머에 전원이 가해지면 설정시간(set time)이 지나 a, b접점이 개폐되고, 전원이 끊어지면 설정시간(set time) 경과 후에 복귀되는 회로

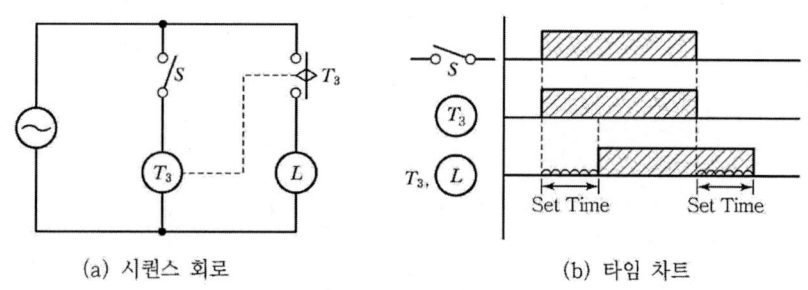

(a) 시퀀스 회로 (b) 타임 차트

[한시동작한시복귀 접점]

시퀀스 기본회로

1 자기유지(Self holding) 회로

① 기동용스위치 PB-ON을 누르면 계전기 X가 여자되어 계전기 보조접점 X_a가 붙음으로써 PB-ON을 놓아도 전류는 보조접점 X_a로 흐를 수 있어 계전기는 계속 전원을 공급받게 되는데, 이러한 회로를 자기유지 회로라 한다.

② 정지용스위치 PB-OFF를 누르면 계전기 X가 소자되어 계전기 보조접점 X_a가 떨어져 계전기에는 전원공급이 차단된다.

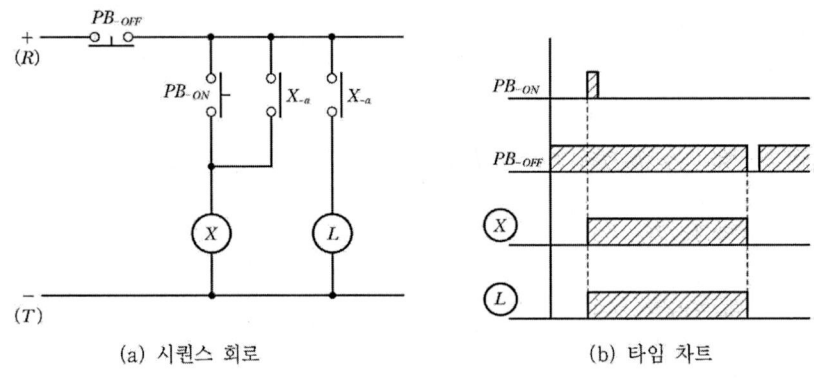

[자기유지 회로]

2 인터록(Interlock) 회로

회로의 단락사고를 방지하기 위해 관련 기기의 동시 동작을 금지시키는 회로로 계전기 X_1, X_2 중 먼저 기동된 것이 있으면 나머지 하나는 기동스위치를 눌러도 기동할 수 없도록 한 회로

시퀀스 기본회로 Chapter 02.

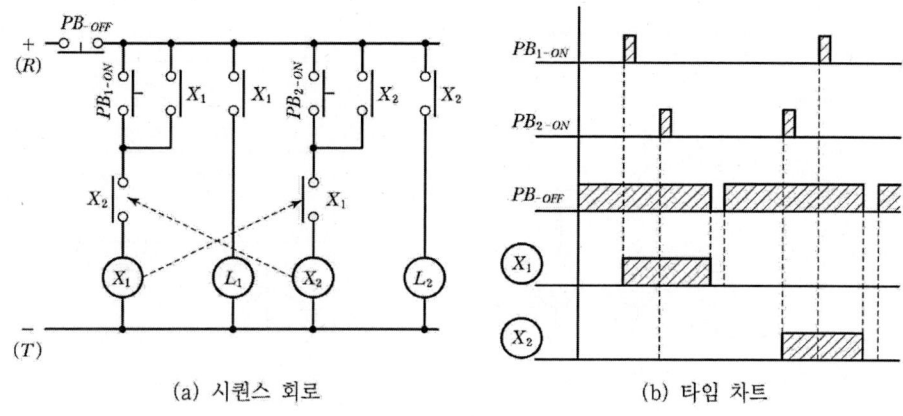

(a) 시퀀스 회로   (b) 타임 차트

[인터록(선입력우선) 회로]

- **여자(부세)**
계전기 코일에 전류가 흘러 자화되는 것

- **무여자(소자, 소세)**
계전기 코일에 전류가 차단되어 자화성질을 잃는 것

- **푸시버튼**
누름버튼스위치라고도 하며, PB(Push Button) 또는 PBS(Push Button Switch)로 표시

- **자기유지 접점**
기동용스위치를 눌렀을 때 계전기 보조 a접점이 붙어 이후 정지용스위치를 누르기 전까지는 계속 붙은 상태를 유지하는데, 이때 보조 a접점을 자기유지 접점이라 한다.

- **인터록(Interlock)**
① 두 계전기가 동작 시에 한 계전기가 동작하면 다른 계전기는 동작하지 않도록 하는 것
② 종류
  ㉠ 선입력우선 회로   ㉡ 신입력우선 회로   ㉢ 병렬유선 회로

3 타이머(Timer) 회로

① 기동용 스위치 PB-a를 누르면 타이머 계전기 ⓣ 가 여자되어 순시접점 T-a(1, 3접점)가 닫혀 자기유지 상태가 되고 전구 ⓛ₂ 가 점등되며, PB-a를 놓아도 타이머 계전기 ⓣ 는 소자되지 않는다.
② 타이머 설정시간이 지나면 한시접점 T-a(8, 6접점)가 닫히고 T-b(8, 5접점)가 열려 전구 ⓛ₂ 는 소등, ⓛ₁ 는 점등된다.
③ PB-b를 누르면 타이머 계전기 ⓣ 가 소자되고 전구 ⓛ₁ , ⓛ₂ 가 모두 소등된다.

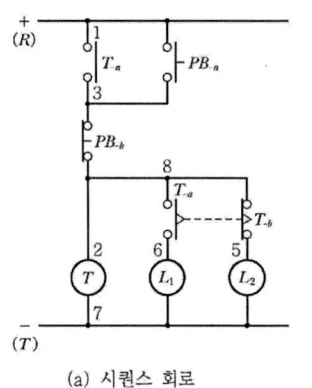 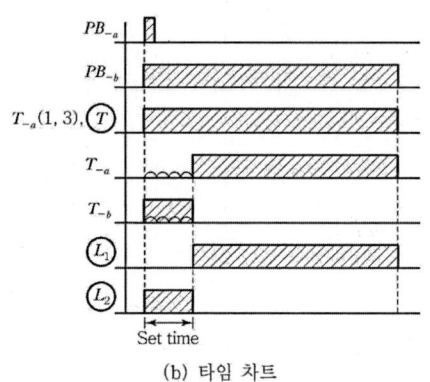

[타이머 회로]

4 플립플롭(Flip Flop) 회로

① 기동용 스위치 PB_1을 연속으로 두 번 누르면 계전기 R_1, R_2, R_3, R_4 가 차례로 여자되어 전구 L이 점등된다. (PB_1을 1회 누르면 전구 L은 점등하지 않고 2회째 눌렀을 때 점등됨)

② PB_2를 누르면 R_1, R_2, R_3, R_4 가 모두 소자되며 전구 L은 소등된다.

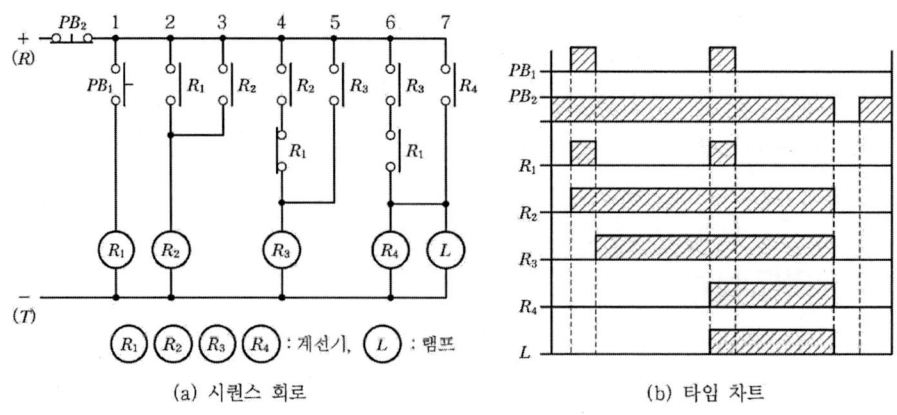

[플립플롭 회로]

타이머 회로

① 시한 회로 또는 시간지연(Time delay) 회로라고도 한다.
② 종류
  ㉠ 한시동작(On delay) 회로
  ㉡ 한시복귀(Off delay) 회로
  ㉢ 한시동작한시복귀(On-Off delay) 회로

타이머 내부접속도

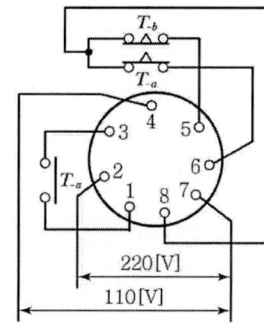

· 전원 AC 110[V] (7, 4번), AC 220[V] (7, 2번)
· ─o o─ 순시 a접점 (1, 3번) → 자기유지 접점
· ─o△o─ 한시 b접점 (8, 5번)
· ─o△o─ 한시 a접점 (8, 6번)

플립플롭(Flip Flop) 회로

① 계수회로라고도 한다.
② 플로우 차트(Flow chart)

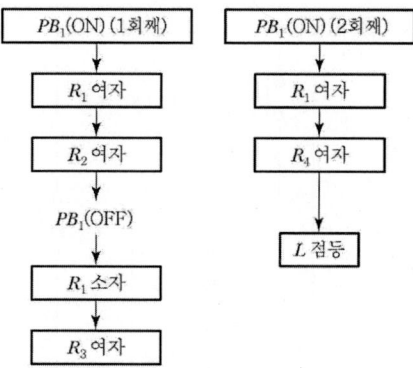

CHAPTER 03 소방응용 회로

1 전자개폐기 및 타이머에 의한 전동기 기동

(1) 동작 설명
① 전원스위치 KS를 투입하면 ⓖⓛ 이 점등된다.
② PBS-a를 ON하면 ⓜⓒ 가 여자됨과 동시에 전자접촉기 주접점 ⓜⓒ 가 닫혀 전동기 ⓜ이 기동한다. (이때 PBS-a에서 손을 떼어도 자기유지 상태가 됨)
③ 전자접촉기의 보조 접점들이 동작하면 ⓖⓛ 이 소등, ⓡⓛ 이 점등된다.
④ 전동기 운전 중에 PBS-b를 누르거나 THR의 동작으로 전동기는 정지하며, ⓡⓛ이 소등된다.

(2) 회로도

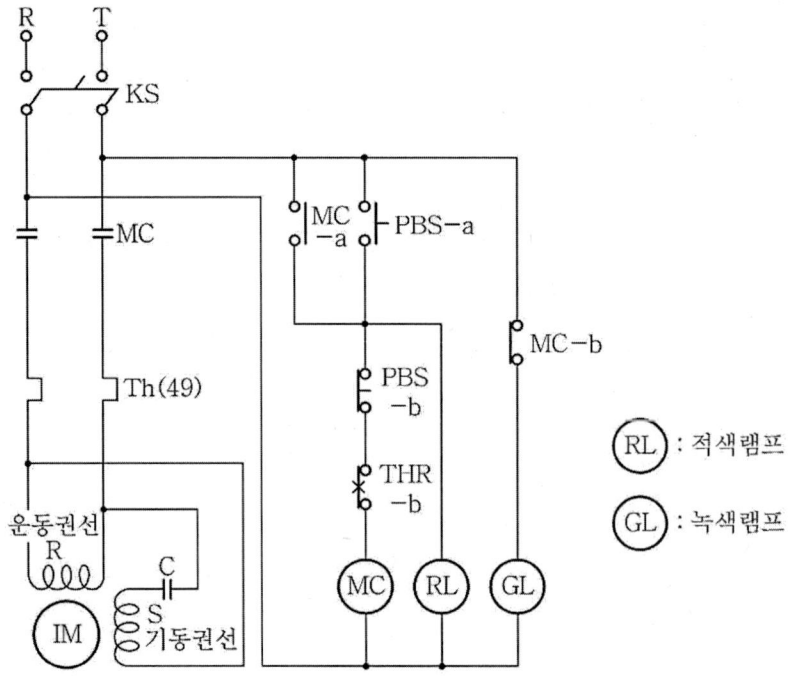

ⓡⓛ : 적색램프
ⓖⓛ : 녹색램프

> **Reference**
>
> • 누름스위치 및 표시등의 기능
> ① PBS-a : 전동기 기동용
> ② PBS-b : 전동기 정지용
> ③ ⓇⓁ 전동기 기동표시
> ④ ⒼⓁ 전동기 정지표시(전원 표시)
>
> • 열동계전기
> ① 기능 : 전동기 과부하 시 작동하여 과전류로부터 전동기를 보호하는 기능
> ② 동작하는 경우 : 전동기에 과부하가 걸렸거나 세팅전류가 정격전류보다 작은 경우
> ③ 복구방법 : 운전자가 전동기의 과부하 요소들을 모두 제거 후 반드시 수동으로 복구(→ 열동계전기 접점을 일명 "수동복귀접점"이라고도 함)
>
> • 범례
> K.S : 나이프스위치　　　　　　　　F : 포장퓨즈
> ⓂⒸ : 전자접촉기　　　　　　　　　Ⓜ : 전동기(Motor)
> Ⓣ : 타이머계전기　　　　　　　　TH : 열동계전기
> MC : 전자접촉기 주접점　　　　　　THR-b : 열동계전기 b접점
> MC-a : 전자접촉기 보조 a접점　　　MC-b : 전자접촉기 보조 b접점
> PBS-a : 푸시버튼스위치 a접점　　　PBS-b : 푸시버튼스위치 b접점
> T-b : 한시동작 b접점

② 급수레벨제어

(1) 급수제어 1

① 동작 설명

<자동운전>

㉠ 배선용차단기(NFB)를 투입하면 ⒼⓁ 점등

㉡ 플로우트스위치(FS)가 붙으면 전자접촉기 ⑧⑧ 이 여자되어 펌프 및 전동기가 기동하며 ⒼⓁ 은 소등, ⓇⓁ 은 점등된다.

㉢ 플로우트스위치(FS)가 떨어지거나 49 계전기가 동작하면 펌프 및 전동기가 정지하며 ⓇⓁ 은 소등, ⒼⓁ 은 점등된다.

<수동운전>
㉠ 배선용차단기(NFB)를 투입하면 ⓖⓛ 점등
㉡ PB-on을 누르면 전자접촉기 ⑧⑧이 여자되어 88 주접점이 닫히고 펌프 및 전동기가 기동하며 ⓖⓛ은 소등, ⓡⓛ은 점등된다. 이때 PB-on을 놓아도 88 보조 a접점이 닫혀 자기유지 상태가 되어 전동기는 계속 동작된다.
㉢ PB-off를 누르거나 49 계전기가 동작하면 펌프 및 전동기가 정지하며 ⓡⓛ은 소등, ⓖⓛ은 점등된다.

② 회로도

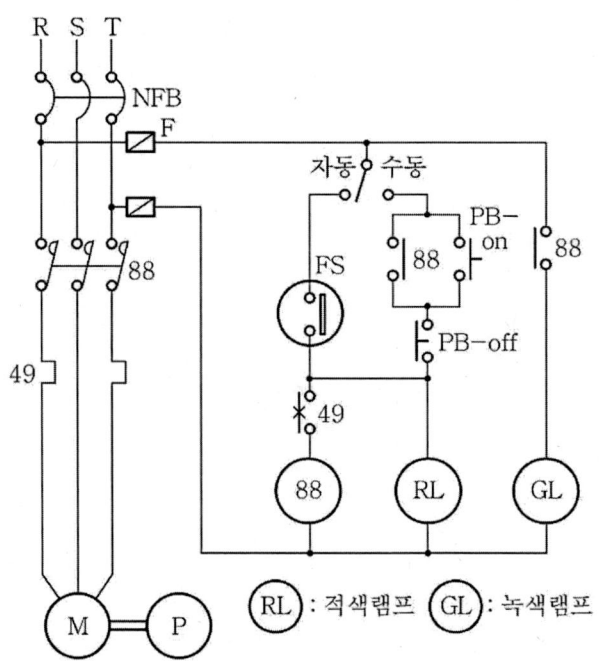

범례

NFB : 배선용차단기　　　　　　　　F : 포장퓨즈
Ⓜ : 전동기(Motor)　　　　　　　　Ⓟ : 소방용 펌프(Pump)
⑧⑧ : 전자접촉기(보기용접촉기)　　49 : 열동계전기(회전기온도 계전기)
FS : 플로우트스위치 THR-b　　　　THR-b : 열동계전기 b접점
88-a : 전자접촉기 보조 a접점　　　88-b : 전자접촉기 보조 b접점
PB-on : 푸시버튼 a접점　　　　　　PB-off : 푸시버튼 b접점

소방응용 회로 Chapter 03.

소방에 자주 사용하는 자동제어 기구번호	
번 호	기구명칭
19	기동·운전 전환접촉기 → 전자개폐기
28	경보장치
29	소화장치
43	제어회로 전환접촉기·개폐기
49	회전기온도 계전기 → 열동계전기
52	교류차단기·접촉기 → 배선용차단기
88	보기용 접촉기·개폐기 → 전자접촉기

(2) 급수제어 2
① 동작 설명
<자동급수>

NFB를 투입하면 전자접촉기 ⑧⑧이 여자되면 88 주접점이 닫혀 펌프 및 전동기가 기동되며, 물탱크에 급수가 이뤄진다. (접점 T_b와 T_c 사용)

<자동배수>

전자접촉기 ⑧⑧이 소자되면 88 주접점이 열려 펌프 및 전동기가 정지하고 급수는 중단되며, 물탱크의 배수만 진행(접점 T_a와 T_c 사용 : 절환스위치로 접점을 T_b → T_a로 절환)

② 회로도

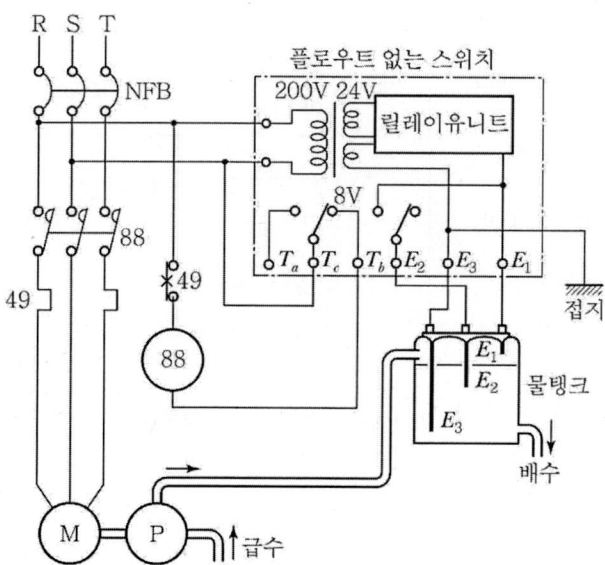

> **플로우트 없는 스위치(FLS ; Floatless Switch)**
>
> ① 전극식으로 되어 있으며 가장 긴 전극봉(E_3)은 접지시킨다.
> ② 플로우트 없는 스위치의 특징
>   ㉠ 잦은 기동·정지를 반복하지 않아 수명이 길다.
>   ㉡ 플로우트스위치에 비해 정확도가 높다.
>   ㉢ 고장이 적다.

3 원방(원격)제어

(1) 2개소 기동·정지 회로

공사현장이나 원방조작반 어느 곳에서도 전동기를 기동 및 정지할 수 있는 회로

① **동작설명**
    ㉠ MCCB를 투입 후 PB-on을 누르면 ⓜⓒ가 여자되어 전동기가 기동하며, PB-on을 놓아도 MC-a 접점에 의해 자기유지 상태에서 전동기는 계속 회전한다.
    ㉡ 운전 중 PB-off를 누르거나 THR이 동작하면 ⓜⓒ가 소자되어 전동기는 정지한다.

② **회로도**

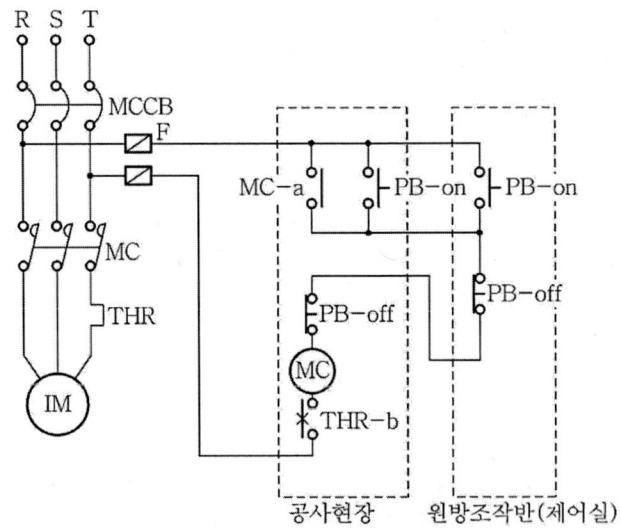

소방응용 회로 Chapter 03.

> **범례**
>
> MCCB : 배선용차단기 F : 포장퓨즈
> Ⓜ : 유도전동기(Inductive Motor) ㊋ : 전자접촉기
> THR : 열동계전기 MC : 전자접촉기 주접점
> THR-b : 열동계전기 b접점 MC-a : 전자접촉기 보조 a접점
> PB-on : 기동용 푸시버튼 PB-off : 정지용 푸시버튼
>
> **회로 구성 시 주의사항**
>
> ① 기동스위치 : PB-on을 2개소에 병렬접속
> ② 정지스위치 : PB-off 접점을 2개소에 직렬접속
> ③ 자기유지접점(MC-a) : 전자접촉기측(현장측)에 1개소 설치하며, PB-on과 병렬접속

(2) 3개소 기동·정지회로

3개소(1층, 2층, 3층)의 어느 곳에서도 전동기를 기동 및 정지시킬 수 있는 회로

① **동작설명**
 ㉠ MCCB를 투입 후 PB-on을 누르면 ㊋가 여자되어 전동기가 기동하며, PB-on을 놓아도 MC-a 접점에 의해 자기유지 상태에서 전동기는 계속 회전한다.
 ㉡ 운전 중 PB-off를 누르거나 THR이 동작하면 ㊋가 소자되어 전동기는 정지한다.

② **회로도**

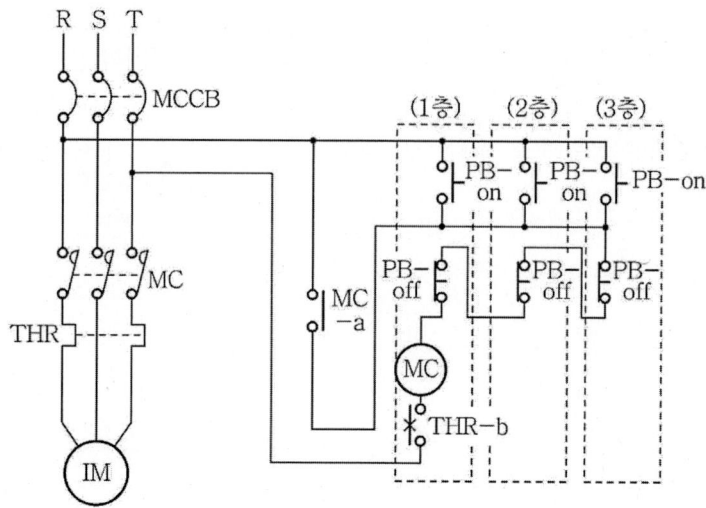

범례

MCCB : 배선용차단기
㎆ : 전자접촉기
MC : 전자접촉기 주접점
MC-a : 전자접촉기 보조 a접점
PB-off : 정지용 푸시버튼

Ⓜ : 유도전동기(Inductive Motor)
THR : 열동계전기
THR-b : 열동계전기 b접점
PB-on : 기동용 푸시버튼

회로 구성 시 주의사항

① 기동스위치 : PB-on을 3개소에 병렬접속
② 정지스위치 : PB-off 접점을 3개소에 직렬접속
③ 자기유지접점 : MC-a 접점을 전자접촉기측(1층)에 1개소 설치하며, PB-on과 병렬접속

4 단상기동 제어

단상 기동방식 중 콘덴서에 의한 직입기동 회로이다.

① 동작설명

㉠ KS를 투입하면 ㎓ 이 점등한다.
㉡ PBS-a를 누르면 ㎆ 가 여자되어 기동권선(S)에 의해 전동기가 기동하고, 정상속도에 도달하면 운전권선(R)에 의해 지속 운전한다. 이때 ㎓ 은 소등하고, ㎀ 은 점등하며, PBS-a를 놓아도 MC-a 접점에 의해 자기유지 상태에서 전동기는 계속 운전한다.
㉢ 운전 중 PBS-b를 누르거나 THR이 동작하면 ㎆ 가 소자되어 전동기는 정지하며, 이때 ㎓ 은 점등하고 ㎀ 은 소등한다.

② 회로도

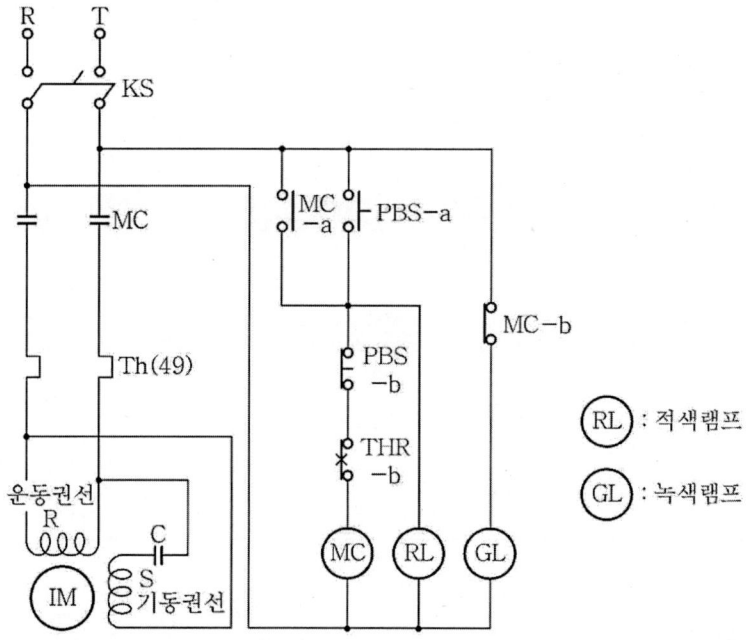

범례

KS : 나이프스위치
Ⓜ️ : 전자접촉기
C : 기동용 콘덴서
THR-b : 열동계전기 b접점
PBS-a : 기동용 푸시버튼스위치

ⓘⓂ️ : 단상 유도전동기(Inductive Motor)
Th(49) : 열동과부하 히터
MC : 전자접촉기 주접점
MC-a : 전자접촉기 보조a접점
PBS-b : 정지용 푸시버튼스위치

RL : 적색램프
GL : 녹색램프

단상 유도전동기 기동법

① 콘덴서 기동
③ 반발 유도
⑤ 셰이딩코일 기동
② 반발 기동
④ 분상 기동

5 3상기동 제어

(1) Y-Δ기동 제어 1

기동은 Y결선으로 하고, 운전은 Δ결선으로 하는 전동기운용 회로에 응용된다.

Y-기동법을 채용하는 이유
기동전류를 낮춰 기동하므로 무리한 기동을 피할 수 있기 때문이다.

단상 유도전동기 기동법

	전류	토크	전압
Y기동	$\frac{1}{3}$	$\frac{1}{3}$	$\frac{1}{\sqrt{3}}$
Δ운전	1	1	1

① **동작설명**
  ㉠ NFB를 투입 후 PB-on을 누르면 계전기 Ⓜ️ⒸⓂ️, Ⓣ, Ⓜ️ⒸⓎ 가 여자되어 전동기는 기동한다.(Y기동) 이때 PB-on을 놓아도 MCM 보조접점에 의해 자기유지상태가 지속된다.
  ㉡ 타이머 설정시간이 되면 T-a 접점은 닫히고 T-b 접점은 열려 계전기 Ⓜ️ⒸⓎ 는 소자, Ⓜ️ⒸΔ 는 여자되어 전동기는 정상 속도로 운전한다.(Δ운전)
  ㉢ 전동기가 Y기동 또는 Δ운전 중에 PB-off를 누르거나 과부하로 THR이 동작하면 전동기는 정지한다.

② 회로도

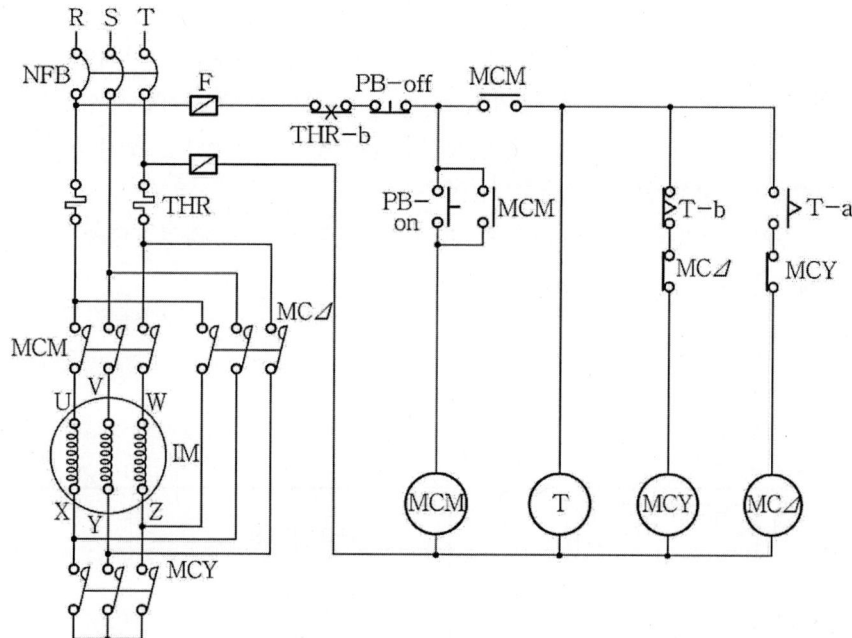

범례

NFB : 배선용차단기
MCM : 메인 전자접촉기
MC△ : △운전용 전자접촉기
THR : 열동계전기
MCY : Y기동용 주접점
THR-b : 열동계전기 b접점

MCM : 자기유지접점

PB-on : 기동용 푸시버튼

IM : 3상 유도전동기(Inductive Motor)
MCY : Y기동용 전자접촉기
T : 타이머 계전기
MCM : 메인 주접점
MC : 운전용 주접점
T-a, T-b : 한시동작 접점

MC△, MCY : 인터록접점

PB-off : 정지용 푸시버튼

(2) Y-기동 제어 2

① 동작설명

㉠ MCCB를 투입 후 PB1을 누르면 계전기 (MCM), (TLR), (MCY) 가 여자되어 전동기는 기동한다(Y기동). 이때 PB1을 놓아도 TLR 순시접점에 의해 자기유지 상태가 지속된다.

㉡ 타이머 설정시간이 되면 TLR 한시접점들이 동작하여 (MCY) 는 소자, (MCd) 는 여자되어 전동기는 정상속도로 운전한다.(Δ운전)

㉢ 전동기가 Y기동 또는 Δ운전 중에 PB₂를 누르거나 과부하로 THr이 동작하면 전동기는 정지한다.

② 회로도

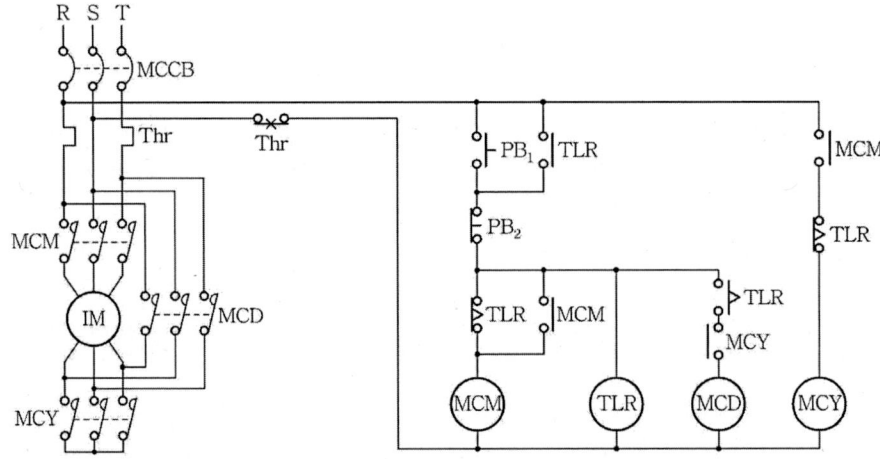

범례	
MCB : 배선용차단기(MCCB)	(IM) : 3상 유도전동기(Inductive Motor)
(MCM) : 메인 전자접촉기	(MCY) : Y기동용 전자접촉기
(MCD) : 델타운전용 전자접촉기	THr : 열동계전기
MCM : 메인 주접점	MCY : Y기동용 주접점
MC : 델타운전용 수섭섬	THr-b : 열동계전기 b접점
TLR, MCM : 자기유지접점	TLR : 한시동작 접점
PB₁ : 기동용 푸시버튼	PB₂ : 정지용 푸시버튼

452

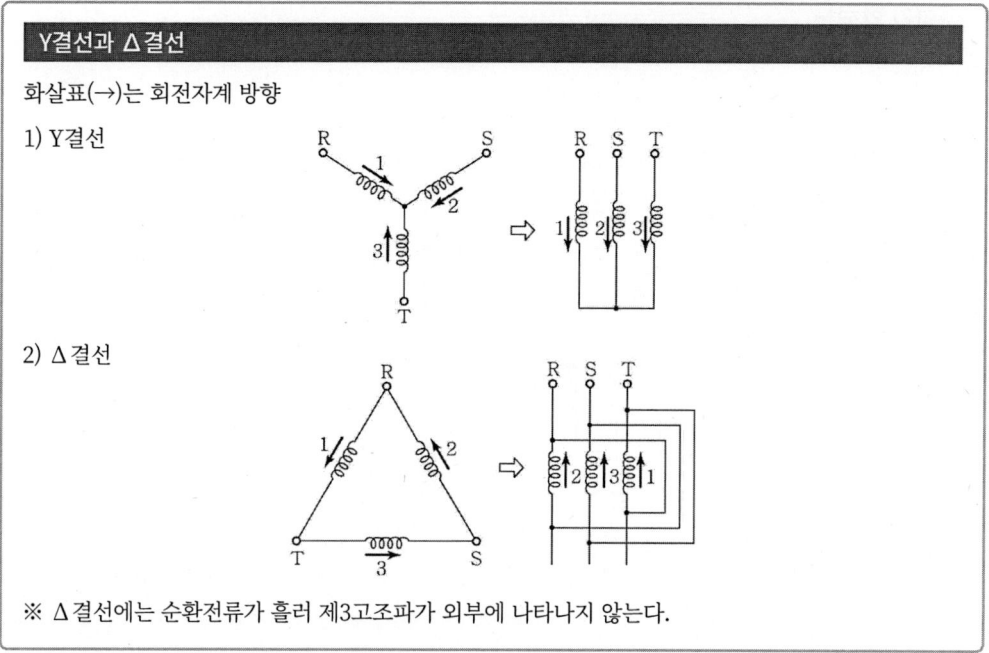

(3) Y-기동 제어 3

① 동작설명

㉠ NFB를 투입한 후 PB₁을 누르면 계전기 Ⓜ₁이 여자되어 메인 개폐기가 닫히면 램프 Ⓡ이 점등된다. 이때 PB₁을 놓아도 M1-a 접점에 의해 계전기 Ⓜ₁은 자기유지가 된다.

㉡ Ⓜ₁이 여자된 상태에서 PB₂를 누르면 계전기 Ⓜ₂가 여자되어 전동기는 Y기동하며 램프 Ⓖ가 점등한다. 이때 PB₂를 놓아도 M₂-a 접점에 의해 계전기 Ⓜ₂는 자기유지가 된다.

㉢ PB₀를 누른 후 PB₃를 누르면, 계전기 Ⓜ₂가 소자되고 계전기 Ⓜ₃가 여자되어 전동기는 Y기동에서 △운전으로 전환되며, 또한 램프 Ⓖ는 소등하고 램프 Ⓨ가 점등한다. 이때 PB₃를 놓아도 M₃-a 접점에 의해 계전기 Ⓜ₃는 자기유지가 된다.

㉣ 전동기가 Y기동 또는 △운전 중에 PB₄를 누르거나 과부하로 OLR이 동작하면 전동기는 정지한다.

② 회로도

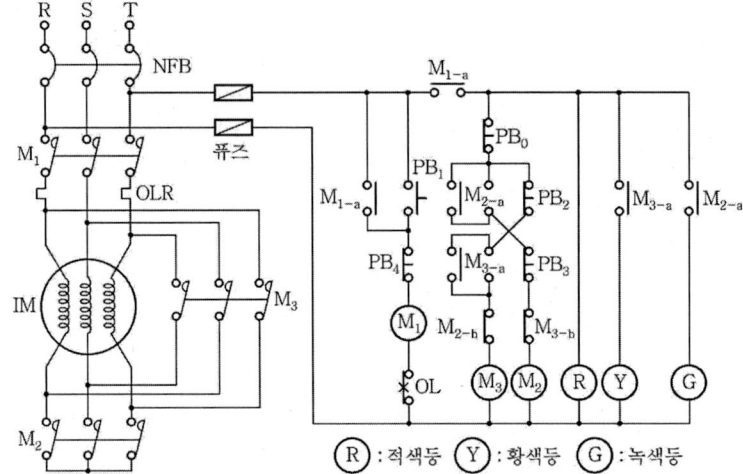

R : 적색등 Y : 황색등 G : 녹색등

범례

- NFB : 배선용차단기
- IM : 3상 유도전동기
- M_1 : 메인 전자접촉기
- M_3 : 델타운전용 전자접촉기
- M_1 : 메인 주접점
- M_3 : 델타운전용 주접점
- PB_0 : Y-전환용 푸시버튼
- PB_2 : Y기동용 푸시버튼
- PB_4 : 전동기 정지용 푸시버튼
- Y : Δ운전 표시등
- M_{2-b}, M_{3-b} : 인터록접점

- IM : 3상 유도전동기(Inductive Motor)
- F : 통퓨즈
- M_2 : Y기동용 전자접촉기
- OLR : 과부하계전기
- M_2 : Y기동용 주접점
- OL : 열동과부하계전기 b 접점
- PB_1 : 계전기 M_1 기동용 푸시버튼
- PB_3 : 운전용 푸시버튼
- R : 전동기 기동준비 표시등
- G : Y기동 표시등

6 정역회전 제어

(1) 동작설명

① NFB를 투입하면 정지표시등 ⓖ가 점등한다.
② PB₂를 누르면 정전계전기 (F-MC)가 여자되어 전동기 Ⓜ이 정회전하며, 정전표시등 Ⓕ가 점등하고 정지표시등 ⓖ는 소등한다. 이때 PB₂를 놓아도 정전계전기 (F-MC)는 자기유지되어 전동기는 계속 정회전한다.
③ PB₁을 눌렀다가 놓은 후 PB₃를 누르면, 정전계전기 (F-MC)가 소자되고 역전계전기 (R-MC)가 여자되어 전동기는 역회전하며, 또한 정전표시등 Ⓕ는 소등하고 역전표시등 Ⓡ이 점등한다. 이때 PB₃를 놓아도 역전계전기 (R-MC)는 자기유지되어 전동기는 계속 역회전한다.
④ 전동기가 정회전 또는 역회전 중에 PB₁을 누르거나 과부하로 THR이 동작하면 전동기는 정지하며, 정지표시등 ⓖ가 점등한다.

(2) 회로도

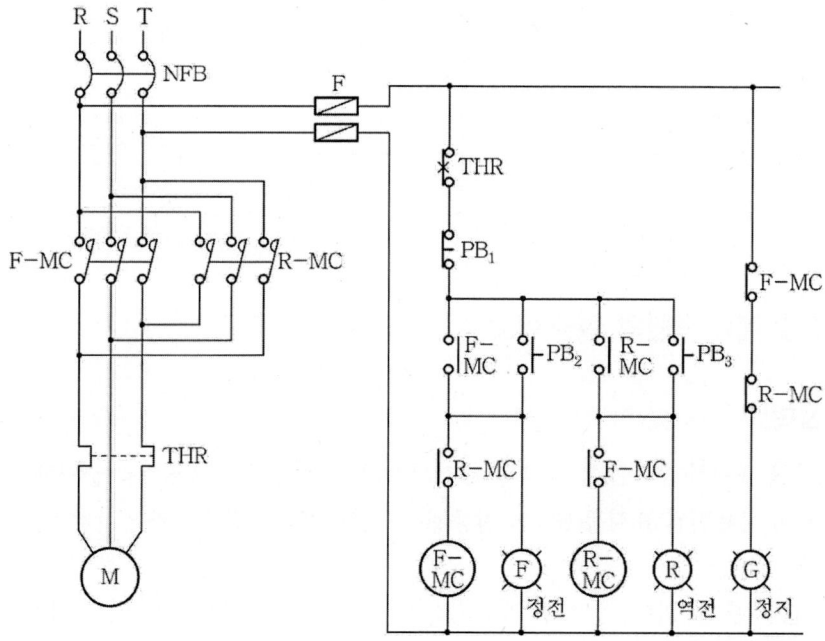

범례

NFB : 배선용차단기
F : 포장퓨즈
Ⓡ-MC : 역전용 전자접촉기
F-MC : 정전용 주접점
THR : 열동계전기 b접점
F-MC(보조 a접점) ⎫
R-MC : (보조 a접점) ⎭ ⇒ 자기유지접점
PB₁ : 정·역전 전환용 푸시버튼
PB₃ : 역전용 푸시버튼
Ⓡ : 전동기 역회전 표시등

Ⓜ : 3상 전동기
Ⓕ-MC : 정전용 전자접촉기
THR : 과부하계전기
R-MC : 역전용 주접점
F-MC(b접점) ⎫
R-MC(b접점) ⎭ ⇒ 인터록접점
PB₂ : 정전용 푸시버튼
Ⓕ : 전동기 정회전 표시등
Ⓖ : 전동기 정지 표시등(전원표시등)

역회전 결선

정회전 결선의 3선 중 2선을 교차 연결하면 역회전한다.

1) R S T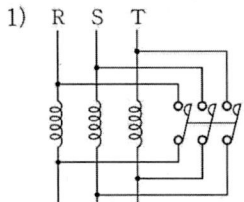
2) R S T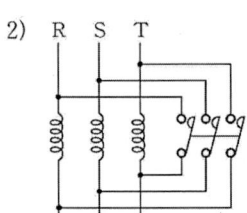
3) R S T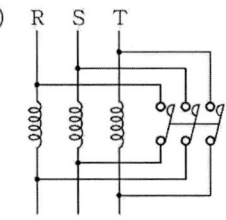

7 상용 및 예비전원의 절환회로

(1) 동작설명

① NFB를 투입한 후 PB₁을 누르면 계전기 ⓂC₁이 여자되어 상용전원에 의해 전동기가 기동하며 상용전원 표시등 ⓇL이 점등된다. 이때 PB₁을 놓아도 계전기 ⓂC₁은 자기유지가 된다.

② PB₃를 누른 후 PB₂를 누르면 계전기 ⓂC₁이 소자되고 계전기 ⓂC₂가 여자되어 상용전원에서 예비전원으로 절환되며 전동기는 예비전원에 의해 기동한다. 또한, 표시등 ⓇL은 소등하고 ⒼL이 점등한다. 이때 PB₂를 놓아도 계전기 ⓂC₂는 자기유지가 된다.

③ 다시 예비전원에서 상용전원으로 절환하고자 할 때에는 PB₄를 누른 후 PB₁을 누르면 된다.

④ 전동기를 정지시키려면 상용전원인 경우 PB3를, 예비전원인 경우 PB4를 누른다.
⑤ 상용 또는 예비전원에 의해 전동기가 운전 중 과부하로 Thr이 동작하면 전동기는 정지한다.

(2) 회로도

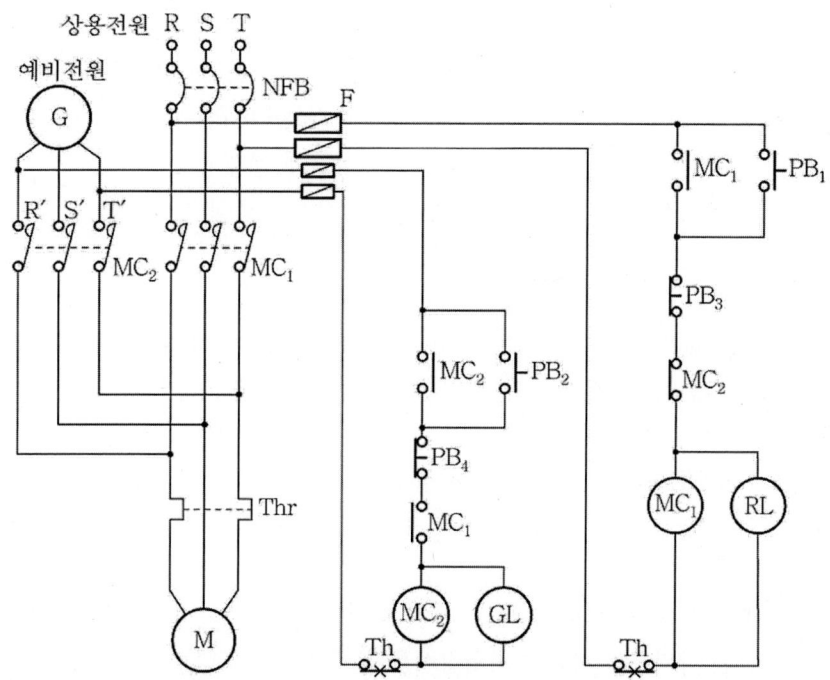

범례

NFB : 배선용차단기
F : 포장퓨즈
(R-MC) : 역전용 전자접촉기
(MC2) : 예비전원용 전자접촉기
MC_1, MC_2 : 메인 주접점
PB_1 : 상용전원 기동용 푸시버튼
PB_3 : 상용전원 정지용 푸시버튼
MC_1(보조 a접점)
MC_2(보조 a접점) } ⇒ 자기유지접점
(RL) : 상용전원 기동 표시등

(M) : 3상 전동기
(F-MC) : 정전용 전자접촉기
(MC1) : 상용전원용 전자접촉기
Thr : 열동계전기
$\underset{\times}{\overset{Thr}{\multimap\multimap}}$: 열동계전기 b접점
PB_2 : 예비전원 기동용 푸시버튼
PB_4 : 예비전원 정지용 푸시버튼
MC_1(b접점)
MC_2(b접점) } ⇒ 인터록접점
(GL) : 예비전원 기동 표시등

8 이상경보 제어

(1) 이상경보 회로 1

① 동작설명

㉠ MCCB를 투입하면 백색표시등 ⓦ만 점등한다.

㉡ PB-on을 누르면 계전기 ⑲-①, ⓣ, ㊵이 여자되어 전동기는 Y기동하며, 백색표시등 ⓦ은 소등하고 황색표시등 ⓨ은 점등한다. 이때 PB-on을 놓아도 계전기 ⑲-①과 ㊵이 자기유지되어 전동기는 계속 기동상태에 있다.

㉢ 타이머 설정시간이 경과되면 한시동작 T-a접점이 열려 계전기 ⑲-①이 소자되고 동시에 계전기 ⑲-②가 여자되어 전동기는 Y기동에서 Δ운전으로 전환된다. 이때 황색표시등 ⓨ은 소등하고 녹색표시등 ⓖ은 점등한다.

㉣ 전동기가 Y기동 또는 Δ운전 중에 PB-off를 누르거나 과부하로 계전기 49가 동작하면 전동기는 정지한다.

ⓐ PB-off를 누른 경우, 백색표시등 ⓦ만 점등한다.

ⓑ 과부하로 계전기 49가 동작한 경우

㉮ 백색표시등 ⓦ이 점등하며, 동시에 49(a접점)이 닫혀 계전기 Ⓐ가 여자되면 A의 a접점이 닫혀 벨이 경보하고 적색표시등 ⓡ점등(이상상태를 알림)

㉯ PB-B를 누르면 계전기 Ⓑ가 여자되어 경보벨은 중지된다.(이때 B의 a접점은 자기유지 기능, B의 b접점은 벨 중지기능을 함)

② 회로도

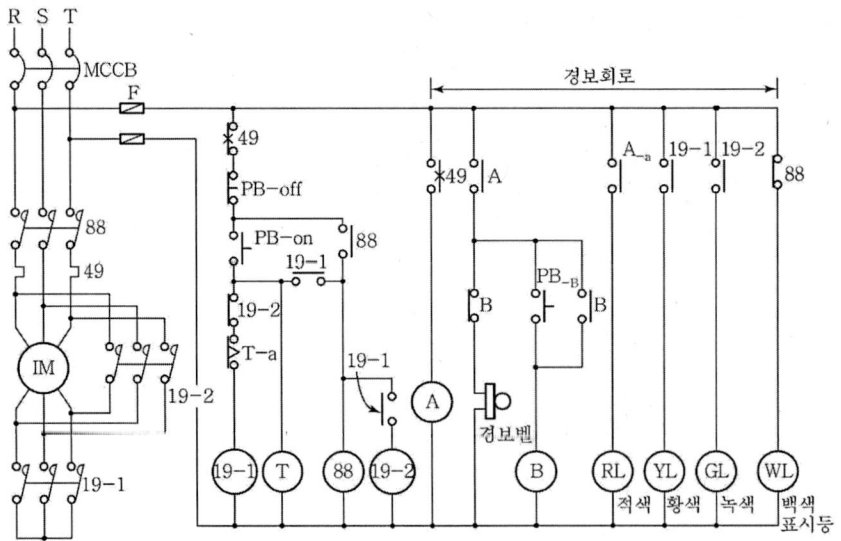

소방응용 회로 Chapter 03.

> **범례**
>
> MCB : 배선용차단기 ⓘⓜ : 3상 유도전동기
>
> F : 포장퓨즈 ⑧⑧ : 메인 전자접촉기
>
> ⑲⁻¹ : Y기동용 전자접촉기 ⑲⁻² : △운전용 전자접촉기
>
> Ⓣ : 타이머계전기 $\left.\begin{array}{l}\text{19-1(b접점)}\\\text{19-2(b접점)}\end{array}\right\}$ ⇒ 인터록접점
>
> PB-on : 전동기기동용 푸시버튼 PB-off : 전동기정지용 푸시버튼
>
> PB-B : 벨 중지용 푸시버튼 ⓡⓛ : 전동기 이상 표시등
>
> ⓨⓛ : 전동기 기동 표시등 ⓖⓛ : 전동기 운전 표시등
>
> ⓦⓛ : 전동기 정지 표시등

(2) 이상경보 회로 2

① 동작설명

㉠ MCCB를 투입하면 ⓖⓛ이 점등한다.

㉡ PB-on을 누르면 계전기 ⓜⓒ가 여자되어 전동기는 기동하며 ⓖⓛ은 소등, ⓡⓛ은 점등한다. 이때 PB-on을 놓아도 계전기 ⓜⓒ가 자기유지되어 전동기는 계속 회전한다.

㉢ 전동기가 회전 중에 PB-off를 누르거나 과부하로 계전기 THR이 동작하면 전동기는 정지한다.

ⓐ PB-off를 눌렀다 놓은 경우 ⓘⓜ 정지 및 ⓖⓛ은 점등, ⓡⓛ은 소등

ⓑ 과부하로 THR이 동작한 경우, 부저(Buzzer)가 경보하며 ⓘⓜ정지 및 ⓖⓛ, ⓡⓛ이 모두 소등

② 회로도

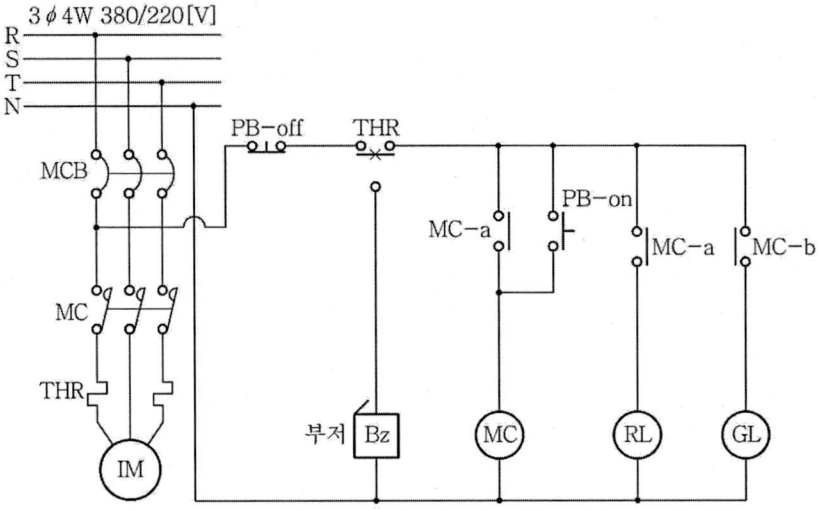

범례	
MCB : 배선용차단기	Ⓘ Ⓜ : 3상 유도전동기
Ⓜ Ⓒ : 전자접촉기	MC : 전자접촉기 주접점
THR : 열동계전기	THR : 열동계전기 b접점
PB-on : 전동기 기동용 푸시 버튼	PB-off : 전동기 정지용 푸시버튼
MC-a MC-b } ⇒ 전자접촉기 보조접점	
Ⓡ Ⓛ : 전동기 기동 표시등	Ⓖ Ⓛ : 전동기 정지 표시등(전원표시등)

3상4선식(3φ4W) 회로

① 3상3선식 : R, S, T의 3선 중 2선을 시퀀스회로에 결선
② 3상4선식 : R, S, T의 3선 중 1선과 중성선(N)을 시퀀스회로에 결선

문제
PART 04

시퀀스제어
(Sequence Control)

시퀀스제어
(Sequence Control)

001
그림은 10개의 접점을 가진 스위칭회로이다. 이 회로의 접점수를 최소화하여 스위칭회로를 그리시오.

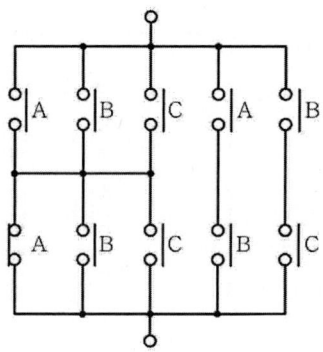

 논리식을 간소화하면

$(A+B+C) \cdot (\overline{A}+B+C) + AB + BC = (AB + AC + \overline{A} \cdot B + B + BC + \overline{A}C + BC + C) + AB + BC$
$= (AB + \overline{A}B + B) + (AC + \overline{A}C + C) + BC$
$= (A + \overline{A} + 1) \cdot B + (A + \overline{A} + 1) \cdot C + BC$
$= 1 \cdot B + 1 \cdot C + BC$
$= B + C + BC$
$= B + (1+B) \cdot C$
$= B + 1 \cdot C$
$= B + C$

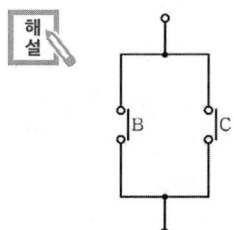

002 릴레이 접점회로가 그림과 같을 때 AND, OR, NOT 등의 논리기호를 사용하여 논리회로를 작성하시오.

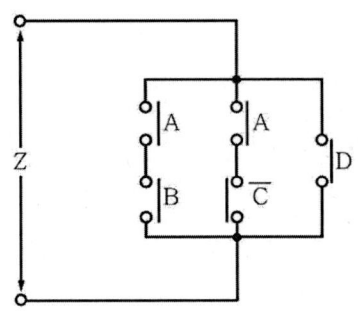

정답

논리식 Z=A·B+A·C̄+D

논리회로

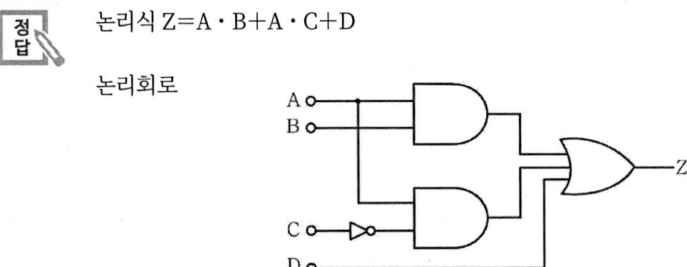

003 주어진 논리대수식을 릴레이회로(유접점회로) 및 논리회로(무접점회로)로 바꾸어 그리시오.
가) Z=AB+ĀB̄
나) Z=AB̄+ĀB

정답

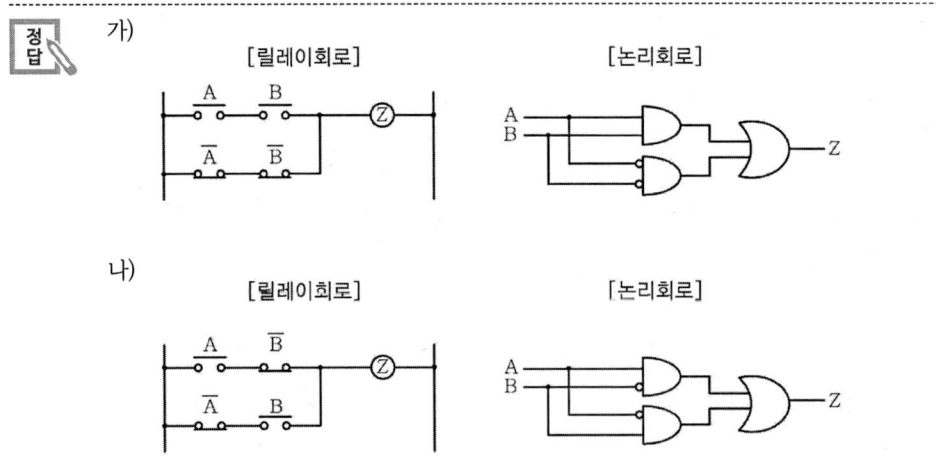

해설	· : 논리곱(AND 회로, 직렬접속) → 논리기호 : ⟫ + : 논리합(OR 회로, 병렬접속) → 논리기호 : ⟫

004 다음의 표와 같이 두 입력 A와 B가 주어질 때 주어진 논리소자(Logic Gate)의 명칭과 출력에 대한 진리표를 완성하시오. (단, 입력 옆의 AND 게이트는 명칭의 "예시"이므로 빈 칸에 알맞은 명칭으로 쓰도록 한다.)

입력 A B	AND							
0 0	0							
0 1	0							
1 0	0							
1 1	1							

정답	입력 A B	AND	NAND	OR	NOR	NOR	OR	NAND	AND
	0 0	0	1	0	1	1	0	1	0
	0 1	0	1	1	0	0	1	1	0
	1 0	0	1	1	0	0	1	1	0
	1 1	1	0	1	0	0	1	0	1

005 그림과 같은 논리회로를 보고 다음 각 물음에 답하시오.

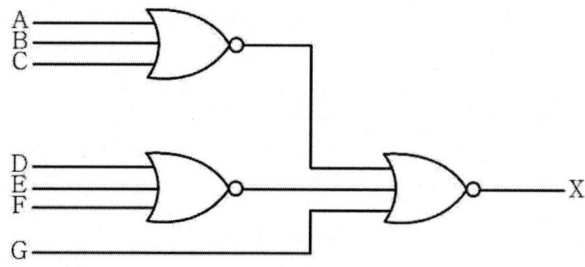

가) 논리식으로 표현하시오.
나) AND, OR, NOT 회로를 이용한 등가회로로 그리시오.
다) 유접점(릴레이) 회로로 그리시오.

가) 논리식으로 표시하면
$$X = \overline{\overline{(A+B+C)} + \overline{(D+E+F)} + G} = (A+B+C) \cdot (D+E+F) \cdot \overline{G}$$
$$\therefore X = (A+B+C) \cdot (D+E+F) \cdot \overline{G}$$

나)

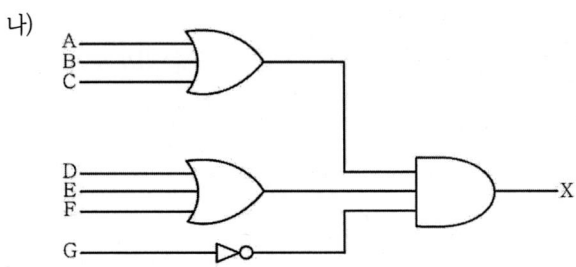

다)

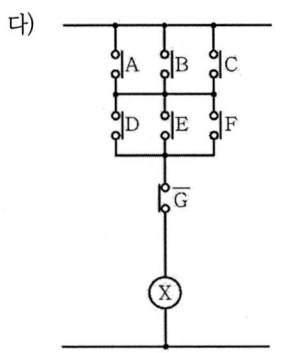

가)의 또 다른 해법
드 모르간 법칙
① $\overline{A+B+C} = \overline{A} \cdot \overline{B} \cdot \overline{C}$
② $\overline{\overline{A}} = A$
를 이용하면 된다.
$X = \overline{\overline{(A+B+C)} + \overline{(D+E+F)} + G}$
여기서, $Y = A+B+C$, $Z = D+E+F$ 로 놓으면
$X = \overline{\overline{(A+B+C)} + \overline{(D+E+F)} + G}$
$ = \overline{\overline{Y} + \overline{Z} + G}$
$ = Y \cdot Z \cdot \overline{G}$
$ = (A+B+C) \cdot (D+E+F) \cdot \overline{G}$

006 논리식 Z=(A+B+C)·(A·B·C+D)를 릴레이회로(유접점회로)와 논리회로(무접점회로)로 바꾸어 그리시오.

 (1) 릴레이회로(유접점회로)　　(2) 논리회로(무접점회로)

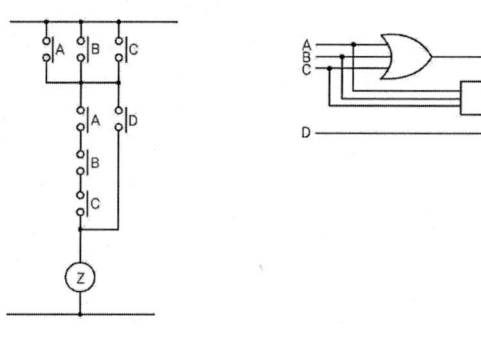

· : 논리곱(AND 회로, 직렬접속) → 논리기호 :

\+ : 논리합(OR 회로, 병렬접속) → 논리기호 :

007 3개의 입력 A, B, C 중 어느 것이나 먼저 들어간 입력이 우선 동작하고, 출력 X_A, X_B, X_C를 발생시킨다. 그 다음에 들어가는 신호는 먼저 들어간 신호에 의하여 Lock되어 출력이 없다고 할 때, 그림과 같은 타임차트를 보고 다음 각 물음에 답하시오.

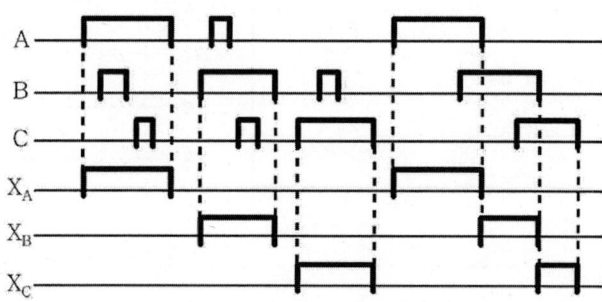

가) 타임차트를 이용하여 출력 X_A, X_B, X_C에 대한 논리식을 설정하시오.
나) 타임차트와 같은 동작이 이루어지도록 유접점회로 및 무접점회로를 그리시오.

가) ① $X_A = A \cdot \overline{X_B} \cdot \overline{X_C}$
　② $X_B = B \cdot \overline{X_A} \cdot \overline{X_C}$
　③ $X_C = C \cdot \overline{X_A} \cdot \overline{X_B}$

나) ① 유접점회로   ② 무접점(논리)회로

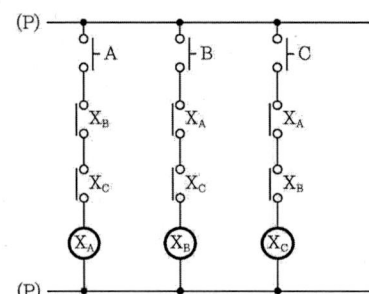
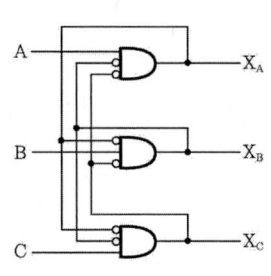

해설

나) 회로의 구성
① X_A, X_B, X_C 각 회로의 입력은 각각 A, B, C이고 자기유지접점은 없다.
② X_A, X_B, X_C 각 회로별 인터로크 접점이 2중으로 연결되도록 회로를 구성할 것
→ X_A 회로에는 $\overline{X_B}$와 $\overline{X_C}$, X_B 회로에는 $\overline{X_A}$, X_C 회로에는 $\overline{X_A}$와 $\overline{X_B}$를 직렬 연결

008 그림과 같은 시퀀스 회로에서 X접점이 닫혀서 폐회로가 될 타이머 T_1(설정시간 t_1), T_2(설정시간 t_2), 릴레이 R, 신호등 PL에 대한 타임차트를 완성하시오. (단, 설정시간 이외의 시간지연은 없다고 본다.)

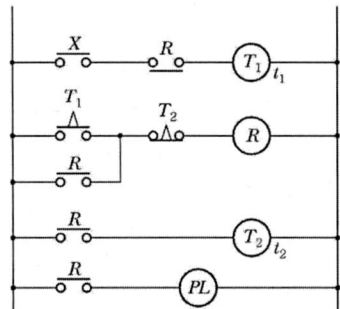
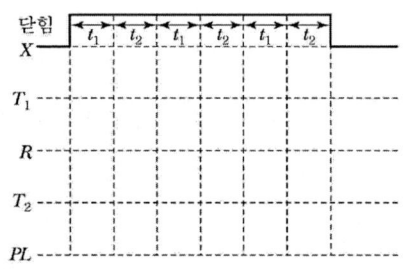

 정답

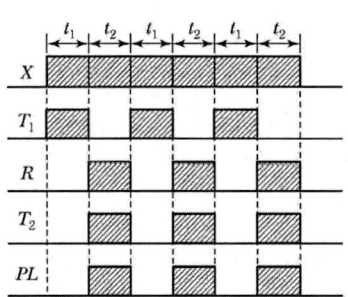

009 그림과 같은 회로를 보고 다음 각 물음에 답하시오.

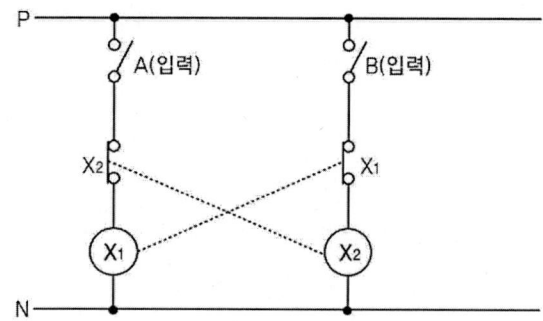

가) 주어진 회로에 대한 논리회로를 완성하시오.
나) 회로의 동작 상황을 타임차트로 그리시오.
다) 주어진 회로에서 접점 X_1과 X_2의 관계를 무엇이라 하는가?

정답

가)

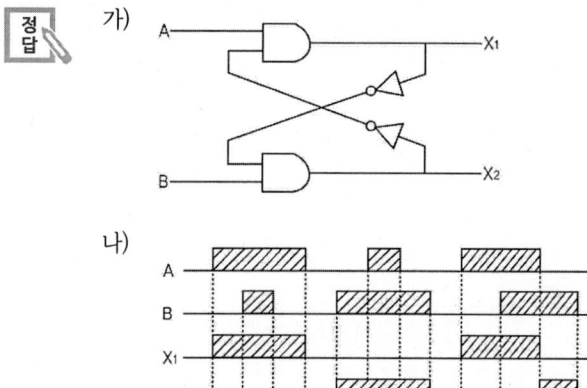

나)

다) 인터록

해설

인터록(Inter lock) 회로
① 기능 : 2개의 입력신호 중 먼저 입력한 쪽이 우선하여 동작하고, 나중 입력한 쪽을 동작 금지시키는 회로(선입력 우선회로)로, 단락방지 기능을 한다.
② 논리식
- $X_1 = A \cdot \overline{X_2}$
- $X_2 = B \cdot \overline{X_1}$

010 그림과 같은 미완성된 3상 유도전동기의 전전압 기동 조작회로를 완성하시오.

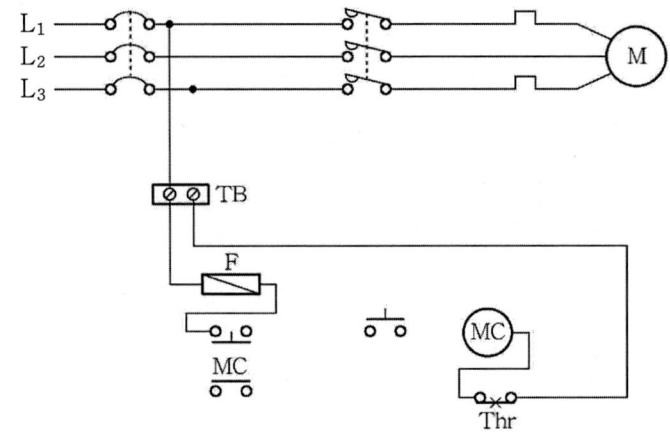

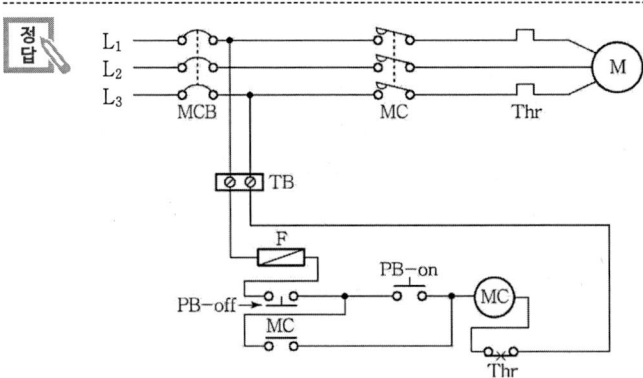

해설 회로의 구성방법
① 푸시버튼(ON), 푸시버튼(OFF) 및 Thr의 b접점은 와 직렬 접속
② 푸시버튼(ON)과 자기유지접점(MC 보조접점)은 병렬 접속

조건	
⌒○ : MCB	○○ : 푸시버튼(OFF)
8⌒ : 마그네트 스위치 주접점	○─○ : 푸시버튼(ON)
⊓ : 서멀릴레이(Thr)	(MC) : 마그네트 스위치 코일
▱ : F(퓨즈)	○⨯○ : 서멀릴레이(Thr) 접점
⊙⊙ : 터미널(단자)	(M) : 3상 유도전동기
MC/○○ : 마그네트 스위치 보조접점	

011 다음 회로에서 램프 L의 작동을 주어진 타임차트에 표시하시오(단, PB : 누름버튼스위치, LS : 리미트스위치, X : 릴레이 이다)

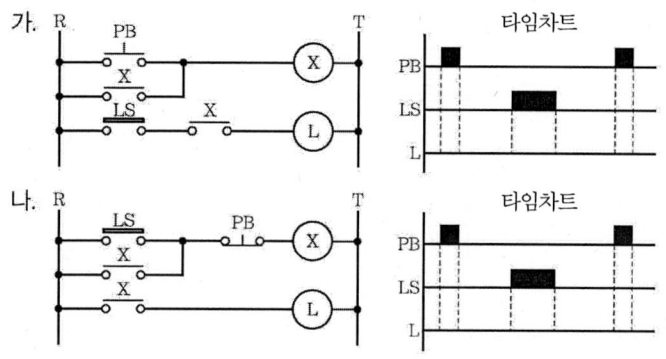

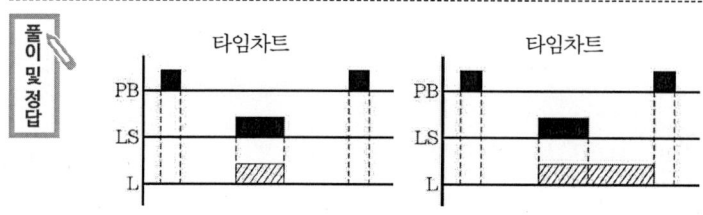

012 전자개폐기에 의한 펌프용 전동기의 기동·정지 회로이다. 다음의 동작설명과 같이 동작이 되도록 누름버튼스위치 a, b 접점과 전자개폐기 보조 a, b 접점을 도면에 그려 넣으시오.

> **동작설명**
> ① 전원스위치 KS를 넣으면 녹색 램프 (GL)이 켜진다.
> ② 누름버튼 스위치 a접점을 누르면(ON하면) 전자개폐기코일 (MC)에 전류가 흘러 주접점 MC가 닫히고, 전동기가 회전하는 동시에 (GL)램프가 꺼지고 (RL)램프가 켜진다. 이때 누름버튼스위치에서 손을 떼어도 이 동작은 계속된다.
> ③ 누름버튼스위치 b 접점을 누르면(OFF하면) 전동기가 멈추고 (RL)램프가 꺼지며, (GL)램프가 다시 점등된다.

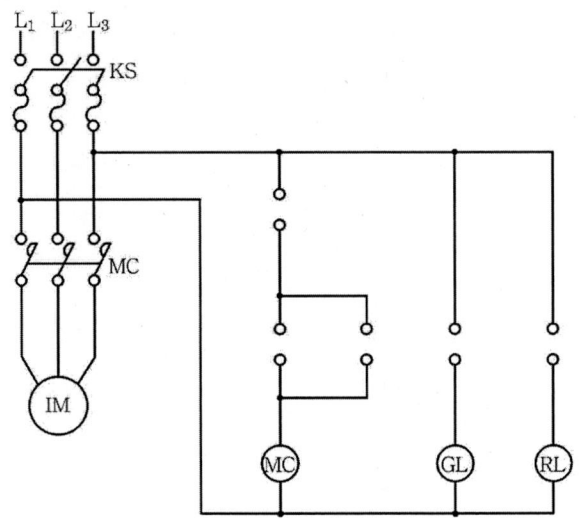

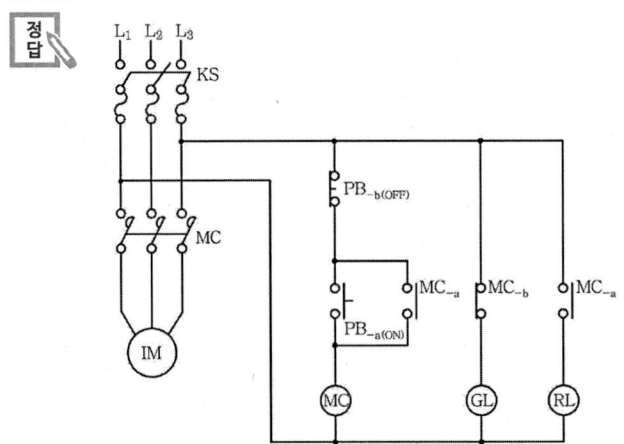

013 유도전동기의 운전을 현장인 전동기 옆에서도 할 수 있고, 멀리 떨어져 있는 제어실에서도 할 수 있는 시퀀스제어 회로도를 완성시키시오.

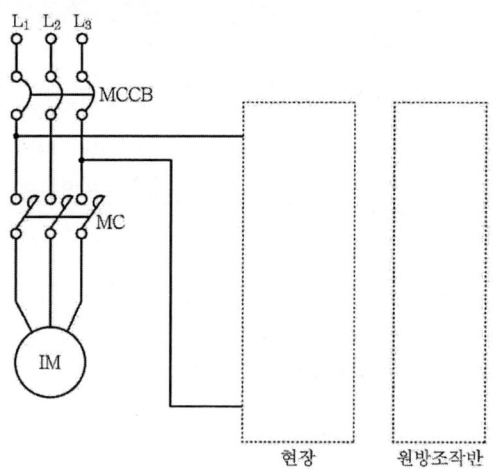

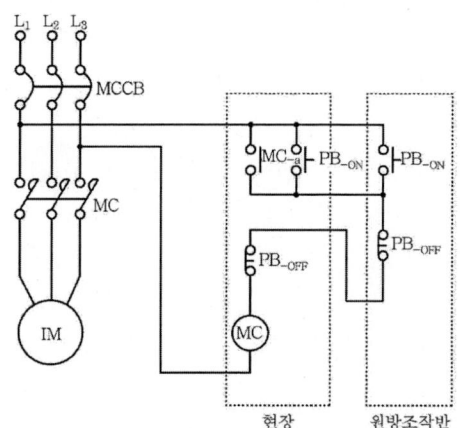

 2개소 기동·정지 회로의 작성방법

① 현장 : PB_{-ON} 1개, PB_{-OFF} 1개, 전자접촉기 보조 a 접점(자기유지접점) 1개, 전자접촉기 코일 (MC) 1개

② 원방조작반(제어실) : PB_{-ON} 1개, PB_{-OFF} 1개

③ PB_{ON}과 전자접촉기 보조 a 접점(자기유지접점)은 병렬 연결

④ PB_{ON}과 PB_{OFF}는 전자접촉기 코일 (MC) 과 직렬 연결

⑤ 전자접촉기 코일 (MC) 가 설치된 장소에 전자접촉기 보조 a 접점(자기유지접점)을 설치

014 다음 설명을 보고 동작이 가능하도록 도면을 작성하시오.

동작설명

1. 배선용 차단기 MCCB를 넣으면 (RL)이 켜진다.
2. 푸시버튼 a 접점을 넣으면 전자개폐기 코일 (MC)에 전류가 흘러 주점점 MC가 닫히고, 전동기가 회전하는 동시에 (RL)램프가 꺼지고 (GL) 램프가 켜진다. 이때 손을 떼어도 동작은 계속된다.
3. 과부하로 열동계전기 THR이 동작하거나 푸시버튼 b 접점을 누르면 전동기가 멈추고 (GL)램프가 꺼지며 (RL) 램프가 다시 점등된다.

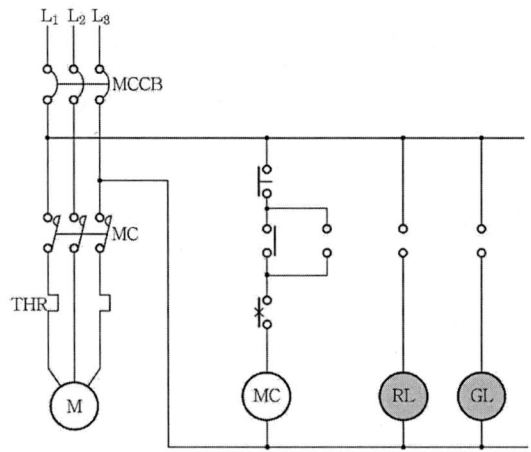

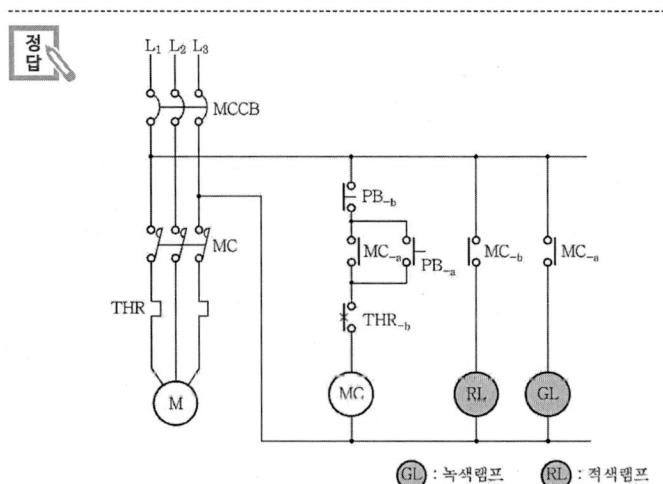

시퀀스제어 심벌

MCCB : 배선용 차단기(Molded Case Circuit Breaker)
Ⓜ : 3상 전동기(Motor)
THR : 열동계전기(Thermal Relay)
MC : 전자접촉기(Magnet Contact)
㉡ : 전동기 정지표시등(Green Lamp)
㉢ : 전동기 기동표시등(Red Lamp)
PB-a : 기동용 푸시버튼(Push Button)
PB-b : 정지용 푸시버튼(Push Button)
THR-b : 열동계전기 b접점(수동복귀 접점)

015 도면은 옥내소화전설비의 소화전 펌프의 기동방식 중 ON, OFF 스위치에 의한 수동기동방식의 미완성 시퀀스도이다. 주어진 조건과 도면을 이용하여 다음 각 물음에 답하시오.

조건

1. 각 층에는 옥내소화전이 1개씩 설치되어 있다.
2. 이미 그려져 있는 부분은 임의로 수정하지 않도록 한다.
3. 그려진 접점을 삭제하거나 별도로 접점을 추가하지 않도록 한다.

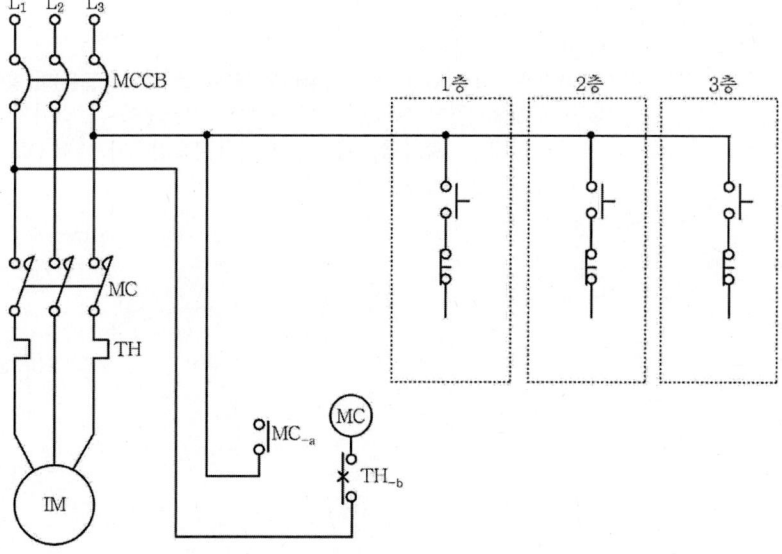

가) 도면에 표시되어 있는 MCCB의 우리말 명칭을 쓰시오.
나) 각 층에서 수동 기동 및 정지가 가능하도록 주어진 도면을 완성하시오.

가) 배선용 차단기

나)

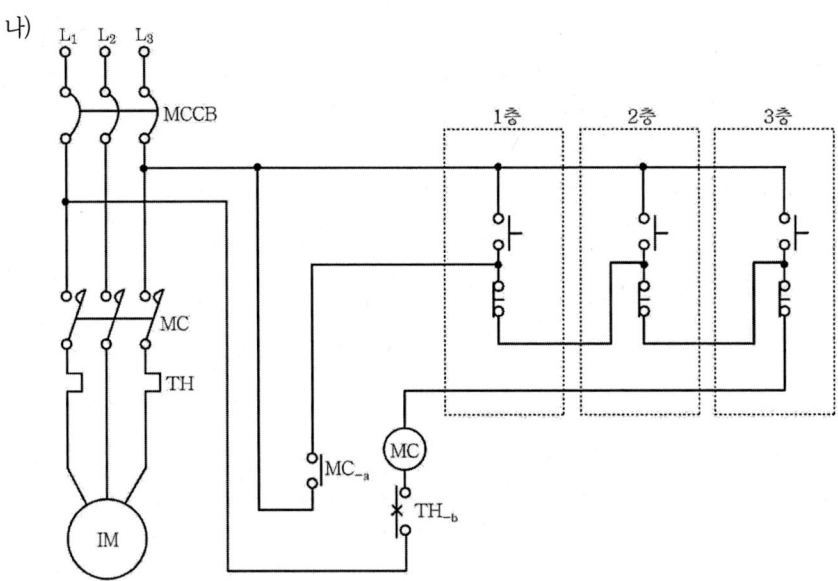

1) MCCB(Molded Case Circuit Break) : 배선용 차단기
   소형이면서 Fuse가 없어 반복 재투입이 가능하고 신뢰성이 높다.(KS 및 퓨즈의 기능을 복합적으로 수행)
2) 도면의 작성 시 주의사항
   ① 자기유지접점(MC-a 보조접점) : 누름버튼스위치(기동용)와 병렬 연결
   ② 누름버튼스위치(정지용) : 자기유지 접점 − 누름버튼스위치(기동용)의 병렬회로와
      직렬 연결 → 1층, 2층, 3층의 각 층에서 유도전동기 을 OFF시킬 수 있어야 하므로
   ③ 나머지 회로 : 직렬 연결

016 주어진 동작설명에 적합하도록 미완성된 시퀀스 제어회로를 완성하시오. (단, 각 접점 및 스위치에는 접점 명칭을 반드시 기입하도록 한다.)

동작설명

1. 전원을 투입하면 표시램프 (GL)이 점등되도록 한다.
2. 전동기 운전용 누름버튼스위치인 PBS_{1-a}를 누르면 접자접촉기 (MC)가 여자되어 전동기가 기동되며, 동시에 전자접촉기 보조 a 접점인 MC-a 접점에 의하여 전동기 운전등인 (RL)이 점등된다. 이때 전자접촉기 보조 b 접점인 MC_{-b} 접점에 의하여 (GL)이 소등되며, 또한 타이머 (T)가 여자되어 타이머 설정시간 후에 타이머의 b 접점 T_{-b}가 떨어지므로 전자접촉기 (MC)가 소자되어 전동기가 정지되고, 모든 접점은 PBS_{1-a}를 누르기 전의 상태로 복귀한다.
3. 전동기가 정상 운전 중이라도 정지용 누름버튼스위치 PBS_{2-b}를 누르면 PBS_{1-a}를 누르기 전의 상태로 된다.
4. 전동기에 과전류가 흐르면 열동계전기 접점인 THR_{-b} 접점이 떨어져서 전동기는 정지하고 모든 접점은 PBS_{1-a}를 누르기 전의 상태로 복귀한다. 이때 경고등 (YL)이 점등된다.

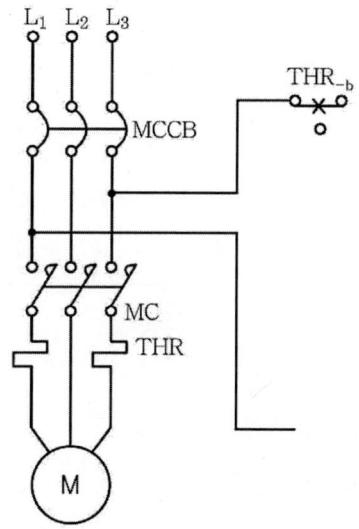

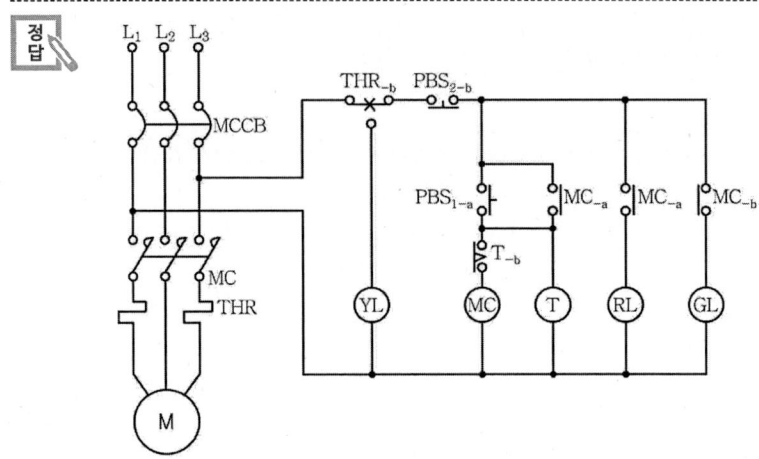

017 답안지의 그림은 급수펌프를 전극에 의하여 자동운전하기 위한 미완성 시퀀스 회로도이다. 이 도면을 이용하여 다음 각 물음에 답하시오.

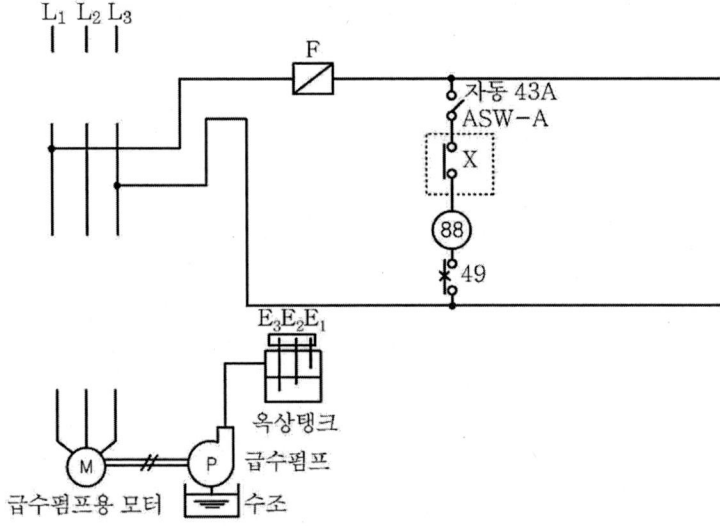

가) 도면에서 제어기구의 약호인 (49)와 (88)의 명칭을 우리말로 표현하시오.
나) 도면의 옥상탱크는 지상 20[m]의 위치에 설치되어 있고, 이 옥상탱크의 용량은 300[m³]라고 한다. 이 옥상탱크에 물을 양수하는데 10[HP]의 전동기를 사용한다면 몇 분 후에 물이 가득 차겠는가? (단, 펌프의 효율은 70[%]이고, 여유계수는 1.25이다.)
다) 주어진 미완성 도면의 주회로 부분에 NFB와 (88)의 주접점, 그리고 (49)를 설치하여 도면을 완성하시오.
라) 주어진 미완성 도면의 제어회로에 정지 시에는 ⓖⓛ등, 운전 시에는 ⓡⓛ등이 점등되도록 ⓖⓛ등과 ⓡⓛ등을 설치하시오.

정답

가) ① 49 : 열동계전기(회전기 온도계전기)
    ② 88 : 전자접촉기(보조기용 접촉기)

나) 펌프의 전동기 용량 계산식

$P = \dfrac{9.8QHK}{\eta t}$ [kW]에서

양수시간 $t = \dfrac{9.8QHK}{P\eta} = \dfrac{9.8 \times 300 \times 20 \times 1.25}{(10 \times 0.746) \times 0.7} ≒ 14{,}075\,[\text{sec}] ≒ 234.584\,[\text{min}]$

약 234.58분

다), 라)

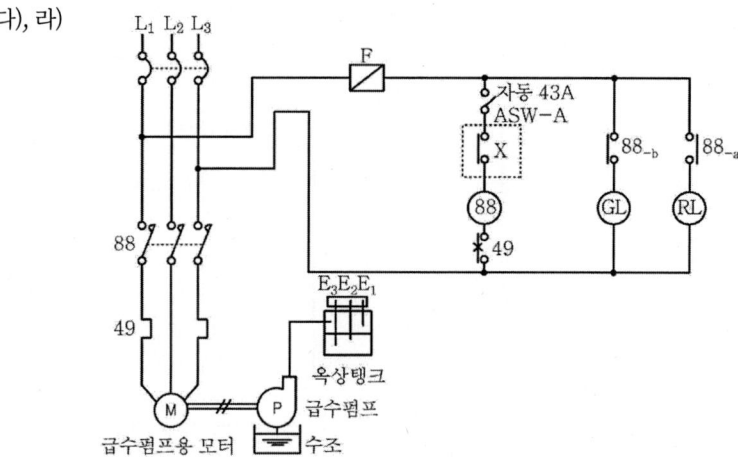

해설

가) 자동제어기구의 번호

기구 번호	기기 명칭
43	제어회로 전환접촉기 · 개폐기
49	회전기 온도계전기(열동계전기)
52	교류차단기(배선용 차단기)
88	보조기용 접촉기(개폐기 또는 전자접촉기)

나) 펌프의 전동기 용량

$P = \dfrac{9.8QHK}{\eta} = \dfrac{9.8Q'HK}{\eta t} \rightarrow t = \dfrac{9.8Q'HK}{P\eta}$

P : 전동기용량[kW], Q : 양수량[m³/sec] Q' : 전유량(저장수량)[m³]
H : 전양정[m], K : 여유계수, η : 효율[%]
t = 시간[sec] (← 전 유량 Q'[m³] = Q[m³/sec] × t[sec], 1[HP]=0.746[kW]

양수시간 $t = \dfrac{9.8Q'HK}{P\eta} = \dfrac{9.8 \times 300 \times 20 \times 1.25}{(10 \times 0.746) \times 0.7} ≒ 14{,}075\,[\text{sec}] ≒ 234.584\,[\text{min}]$

다), 라)
① 주회로 부분 : NFB는 제어회로 분기점 1차측에, 주접점 88과 열동계전기 49는 제어회로 분기점 2차측에 설치
② 제어회로(보조회로) 부분 : 정지표시용 ⓖⓛ 등은 전자접촉기 88-b 접점, 운전표시용 ⓡⓛ 등은 전자접촉기 88-a 접점으로 연결

018 답안지에 주어진 도면은 유도전동기 기동·정지회로의 미완성 도면이다. 다음 각 물음에 답하시오.

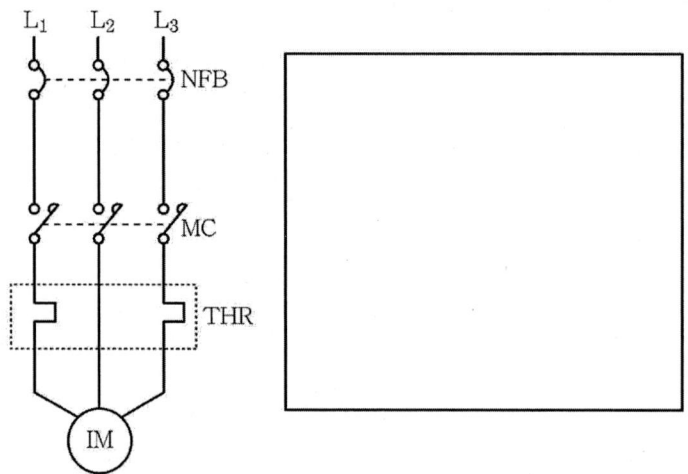

가) 다음과 같이 주어진 기구를 이용하여 미완성 도면을 완성하시오. (단, 기구의 개수 및 접점을 최소로 할 것)

· 전자접촉기 ⓜⓒ   · 기동용 표시등 ⓖⓛ

· 정지용 표시등 ⓡⓛ   · 열동계전기 ⌇ THR

· 누름버튼 스위치 ON용 ⌇ PBS-ON   · 누름버튼 스위치 OFF용 ⌇ PBS-OFF

나) 주회로에 대한 [   ]의 동작이 되는 경우를 2가지만 쓰시오.

다) 열동계전기(THR)가 동작되어 운전이 정지되는 경우 어떻게 하여야 다시 운전을 할 수 있는지 설명하시오.

예상문제

정답

가) 완성된 도면

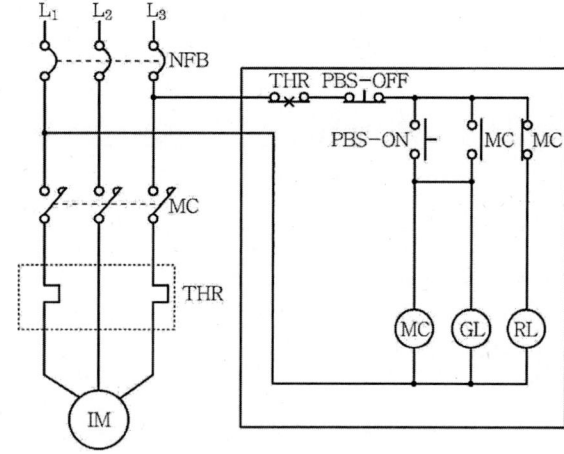

나) ① 전동기에 과부하가 걸리거나 단락사고가 발생하였을 때
  ② 열동계전기 단자의 접촉 불량으로 과열되었을 때
다) 열동계전기(THR)가 트립(trip)된 상태이므로 리셋버튼을 수동으로 눌러 복구시키고, 눌름버튼 스위치 ON용(PBS-ON)을 눌러 재차 운전시킨다.

해설

1) 동작설명
  ① NFB를 투입하면 ⓇⓁ 램프 점등
  ② 눌름버튼 스위치 ON용(PBS-ON)을 누르면 전자접촉기 코일 ⓂⒸ가 여자되어 전동기 Ⓘ Ⓜ 기동, ⒼⓁ 램프 점등, ⓇⓁ 램프 소등. 이때, PBS-ON을 놓아도 자기유지접점(MC a접점)이 투입되어 전동기는 계속 회전
  ③ 운전중 과부하 등으로 열동계전기 THR이 작동하거나 눌름버튼 스위치 OFF용(PBS-OFF)을 누르면 전자접촉기 코일 ⓂⒸ가 소자되어 전동기 Ⓘ Ⓜ 정지, ⒼⓁ 램프 소등, ⓇⓁ 램프 점등
  ④ NFB를 개방하면 ⓇⓁ 램프 소등

2) 열동계전기(THR)
  ① THR의 동작 조건
    ㉠ 전동기에 과전류(과부하)가 흐르거나 단락사고가 발생하였을 때
    ㉡ 열동계전기 단자의 접촉 불량으로 과열되었을 때
    ㉢ 차단용량을 잘못 산정하였을 때
  ② 복구 및 전동기 재가동 방법
    열동계전기(THR)가 트립(trip)된 상태이므로 복구스위치(리셋버튼)을 수동으로 눌러 복귀시키고, 눌름버튼 스위치 ON용(PB-ON)을 눌러 재차 운전(기동)시킨다.

019 3상 유도전동기의 전전압 기동방식회로의 미완성 도면이다. 이 도면을 주어진 조건과 부품들을 사용해서 완성하시오. (단, 조작회로는 220[V]로 구성하며, 누름버튼 스위치는 ON용 1개, OFF용 1개를 사용한다.)

> **조건**
> - 전자개폐기 (MC) 및 그 보조접점을 사용한다.
> - 정지표시등 (GL)은 전원표시등으로 사용하며, 전동기 운전 시에는 소등되도록 한다.
> - 퓨즈의 심벌은 ▱ 으로 표현한다.
> - 부저 [BZ]는 열동계전기가 동작된 다음에 리셋 버튼을 누를 때까지 계속 울리도록 C접점을 사용해서 그리도록 한다.

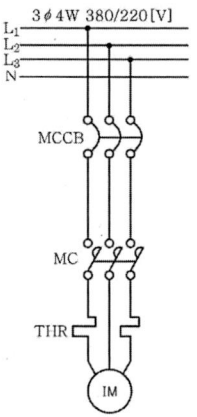

 완성 도면

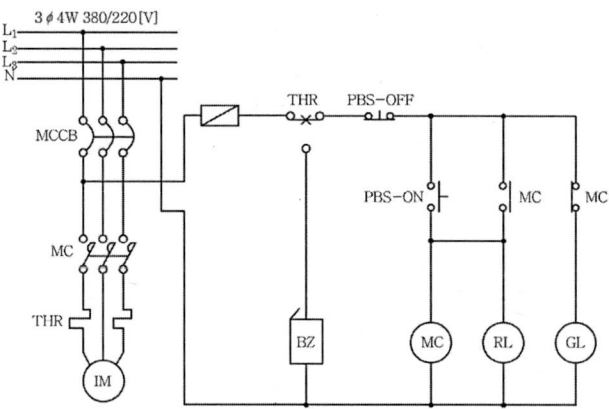

회로도 구성 시 확인사항
① 접점회로의 전원은 3상에서 1선(반드시 MCCB 2차측에서 분기), 중성선(N)에서 1선 연결
② 전자접촉기 보조 a 접점은 자기유지회로로 구성하되, 누름버튼스위치 ON용과 병렬 접속
③ 열동계전기(THR) b접점 개방 시 부저(Bz) 작동
④ 운전표시등 (RL) 은 전자접촉기 (MC) 와 병렬 접속
⑤ 전원표시등 또는 정지표시등 (GL) 은 전자접촉기 b접점 이용

020 그림은 전극식 레벨제어로서 플로우트가 없는 스위치에 대한 자동급수 제어회로이다. 이 도면을 보고 다음 각 물음에 답하시오.

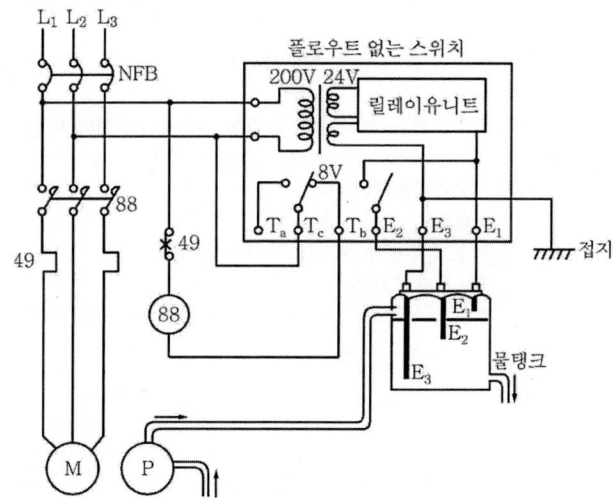

가) 자동급수 제어회로의 일부분을 변경하는 것만으로도 자동배수 제어회로가 된다. 어떤 접속을 변경하면 되는가?
나) 플로우트 스위치에 의한 제어와 비교할 때 장점을 2가지만 설명하시오.
다) 전극 E_1, E_2, E_3를 접속하는 배선에 접지를 하고자 한다. 어느 쪽에 접지를 하면 되는가?
라) 제어기구번호 49와 88의 명칭은 무엇인가?

 가) T_c와 T_b 단자에 접속된 배선을 T_c와 T_a 단자로 변경접속
나) ① 고장률이 작다.
② 감전의 위험이 작다.
다) E_3
라) ① 49 : 열동계전기(회전기온도 계전기)
② 88 : 전자접촉기(보기용 접촉기)

가) 자동 급·배수 제어
　① 자동급수 제어회로 : T_c와 T_b
　② 자동배수 제어회로 : T_c와 T_a

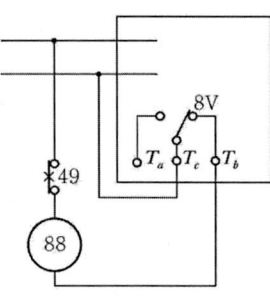　　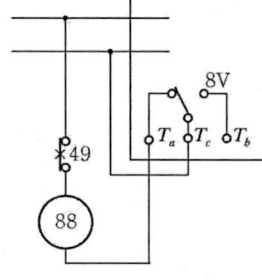

　　　　[자동급수 제어회로]　　　　　[자동배수 제어회로]

나) 플로우트가 없는 스위치의 장점(플로우트 스위치에 대한 장점)
　① 잦은 기동정지 반복을 하지 않아 고장발생률이 작다.
　② 감전의 위험도가 낮다.
　③ 유지보수가 편리하다.
다) 전극봉이 가장 긴 E_3에 접지시설을 한다.
라) 자동제어기구의 번호
　① 기구번호 49 : 열동계전기 또는 열동과부하계전기(회전기 온도계전기)
　② 기구번호 88 : 전자접촉기(보기용 접촉기)

[참고 : 자동제어기구의 번호]

번호	기구명칭
28	경보장치
29	소화장치
43	제어회로전환 접촉기·개폐기
49	회전기 온도 계전기(열동계전기 또는 열동과부하계전기)
52	교류차단기·접촉기
86	폐쇄계전기
88	보기용 접촉기·개폐기(전자 개폐기)

021

도면은 농형 3상 유도전동기의 정·역회전 정지제어의 미완성 회로이다. 동작조건과 도면을 이용하여 다음 각 물음에 답하시오. (단, 나), 다), 라)는 한 개의 도면으로 작성하도록 한다.)

동작조건

- $\binom{F}{MC}$는 정전용 전자접촉기, $\binom{R}{MC}$는 역전용 전자접촉기이다.
- GL 램프는 정전용 표시램프, RL 램프는 역전용 표시램프이다.
- PBS_{-1}은 a접점으로 정전용 누름버튼스위치, PBS_{-2}는 a접점으로 역전용 누름버튼스위치, PBS_{-3}은 b접점으로 정지용 누름버튼스위치이다.
- PBS_{-1}을 ON하면 $\binom{F}{MC}$가 여자되어 전동기 IM 이 정회전하며, GL 이 점등된다.
- PBS_{-1}에서 손을 떼어도 회로는 자기 유지되어 전동기는 계속 정회전하며, GL은 계속 점등된다. PBS_{-2}를 ON하여도 전동기는 계속 정회전하며, GL은 계속 점등하게 된다.
- 역회전을 시키기 위하여는 PBS_{-3}을 OFF하여 전동기를 정지시킨 다음 PBS_{-2}를 ON하여야 한다. PBS_{-3}를 OFF하고, PBS_{-2}를 ON하면 전동기는 역회전하며, RL 램프도 계속 점등된다.
- 정회전 시에는 역회전이 되지 않도록 되어 있고, 반대로 역회전 시에도 정회전이 되지 않아야 한다.
- 전동기가 과부하되어 과전류가 흐를 때 THR이 동작되어 회로를 차단시키며, 전동기는 멈추게 된다.

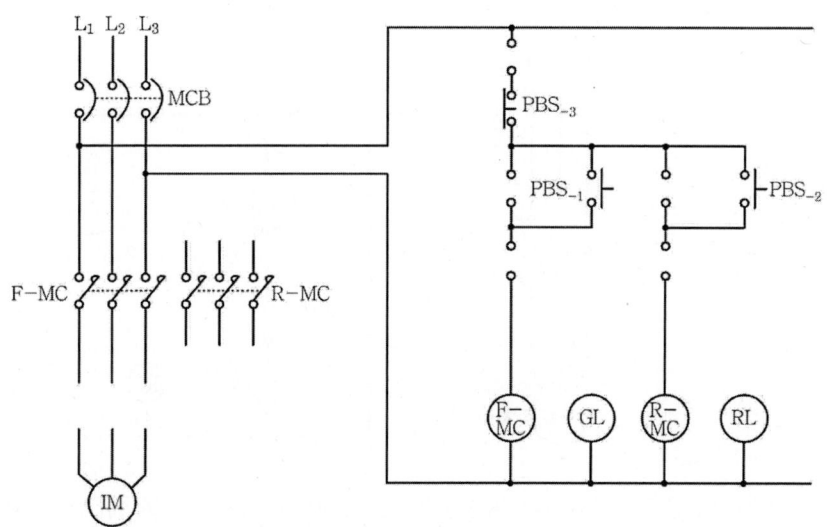

가) 배선용 차단기 MCB의 주된 역할을 설명하시오.
나) 열동형 과전류차단기 THR과 그의 접점(b접점)을 회로도에 그려 넣으시오.
다) 정·역전이 가능하도록 주회로 부분의 R-MC의 주접점을 그려 넣으시오.
라) 보조회로에 F-MC의 보조접점과 R-MC의 보조접점을 그려서 동작조건이 만족되도록 미완성회로를 완성하시오.

가) 단락 또는 과부하로부터 2차측 선로 및 기기보호

나)~라)

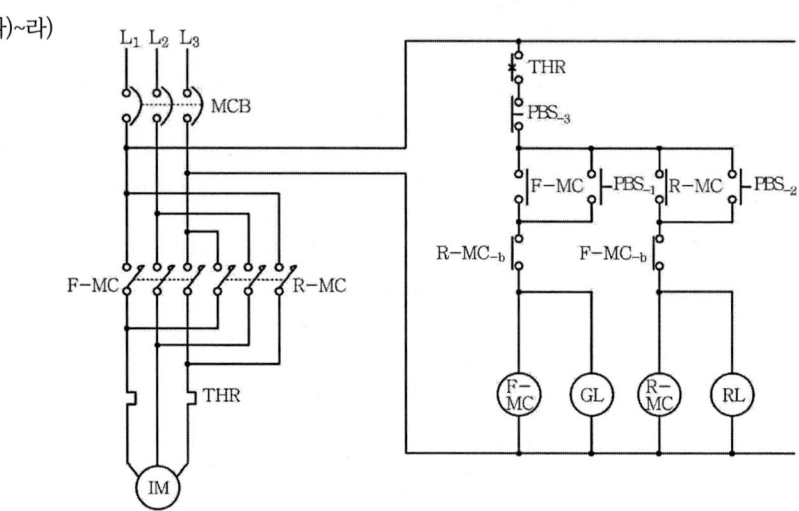

022
그림은 플로트 스위치에 대한 펌프 모터의 레벨제어에 관한 미완성 도면이다. 이 도면을 보고 다음 각 물음에 답하시오.

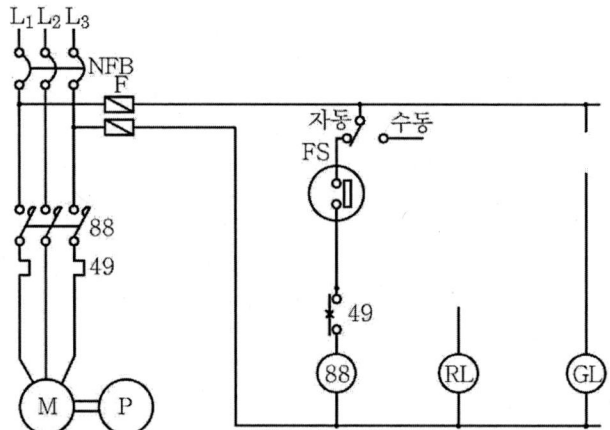

가) 배선용 차단기 NFB의 명칭을 원어(또는 원어에 대한 우리말 발음)로 쓰고 이 차단기의 특성을 쓰시오.
나) 제어약호 "49"의 명칭은 무엇인가?
다) 동작접점을 "수동"으로 연결하였을 때 누름버튼스위치(PB-on, PB-off)와 접촉기 접점으로 제어회로를 구성하시오. (단, 전원을 투입하면 GL램프가 점등되나 PB-on 스위치를 ON하면 GL램프가 소등되고 RL램프가 점등된다.)

가) ① 원어 : No Fuse Breaker(또는 노퓨즈 브레이커)
　　② 특징 : 단락 및 과부하에 의해 정격전류를 초과하면 회로를 차단하는 개폐기구로 Fuse방식이 아니므로 반복하여 재투입이 가능하고 수명이 반영구적이다.
나) 열동계전기(회전기온도 계전기)

다)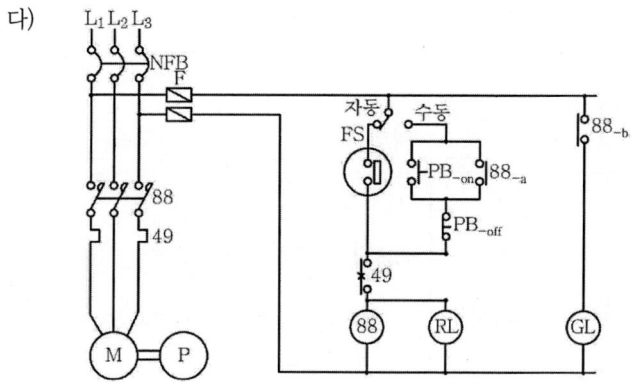

 가) NFB(No Fuse Breaker)
　　① 기능 : MCCB(Molded Case Circuit Breaker)를 말하며, 단락 및 과부하 사고 등으로 회로에 정격전류를 초과하는 전류가 흐르면 회로를 자동 차단시키는 개폐기이다.
　　② 특성
　　　㉠ Fuse를 사용하지 않으므로 반복하여 재투입이 가능하다.
　　　㉡ 수명이 반영구적이다.
　　　㉢ 소형이며 가볍다.
　　　㉣ 접속부가 노출되지 않아 안전하다.
나) 열동계전기(Thermal Relay) : 전동기의 과부하보호용 계전기
다) 제어회로 구성 시 확인사항
　　① 자동운전 회로
　　　㉠ 플로우트 스위치 FS에 의해 ⑧⑧전자접촉기 코일이 여자
　　　㉡ ⒼⓁ램프는 ⑧⑧전자접촉기 보조 b접점과 연결
　　② 수동운전 회로
　　　㉠ PB-on과 ⑧⑧전자접촉기 a 접점(자기유지 접점)을 병렬 접속
　　　㉡ PB-off는 PB-on 및 자기유지 접점과 직렬 접속
　　　㉢ 수동운전 회로와 ⑧⑧전자접촉기는 직렬 접속

023 그림의 도면은 타이머(Timer)에 의한 전동기의 교대운전이 가능하도록 설계된 전동기의 시퀀스 회로이다. 이 도면을 이용해 다음 각 물음에 답하시오.

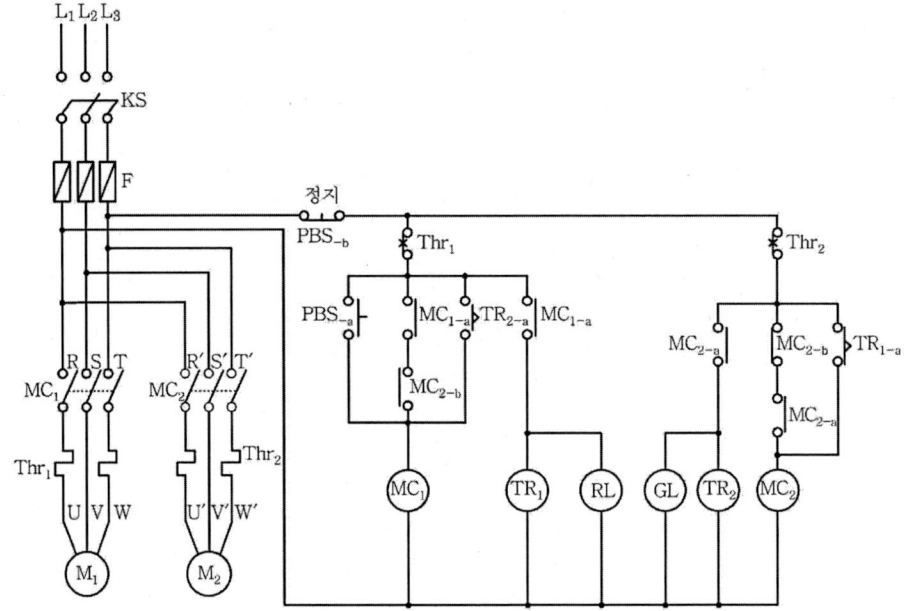

가) 도면에서 제어회로 부분에 잘못된 곳이 있다. 이곳을 지적하고 올바르게 고치는 방법을 설명하시오.
나) 타이머 TR_1이 2시간, TR_2가 4시간으로 각각 세팅이 되어 있다면 하루에 전동기 M_1과 M_2는 몇 시간씩 운전되는가?
다) 도면의 나이프 스위치 KS와 퓨즈 F가 합쳐진 기능을 갖는 것을 사용하려고 한다. 어느 것을 사용하면 되는지 한 가지만 쓰시오.

 가) MC1과 MC_2의 자기유지회로에 인터록 접점이 삽입되어야 한다. 따라서, MC_2의 자기유지회로의 MC_{2-b}를 MC_{1-b}로 교체하면 된다.

나) M_1 : 2시간×4회=8시간
  M_2 : 4시간×4회=16시간

다) MCCB

가), 나) 수정된 도면

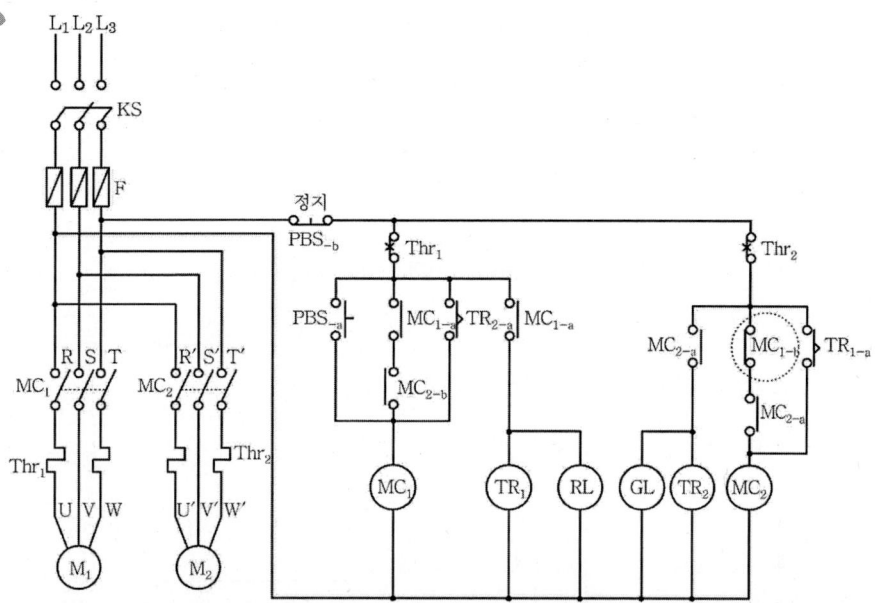

동작설명

① KS를 조작하여 전원을 투입

② PBS-a 누르면 전자접촉기 (MC₁)이 여자되어 자기유지접점 MC₁₋ₐ가 투입되며 PBS-a를 놓아도 자기유지 상태. 동시에 전동기 (M₁)이 기동되며 타임릴레이 (TR₁)여자, (RL)램프 점등

③ 타임릴레이 (TR₁)의 세팅시간(설정시간)인 2시간이 경과하면 한시동작순시복귀접점 TR₁₋ₐ가 투입, 이때 전자접촉기 (MC₁)소자 및 (MC₂)여자로 전동기 (M₁)정지, (M₂)기동되며 동시에 타임릴레이(TR₁)소자, 타임릴레이 (TR₂)여자, (RL)램프 소등 및 (GL)램프 소등

④ 타임릴레이 (TR₂)의 세팅시간(설정시간)인 4시간이 경과하면 한시동작순시복귀 접점 TR₂₋ₐ가 투입, 이때 전자접촉기 (MC₁)여자 및 (MC₂)소자로 전동기 (M₁) 기동, (M₂)정지되며 동시에 타임릴레이 (TR₁) 여자, 타임릴레이 (TR₂)소자, (RL)램프 점등 및 (GL) 램프 소등

⑤ 위 ③과 ④ 과정이 반복 수행되며 1일 전동기 (M₁)은 8시간, 전동기 (M₂)는 16시간을 운전

⑥ 전동기 운전 중 PBS₋ᵦ를 누르거나 전동기 과부하(또는 단락) 등으로 Thr 작동 시 전동기 정지(Thr₁ 작동 시 전동기 (M₁)정지, Thr₂ 작동 시 전동기 (M₂)정지)

다) MCCB(Molded Case Circuit Breaker) : 단락 및 과부하에 의해 정격전류를 초과하면 회로를 자동으로 차단하는 개폐기구로 NFB(No Fuse Breaker)라고도 한다. Fuse가 없는 것이 특징이며, KS(Knife Switch) 및 F(Fuse)의 기능을 대신한다.

024 다음 회로는 타이머를 이용하여 기동 시 Y로 기동하고 t초 후 자동적으로 △운전되는 Y-△ (와이-델타) 기동회로이다. 이 회로도를 보고 다음 각 물음에 답하시오.

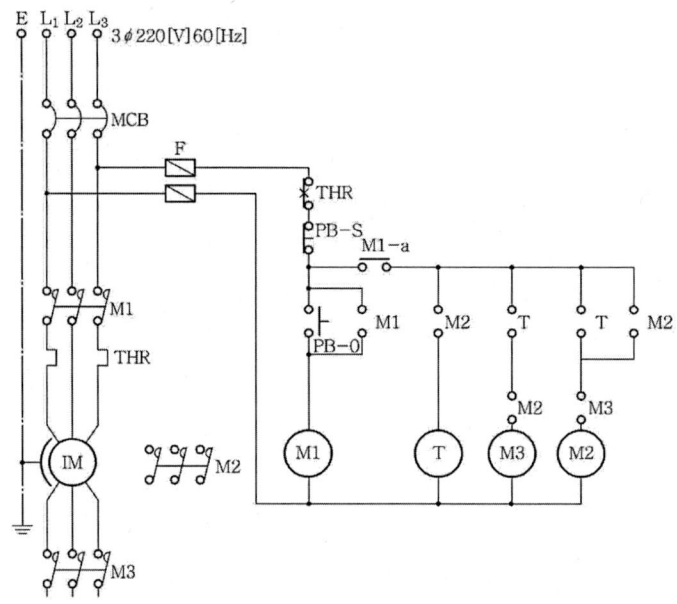

가) 타이머를 이용한 Y-△(와이-델타) 미완성 기동회로를 완성하시오. (접점에는 'M2-a', 'M3-b', 'T-a' 등 접점 기호를 쓰도록 한다.

나) 유도전동기의 권선을 Y결선으로 하여 기동하고 기동 후 △결선으로 바꾸어 운전하는 이유에 대하여 쓰시오.

다) 다음은 상기 회로도에 의한 유도전동기의 Y-△(와이-델타) 기동회로의 동작설명이다. ( ) 안에 알맞은 기호 또는 문자를 쓰시오.

1) PB-0를 누르면 (   )과(와) (   )가(이) 여자되어 주접점 M1이 닫히면서 전동기가 Y기동된다. PB-0에서 손을 떼어도 계속 Y기동된다. 동시에 타이머 코일도 여자된다.

2) 타이머의 설정시간 t가 지나면 (   )접점이 열려 (   )가(이) 소자되어 Y기동이 정지되고, (   )가(이) 붙어 (   )가(이) 여자되면서 운전으로 전환된다.

3) (   )와(과) (   )는(은) 인터록이 유지되어 안전운전이 된다.

4) 정지용 PB-S를 누르거나 전동기에 과부하가 걸려 (   )이(가) 작동하면 운전 중인 전동기는 정지한다.

가)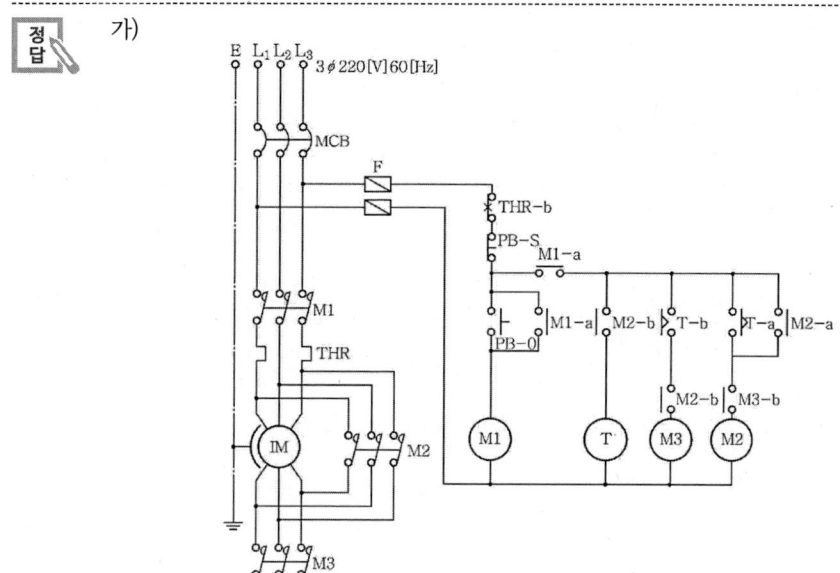

나) 기동전류를 작게 하기 위하여 기동은 Y결선으로 한다.
다) 1) M1, M3　　　　2) T-b, M3, T-a, M2
　　3) M2, M3　　　　4) THR

025 도면은 3상 농형 유도전동기의 Y-Δ기동 방식의 미완성 시퀀스 도면이다. 이 도면을 보고 다음 각 물음에 답하시오.

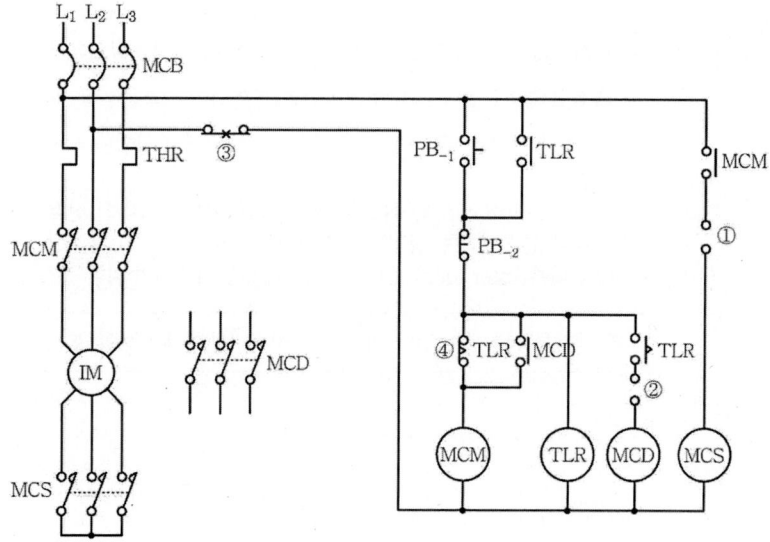

가) 이 기동방식을 채용하는 이유는 무엇 때문인가?
나) 제어 회로의 미완성부분 ①, ②에 Y−△운전이 가능하도록 접점 및 접점기호를 표시하시오.
다) ③과 ④의 접점명칭을 우리말로 쓰시오.
라) 주접점 부분의 미완성부분(MCD 부분)의 회로를 완성하시오.

 가) 기동전류를 줄이기 위해 △운전할 때의 $\frac{1}{3}$ 전류

나) ① 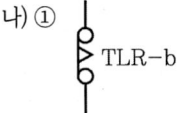 ②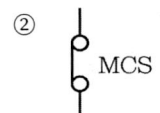

다) ③ 열동계전기 b 접점(또는 수동복귀 b 접점)
④ 한시동작 순시복귀 b 접점

라)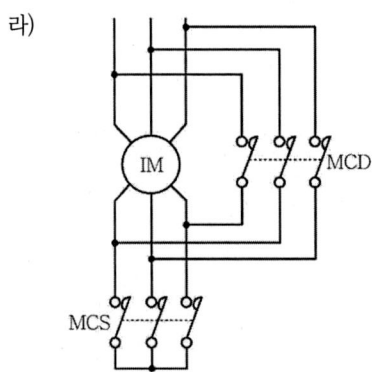

 가) Y-△기동방식 : 전동기의 기동전류를 줄이기 위해 Y결선으로 기동시킨 후 일정시간 후 △결선으로 운전하는 방식(기동전류는 △결선으로 운전할 때의 $\frac{1}{3}$ 배)

나) ①, ②의 접점은 Y결선과 △결선의 3상 단락사고 방지(동시투입의 방지)를 위한 인터록 접점
㉠ 인터록(Inter lock) 회로 : 2개의 입력신호 중 하나의 신호가 입력되어 동작한 경우, 다른 신호에 의한 동작을 금지시키는 회로
㉡ 인터록(Inter lock) 접점 : 상대동작을 금지시키기 위한 접점(b 접점)

※ 인터록(Inter lock) : 원어의 의미를 "상호잠금장치"를 뜻함

다) 시퀀스제어의 기본심벌

명칭	심벌 a접점	심벌 b접점	적요
수동조작 자동 복귀 접점			손을 떼면 자동복귀하는 접점 (푸시버튼스위치 접점)
열동계전기 접점			인위적으로 복귀시키는 접점 (열동계전기 접점)
한시(漢詩)동작 순시복귀 접점			일정시간 후 동작하고 복귀는 즉시 이루어지는 접점(타이머)
기계적 접점			전기적 원인 이외의 원인에 의해 접점이 개폐되는 접점 (리미트스위치)

라) 완성도면

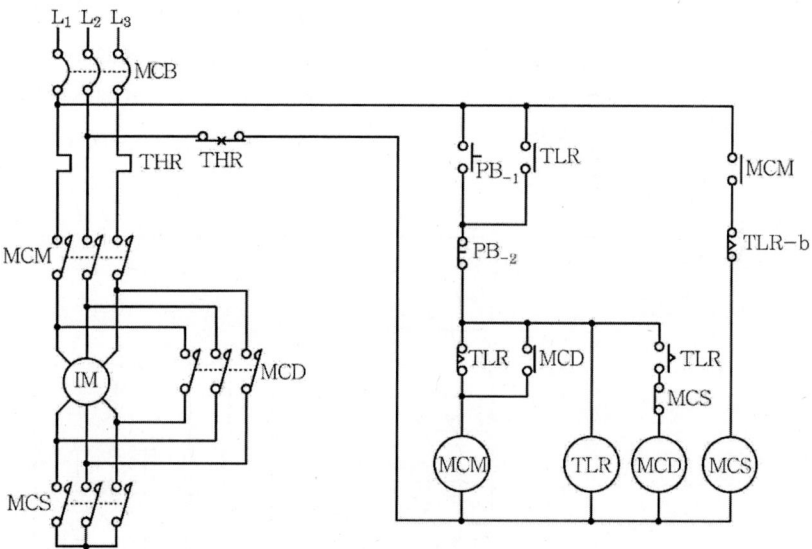

026 도면은 Y-△기동회로의 미완성회로이다. 이 회로를 보고 다음 각 물음에 답하시오.

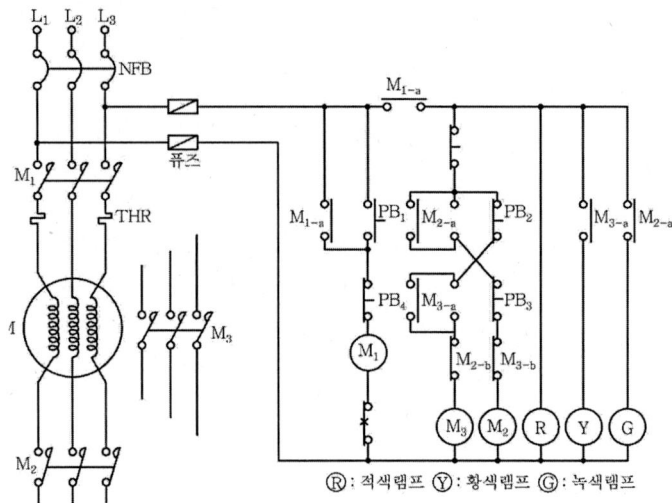

가) 주회로 부분의 미완성된 Y-△회로를 완성하시오.
나) 누름버튼스위치 PB_1을 누르면 어느 램프가 점등되는가?
다) 전자개폐기 M_1이 동작되고 있는 상태에서 PB_2를 눌렀을 때 어느 램프가 점등되는가?
라) 전자개폐기 M_1이 동작되고 있는 상태에서 PB_3를 눌렀을 때 어느 램프가 점등되는가?
마) THR의 명칭은?
바) NFB의 명칭은?

정답 가)

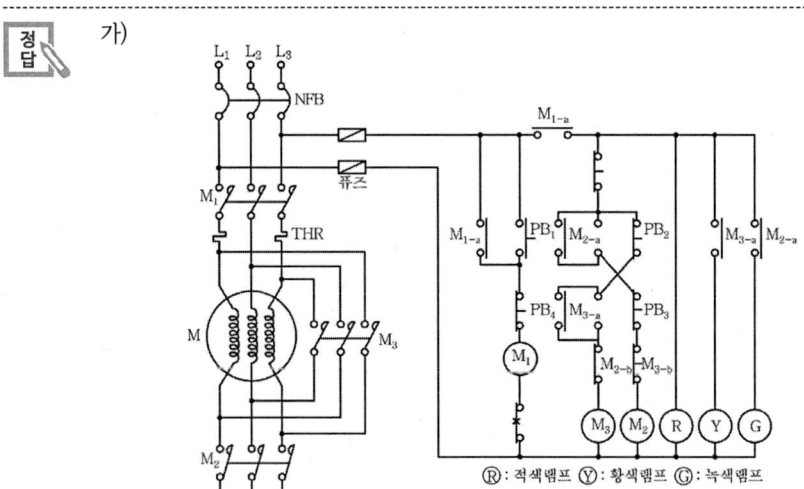

나) Ⓡ 램프
다) Ⓖ 램프
라) Ⓨ 램프
마) 열동계전기(서머 릴레이)
바) 배선용 차단기(노퓨즈 브레이커)

1) Y-△기동 회로 : 전동기를 Y결선으로 기동하고 △결선으로 운전하는 기동방식으로 기동 시 전류를 작게 하기 위한 기동방식
2) 동작설명
   ① PB₁을 누르면 전자개폐기 Ⓜ₁ 여자되고 Ⓡ 램프 점등
   ② PB₂를 누르면 전자개폐기 Ⓜ₂ 여자되어 전동기 Ⓜ 기동(Y결선으로 기동) 및 Ⓖ 램프 점등
   ③ 누름버튼스위치 PB₃을 누르면 전자개폐기 Ⓜ₂ 가 소자되고 Ⓜ₃ 가 여자되어 Ⓖ 램프 소등, Ⓨ 램프 점등(전동기 Ⓜ은 결선으로 운전)
   ④ 전동기 동작 중 과부하 등으로 THR이 여자(THR b 접점 개방) 또는 포즈가 단선되거나 PB₄를 누르면 전동기 정지

   ※ Ⓡ : 모터 전원표시등, Ⓨ : 모터 운전표시등, Ⓖ : 모터 기동표시등

3) 열동계전기(Thermal Relay) : 전동기의 과부하보호용 계전기
4) NFB(No Fuse Breaker) : 일반적으로 MCCB(Molded Case Circuit Breaker)라고 하며 단락 및 과부하로 회로에 정격전류를 초과하는 전류가 흐르면 회로를 차단하는 개폐기구 이다.

MEMO

MEMO

MEMO